Gefügebestandteile unlegierter Kohlenstoffstähle nach Abschrecken aus dem Austenitgebiet in isothermischen Bädern, die die jeweils angegebene Temperatur besitzen

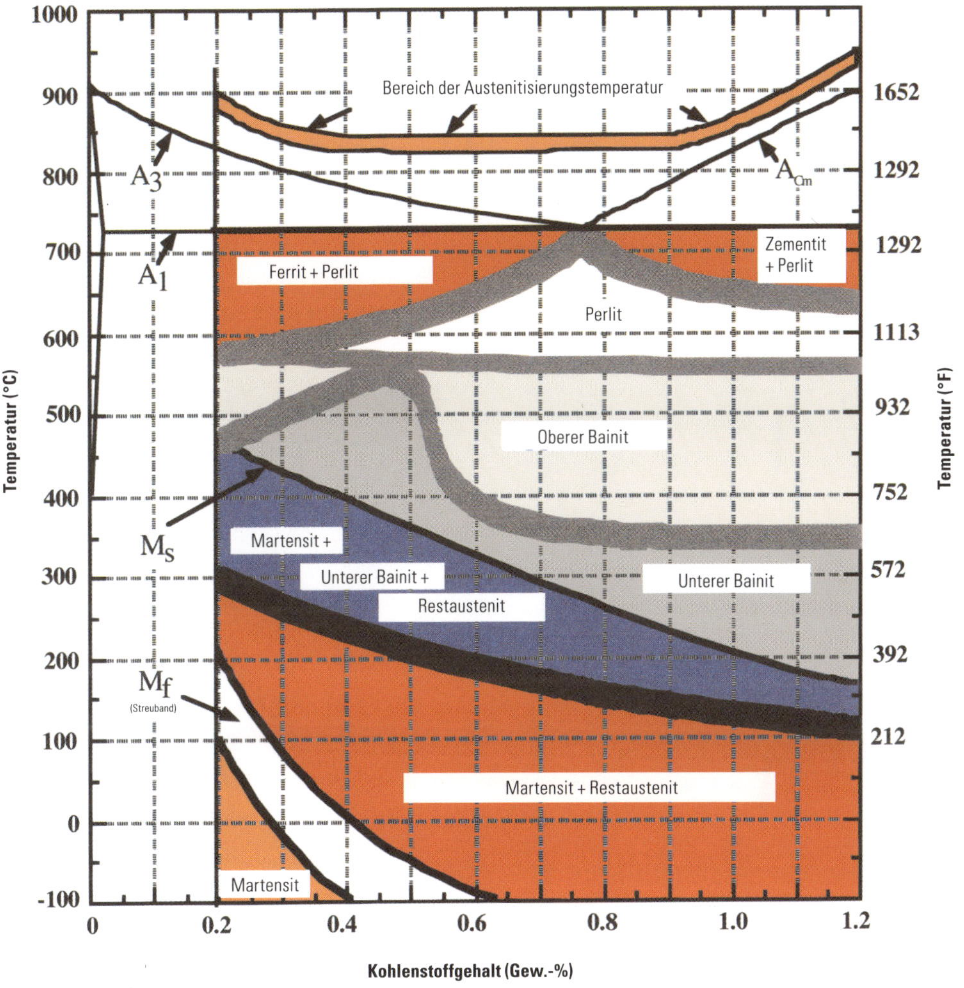

WIELAND

J. D. Verhoeven

STAHL-METALLURGIE

für Einsteiger

Komplizierte Zusammenhänge verständlich erklärt

Prof. John D. Verhoeven:
Stahl-Metallurgie für Einsteiger

Originaltitel: Steel Metallurgy for the Non-Metallurgist
Copyright © 2007: ASM International, Materials Park, Ohio, USA
www.asminternational.org

ins Deutsche übersetzt von Dr. Herbert Weisshaupt

2. Auflage der deutschen Ausgabe, 2018

Alle Rechte der Verbreitung sind vorbehalten.
Nachdruck, auch auszugsweise, nur mit schriftlicher Genehmigung des Verlags.

ISBN 978-3-938711-50-7

© copyright der deutschen Ausgabe:
Wieland Verlag GmbH, Rosenheimer Str. 22, 83043 Bad Aibling
www.wieland-verlag.com
info@wieland-verlag.com

Gestaltung und Layout: Alexander Walter

Druck: Print Consult
Printed in EU

Inhaltsverzeichnis

Über den Autor

Dr. John Verhoeven ist Mitglied der Herausragenden Emeritierten Professoren der Ingenieurwissenschaftlichen Fakultät der Iowa State University. Er erlangte seine Graduierung als Chemieingenieur im Jahre 1957 und seinen Mastergrad (MS) sowie seine Promotion als Werkstoffwissenschaftler in den Jahren 1959 beziehungsweise 1963, alles an der Universität von Michigan. Seine berufliche Karriere entfaltete sich an der Iowa State University, wo er Metallurgie unterrichtete, und als Forscher am Ames-Laboratorium der US-Energiebehörde (DoE).

Dr. Verhoevens Forschungsarbeiten fanden hauptsächlich auf dem Gebiet der Metallphysik statt. Er veröffentlichte mehr als 200 wissenschaftliche Arbeiten in Fachzeitschriften und besitzt 18 Patente. Ihm wurden drei Auszeichnungen für herausragende Forschertätigkeit vom DoE verliehen, und zwar 1981, 1987 und 1988.

Dr. Verhoevens Lehrtätigkeit führte zu der Veröffentlichung einer Schrift mit dem Titel „The Fundamentals of Physical Metallurgy“ (1975), die in den späten 1970er und während der 1980er Jahre viel genutzt wurde. Von der Iowa State University erhielt er 1976 die Auszeichnung für hervorragende Lehrtätigkeit im Engineering College, 1980 im Programm für Werkstoffingenieurswesen, außerdem im November 1991 die Iowa-Legislature-Auszeichnung für hervorragende Lehrtätigkeit im Ingenieurskolleg der ISU (Iowa State University). Im Jahr 1985 wurde er zum Anson Marston Distinguished Professor für Ingenieurwissenschaften ernannt.

Vorwort des Autors

Dieses Buch ist der Versuch, die metallurgischen Aspekte von Stahl und seine Wärmebehandlung Nicht-Werkstofffachleuten näherzubringen – ausgehend von einfachen Konzepten, wie sie im Chemieunterricht an höheren Schulen gelehrt werden, und dann weiterführend zu etwas komplexeren Konzepten, wie sie bei der Wärmebehandlung fast aller Stahlsorten und Gusseisen vorkommen. Die Anregung dazu geht auf die 15- bis 20-jährige Zusammenarbeit des Autors mit praktizierenden Klingenschmieden zurück.

Die meisten Kapitel dieses Buches enthalten jeweils am Ende eine Zusammenfassung. Diese Zusammenfassungen geben einen kurzen Überblick über die Inhalte eines Kapitels. Möglicherweise ist es nützlich, diese Zusammenfassungen sowohl vor als auch nach der Lektüre des jeweiligen Kapitels zu lesen.

Ich möchte mich für die Hilfestellung von zwei Klingenschmieden bedanken, die auf verschiedene Weise zu diesem Buch beigetragen haben: Al Pendray und Howard Clark. Beide haben in mir das Verständnis für das Niveau der Arbeiten der US-Schmiede geweckt, und sie haben auch zu einigen in dem Buch aufgezeigten Experimenten beigetragen. Sie sind außerdem durch ihre ständige Ermutigung dafür verantwortlich, dass dieses Buch fertiggestellt wurde. Weiterhin möchte ich meinen Dank an meinen Kollegen William Dauksch, den ehemaligen Geschäftsführer von Nucor Steel, für viele nützliche Diskussionen aussprechen, sowie auch meinem Berufskollegen, Prof. Brian Gleeson, für viele wertvolle Vorschläge für das Kapitel über rostfreie Stähle danken.

Ganz besonders zu Dank verpflichtet bin ich der Iowa State University und der Abteilung für Werkstoffwissenschaften und Ingenieurwissenschaft – dafür dass sie mir die Gelegenheit gaben, mehr als zwei Jahrzehnte lang Ingenieursstudenten der Werkstoffkunde zu unterrichten. Mein Dank gilt auch dem Ames-Laboratorium, Abteilung Engineering, wo mir Zugang zu Lichtmikroskopen und Elektronenmikroskopen gewährt wurde. Viele der Bilder und alle Methoden der Darstellung in diesem Buch sind Resultate meiner Lehrerfahrung – sowohl im Labor als auch in Vorlesungen vor Studenten – und auch meiner Forschertätigkeit an der Iowa State University und dem Ames-Laboratorium.

John D. Verhoeven

Ames, Iowa, Februar 2007

Vorwort des Übersetzers

Die Metallurgie von Eisen und Stahl einem Publikum zu erschließen, das nicht berufsmäßig solche Dinge betreibt und diese faszinierende Wissenschaft nur als Hintergrundwissen braucht, ist eine große und anspruchsvolle Aufgabe. Sie wurde mit dem vorliegenden Buch von J.D. Verhoeven exzellent gelöst. Es liefert wissenschaftlich korrekte Erklärungen und Zusammenhänge in einer in Anbetracht des Themas sehr verständlichen Sprache. Es ist auch für Studierende oder bereits im Beruf stehende Werkstoffkundler ein sehr wertvoller Beitrag.

Eine Übersetzung eines solchen Buches ist natürlich keine Kleinigkeit, da neben dem rein sprachlichen „Hinüberbringen" auch eine angemessene Sprachwahl hinsichtlich der Fachausdrücke erforderlich ist. Diese sind gerade in diesem Wissenschaftszweig nicht generell auf englischen Begriffen begründet, sondern infolge der langen Tradition in Deutschland auf diesem Gebiet deutlich sprachlich abgesetzt. Kein einfaches Unterfangen also.

Aber manchmal kommen die Dinge zur richtigen Zeit zusammen. Als mich ein Anruf mit der Frage erreichte, ob ich nicht die Übersetzung dieses Buches in Angriff nehmen möchte, habe ich spontan angenommen. Ich war der Meinung, dass das für mich als Werkstoffwissenschaftler und Hobby-Messermacher hochinteressante Thema unbedingt einem größeren Publikum zugänglich gemacht werden sollte.

Die einfache und zugleich elegante Sprache von J.D. Verhoeven hat ihre Tücken, wenn man sie in den deutschen Wortgebrauch übersetzen will. Vieles klingt da holpriger als im Original. Das geht allein auf meine Kappe und ist dem Autor nicht anzulasten. Es wäre vermessen, zu beanspruchen, dass die Übersetzung perfekt gelungen sei. Insofern bitten wir – und ich spreche da auch für den Verleger der deutschen Ausgabe – um Nachsicht und konstruktive Kritik.

Dankenswerterweise hat Prof. Verhoeven fast durchgängig die US-Einheiten und die internationalen SI-Einheiten parallel verwendet, was dem deutschen Leser die Sache vereinfacht. Dennoch lassen sich manchmal fremde Bezeichnungen, Begriffe und Normen nicht vermeiden. Insbesondere die Bezeichnung der Stahlsorten macht Probleme. Wo es sich anbot, habe ich versucht, deutsche Entsprechungen zu ergänzen, aber ein 1095er Stahl ist eben kein C95. Insofern muss leider dem Leser zugemutet werden, sich ein wenig in die Begriffs- und Bezeichnungswelt der US-Stahlnormen einzuarbeiten. Das sollte gelingen, da Verhoeven selbst dazu in diesem Buch eine ausgezeichnete Einführung anbietet.

Damit ist eine wichtige Eigenschaft dieses Buches bereits angedeutet: Der Leser benötigt eigentlich keine Sekundärliteratur. Schulwissen genügt für das Verständnis der Sachverhalte, alles andere wird erklärt. Nicht alle Sachverhalte sind wirklich einfach, der Leser wird durchaus manchmal gefordert, aber auch neugierig gemacht. Zur Befriedigung dieser Neugier dient das umfangreiche und ergiebige Literaturverzeichnis, das jeweils kapitelweise strukturiert ist. Die Literatur, auf die hier verwiesen wird, ist allerdings (logischerweise) in Englisch verfasst.

Die Arbeit an diesem Buch hat mir sehr viel Freude bereitet, weil ich genötigt war, dieses sehr genau zu lesen (was meinen Wissensdrang befriedigte) und darüber hinaus zu versuchen, die Zusammenhänge sprachlich nachvollziehbar zu erläutern (was mir die Möglichkeit gab, mein eigenes Verstehen auf den Prüfstand zu stellen). Ich hoffe, dass dieses Buch eine freundliche Aufnahme in der interessierten Fachwelt und bei denen findet, die das gesammelte Wissen nutzen können.

Ich möchte die Gelegenheit nutzen, dem Verleger Hans Joachim Wieland und seinem Team zu danken. Viele Anregungen, konstruktive Kritik und Bereitschaft, manchmal ungewöhnliche Wege zu gehen, sind dabei erzeugt worden, und auch viel Verständnis für jemand, der eine solche umfangreiche Arbeit neben seinem Beruf in der Freizeit machen musste und daher keine engen Terminvorgaben einhalten konnte.

Es gehört in der heutigen Zeit wirklich viel Begeisterung und vor allem auch verlegerischer Mut dazu, ein solches Buch in einer Übersetzung vorzulegen. Ich hoffe sehr, dass das Buch erfolgreich sein wird, weniger um meinetwillen, sondern zur Rechtfertigung des ganzen Unternehmens, das von den „Machern" mit Herzblut betrieben wurde.

Im Mai 2013

Dr. Herbert Weisshaupt

KAPITEL 1
Reines Eisen

Stähle bestehen zu über 95% aus Eisen (Fe). Daher ist das für Verständnis von Stahl das Studium der Eigenschaften von festem Eisen ein guter Ausgangspunkt. Wir beginnen mit folgendem Experiment: Von einem Stab aus reinem Eisen (25 mm Durchmesser) wird eine dünne Scheibe abgetrennt, so dass ein Stück mit etwa den Abmessungen einer Geldmünze entsteht. Eine Seite dieser Scheibe wird auf Polierscheiben poliert, wobei man mit einem grobkörnigen Poliermittel beginnt und schrittweise zu immer feineren Körnungen übergeht – so lange, bis die Oberfläche blank wird wie ein Spiegel.

Diese spiegelblanke Scheibe wird nun für 20 bis 30 Sekunden in eine Mischung aus zwei- bis fünfprozentiger Salpetersäure (HNO_3) und Methylalkohol eingelegt. Diese Mischung wird häufig als „Nital“ bezeichnet; „Nit“ steht für „Nitric Acid“, also Salpetersäure, und „Al“ für Alkohol. Dieser als Ätzen bezeichnete Vorgang führt dazu, dass die Oberfläche matt wird.

Betrachtet man nun die Probe im Lichtmikroskop bei 100-facher Vergrößerung, so findet man das im Bild 1.1 dargestellte Aussehen. Die unterschiedlichen, abgegrenzten Bereiche, die hier im Beispiel mit 1 bis 5 durchnummeriert sind, nennt man Eisenkörner, und die Grenzen dazwischen, zum Beispiel die mit einem Pfeil gekennzeichnete Grenze zwischen den Körnern 4 und 5, heißen Korngrenzen. Die durchschnittliche Korngröße ist ziemlich klein. Bei der 100-fachen Vergrößerung dieses Bildes ist eine Länge von 200 Mikrometern (μm) durch den so bezeichneten Pfeil symbolisiert. Der durchschnittliche Korndurchmesser in dieser Probe liegt bei 125 μm (1 μm = 0,001 mm).

Obwohl das bereits eine sehr kleine Zahl ist, ist diese Korngröße viel größer als die der meisten kommerziell erhältlichen Eisensorten. Eine Alufolie oder ein menschliches Haar haben beide etwa eine Stärke von 50 μm.

Die Grundbausteine für Feststoffe wie zum Beispiel Salz und Eis sind Moleküle. Das sind Einheiten, die aus zwei oder mehr Atomen bestehen, zum Beispiel Natrium +

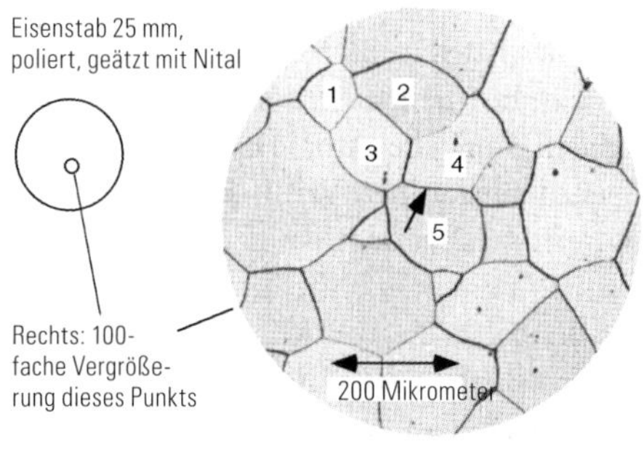

Bild 1.1 Lichtmikroskopische Gefügeaufnahme der Oberfläche eines polierten und angeätzten Eisenstabes mit Körnern und Korngrenzen. Originalvergrößerung 100-fach. Quelle: Literaturstelle 1.1

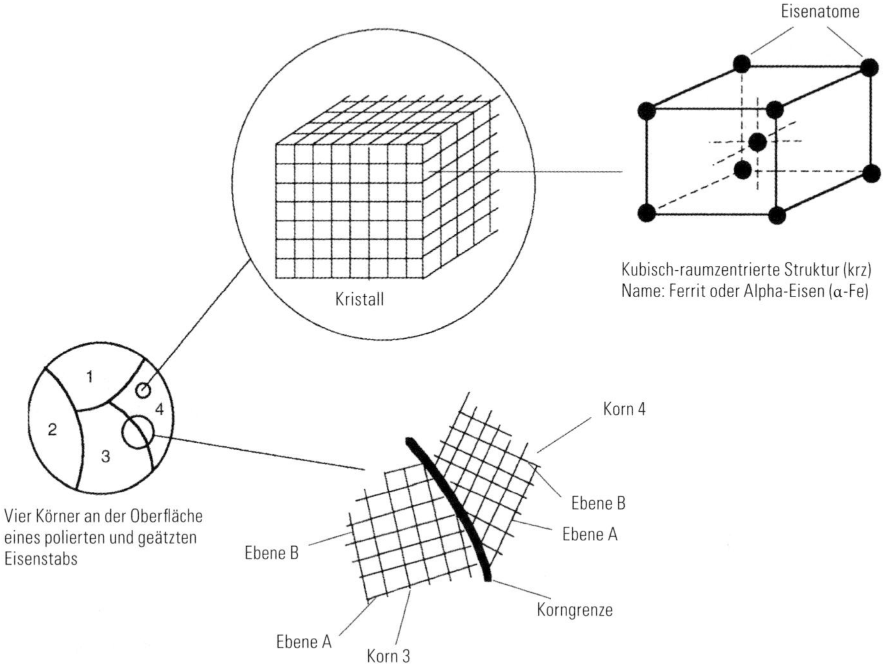

Bild 1.2 Kristallstruktur der Körner und die Beschaffenheit der Korngrenzen.

Chlor im Speisesalz (NaCl) oder Wasserstoff + Sauerstoff in Eis (H_2O). In Metallen jedoch bestehen die Grundbausteine aus den individuellen Atomen des Metalls, also Eisenatomen (Fe) im Falle unseres Eisenstabes und Kupferatomen (Cu) bei Kupferdraht.

Jedes Korn in Bild 1.1 stellt einen Kristall dar. In einem aus Atomen bestehenden Kristall sind alle Atome gleichmäßig auf Ebenen angeordnet. Verbindet man, so wie es in Bild 1.2 gezeigt ist, alle Mittelpunkte der Atome durch Linien, so entsteht eine dreidimensionale Anordnung von kleinen Würfeln, die so zusammenpassen, dass sie den ganzen Raum ausfüllen. Bei Raumtemperatur besitzt Eisen an jeder der acht Würfelecken je ein Atom sowie eines genau in der Mitte des Würfels. Diese Kristallstruktur nennt man *kubisch-raumzentriert* (krz). Die geometrische Anordnung der Atome nennt man oft ein krz-Gitter.

Ein Kristallgitter kann man veranschaulichen durch eine Anordnung von drei einander schneidenden, mit Atomen besetzten Ebenen, wobei jede Ebenenanordnung mit einer Fläche parallel zu einer Würfelseite steht. Eisen mit krz-Struktur heißt *Ferrit.* Ein anderer Name für Ferrit ist *Alpha-Eisen,* oder α-Eisen, wobei α das griechische Symbol für den ersten Buchstaben im römischen Alphabet, nämlich „a“, steht.

Die Beschaffenheit einer *Korngrenze* ist in Bild 1.2 unten in der Mitte verdeutlicht. Eine Korngrenze ist eine im Allgemeinen gekrümmte Trennfläche, an der sich zwei unterschiedlich orientierte Körner treffen.

Die mit A bezeichneten Ebenen in Korn Nr. 4 sind gegenüber der Horizontalrichtung viel stärker geneigt als die entsprechenden A-Ebenen von Korn 3. Würde man Korn 4 im Uhrzeigersinn drehen, bis die Orientierung der A-Ebenen mit denen von Korn 3 übereinstimmt, dann würden die Korngrenzen verschwinden und die beiden Körner zusammen ein größeres Korn bilden.

Es bleibt die interessante Frage, warum diese Korngrenzen durch den Ätzvorgang sichtbar werden. Wird ein Metall mit einer Säure angeätzt, werden chemisch einzelne Atome aus der Oberfläche herausgelöst. Die Geschwindigkeit der Herauslösung der Eisenatome durch das Nital hängt von der Orientierung des Kristalls ab, der dem Ätzangriff ausgesetzt ist. Da jedes Korn eine andere Orientierung besitzt, werden bei jedem Korn die Flächen unterschiedlich schnell angeätzt. So werden zum Beispiel die Flächen, die die Seitenflächen eines krz-Würfels bilden, wesentlich langsamer angeätzt als andere Kristallebenen.

So entstehen nach einer gewissen Zeit des Ätzens kleine Stufen an den Korngrenzen, so wie es in Bild 1.3 gezeigt ist. So würde man zum Beispiel an der Grenze eines schnell abtragenden Korns eine Stufe aufwärts zu den Nachbarkörnern feststellen. Solche Stufen führen generell zu einer Streuung des Lichts, und deshalb erscheinen die Korngrenzen als dunkle Linien. Erhitzt man Eisen auf 912°C, so tritt ein „magischer“ Effekt auf: Die Kristallstruktur ändert sich spontan von der krz-Struktur in eine neue Struktur, die als *kubisch-flächenzentriert* (kfz) bezeichnet wird. Diese Struktur ist in Bild 1.4 dargestellt. Hier sind – wie der Name schon nahelegt – die Atome sowohl an den Ecken des Würfels angeordnet, als auch jeweils ein Atom in der Flächenmitte jeder Würfelfläche. Ähnlich wie die krz-Struktur hat auch diese Struktur zwei Namen, entweder *Austenit* oder *Gamma-Eisen* (γ-Eisen), wo γ das griechische Symbol für den dritten Buchstaben des lateinischen Alphabets, nämlich „c“, darstellt. Wenn man ferritisches Eisen auf 912°C erhitzt, dann ändert sich die Anordnung der Ferritkörner in eine neue Anordnung von Austenitkörnern. Stellen wir uns vor, dass die ferritische Kornstruktur aus Bild 1.2 gerade die Umwandlungstemperatur erreicht hat. Man würde zunächst die Ausbildung einer neuen Anordnung sehr kleiner Austenitkörner beobachten, die sich an den alten Ferritkorngrenzen neu bilden, gefolgt vom Wachstum dieser Kör-

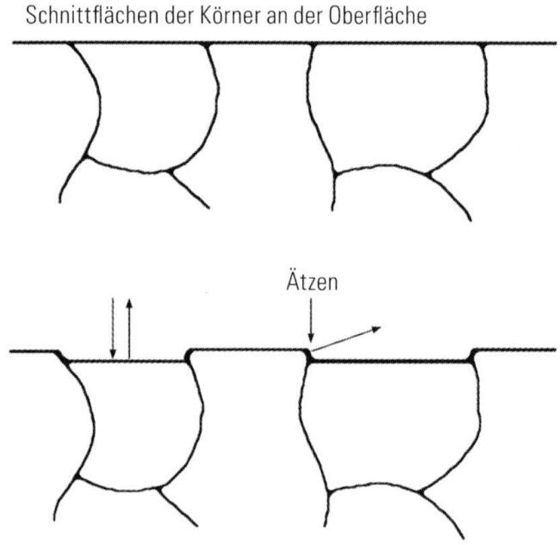

Bild 1.3 Sichtbarmachung des Stahlgefüges durch Ätzen mit Nital.

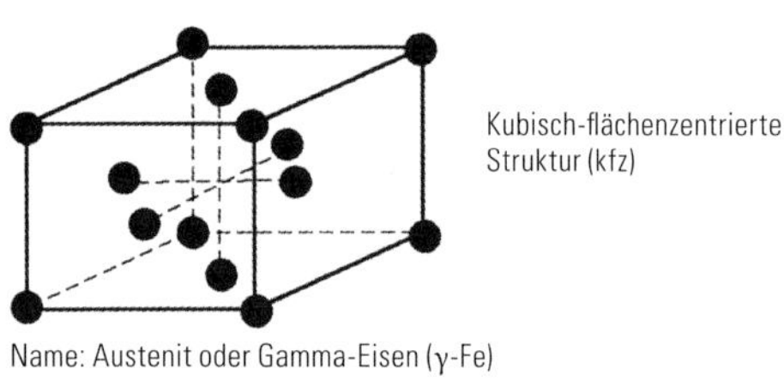

Bild 1.4 Kristallstruktur von Eisen bei höheren Temperaturen.

> ***Historischer Irrtum***
> *Die ersten drei Buchstaben des griechischen Alphabets sind alpha, beta und gamma (α, β, γ), aber es gibt keine Struktur des Eisens, die Beta-Eisen heißt. Als die Struktur des Eisens im späten 19. Jahrhundert erforscht wurde, vermuteten die Wissenschaftler, dass eine solche Beta-Struktur existiert, und zwar wegen des Übergangs im Magnetismus des Eisens, der bei 770°C erfolgt. Es stellte sich aber später heraus, dass es eine solche Struktur nicht gibt.*

ner, bis schließlich die ehemaligen Ferritkörner verschwunden sind.

Zwei wichtige Effekte passieren bei der Umwandlung von Ferrit in Austenit:

(1) Genauso wie man Wärmeenergie braucht, um Eis in Wasser umzuwandeln, braucht man Wärme zur Umwandlung von Ferritkörnern zu Austenitkörnern. Daher wird auch bei fortgesetztem Aufheizen die Temperatur des Eisens so lange nahe bei 912°C bleiben, bis alle Ferritkörner umgewandelt sind.

(2) Die Ferrit-Austenit-Umwandlung (α/γ-Umwandlung) geht mit einer Volumenänderung einher. Die Dichte des Austenits ist zwei Prozent höher als die von Ferrit, was bedeutet, dass im Austenit das Volumen für jedes Eisenatom entsprechend kleiner ist.

Es ist hilfreich, diese Ideen geometrisch in einem Diagramm zu veranschaulichen, in dem die Temperatur als Vertikale aufgetragen ist. Die entsprechenden Änderungen, die bei bestimmten Temperaturen auftreten, sind gekennzeichnet, so wie in Bild 1.5 gezeigt. Im Folgenden betrachten wir zwei Experimente, die diese Änderungen erklären.

Experiment 1: Wir erhitzen einen Eisenstab auf über 770°C. Dann lassen wir ihn wieder abkühlen. Bei der Abkühlung führen wir einen Magneten nahe heran. Wenn die Temperatur 770°C erreicht, fängt der heiße Stab an, vom Magneten angezogen zu werden. Wie das Diagramm in Bild 1.5 zeigt, ist krz-Eisen (α-Eisen) nur unterhalb von 770°C magnetisch, und kfz-Eisen (γ-Eisen) ist niemals magnetisch.

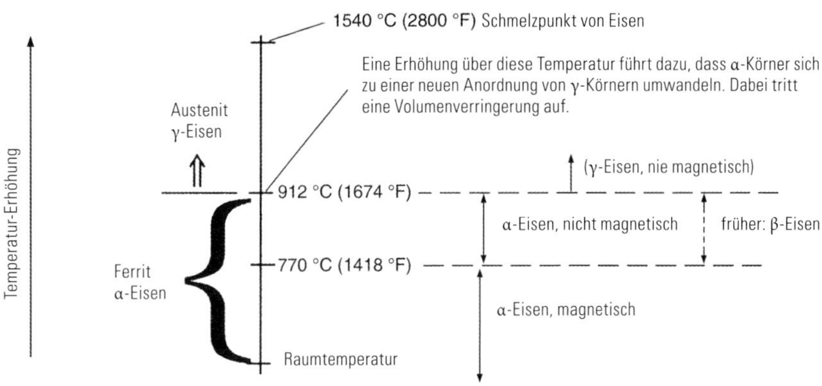

Bild 1.5 In Eisen auftretende Veränderungen bei Erhöhung der Temperatur.

Experiment 2: Man nehme ein Stück schwarzen (nicht galvanisierten) Bindedraht aus Eisen und spanne es zwischen zwei elektrische Kontakte in einem Abstand von etwa einem Meter. In der Mitte des Drahts wird ein Gewicht angebracht. Nun leitet man elektrischen Strom durch den Draht und heizt ihn auf über 912°C auf, wobei der Draht jenseits der Rotglut eine orange-gelbe Farbe annimmt. Man muss dabei die Spannung langsam erhöhen mit einer einstellbaren Stromquelle, die hohe Stromstärken verkraftet, wie zum Beispiel einem Regeltransformator.

Wenn der Draht sich aufheizt, wird er länger, und das Gewicht sinkt nach unten. Nun stellt man die Spannungsversorgung ab und beobachtet im abgedunkelten Raum, wie der Draht sich abkühlt. Die folgenden beiden Effekte treten bei der Umwandlungstemperatur von 912°C auf:

1. Bei Abkühlung des Drahts wird durch die Volumenkontraktion das Gewicht angehoben. Diese Anhebung wird allerdings zeitweise umgekehrt, wenn sich der Draht wieder längt, nämlich durch die Entstehung des Ferrits, der eine geringere Dichte als der Austenit hat.

2. Die bei der Umwandlung frei werdende Wärme wird eine Farbänderung erzeugen (in einem abgedunkelten Raum am besten zu sehen). Beide Effekte können auch in umgekehrter Reihenfolge bei der Aufheizung beobachtet werden, allerdings nicht so stark ausgeprägt (wegen der Schwierigkeit, schnell aufzuheizen).

Um zu verstehen, warum bei der Abkühlung und der damit verbundenen Umwandlung von Austenit in Ferrit Wärme freigesetzt wird, betrachten wir die Wasser-Eis-Umwandlung. Es ist klar, dass man Wasser abkühlen muss, um es in Eis umzuwandeln. Das bedeutet, dass der Flüssigkeit Wärme entzogen wird. Das Gleiche geschieht, wenn heiße Metalle erstarren: Dem Metall wird Wärme entzogen. Wenn also ein heißes Metall bis zum Erstarrungspunkt abgekühlt wird, so wird von der erstarrenden Flüssigkeit Wärme abgegeben.

Die Umwandlung vom flüssigen in den festen Zustand nennt man *Phasenumwandlung* zwischen der flüssigen und der festen Phase. Phasenumwandlungen, die bei Abkühlung erfolgen, setzen Wärme frei. Wenn sich Austenit bei Abkühlung in Ferrit verwandelt, tritt eine Phasenumwandlung zwischen zwei festen Zuständen auf (im Gegensatz zu einer Umwandlung fest zu flüssig), und Wärme wird abgegeben. Beim Aufheizen wird die Reihenfolge umgekehrt: Bei der Umwandlung von Ferrit in Austenit wird Wärme absorbiert.

Die Kernaussagen in Kapitel 1:

1. Ein Stück Eisen besteht aus Millionen von kleinen Kristallen, die dicht zusammengepackt sind.
2. Jeder Kristall wird als „Korn" bezeichnet. Ein typischer Korndurchmesser liegt zwischen 30 und 50 µm.
3. Die Grenzen zwischen den Körnern werden als *Korngrenzen* bezeichnet.
4. Unterhalb von 912°C bezeichnet man das Eisen entweder als *Ferrit* oder als *Alpha-Eisen (α-Eisen)*. Die Eisenatome sind beim Ferrit in einer kubisch-raumzentrierten (krz) Geometrie angeordnet. Es ist gebräuchlich, diese Anordnung von Atomen als *kubisch-raumzentriertes Gitter (krz-Gitter)* zu bezeichnen.
5. Oberhalb von 912°C heißt das Eisen

entweder *Austenit* oder *Gamma-Eisen (γ-Eisen)*. Die Eisenatome sind beim Austenit in einem kubisch-flächenzentrierten (kfz) Gitter angeordnet.

6. Erhitzen auf 912°C führt zur Bildung kleiner Austenitkörner an den Ferritkorngrenzen. Weiteres Erhitzen führt dazu, dass die neuen Austenitkörner wachsen und dabei alle alten Ferritkörner in eine neue Anordnung von kleineren Austenitkörnern überführen. Bei Abkühlung unter 912°C tritt der gleiche Effekt der Umwandlung auf, nun allerdings in umgekehrter Reihenfolge, wobei die Ferritkörner die Austenitkörner ersetzen.

KAPITEL 2
Lösungen und Phasendiagramme

Zum Verständnis der Festigkeit von Stählen ist es extrem nützlich, ein grundlegendes Verständnis von zwei Dingen zu besitzen: Lösungen und Phasendiagrammen.

2.1 Lösungen

Die wesentlichen Aspekte einer Lösung kann man sich anhand des folgenden einfachen Beispiels vor Augen führen: Ein Teelöffel Zucker oder Salz wird in einem Glas Wasser aufgelöst. Am Anfang wird das meiste von dem weißen Zucker oder dem Salz auf dem Wasser schwimmen oder im Glas zu Boden sinken. Rührt man jedoch hinreichend stark mit dem Löffel um, wird alles Salz oder Zucker verschwinden, und nur klares Wasser wird übrig bleiben. Der Zucker oder das Salz sind nun im Wasser *gelöst*, und die entstandene Flüssigkeit nennt man eine wässrige Lösung von Zucker oder Salz.

Was ist mit dem Zucker oder dem Salz geschehen? Betrachten wir das Salz, da seine Molekularstruktur (Natriumchlorid NaCl bei Tafelsalz oder Kalziumchlorid $CaCl_2$ bei Streusalz) weit simpler ist als die von Zucker. Wenn das Salz in Lösung geht, brechen die Moleküle in ihre atomaren Bestandteile auseinander. Diese Atome wiederum werden in das Wasser hineingezogen und dort als geladene Atome (Ionen genannt) zwischen den Wassermolekülen (H_2O) gefangen.

Beim Speisesalz zerfallen die NaCl-Moleküle nach folgender Reaktionsgleichung: NaCl => Na^+ + Cl^-, wo das Symbol Na^+ für das positiv geladene Natriumatom (Ion) steht. Das Symbol Cl^- bezeichnet das negativ geladene Chlor-Ion. Das feste Salz ist nicht mehr sichtbar, da die chemischen Bindungen, die die Atome im festen Zustand zusammenhielten, aufgebrochen sind. Dadurch ist die frühere Festkörperstruktur verschwunden, und die Atome der Bestandteile wurden zwischen die Wassermoleküle eingebaut.

Bringt man eine Substanz in einer Flüssigkeit zur Lösung, so verschiebt sich der Gefrierpunkt dieser Lösung zu tieferen Temperaturen hin. Das ist zum Beispiel der Grund dafür, dass Kalziumchlorid ($CaCl_2$) im Winter auf Straßen und Gehwegen gestreut wird. Das Salz löst sich im Regenwasser auf und senkt dessen Gefrierpunkt ab. Eis bildet sich dann erst, wenn Temperaturen erreicht werden, die niedriger liegen als der Gefrierpunkt des reinen Wassers von 0°C.

Diesen Effekt kann man – wie in Bild 2.1 gezeigt – grafisch darstellen. Hier ist die Temperatur an der vertikalen Achse aufgetragen, die Menge des gelösten Salzes an der horizontalen Achse. Dabei wird die im Wasser gelöste Salzmenge in Gewichtspro-

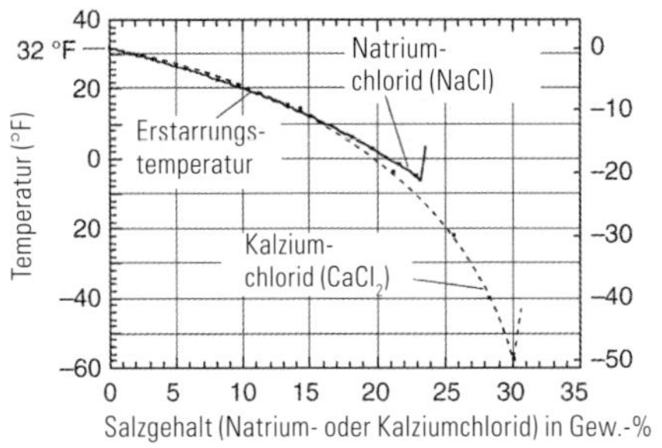

Bild 2.1 Die Gefriertemperatur von Wasser in Abhängigkeit vom Salzgehalt (Natriumchlorid und Kalziumchlorid) für unterschiedliche Gehalte in Gewichtsprozent der beiden Salze.

zenten der gesamten Lösung angegeben. Man verwendet oft zwei Ausdrücke für die gelöste Menge: Einen Wert von 10 Gewichtsprozent Kochsalz kann man zum Beispiel als *Salzkonzentration* bezeichnen oder als *Lösungszusammensetzung*.

In Bild 2.1 ist zu sehen, dass nach dem Überschreiten einer bestimmten maximalen Lösungsmenge des Salzes der Gefrierpunkt plötzlich stark ansteigt. Diese maximale Zusammensetzung heißt *eutektische* Zusammensetzung. Diesen Begriff werden wir noch eingehend im Kapitel 3 diskutieren. Die Kurven zeigen auch, warum Kalziumchlorid für die Verwendung als Streusalz günstiger ist als Kochsalz.

2.2 Phasendiagramme

Die Gestalt der Moleküle in Wasser (das heißt die *Molekularstruktur* des Wassers) ist im Mittel die gleiche an jedem Ort im Wasser. Das Wasser bildet eine flüssige *Phase*. In ähnlicher Weise ist die Molekularstruktur von Eis an jedem Punkt gleich, und das Eis wird als feste Phase bezeichnet. Die Molekularstrukturen von Eis und Wasser unterscheiden sich jedoch erheblich voneinander, da das eine ein fester Körper und das andere eine Flüssigkeit ist. Eis und Wasser sind demnach zwei unterschiedliche Phasen.

Wie in Bild 2.1 dargestellt, sinkt der Gefrierpunkt des Wassers bei der Bildung einer Lösung durch Hinzufügen von Salz. Die Molekularstruktur der Salzlösung ist im Wesentlichen die gleiche wie die des reinen Wassers, da die Salzionen störungsfrei zwischen die Wassermoleküle passen, ohne dass die Molekularstruktur gestört wird. Wasser und Salzlösung stellen also die gleiche Phase dar.

Ein Phasendiagramm ist eine Art Landkarte, auf der die Koordinaten der Gebiete verzeichnet sind, innerhalb derer die verschiedenen Phasen existieren können. Bild 2.2 zeigt einen Ausschnitt aus dem Phasendiagramm von Wasser und Kalziumchlorid. Genau wie in Bild 2.1 ist die Temperatur an der vertikalen Achse aufgetragen, die Zusammensetzung (in Gewichtsprozent Salz) an der horizontalen Achse. Die Kurve für die Abhängigkeit des Gefrierpunktes ist die gleiche wie in Bild 2.1. Allerdings ist hier zusätzlich der starke Anstieg des Gefrierpunktes rechts vom eutektischen Punkt weitergezeichnet, bis zur Maximaltemperatur, die im Diagramm angegeben ist.

Das mit „flüssig" bezeichnete, schattierte Gebiet oberhalb der Kurve für die Gefrierpunktstemperatur stellt alle möglichen Kombinationen von Temperatur-Zusammensetzungskoordinaten für flüssige Zustände dar. Man achte auf das am linken Rand des Diagramms eingezeichnete, sehr schmale schattierte Gebiet mit der Bezeichnung „festes Eis". Dieses feste Eis besitzt die gleiche molekulare Struktur wie das Eis aus

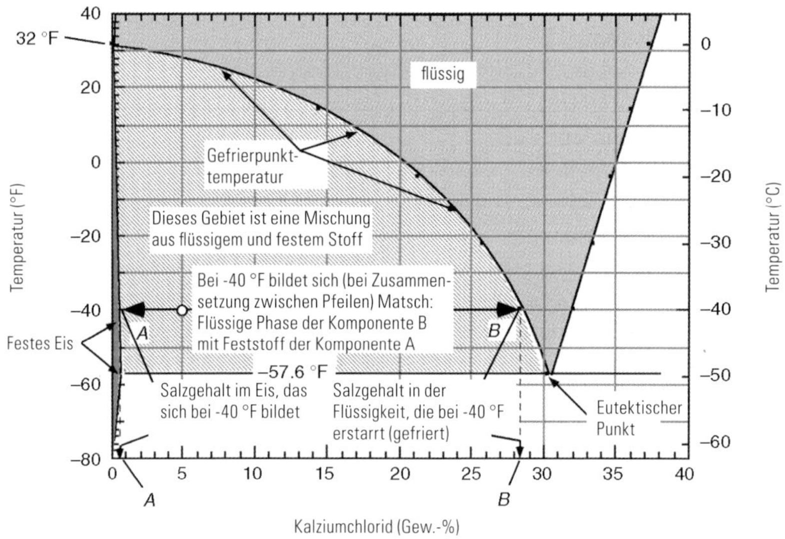

Bild 2.2 Ein Ausschnitt aus dem Phasendiagramm Wasser-Kalziumchlorid.

reinem Wasser, enthält jedoch nunmehr sehr kleine Mengen von gelöstem Salz. Es handelt sich um die gleiche Phase wie beim Eis aus reinem Wasser.

Betrachten wir nun eine Salzlösung mit einem Gehalt von fünf Gewichtsprozent (Gew.%) Kalziumchlorid, die auf eine Temperatur von -40°C (dargestellt als kleiner Kreis in Bild 2.2) abgekühlt wird. Dieser Punkt liegt in dem Phasendiagramm weder im Bereich der Flüssigkeit noch im Bereich des festen Stoffes. Diese Lösung kann bei -40°C weder komplett flüssig noch komplett fest sein.

Im Bild 2.2 ist bei -40°C eine horizontale Linie eingezeichnet, die an den Enden der Pfeile mit den Buchstaben A und B bezeichnet ist. Gemäß diesem Diagramm muss diese fünfprozentige Lösung bei -40°C eine Mischung aus festem Eis der Zusammensetzung A (ca. 0,7% Salz*) und Flüssigkeit mit der Zusammensetzung B (mit ungefähr 28,3% Salz) sein. Man kann sie sich als Matsch, eine Eis-Wasser-Mischung, vorstellen.

Jede Lösung, die einer Zusammensetzung innerhalb dieser schraffierten Matsch-Region entspricht, ist eine Mischung aus Wasser und Eis. So zeigt jedes Gebiet im Phasendiagramm, welche Phasen zu erwarten sind, hier also feste und flüssige Phase zusammen. Zusätzlich kann man in dem Zwei-Phasen-Gebiet (in der schraffierten Matsch-Zone) zu einer gegebenen Temperatur die Zusammensetzung jeder der beiden Phasen ablesen.

Allerdings kann man in dem einphasigen festen oder flüssigen Gebiet nicht die Zusammensetzung der Phase bei einer gegebenen Temperatur vorhersagen. Es steht nur fest, dass aller Stoff jeweils fest oder flüssig ist. In diesen Fällen liegt die durchschnittliche Zusammensetzung der Ausgangslösung vor, ohne dass man aus dem Phasendiagramm eine Konzentration entnehmen könnte.

Die Kernaussagen in Kapitel 2:

1. Eine flüssige Lösung tritt auf, wenn man eine Substanz in einer Flüssigkeit löst, zum Beispiel Salz in Wasser. Eine feste Lösung ist ähnlich, so zum Beispiel eine Lösung von Salz in Eis.
2. Die Substanz, die in Lösung geht (das Salz bei Salzlösungen, der Kohlenstoff in Stahl) verliert seine Identität und erscheint nicht mehr sichtbar, da seine Atome in die Lösung eingebaut werden.
3. Lösungen weisen überall im Inneren die gleiche Molekularstruktur oder atomare Struktur auf. Jede Lösung nennt man eine Phase.
4. Ein Phasendiagramm ist eine Art Landkarte mit der Temperatur als Koordinate an der vertikalen Achse und der Zusammensetzung oder Konzentration als Koordinate an der horizontalen Achse. Das Phasendiagramm identifiziert jene Kombinationen von Temperatur und Zusammensetzung, bei der eine bestimmte Phase existiert.
5. Ein Phasendiagramm beinhaltet auch Kombinationen von Temperaturen und Zusammensetzungen, bei denen nur Mischungen von Phasen existieren können. So zeigt zum Beispiel das schraffierte Gebiet des Matsch-Bereichs des Phasendiagramms aus Bild 2.2 auf, wo Mischungen aus festem Eis und Wasser vorliegen.

KAPITEL 3
Stahl und das Eisen-Kohlenstoff-Phasendiagramm

Stahl entsteht dadurch, dass man Kohlenstoff in Eisen löst. Reines Eisen schmilzt bei der extrem hohen Temperatur von 1540°C. Bei solchen Temperaturen löst sich der Kohlenstoff bereitwillig in flüssigem Eisen und bildet dabei eine flüssige Lösung. Bei der Erstarrung bildet diese flüssige Lösung eine feste Lösung, bei der Kohlenstoffatome (C) in dem festen Eisen gelöst sind. Die einzelnen Kohlenstoffatome liegen in den Lücken zwischen den Eisenatomen der Kristallkörner des Austenits (bei hohen Temperaturen) oder Ferrits (bei niedrigen Temperaturen).

Ist die Menge des in flüssigem Eisen gelösten Kohlenstoffs kleiner als 2,1%, so erhält man Stahl. Liegt man oberhalb dieses Werts, so ist das Resultat Gusseisen. Flüssiges Eisen kann sehr wohl mehr Kohlenstoff lösen als 2,1%, aber festes Eisen nicht. Das führt dazu, dass Gusseisen (Eisen mit mehr als 2,1% Kohlenstoff) eine andere Struktur des Festkörpers aufweist. Dieses Thema wird in Kapitel 16 eingehender diskutiert.

Eine wichtige Anmerkung: Alle Prozentangaben beziehen sich auf das Gewicht, es handelt sich also um Gewichtsprozent (Gew%), zur Vereinfachung behalten wir aber die Schreibweise % bei.

Zusätzlich zu Kohlenstoff enthalten alle modernen Stähle das Element Mangan (Mn) und kleine Verunreinigungen durch Schwefelatome (S) und Phosphor (P). Demzufolge lassen sich Stähle als Legierungen mit drei oder mehr Elementen betrachten, gemäß der Zusammensetzung Fe+C+X. Dabei sind Fe und C die Elementsymbole für Eisen und Kohlenstoff und X die Menge von Drittelementen und Verunreinigungen.

In den USA werden die meisten Stähle nach einem Schlüssel geordnet, der vom American Institute of Iron and Steel (AISI) entwickelt wurde. Gewöhnlich unterteilt man Stähle mit unterschiedlichen Zusammensetzungen in zwei Kategorien: unlegierte Kohlenstoffstähle und legierte Stähle. Bei unlegierten C-Stählen besteht X nur aus Mangan, Schwefel und Phosphor, bei legierten Stählen wurden ein oder mehrere Elemente hinzugefügt.

Tabelle 3.1 listet die Zusammensetzungen von zwei einfachen unlegierten Kohlenstoffstählen auf. Man sieht, dass der Kohlenstoffgehalt (angegeben in Gewichtsprozent) mit den letzten beiden Ziffern im Zahlenschlüssel korreliert. Der Gehalt an Mangan findet sich nicht im Schlüssel wieder und muss aus Tabellen entnommen werden. Die ersten beiden Ziffern des Schlüssels („10“) weisen den Stahl als einfachen unlegierten Stahl aus. Diese beiden Ziffern lauten anders für legierte Stähle. Die Tabelle zeigt ein Beispiel für einen chromlegierten Stahl (Cr). Die komplette Zusammensetzung entnimmt man Nach-

Stahltyp	AISI-Nummer	%C	%Mn	übr.	%S	%P
Kohlenstoffstahl	1018	0.18	0.75	...	0.05 (max)	0.04 (max)
	1095	0.95	0.40	...	0.05 (max)	0.04 (max)
Legierung	5160	0.60	0.82	0.8Cr	0.05 (max)	0.04 (max)

Tabelle 3.1 Zusammensetzung (in Gewichtsprozent) einiger Stahlsorten.

schlagewerken, zum Beispiel Literaturstelle 3.3. Legierte Stähle werden in den Kapiteln 6, 13 und 14 behandelt.

Feste Lösungen sind den in Kapitel 2 behandelten flüssigen Salzlösungen ähnlich. Nachdem die Substanz in Lösung gegangen ist, ist ihre Anwesenheit für einen Beobachter nicht mehr sichtbar. Das wird in Bild 3.1 für Stahl verdeutlicht. Auf der linken Seite ist als Ausgangssituation ein Eisenrundling mit nur drei Körnern gezeichnet. Das Eisen ist von einer dünnen Graphitschicht umgeben und wird auf 1000°C aufgeheizt. Nach einigen Stunden ist die Graphitschicht verschwunden. Die Kohlenstoffatome des Graphits sind in das feste Eisen hineingewandert. Diesen Prozess nennt man *Diffusion*. Er wird in Kapitel 7 ausführlich behandelt.

Bild 3.1 Umwandlung eines Eisenstabes mit nur drei Körnern in Stahl durch Lösen von Kohlenstoff in dem Eisen.

Alle Kohlenstoffatome passen in die Lücken zwischen den Eisenatomen des kubisch-flächenzentrierten Austenits, der bei dieser Temperatur vorliegt. Diese feste Lösung von Kohlenstoff in Eisen heißt Stahl.

Bild 1.4 zeigt die Position der Eisenatome im kubisch-flächenzentrierten (kfz) Gitter. Wenn man jeden der kleinen ausgefüllten Punkte in diesem Bild so lange anwachsen lässt, bis sich die Punkte berühren, ergibt sich das in Abbildung 3.2 gezeigte Modell eines kubisch-flächenzentrierten Eisens. Die vergrößerten Eisenatome berühren einander entlang der Flächendiagonalen der Würfelflächen. Die kleinen offenen Kreise definieren das Zentrum der Lücken zwischen den Eisenatomen. Vergrößert man diese kleinen Kreise so lange, bis sie die Eisenatome berühren, dann beträgt der maximale Durchmesser dieser expandierten Kreise 41,4% des Durchmessers der Eisenatome.

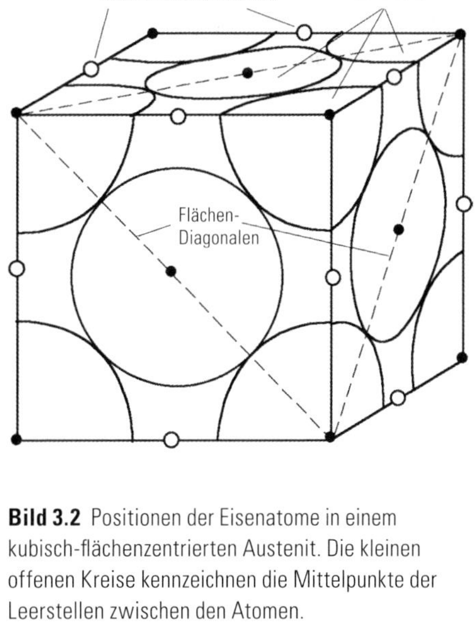

Bild 3.2 Positionen der Eisenatome in einem kubisch-flächenzentrierten Austenit. Die kleinen offenen Kreise kennzeichnen die Mittelpunkte der Leerstellen zwischen den Atomen.

Das bedeutet, dass alle Atome, die im Durchmesser kleiner als 42% des Eisenatomdurchmessers sind, in diese Lücken zwischen den Atomen passen. Kohlenstoffatome sind zwar klein, aber man schätzt ihren Durchmesser auf 56% des Atomdurchmessers des Eisens im Austenit. Wenn also Kohlenstoff im Eisen gelöst wird, dann drückt er die Eisenatome ein wenig auseinander. Je mehr Kohlenstoff gelöst wird, umso weiter werden die Atome auseinandergedrückt. Daraus ergibt sich, dass es eine Grenze gibt, bis zu der Kohlenstoff in Eisen löslich ist.

Im reinen Eisen besteht der Unterschied zwischen Ferrit und Austenit in der unterschiedlichen Atomstruktur. Wie in Bild 1.2 und 1.4 zu sehen ist, sind die Eisenatome bei Ferrit in einer kubisch-raumzentrierten (krz) Kristallstruktur geordnet, bei Austenit in einer kubisch-flächenzentrierten (kfz) Struktur. Sowohl in den Ferritkörnern als auch in den Austenitkörnern ändert sich innerhalb eines Korns die atomare Struktur nicht. Daher bezeichnet man – ähnlich wie im Beispiel mit Wasser und Eis in Kapitel 2 – Ferrit und Austenit als unterschiedliche individuelle *Phasen*.

Fügt man dem Austenit Kohlenstoff hinzu, um eine feste Lösung zu erzeugen, so wie in Bild 3.1 gezeigt, dann hat die feste Lösung immer noch die gleiche ku-

Eisenerzeugung in der Frühzeit

Die Eisenzeit geht zurück bis ins Jahr 1000 v.Chr., als unsere Vorfahren lernten, die auf der Erde reichlich vorkommenden Eisenoxide zu elementarem Eisen zu reduzieren. Das Eisen wurde in Öfen erzeugt, die mit Holzkohle befeuert wurden, die jedoch nicht heiß genug wurden, um schmelzflüssiges Eisen zu erhalten. Sie erzeugten ein Eisen, das als Rennfeuereisen bezeichnet wird und dem heutigen Schmiedeeisen ähnelt.

Obwohl zum Betrieb dieser Öfen Holzkohle verwendet wurde, löste sich nur sehr wenig Kohlenstoff im Eisen. Daher musste man zur Stahlerzeugung diesem Rennfeuereisen Kohlenstoff hinzufügen (selbst bis zum heutigen Tage kann man wirtschaftlich keinen Stahl direkt aus dem Erz erzeugen. Im modernen Zwei-Stufen-Verfahren wird zunächst Roheisen mit hohem Kohlenstoffgehalt erzeugt, und im zweiten Schritt wird der Kohlenstoff reduziert bis auf Gehalte, die im Bereich des Stahls liegen).

Unsere Vorfahren erkannten die Bedeutung und die Natur des Kohlenstoffs erst um 1789 bis 1790, und Stahl und Gusseisen spielten bei seiner Entdeckung eine Schlüsselrolle. Bis kurz vor dieser Zeit geschah die Stahlproduktion hauptsächlich dadurch, dass Schmiede Rennfeuereisen in Holzkohlenfeuern erhitzten. Dieser Prozess ist schwer zu beherrschen, da ein Holzkohlenfeuer ebenso leicht Kohlenstoff entziehen wie hinzufügen kann (mehr zur Kohlenstoffwanderung im Kapitel 7). Daher wurde Stahl ab dem Beginn der Eisenzeit gewissermaßen auf der Basis eines „Versuch-und-Irrtum"-Verfahrens erzeugt, und die Güte solcher Stähle variierte sehr stark. Erfolgreiche Schmiede hüteten ihre Methoden sehr sorgfältig.

bisch-flächenzentrierte Kristallstruktur wie das reine Eisen. Wie mit Hilfe des Bilds 3.2 beschrieben, passt der aus dem Graphit stammende Kohlenstoff gerade in die Lücken zwischen den Eisenatomen. Die Kristallstruktur bleibt kubisch-flächenzentriert – mit dem einzigen Unterschied, dass nun die Eisenatome sehr leicht auseinandergedrückt sind.

Der Austenit des reinen Eisens und der Austenit mit gelöstem Kohlenstoff sind die gleiche Phase. Somit sind Austenit mit gelöstem Kohlenstoff und Ferrit mit gelöstem Kohlenstoff zwei unterschiedliche Phasen, und beide bilden den Stahl.

3.1 Stähle mit niedrigem Kohlenstoffgehalt (untereutektoide Stähle)

Das Eisen-Kohlenstoff-Phasendiagramm ist eine Art Landkarte für Temperatur und Zusammensetzung, in der die Existenzgebiete der beiden Phasen Austenit und Ferrit eingezeichnet sind. Es zeigt auch, wo man Mischungen dieser beiden Phasen erwarten kann, ähnlich wie die „Matschregion“ im Phasendiagramm von Eis und Salz. In Bild 3.3 ist ein Ausschnitt aus diesem Phasendiagramm dargestellt. Man kann erkennen, dass eine sehr große Ähnlichkeit mit dem Salzdiagramm aus Abbildung 2.2 besteht.

Im reinen Eisen wandelt sich der Austenit bei Abkühlung auf 912°C in Ferrit um. Diese Umwandlungstemperatur trägt traditionell die Bezeichnung A_3-Temperatur. Man sieht, dass sich beim Hinzufügen von Kohlenstoff zum Eisen diese Temperatur nach unten verschiebt, genauso wie der Gefrierpunkt sinkt, wenn man Salz zu Wasser hinzufügt. Während beim Wasser-Salz-Gemisch die stärkste Absenkung beim sogenannten *eutektischen Punkt* auftritt, liegt eine ähnliche Maximalabsenkung auch beim Gemisch Eisen-Kohlenstoff vor. Allerdings heißt der Punkt hier der *eutektoide Punkt*, auch oft als *Perlitpunkt* bezeichnet.

Der eutektoide Punkt kennzeichnet im Phasendiagramm die Temperatur und die Zusammensetzung, bei der eine eutektoide Reaktion stattfindet. Eine solche Reaktion ist gegeben, wenn ein fester Zustand in zwei andere feste Zustände übergeht. Der eutektoide Punkt im Eisen-Kohlenstoff-System liegt bei einem Kohlenstoffgehalt von 0,77%. Stähle mit niedrigerem Kohlenstoffgehalt heißen untereutektoide Stähle.

Die eutektoide Temperatur wird traditionell als A_1-Temperatur bezeichnet. Stähle, die zu 100 Prozent aus Austenit bestehen, müssen Kombinationen von Temperatur und Zusammensetzung aufweisen, die in dem oberen schattierten Gebiet in der Mitte von Bild 3.3 liegen. Rein ferritische Stähle müssen Temperatur-Zusammensetzungs-Koordinaten haben, die in dem schmalen dunklen Gebiet am linken Rand des Diagramms 3.3 liegen.

Die maximal in Ferrit lösliche Menge an Kohlenstoff liegt bei nur 0,02% und tritt bei der eutektoiden Temperatur von 727°C auf. Das bedeutet, dass Ferrit im wesentlichen reines Eisen ist, da es hinsichtlich seines Kohlenstoffgehalts eine Reinheit von 99,98% oder mehr aufweist. Austenit kann viel mehr Kohlenstoff lösen als Ferrit. Bei der eutektoiden Temperatur löst Austenit 0,77% Kohlenstoff, also 38 Mal soviel wie Ferrit bei der gleichen Temperatur. Austenit kann deshalb mehr Kohlenstoff lösen als Ferrit, da die Lücken zwischen den Eisenatomen in der kubisch-flächenzentrierten (kfz) Struktur deutlich größer sind

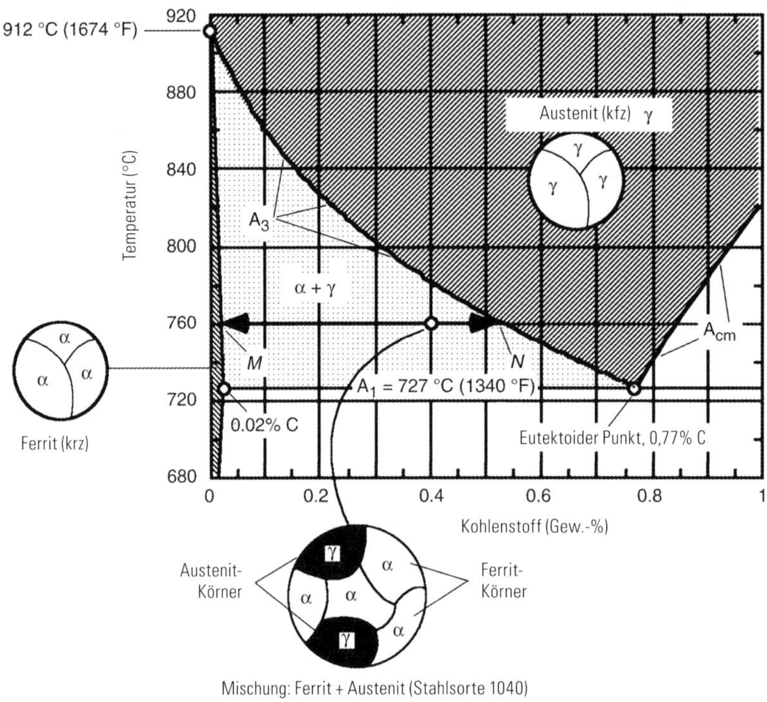

Bild 3.3 Ausschnitt aus dem Eisen-Kohlenstoff-Phasendiagramm für hypoeutektoide Stahllegierungen (mit Kohlenstoffgehalten von weniger als 0,77%).

als in der kubisch-raumzentrierten (krz) Struktur.

Erinnern wir uns an das Salz-Wasser-Phasendiagramm: Der schattierte „Matsch-Bereich“ beschreibt hier die Temperatur-Zusammensetzungs-Koordinaten, wo man Matsch, eine Mischung von Eis und Wasser, vorfindet. In ähnlicher Weise gibt der zentrale, hell schattierte Bereich im Bild 3.3, der mit α+γ beschriftet ist, die Kombinationen von Temperatur und Zusammensetzung wieder, bei denen der Stahl aus einer Mischung von Austenit und Ferrit besteht.

Nehmen wir an, wir betrachten durch ein hitzebeständiges Mikroskop die polierte Oberfläche eines Stahls mit 0,4% C nach Aufheizung auf 760°C. Da diese Kombination von Temperatur und Zusammensetzung in der mit α+γ bezeichneten Region liegt, muss es sich bei dem Stahl um ein Gemisch aus Ferrit und Austenit handeln. Ein Beispiel dafür ist im unteren Teil des Bilds 3.3 dargestellt.

Dem Phasendiagramm kann man auch Informationen zur Zusammensetzung der beiden Phasen entnehmen. Die Austenitkörner müssen die mit N bezeichnete Zusammensetzung aufweisen, die Ferritkörner entsprechend die Zusammensetzung M im Bild 3.3.

Als weiteres Beispiel für den praktischen Nutzen des Phasendiagramms betrachten wir das folgende einfache Experi-

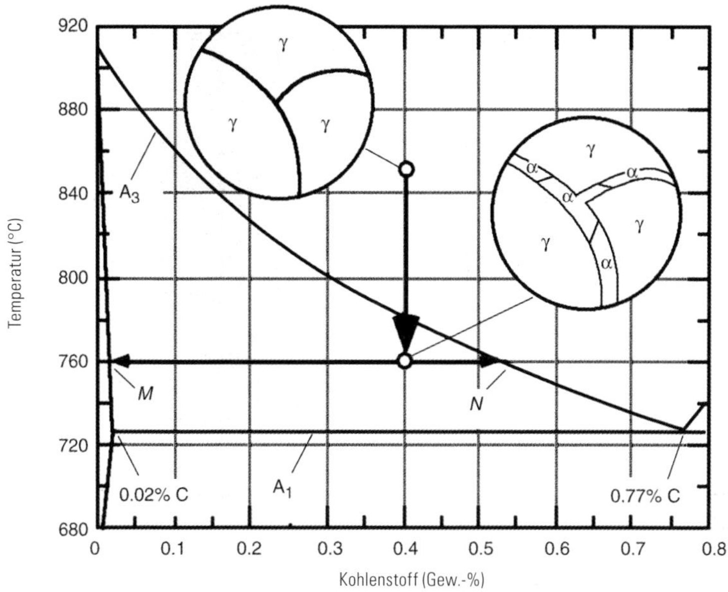

Bild 3.4 Ausschnitt aus dem Eisen-Kohlenstoff-Phasendiagramm mit Veranschaulichung der Gefügeänderungen eines 1040er Stahls beim Abkühlen von 850 auf 760°C (1560 auf 1400°F).

ment: Ein Stahl mit einem Kohlenstoffgehalt von 0,4% wird zunächst auf 850°C aufgeheizt und dort etwa zehn Minuten gehalten. Nach dieser kurzen Haltezeit würden alle Körner in diesem Stahl nur aus reinen kfz-Austenitkörnern bestehen, mit einem Kohlenstoffgehalt von 0,4%.

Zur Vereinfachung stellen wir uns vor, dass wir mit einem hitzefesten Mikroskop diesen Stahl betrachten. Wir fassen dabei ein Gebiet mit nur drei Körnern ins Auge, so wie im Bild 3.4. Stellen wir uns nun vor, die Temperatur wird auf 760°C abgesenkt, und die Probe kühlt langsam auf diese Temperatur ab. Was geschieht dabei im Stahl?

Gemäß Phasendiagramm muss der Stahl bei Abkühlung aus zwei Phasen bestehen, nämlich einer Mischung aus Austenit und Ferrit. Experimente haben gezeigt, dass der Ferrit, der sich bei Abkühlung im reinen Austenit bildet, immer an den Austenitkorngrenzen auftritt. Das ist unten rechts im Diagramm des Bilds 3.4 als Gefügebild dargestellt. Hier hat sich der Ferrit als in Form einiger α-Eisenkörner entlang der Austenitkorngrenze ausgeschieden.

Vergleicht man die Gefügestruktur im Bild 3.4 unten rechts mit der aus dem unteren Teil in Bild 3.3, so sieht man Ähnlichkeiten und Unterschiede. Ähnlichkeit besteht darin, dass beide eine Mischung von Austenit- und Ferritkörnern in jeweils gleichen Volumenanteilen darstellen. Ein Unterschied besteht jedoch in Hinsicht auf die Verteilung des Ferrits. Das in Bild 3.3 dargestellte Gefüge stellt sich im Allgemeinen bei Erwärmung des Stahls von der Raumtemperatur aus auf 760°C ein.

Somit demonstriert dieses Beispiel einen faszinierenden Aspekt von Stahl: Die Gefügeausbildung wird durch die Wärmebehandlung gesteuert. Wie später gezeigt wird, werden die mechanischen Eigenschaften von Stählen durch die *Mikrostruktur* gesteuert. Der Ausdruck „Mikrostruktur eines Stahls" bezieht sich auf die spezielle Gestalt, Größe, Verteilung und Phasenausbildung der Körner im Stahl.

Zu beachten ist, dass die in den Bildern 3.3 und 3.4 dargestellten Phasen nur bei hohen Temperaturen von 760°C existieren, nicht jedoch bei Raumtemperatur. Raumtemperaturphasen werden wir später betrachten.

3.2 Stähle mit hohem Kohlenstoffgehalt (hypereutektoide Stähle)

Wenn der im Austenit gelöste prozentuale Anteil an C steigt, werden die Eisenatome weiter auseinander getrieben. Das beansprucht die chemischen Bindungen, die die Eisenatome zusammenhalten. Dabei wird eine Energie zugefügt, die *Verformungsenergie* heißt. Es gibt eine Obergrenze für die Verformungsenergie, die der Austenit ertragen kann. Die Menge des im Austenit gelösten Kohlenstoffs, die beim Erreichen dieser Grenze vorliegt, nennt man *Löslichkeitsgrenze.*

Die Löslichkeitsgrenze liegt im Austenit bei 820°C bei 1,0% C. Wenn eine Legierung mit 1,5% C auf 820°C erhitzt wird, dann wird nur 1% von den 1,5% im Austenit gelöst. Doch was geschieht mit den restlichen 0,5% C?

Dieser überschüssige Kohlenstoff wird in eine neue Phase eingelagert. Diese neue Phase, der *Zementit*, weist gegenüber Austenit oder Ferrit einen großen Unterschied auf: Es ist eine chemische Verbindung, die nur in einer einzigen Zusammensetzung existiert. Chemische Verbindungen werden im allgemeinen durch ihre Elementsymbolformeln dargestellt, wie zum Beispiel NaCl für Natriumchlorid, das Speisesalz. Die Zusammensetzung für NaCl entspricht 50 Atomprozent Na, was umgerechnet 39 Gewichtsprozente Natrium sind.

Die chemische Formel für Zementit ist Fe_3C. Zu jedem Kohlenstoffatom im Zementit gehören drei Eisenatome. In Gewichtsprozenten sieht das Verhältnis allerdings ganz anders aus: Hier kommt der Kohlenstoff nur auf einen Anteil von 6,7 Prozent.

Abgesehen von der Beschränkung auf eine Zusammensetzung weist Zementit einige Ähnlichkeiten mit Austenit und Ferrit auf. Er ist aus Kristallen aufgebaut, bei denen die Atome sich in regelmäßig wiederkehrenden Anordnungen finden. Die Kristallstruktur ist etwas komplexer als krz beim Ferrit oder kfz beim Austenit. Es handelt sich um eine eigene Phase, die eigene Körner aufweist.

So finden sich die überschüssigen 0,5% C in unserem Beispiel bei 820°C in Form von Zementitkörnern im Gemisch mit Austenitkörnern. Das Gefüge besteht daher aus einer 2-Phasen-Mischung aus Austenit und Zementit.

In Bild 3.5 ist das Eisen-Kohlenstoff-Phasendiagramm bis zu höheren Kohlenstoffgehalten weitergeführt – dort, wo Zementit wichtig wird. Wie zuvor ist in der Mitte das Gebiet der zu Austenit führenden Zusammensetzungen und Temperaturen schraffiert dargestellt. Da Zementit nur in einer Zusammensetzung existiert, wird er

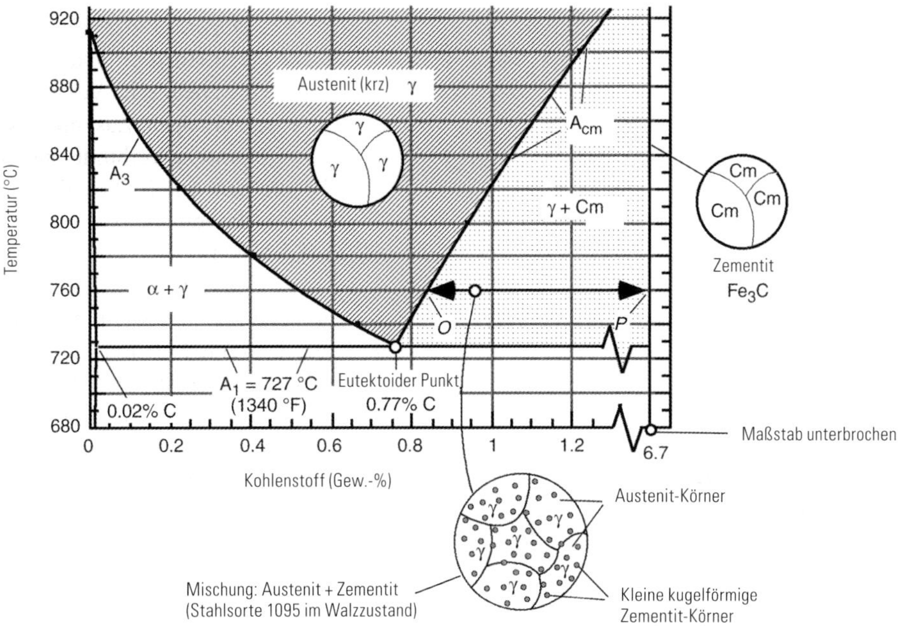

Bild 3.5 Ausweitung des Eisen-Kohlenstoff-Diagramms auf hypereutektoide Stahllegierungen (mit Kohlenstoffgehalten über 0,77%).

im Phasendiagramm entsprechend seinem C-Gehalt von 6,7% als vertikale Linie dargestellt.

Es ist zu beachten, dass die untere Achse der Zusammensetzungen hinter 1,2% aus praktischen Gründen unterbrochen ist und gleich nach der Unterbrechung der Wert 6,7% folgt. Wäre die Achse nicht unterbrochen, würde man die Zusammensetzung von 6,7% etwa 30 Zentimeter weiter rechts finden. Um sich die Verhältnisse vor Augen zu führen, kann man das Diagramm in Gedanken um 30 cm nach rechts verschieben, wodurch das 2-Phasen-Gebiet mit der Bezeichnung γ+cm eine wesentlich größere Fläche einnimmt.

Die im Diagramm mit A_m bezeichnete Linie definiert die Löslichkeitsgrenze des Kohlenstoffs im Austenit. Diese Linie kennzeichnet bei einer Temperatur von 820°C einen Punkt bei 1% C, der die maximale Menge an Kohlenstoff angibt, der bei 820°C im Austenit gelöst werden kann. Legierungen, die Kohlenstoffgehalte rechts von der Linie A_m aufweisen, liegen in der mit γ+cm bezeichneten schattierten Region und bestehen daher aus einer Mischung von Austenit- und Zementitkörnern.

Betrachten wir zum Beispiel den Stahl 1095 mit 0,95% C, so wie er vom Stahlwerk angeliefert wird. Erwärmt man diesen Stahl auf 760°C, befindet sich seine Temperatur-Zusammensetzungs-Koordinate an dem offenen kleinen Kreis in Bild 3.5 dort, wo der horizontale Doppelpfeil eingezeichnet ist. Da der Temperatur-Zusammensetzungs-Punkt in der schattierten Zwei-Phasen-Region (γ+cm) liegt, muss der Stahl aus

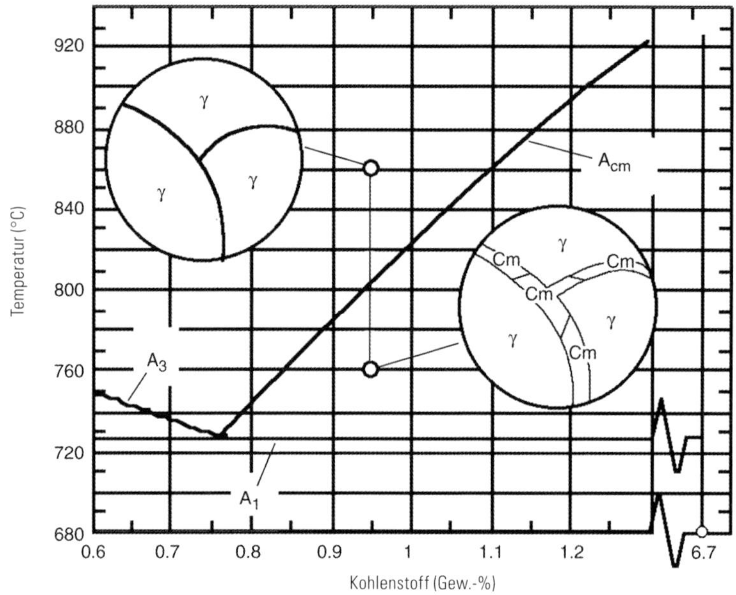

Bild 3.6 Ausschnitt aus dem Eisen-Kohlenstoff-Phasendiagramm mit Veranschaulichung der Gefügeänderungen eines 1095er Stahls beim Abkühlen von 860 auf 760°C.

einer Mischung von Austenit der Zusammensetzung O (0,85% C) und Zementit der Zusammensetzung P (6,7%C) bestehen.

Dem Diagramm ist nicht zu entnehmen, wie die Mikrostruktur aussehen wird. Experimente zeigen jedoch, dass ein Gefüge zu erwarten ist, wie es in Bild 3.5 unten eingezeichnet ist. Aller Zementit erscheint in Form kleiner kugelförmiger Körner, die ziemlich homogen über die Austenitkörner verteilt sind. Letztere sind viel größer und weisen typische gekrümmte Korngrenzen auf.

Um ein tieferes Verständnis dafür zu bekommen, wie man die Mikrostruktur während einer Wärmebehandlung aus dem Phasendiagramm herauslesen kann, stellen wir uns ein weiteres Experiment vor: Der 1095er Stahl im Anlieferungszustand wird auf 850°C aufgeheizt und bei dieser Temperatur 20 Minuten lang gehalten. Wie in dem Phasendiagramm in Bild 3.6 gezeigt, liegt der zugehörige Punkt der Temperatur und Zusammensetzung im einphasigen Austenitgebiet.

Unter der Annahme, dass man die Struktur in einem hitzebeständigen Mikroskop beobachten kann, könnte der betrachtete Bildausschnitt bei hoher Auflösung drei Körner zeigen, die etwa so aussehen wie im Bild 3.6 eingezeichnet. Senkt man die Temperatur von der Haltetemperatur auf 760°C ab, dann liegt der Punkt der entsprechenden Zusammensetzung und Temperatur im zweiphasigen Gebiet von Austenit + Zementit. Das bedeutet, dass sich beim Abkühlen Zementitkörner ausbilden müssen.

Genauso wie im Falle des hypoeutektoiden Stahls vom Bild 3.3, wo sich während der Abkühlung Ferrit an den Austenitkorngrenzen bildet, formt sich hier bei der Abkühlung Zementit an den Austenitkorngrenzen. Wie in Bild 3.6 dargestellt, weist die endgültige Mikrostruktur überall an den ehemaligen Austenitkorngrenzen des Zustands bei 850°C dünne, plattenförmige Zementitkörner auf.

Man beachte die dramatisch andere Gefügeausbildung im Vergleich mit der in Bild 3.5 gezeigten, wo der Stahl von Raumtemperatur auf 760°C erhitzt worden war. Beide Gefüge weisen den gleichen Volumengehalt an Zementit und Austenit auf, aber die Verteilung des Zementits ist sehr unterschiedlich.

Im Gegensatz zu Austenit und Ferrit ist Zementit sehr spröde. Folglich ist die Struktur des 1095er Stahls nach Bild 3.6 mit den verbundenen Zementitplatten nicht so zäh wie die Struktur aus Bild 3.5 mit den kleinen, isolierten Zementitkörnern. Das ist wiederum ein Beispiel dafür, wie die Wärmebehandlung die Struktur verändern kann, was wiederum zu Änderungen der mechanischen Eigenschaften führt.

3.3 Eutektoide Stähle (Perlit)

In den beiden vorangegangenen Abschnitten haben wir Stähle betrachtet, die aufgrund ihrer Zusammensetzung entweder rechts oder links der eutektoiden Zusammensetzung von 0,77% C liegen. Stähle, die einen Kohlenstoffgehalt von exakt 0,77% C haben (zum Beispiel ein 1077er Stahl) erzeugen eine einzigartige Mikrostruktur, die man *Perlit* nennt.

Bild 3.7 zeigt das Eisen-Kohlenstoff-Phasendiagramm in einer Darstellung, bei der die Fläche unterhalb der A_1-Linie bei 727°C dunkel schattiert ist. Dieses gesamte Gebiet ist ein Zweiphasengebiet. Jeder Stahl, der langsam heruntergekühlt wurde auf Temperatur-Zusammensetzungs-Koordinaten innerhalb dieser Fläche, muss aus einer Mischung zweier Phasen bestehen, nämlich Ferrit und Zementit (α+Cm). Die Gefügestrukturen der Stähle in diesem Zweiphasengebiet variieren sehr stark, und Perlit ist nur eine der vielen Mikrostrukturen, die auftreten können.

Zum Verständnis der perlitischen Gefügestruktur betrachten wir einen 1077er Stahl, der unter einem hitzebeständigen Mikroskop auf 800°C aufgeheizt wird. Wie dem Bild 3.7 zu entnehmen ist, besteht der Stahl nach einer Minute bei 800°C vollkommen aus Austenitkörnern. Nach Abkühlung auf eine Temperatur unterhalb A1 und nach einer Haltezeit von fünf oder zehn Minuten sind die Austenitkörner vollständig ersetzt durch ein Gefüge aus Perlitkörnern, so wie in dem Bild dargestellt.

Im Gegensatz zu allen bisher diskutierten Kornstrukturen stellen Perlitkörner keine einzelne Phase dar. Sie bestehen vielmehr aus einer Mischung von zwei Phasen, Ferrit und Zementit (α+Cm), mit einer einzigartigen Gefügestruktur. Um die feinen Details der Mikrostruktur zu erfassen, betrachten wir einen kleinen Ausschnitt im Inneren eines Perlitkorns bei sehr hoher Vergrößerung, so wie es in Bild 3.7 unten rechts zu sehen ist. Die Struktur besteht aus Ferrit- und Zementitplatten, die abwechselnd angeordnet sind. Die Ferritplatten sind viel dicker als die Zementitplatten, sie nehmen 90% des Volumens im Vergleich zu nur 10% beim Zementit ein. An den Korngrenzen des Perlits treten abrupte Wechsel der Orientierung der Platten auf.

Dies wird in Bild 3.8 an einer realen Probe demonstriert. Dabei handelt es sich um eine elektronenmikroskopische Aufnahme bei 11.000-facher Vergrößerung. In diesem Bild sind die Zementitplatten die hell erscheinende Phase, die dunkle Phase ist Ferrit. Die Zementitplatten sind nur 0,1 µm dick und damit viel zu dünn, um sie mit einem optischen Mikroskop aufzulösen.

Kühlt man den 1077er Stahl nun gemäß Bild 3.7 von 700°C auf Raumtemperatur ab, so ändert sich die Mikrostruktur nicht merklich – unabhängig davon, wie langsam oder schnell man die Probe abkühlt. Der Ferrit bleibt ein nahezu reines kubisch-raumzentriertes (kfz) Eisen mit weniger als 0,02% gelöstem Kohlenstoff. Zementit behält seinen Kohlenstoffgehalt von 6,7% und ändert seine Kristallstruktur nicht.

Gemäß Phasendiagramm wird der Austenit nach Abkühlung unter die A_1-Temperatur und nach kurzer Haltezeit in ein Gefüge aus Ferrit und Zementit zerfallen, und bei weiterer Abkühlung auf Raumtemperatur wird es keine Änderungen mehr bei der entstehenden Mikrostruktur aus Ferrit und Zementit geben. Austenit kommt in einfachen Kohlenstoffstählen bei Raumtemperatur nicht vor (eine Ausnahme von dieser Regel stellen abgeschreckte hochkohlenstoffhaltige Stähle

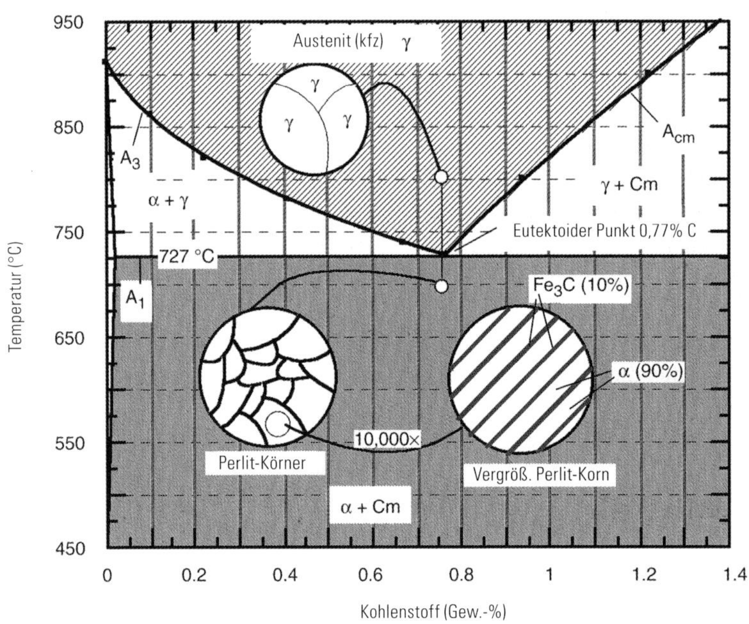

Bild 3.7 Ausschnitt aus dem Eisen-Kohlenstoff-Diagramm und die Bildung des perlitischen Gefüges bei der Abkühlung eines 1077er Stahls unter die A1-Temperatur bei 727°C.

dar, die eine Mischung aus Martensit und Restaustenit bilden).

Das bedeutet, dass man Gefüge, die Austenit enthalten, so wie sie in den Bildern 3.2 bis 3.5 gezeigt wurden, immer nur in einem hitzebeständigen Mikroskop beobachten kann, da der Austenit bei Abkühlung durch andere Strukturen ersetzt wird. Diese umfassen auch die bei schneller Abkühlung (wie zum Beispiel bei Öl- oder Wasserabschreckung) entstehenden martensitischen und bainitischen Strukturen, die nachfolgend behandelt werden. Bei Luftabkühlung oder noch langsamerer Abkühlung (zum Beispiel Ofenabkühlung) wandelt sich Austenit in eine Mischung von Ferrit und Zementit um.

3.4 Die Bezeichnungen A_1, A_{e_1}, A_{c_1}, und A_{r_1}

Das in den vorangegangenen Bildern gezeigte Eisen-Kohlenstoff-Phasendiagramm nennt man *Gleichgewichtsphasendiagramm*. Das bedeutet, dass die Umwandlungstemperaturen, die durch die A-Linien beschrieben werden, bei extrem langsamen Aufheiz- oder Abkühlraten unter Gleichgewichtsbedingungen ermittelt wurden. In Gleichgewichtsphasendiagrammen werden deshalb die A_3-Linie, die A_{cm}-Linie und die A_1-Linie oft mit A_{e_3}, $A_{e_{cm}}$, und A_{e_1} bezeichnet, wobei das „e“ für „equilibrium“ (Gleichgewicht) steht.

Betrachten wir noch einmal das Experiment, das in Bild 3.7 dargestellt ist: Aus dem Diagramm folgt, dass bei Abkühlung der Austenitkörner auf 727°C die Perlitbildung beginnt. Das geschieht jedoch nur bei extrem langsamer Abkühlung des Austenits. Selbst bei bescheidenen Abkühlraten

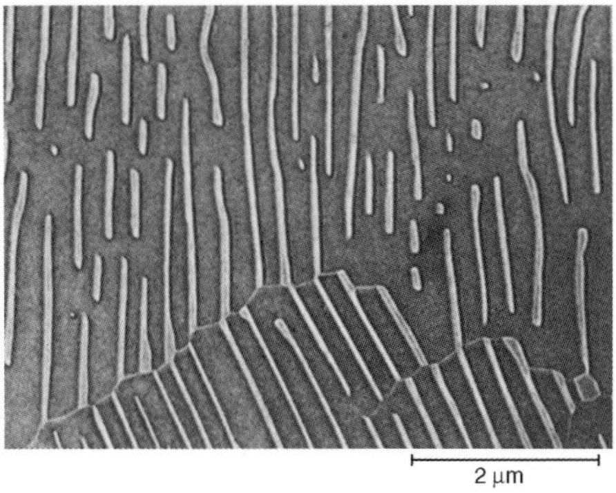

Bild 3.8 Elektronenmikroskopische Gefügeaufnahme von Perlit nach Polieren und Ätzen mit Nital. Originalvergrößerung: 11.000-fach, Quelle: Literaturstelle 3.2

von 3°C pro Minute verschiebt sich die Umwandlungstemperatur um etwa 20°C zu tieferen Werten hin. Das bedeutet, dass das Eisen-Kohlenstoff-Diagramm nur für grobe Abschätzungen von Umwandlungstemperaturen herangezogen werden kann.

Es wird nicht nur die Umwandlung von Austenit in Perlit zu tieferen Temperaturen hin verschoben, sondern es wird auch die Umkehrreaktion von Perlit in Austenit bei Aufheizung zu höheren Temperaturen verschoben.

Man hat ein einfaches Experiment durchgeführt, um das Ausmaß der Verschiebungen bei Aufheizung und Abkühlung zu erfassen und eine Messmethode zu erarbeiten: Dazu wurde in ein kleines Stück Stahl der Sorte 1018 ein Loch gebohrt. In dem Loch wurde ein Thermoelement befestigt. Mit einem digitalen Voltmeter wurde dann alle zwei Sekunden die Ausgangsspannung des Thermoelements gemessen. Die Probe wurde in einem kleinen Ofen gebracht, auf 870°C aufgeheizt und dann aus dem Ofen herausgeholt. Die Thermospannung des Aufheizzyklus und des Abkühl-

Französische Abkürzungen

Der gleiche französische Wissenschaftler, der dem Martensit seinen Namen gegeben hat, Floris Osmond, ist auch verantwortlich für den Gebrauch der Buchstaben „r" und „c", die die Verschiebung der A-Linien bei Aufheizung und Abkühlung kennzeichnen. Ende des 19. Jahrhunderts war er der erste Wissenschaftler, der Thermoelemente zur Messung der Effekte bei unterschiedlichen Aufheiz- und Abkühlgeschwindigkeiten einsetzte. Der Buchstabe „r" steht für das französische Wort für Abkühlung, „refroidissement", das „c" für das französische Wort für Aufheizung, „chauffage".

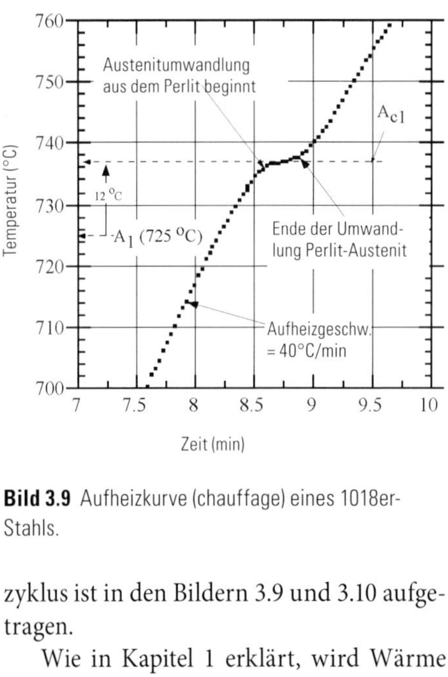

Bild 3.9 Aufheizkurve (chauffage) eines 1018er-Stahls.

zyklus ist in den Bildern 3.9 und 3.10 aufgetragen.

Wie in Kapitel 1 erklärt, wird Wärme frei, wenn sich beim Abkühlen Ferrit aus dem Austenit bildet. Bei der Umwandlung von Ferrit in Austenit beim Aufheizen wird Wärme absorbiert. Sehen wir uns zunächst die Aufheizkurve in Bild 3.9 an. Die Linien A_1 und A_3 werden durch die Anteile von 0,75% Mn und 0,2% Si im 1018er Stahl gesenkt auf A_1=725°C und A_3=824°C (nähere Erklärung folgt in den Kapiteln 5 und 7). Die Daten in Bild 3.9 zeigen, dass sich bei etwa 737°C die Aufheizgeschwindigkeit abrupt ändert. Das ist auf die Wärmeabsorption der Probe bei der Umwandlung des Perlits in Austenit zurückzuführen. Demzufolge hat sich die A_1-Linie um 12°C verschoben, nämlich von 725°C auf 737°C.

Gewöhnlich bezeichnet man die reale Umwandlungstemperatur eines Stahls beim Aufheizen mit A_{c_1}, wie im Bild. Die Höhe der Verschiebung ist abhängig von der Aufheizgeschwindigkeit. Würde man die Aufheizgeschwindigkeit über den Wert von 40°C/min hinaus erhöhen, dann würde auch der Wert von A_{c_1} ansteigen.

Bei Abkühlung tritt der gegenteilige Effekt ein: Die Wärme, die frei wird, wenn sich Austenit in Ferrit oder Perlit umwandelt, senkt die Geschwindigkeit der Abkühlung. Bild 3.10 zeigt diesen Effekt sowohl für die Umwandlung Austenit-Ferrit unterhalb der A_3-Temperatur als auch für die Umwandlung von Austenit in Perlit unterhalb der A_1-Temperatur. Die erstere Umwandlung beginnt bei 762°C, also 62°C niedriger als die A_3-Temperatur (824°C), und letztere Umwandlung bei 652°C, 73°C unterhalb der A_1-Temperatur (725°C).

Gemäß Bild 3.10 nennt man gewöhnlich die wirkliche Temperatur der Umwandlung bei Abkühlung A_{r_3}- beziehungsweise A_{r_1}-Temperatur. Zu beachten ist, dass

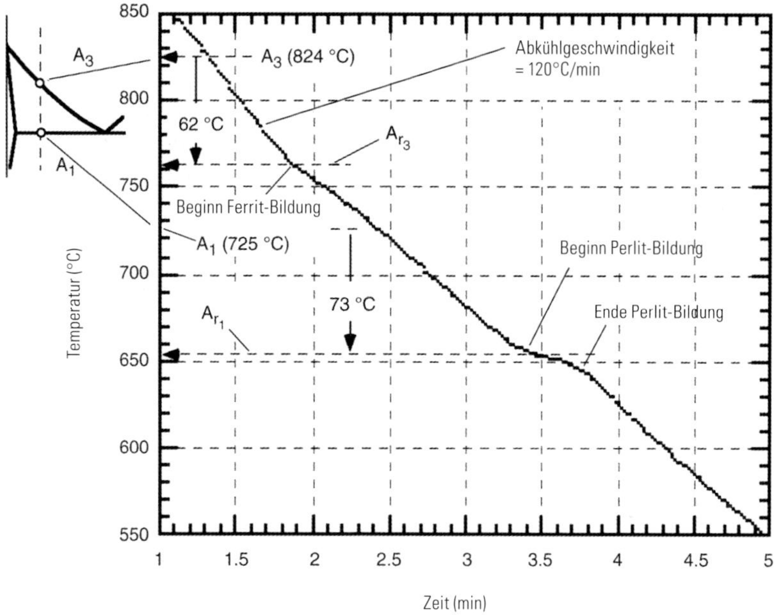

Bild 3.10 Abkühlkurve (refroidissement) eines 1018er Stahls.

die Abkühlgeschwindigkeit für die in Bild 3.10 dargestellten Messwerte um das Dreifache größer ist als die Daten für die Aufheizung. Diese Unterschiede sind die Ursache für die stärkere Änderung der A_1-Temperatur um -73°C bei Abkühlung gegenüber nur +12°C bei Aufheizung. Der Temperaturbereich in Bild 3.9 ist nicht groß genug, um auch die erhöhte A_3-Temperatur (bei Aufheizung A_{c_3}-Temperatur) zu erfassen.

Bild 3.11 zeigt eine graphische Zusammenfassung der oben dargestellten Zusammenhänge, mit der Erhöhung der A-Linien bei Erwärmung (jeweils mit dem Index „c" bezeichnet) und der Erniedrigung bei Abkühlung (entsprechend mit „r" indiziert). Diese Verschiebungen der Umwandlungstemperaturen sind wichtig bei industriellen Prozessen, bei denen mit schneller Aufheizung und rascher Abkühlung gearbeitet wird. Ein Beispiel dafür ist die Erhöhung der Umwandlungstemperatur mit Aufheizungen bei Flamm- und Induktionshärtung.

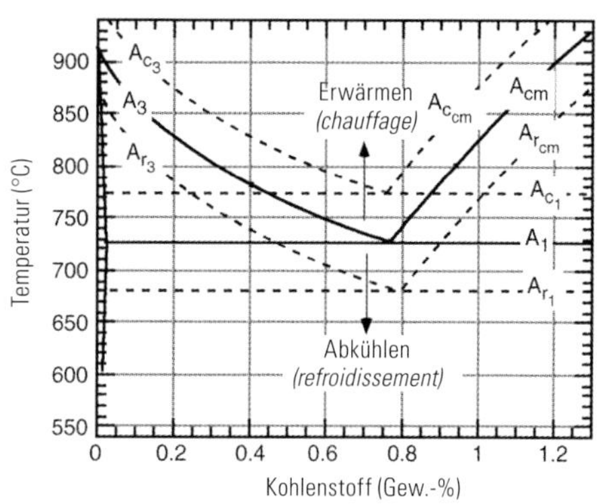

Bild 3.11 Bezeichungen für die Verschiebungen der A-Linien nach oben beim Aufheizen und nach unten beim Abkühlen.

Die Kernaussagen in Kapitel 3:

1. In den Vereinigten Staaten werden Stähle durch das Bezeichnungssystem des American Iron and Steel Institute (AISI) spezifiziert. Das Bezeichnungssystem gibt den Kohlenstoffgehalt wieder. Es gibt auch an, ob der Stahl ein legierter Stahl oder ein unlegierter Kohlenstoffstahl ist.
2. Stahl entsteht, wenn man dem Eisen Kohlenstoff hinzufügt. Die hauptsächlichen Strukturen sind *Ferrit* und *Austenit*. Bei Zusammensetzungen mit geringem Kohlenstoffgehalt wird der Kohlenstoff im Eisen gelöst, und dabei entstehen bei niedrigen Temperaturen feste Lösungen von Ferrit (kubisch-raumzentriert, krz) und bei hohen Temperaturen Austenit (die kubisch-flächenzentrierte Modifikation, kfz). Bei hohen Kohlenstoffgehalten bildet sich eine Verbindung von Eisen mit Kohlenstoff, *Zementit* (Fe_3C), im Stahl. Diese drei Strukturen nennt man *Phasen*. Das Eisen-Kohlenstoff-Phasendiagramm zeigt grafisch die Kombinationen von Temperatur und Zusammensetzung, bei denen diese drei unterschiedlichen Phasen stabil sind.
3. Das Eisen-Kohlenstoff-Phasendiagramm ähnelt dem in Kapitel 2 vorgestellten Salz-Wasser-Phasendiagramm. Fügt man mehr Kohlenstoff hinzu, dann fällt die Temperatur für die Umwandlung von Austenit in Ferrit von 912°C für reines Eisen auf einen Minimalwert von 727°C. Jenseits dieses Minimalwerts steigt die Umwandlungstemperatur mit steigendem Kohlenstoffgehalt wieder an, und es bildet sich Zementit. Das Temperaturminimum tritt bei einem Kohlenstoffgehalt von 0,77% C auf, am sogenannten eutektoiden Punkt.
4. Es hat sich eingebürgert, Stähle mit Kohlenstoffgehalten unterhalb des eutektoiden Wertes als *hypoeutektoide* Stähle und solche mit mehr als 0,77% C als *hypereutektoide* Stähle zu bezeichnen.
5. Wird ein hypoeutektoider Stahl aus dem Austenitbereich abgekühlt, so beginnt die Bildung von Ferritkörnern an den ehemaligen Austenitkorngrenzen. Für jede Temperatur, die oberhalb der eutektoiden Temperatur und unterhalb der Temperatur liegt, bei der die Ferritbildung einsetzt, erlaubt das Phasendiagramm die Berechnung des Volumenanteils des gebildeten Ferrits sowie der Zusammensetzung des Ferrits und des verbleibenden Austenits.
6. Der Ausdruck *Mikrostruktur eines Stahls* bezieht sich auf die Größe, Gestalt und Verteilung der Phasen, aus denen sich der Stahl zusammensetzt. Die Mikrostruktur des Stahls wird durch seine Vorgeschichte bestimmt, das heißt durch die Art seiner Wärmebehandlung hinsichtlich Aufheizung und Abkühlung sowie durch jede vorausgegangene mechanische Verformung.
7. Wird ein hypereutektoider Stahl aus dem Austenitbereich abgekühlt, bilden sich an den ehemaligen Austenitkorngrenzen Zementitkörner. Zementit ist eine Verbindung von Eisen und Kohlenstoff und besitzt die chemische Formel Fe_3C (6,7 Gew% Kohlenstoff bzw. 25 Atom-% C). Wie Austenit und Ferrit stellt er im Stahl eine Phase mit kleinen Körnern dar, unterscheidet sich von diesen jedoch dadurch, dass er nur eine

einzige chemische Zusammensetzung besitzt und ziemlich spröde ist. Bei jeder Temperatur unterhalb des Werts, bei der die Zementitbildung beginnt, und oberhalb des eutektoiden Werts erlaubt das Phasendiagramm die Berechnung der Volumenanteile des gebildeten Zementits und die Zusammensetzung des verbleibenden Austenits.

8. Kühlt man Stähle mit der eutektoiden Zusammensetzung von 0,77% C unter die eutektoide Temperatur von 727°C ab, dann wandeln sie sich in eine Perlitstruktur um. *Perlit* besteht aus Körnern, die zwei Phasen enthalten, nämlich dünne Platten von Zementit und dicke Platten aus Ferrit in abwechselnder Folge. Die Plattendicke hängt von der Abkühlgeschwindigkeit ab. Bei Luftabkühlung sind die Zementitplatten so dünn, dass man sie nicht mit einem optischen Mikroskop auflösen kann (weniger als 0,2 µm).
9. Die drei wichtigen Linien im Eisen-Kohlenstoff-Phasendiagramm werden wie folgt bezeichnet: A_3 ist die Umwandlungslinie Austenit-Ferrit; A_{cm} ist die Austenit-Zementit-Umwandlungslinie; A_1, ist die Austenit-Perlit-Linie der Umwandlung. Nur wenn Aufheizung oder Abkühlung sehr langsam sind, treten diese Umwandlungen wirklich bei den Temperaturen A_{cm}, A_3 und A_1 auf, die sich aus dem Phasendiagramm des Gleichgewichts ergeben. Bei Abkühlung verschieben sich die Umwandlungslinien zu tieferen Temperaturen, und man fügt der Bezeichnung den Index „r" hinzu, also A_{r_3}, $A_{r_{cm}}$ und A_{r_1}. Bei Aufheizung verschieben sich die Umwandlungslinien auf der Temperaturachse nach oben, und es wird der Index „c" hinzugefügt, also A_{c_3}, $A_{c_{cm}}$ und A_{c_1}. Die Höhe der Verschiebungen nach oben oder unten hängt von der Aufheiz- und Abkühlungsgeschwindigkeit ab und ist bereits bei moderaten Geschwindigkeiten stark ausgeprägt.

KAPITEL 4
Die Mikrostrukturen von Stahl bei Raumtemperatur

Das optische Mikroskop, oder *Lichtmikroskop*, ist das hauptsächliche Arbeitsgerät zur Charakterisierung der inneren Kornstruktur von Stählen. Traditionell nennt man mikroskopisch erfasste Strukturen die *Mikrostruktur*. Die mechanischen Eigenschaften eines Stahls werden stark durch seine Mikrostruktur bestimmt. Dieses Kapitel beschäftigt sich mit den normalen Mikrostrukturen von Stählen und wie man sie durch spezielle Wärmebehandlung im Stahl einstellt.

Im Kapitel 3 wurden Mikrostrukturen in Stählen bei hoher Temperatur diskutiert. Normalerweise ist die klare Beobachtung solcher Strukturen auch in einem wärmeresistenten Mikroskop nicht möglich. In diesem Kapitel werden nur die bei Raumtemperatur vorliegenden Mikrostrukturen (Gefüge) diskutiert, die sich mit Lichtmikroskopen und Elektronenstrahlmikroskopen sichtbar machen lassen.

4.1 Lichtmikroskopische Bilder von Stahlkörnern

Wie in Kapitel 1 erläutert wurde, macht man die Kornstruktur von Stahl und Eisen sichtbar, indem man die Oberfläche spiegelpoliert, in einer Säure ätzt und dann im Lichtmikroskop untersucht. Der Ätzvorgang löst aus der polierten Oberfläche Atome heraus, wobei die Geschwindigkeit des Ätzabtrags von der Kristallorientierung des Korns abhängt und auch von der Art des Korns, zum Beispiel ob es sich um Ferrit oder Austenit handelt.

Die unter dem Mikroskop sichtbare Graustufe hängt für jedes Korn von der Ebenheit der Kornfläche nach dem Ätzen ab. Wie in Bild 4.1 zu sehen ist, erfahren Körner aus jeweils einer Phase, wie Ferrit, Austenit und Zementit, überall einen homogenen Abtrag der Atome von der Oberfläche. So bleibt die Glattheit der originalen, polierten Oberfläche auch nach dem Ätzen erhalten.

Ein Lichtmikroskop verwendet zur Bilddarstellung reflektiertes Licht. Ein Lichtstrahl fällt auf die Oberfläche (offene Pfeile in Bild 4.1), und das Bild wird entweder auf einem Film oder im Auge durch das in die Gegenrichtung reflektierte Licht erzeugt. In Bild 4.1 wird das Auge, das sich direkt über der Probe befindet, durch ein Symbol angedeutet. Der Weg des Lichts bei der Bilderzeugung ist eingezeichnet. Das reflektierte Licht wird durch die ausgefüllten Pfeile dargestellt.

Bei einer glatten Oberfläche wird ein sehr großer Anteil des einfallenden Lichts direkt zurückgeworfen und erzeugt ein helles (weißes) Bild. Daher erscheinen in einem lichtoptischen Bild alle Körner eines einphasigen Gefüges aus Ferrit, Austenit

Korn-Typ	Oberfläche nach dem Ätzen		Erscheinung im Mikroskop
Ferrit Austenit Zementit	Glatt Glatt Glatt	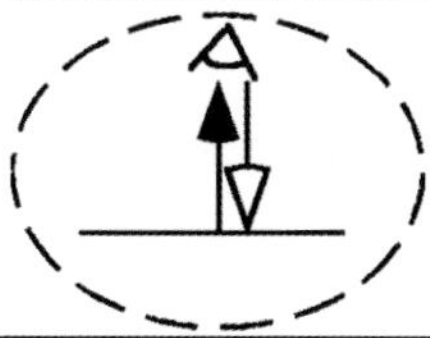	Weiß Weiß Weiß
Perlit	Zementit-Platten ragen hervor		Dunkel
Martensit (frisch)	Glatt	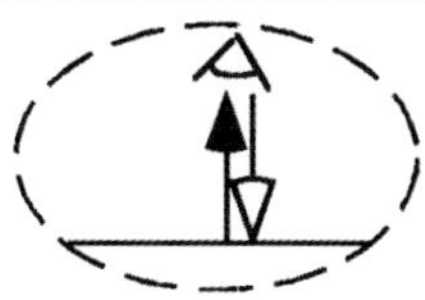	Überwiegend weiß
Bainit und angelassener Martensit	Zementit-Partikel ragen heraus	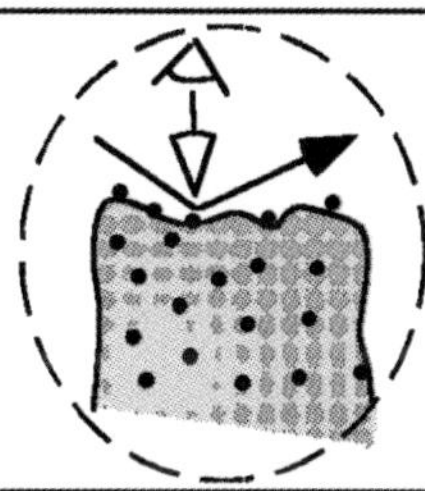	Dunkel

Bild 4.1 Das Erscheinungsbild unterschiedlicher Arten von Stahlkörnern im Lichtmikroskop.

oder Zementit am weißen Ende der Grauskala. Da sie alle weiß erscheinen, ist es oft nicht möglich, sie ohne weitere Informationen zu unterscheiden.

Betrachten wir nun Perlit. Die normalerweise für Stahl benutzten Ätzmittel, Nital (alkoholische Salpetersäure) und Pikral (Pikrinsäure in Alkohol), ätzen die Ferritplatten im Perlit viel schneller an als die Zementitplatten. Daher ragen nach dem Ätzen die Zementitplatten gegenüber den Ferritplatten hervor. Die Zementitplatten sind sehr dünn, und sie streuen das einfallende Licht aus der Richtung der Abbildung heraus (Bild 4.2). Dabei erzeugen sie ein schwach graues (dunkles) Bild. Somit erscheint Perlit im Lichtmikroskop normalerweise als grau oder schwarz, allerdings nicht immer. Sind die Abstände der Zementitplatten groß genug, so erscheinen sie als dunkle Linien mit dazwischenliegenden weißen Ferritplatten.

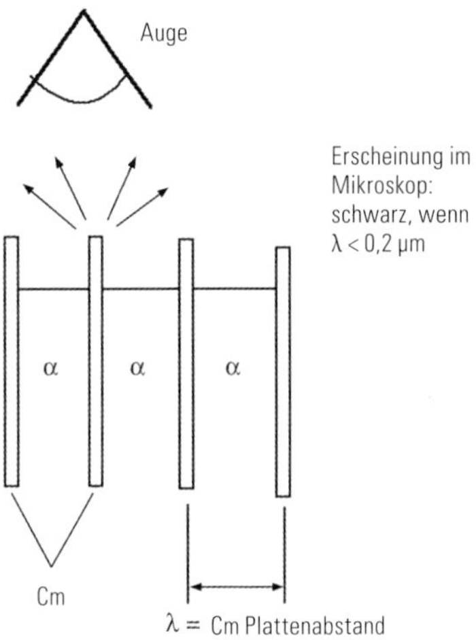

Bild 4.2 Streuung des Lichts an einer geätzten Perlitoberfläche. Zu sehen sind Oberflächentopographie von Ferrit (α) und Zementit (Cm).

Lichtmikroskope können bei der höchsten noch sinnvollen Vergrößerung (etwa 1000-fach) nur Abstände von etwa 0,2 µm auflösen. Wenn die Abstände im Perlit kleiner sind, erscheinen daher die Perlitkörner als marmorierte graue Bereiche, wie in Bild 4.3 zu sehen. Der Abstand der Zementitplatten im Perlit hängt davon ab, wie schnell die Probe aus dem Austenitgebiet unter A_1 abgekühlt wurde. Je schneller die Abkühlung war, umso enger werden die Abstände.

Bild 4.3 Optische Gefügeaufnahme von Perlit, Pikral-Ätzung, Originalvergrößerung 500-fach.

Der einfachste Weg, eine solche Abkühlung zu bewerkstelligen, ist es, einfach die Probe aus dem Ofen zu nehmen und sie an der Luft abkühlen zu lassen. Die Abkühlgeschwindigkeit hängt dann davon ab, wie groß die Probe ist. Selbst für ziemlich große Proben erreicht man durch Luftabkühlung noch Zementitabstände von weniger als 0,2 µm. Demzufolge tritt bei luftabgekühlten Proben immer Perlit in dunklen Graustufen auf, ähnlich wie in Bild 4.3 zu sehen.

Die für Bild 4.3 durchgeführte Ätzung mit Pikral löst Ferrit über die sich von Korn zu Korn ändernde Kristallorientierung gleichmäßiger an als Nital. Deshalb führt Pikral zu einer gleichmäßigeren Grauverteilung als Nital und ist daher das vorzugsweise angewandte Mittel für Perlit.

4.2 Die Gefüge von hypo- und hypereutektoiden Stählen bei Raumtemperatur

Betrachten wir noch einmal das in Bild 3.4 dargestellte Experiment, bei dem Austenit mit 0,4% C von 850°C auf 760°C abgekühlt wurde. Es zeigte sich, dass die so entstehende Struktur aus dünnen Schichten von Ferritkörnern auf den ehemaligen Korngrenzen des Austenits besteht, der sich ursprünglich bei 850°C gebildet hatte. Es stellt sich die Frage, was aus den noch verbleibenden Austenitkörnern wird, wenn man die Probe auf Raumtemperatur abkühlt.

Zur Analyse dieses Problems betrachten wir einen dreistufigen Abkühlungsprozess von 760°C aus. Zuerst wird die Probe

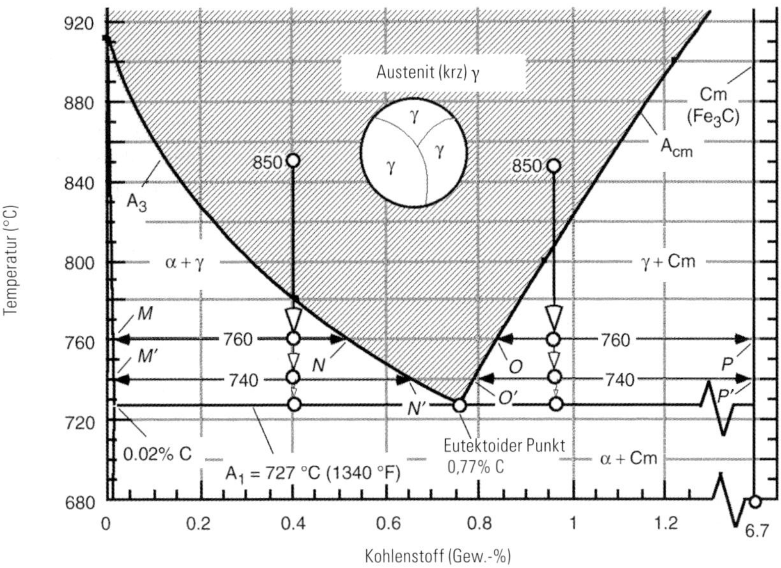

Bild 4.4 Phasendiagramm und die Analyse des Zerfalls von Austenit bei 0,4 und 0,95%C bei Abkühlung auf die Perlittemperatur bei 727°C.

auf 740°C abgekühlt, danach auf 727°C, also auf die A_1-Temperatur. In einem dritten Schritt erfolgt die Abkühlung auf Raumtemperatur.

Unsere alte Analyse (Bild 3.4) zeigte, dass der Austenit bei 760°C einen Kohlenstoffgehalt N besitzt, der auch in Bild 4.4 eingezeichnet ist. Nach der ersten Abkühlung von 760°C auf 740°C muss gemäß Phasendiagramm der Kohlenstoffgehalt des Austenits auf N' ansteigen (siehe Bild 4.4). Nach der zweiten Abkühlung auf 727°C muss der Kohlenstoffgehalt der Austenitkörner noch weiter steigen bis auf exakt die eutektoide Konzentration (auch Perlitkonzentration genannt) von 0,77% C. An diesem Punkt sieht das Gefüge so aus wie im Bild 4.5 links dargestellt.

Der einzige offensichtliche Unterschied zwischen dieser Struktur und der in Bild 3.4 (unten rechts) besteht darin, dass die dünnen Ferritkörner etwas dicker sind. Nun liegt allerdings der Kohlenstoffgehalt der Austenitkörner beim eutektoiden Punkt von 0,77% C. Der eutektoide Punkt in einem Phasendiagramm ist der Punkt, bei dem eine eutektoide Reaktion auftritt. Das ist eine Reaktion, bei der eine feste Phase sich in zwei feste Phasen umwandelt. In unserem Beispiel werden bei der endgültigen Abkühlung auf Raumtemperatur die Austenitkörner in Perlitkörner umgewandelt (Ferrit+Zementit). Das auftretende Gefüge ist ähnlich wie das rechts in Bild 4.5 gezeigte.

Im Lichtmikroskop erscheinen die ehemaligen Austenitkörner dunkel, da sie sich in Perlit umgewandelt haben. Die Ferritkörner erscheinen hell und markieren die Perlitkörner. Bild 4.6 zeigt eine reale Gefügeaufnahme eines 1045er Stahls. Da sich Ferrit vor dem Perlit bildet, und da sich

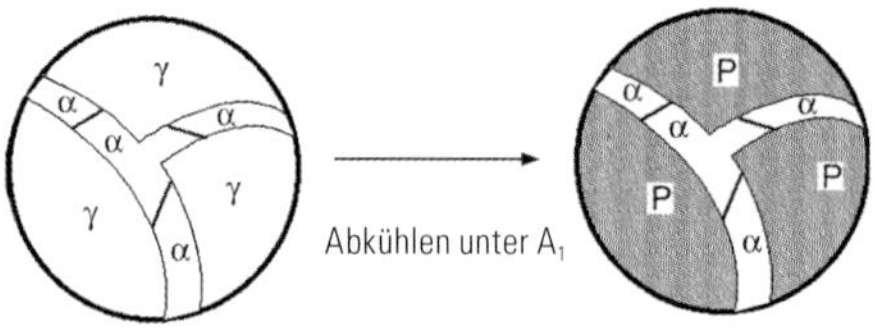

Bild 4.5 Zerfall der Austenitkörner in Perlit bei Abkühlung unter 727°C.

Perlit bei der eutektoiden Temperatur von 727°C bildet, heißt der Ferrit oft auch *proeutektoider Ferrit.*

Der prozentuale C-Gehalt im Austenit muss sich bei der Abkühlung erhöhen, weil Ferrit fast keinen Kohlenstoff lösen kann. Bei weiterer Abkühlung im Zweiphasengebiet muss sich weiter Ferrit bilden. Wenn sich also ein kleines Teilchen Austenit in Ferrit umwandelt, müssen förmlich alle Kohlenstoffatome aus diesem Teilchen herausgestoßen werden und wandern in den noch verbleibenden Austenit. Dabei wird dessen Kohlenstoffgehalt erhöht. Diese Erhöhung kann aber den Wert von 0,77%C nicht überschreiten, da bei dieser Zusammensetzung der Austenit bei weiterer Abkühlung in Perlit zerfällt, und Perlit hat einen durchschnittlichen Kohlenstoffgehalt von 0,77% C.

Bild 4.6 Gefüge eines Stahls 1045 nach Luftabkühlung von 850°C auf Raumtemperatur. Die dunkel erscheinenden Austenitkörner sind von weißen Perlitkörnern umgeben. Nitalätzung. Originalvergrößerung 100-fach.

Nun betrachten wir einen Stahl mit einem Kohlenstoffgehalt von mehr als 0,77% C, also einen hypereutektoiden Stahl. Ein gebräuchlicher unlegierter Kohlenstoffstahl ist die Güte 1095 (ein Stahl mit 0,95% C), der auch als Werkzeugstahl W1 bekannt ist. Seine Temperatur-Zusammensetzungskoordinaten nach Aufheizen auf 850°C sind ebenfalls in Bild 4.4 eingezeichnet. Er wird nun nach der gleichen 3-Stufen-Methode abgekühlt.

Die Vorgänge im 1095er Stahl sind denen des 1045er Stahls sehr ähnlich – mit dem Unterschied, dass die neue Phase, die sich an den ehemaligen Austenitkorngrenzen bildet, Zementit und nicht Ferrit ist. Bei 760°C bilden sich plattenförmige Zementitkörner an den ehemaligen Austenitkorngrenzen, und der Austenit muss die Zusammensetzung O gemäß Bild 4.4 haben, also ungefähr 0,85% C. Bei 850°C hatten die Austenitkörner die ursprünglichen 0,95% C. Nach der Zementitformung wird der Kohlenstoffgehalt auf 0,85% C reduziert, denn der sich bildende Zementit muss Kohlenstoff aufnehmen, da seine Zusammensetzung einen Kohlenstoffgehalt von 6,7% C erfordert.

Kühlt man weiter auf 740°C ab, bildet sich noch mehr Zementit, und der Kohlenstoffgehalt des Austenits geht abermals zurück auf die Zusammensetzung O‘. Bei noch weiterer Abkühlung auf die A_1-Temperatur bei 727°C fällt der Kohlenstoffgehalt im Austenit auf den eutektoiden Wert von 0,77% C ab. An diesem Punkt würde man in einem hitzebeständigen Mikroskop ein Gefüge beobachten, wie es in Bild 4.7

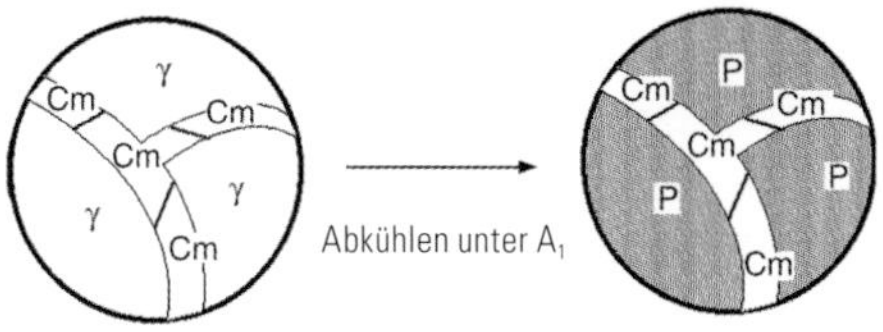

Bild 4.7 Zerfall der Austenitkörner in Perlit bei Abkühlung unter 727°C.

links dargestellt ist. Es ist dem Bild 4.5 sehr ähnlich, mit dem Unterschied, dass die ehemaligen Austenitkorngrenzen durch Zementit statt durch Ferrit markiert sind.

Weitere Abkühlung unter 727°C überführt den Austenit in Perlit, siehe Bild 4.7 rechts, und diese Struktur ändert sich auch bei weiterer Abkühlung nicht mehr. Demzufolge wäre das Erscheinungsbild knapp unter 727°C das gleiche wie das bei Raumtemperatur.

Bild 4.8 zeigt eine lichtmikroskopische Gefügeaufnahme eines 1095er Stahls nach

Bild 4.8 Hypereutektoider Stahl 1095 nach Luftabkühlung von 850°C auf Raumtemperatur. Die dunkel erscheinenden Austenitkörner sind von dünnen Zementitkörnern umgeben. Nitalätzung. Originalvergrößerung 500-fach.

einer Wärmebehandlung wie in Bild 4.4 dargestellt, nämlich nach Halten bei 850°C (Luftabkühlung). Zu beachten sind die Ähnlichkeiten zwischen dem hypoeutektoiden Stahl aus Bild 4.6 und dem hypereutektoiden Stahl aus Bild 4.8. In beiden Fällen sind die ehemaligen Austenitkorngrenzen durch eine proeutektoide Phase belegt: Ferrit bei Stählen mit niedrigem Kohlenstoffgehalt, und Zementit bei Stählen mit höherem Kohlenstoffgehalt.

Das Phasendiagramm enthält Informationen darüber, wie groß der Volumenanteil der proeutektoiden Phase an den Korngrenzen des Perlits sein wird. Nehmen wir an, bei dem Stahl handelt es sich um einen 1075er. Mit seinen 075% C liegt er sehr nahe an dem Gehalt des Perlits von 0,77% C. Daher muss dieser Stahl fast zu 100% aus Perlit bestehen.

Betrachten wir einen 1005er Stahl: Da die 0,05% C so nahe an der Zusammensetzung des reinen Ferrit mit 0,02% C liegt, muss dieser Stahl hauptsächlich aus Ferrit bestehen, mit einem kleinen Anteil Perlit. Der Volumenanteil Perlit hängt demnach davon ab, wo der nominelle Kohlenstoffgehalt zwischen den Extrempunkten 0,02% C für reinen Ferrit und 0,77% C für den reinen Perlit entlang der Linie der A_1-Temperatur liegt.

Nehmen wir an, X bezeichnet den nominellen Kohlenstoffgehalt eines hypoeutektoiden Stahls. Dann ergibt sich der Volumenanteil des Ferrits im Stahl folgendermaßen (Gleichung 4.1):

$$\text{Ferritanteil} = (0{,}77 - X) / (0{,}77 - 0{,}02)$$

Für das Beispiel eines 1045er Stahls ergibt das einen Wert von 0,43, also 43%. Bei den hypereutektoiden Stählen gilt die Regel entsprechend. Der Volumenanteil des Zementits bestimmt sich durch die Position des nominellen Kohlenstoffgehalts auf der Linie A_1 relativ zum reinen Perlit mit 0,77% C und dem reinen Zementit bei 6,7% C. Die Formel lautet hier (Gleichung 4.2):

Zementitanteil = (X - 0,77) / (6,7 - 0,77)

Für einen 1095er Stahl kommt man auf einen Wert von 0,03 bzw. 3% Zementit.

Die bei Raumtemperatur vorliegenden Gefüge variieren über weite Bereiche. Die in den Bildern 4.6 und 4.8 dargestellten Gefüge sollten nur als zwei Beispiele für eine große Vielfalt möglicher Gefüge betrachtet werden. Folgende allgemeine Aussagen gelten, je nachdem, ob der Stahl langsam abgekühlt wurde (zum Beispiel durch Abkühlung an der Luft oder im Ofen) oder schnell (zum Beispiel durch Wasser- oder Ölabschreckung).

4.2.1 Gefüge nach langsamer Abkühlung

Wird der Stahl durch Luftabkühlung oder noch langsamer abgekühlt, wird sein Gefüge aus einer Mischung von Ferrit und Zementit bestehen. Der Zementit wird gewöhnlich als ein Bestandteil der Perlitkörner auftreten, jedoch nicht ausschließlich. Durch eine geeignete Wärmebehandlung ist es möglich, den Zementit in Form von isolierten Körnern darzustellen, so wie in Bild 3.5 unten. Dieses nennt man ein *eingeformtes Gefüge*, oder GKZ (geglüht auf kugeligen Zementit), da der Zementit in Form kleiner kugelförmiger Körner vorliegt.

Ein perlitischer Stahl ist viel widerstandsfähiger und schwerer zu bearbeiten als ein eingeformter Stahl. Aus diesem Grunde werden hypereutektoide Stähle vom Erzeuger gewöhnlich im eingeformten Zustand ausgeliefert. Das Gefüge solcher Stähle besteht aus kugelförmigen Zementitpartikeln in einer Matrix aus Ferritkörnern (mehr dazu im Abschnitt „eingeformte Gefüge“ in diesem Kapitel.)

Die Gefügebilder 4.6 und 4.8 zeigen die proeutektoiden Phasen, an ehemaligen Austenitkorngrenzen lokalisiert. Liegt man mit der Zusammensetzung des Stahls weiter von der eutektoiden Zusammensetzung entfernt, wird dieses Erscheinungsbild weniger auftreten. Das Bild 4.9 zum Beispiel zeigt das Gefüge eines 1018er Stahls (also mit 0,18% C), der aus dem Austenitgebiet (900°C) im Ofen abgekühlt wurde. Man beachte, dass hier der dunkel gefärbte Perlitanteil kleiner ist als bei dem Stahl 1045 in Bild 4.6.

Verschiebt sich die Stahlzusammensetzung weiter vom eutektoiden Punkt weg, dann tritt diese Gefügeausbildung seltener auf. So zeigt zum Beispiel Bild 4.9 das Gefüge eines 1018er Stahls (unlegierter Kohlenstoffstahl mit 0,18% C), der im Ofen aus dem Austenitgebiet bei 900°C abgekühlt wurde.

Man beachte, dass die dunklen perlitischen Bereiche einen wesentlich kleineren Volumenanteil besitzen als beim 1045 in Bild 4.6. Die weißen Ferritkörner dominieren die Struktur, und sie zeigen auch keine offensichtliche Orientierung in Bezug auf ehemalige Austenitkorngrenzen, an denen sich der Ferrit ursprünglich einmal gebildet hatte. Die Ferritkörner sind einfach zu groß, als dass man noch Anzeichen für die ehemaligen Austenitkorngrenzen sehen könnte.

Ferrit und Perlit scheint hier in alternierenden Bändern angeordnet zu sein. Dieser

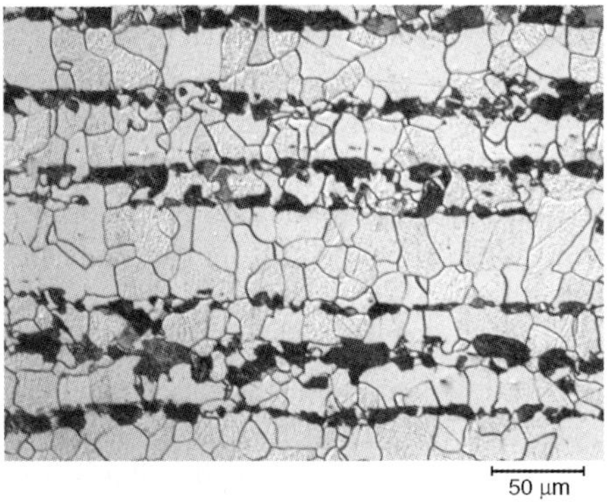

Bild 4.9 Ein verformter Stahl 1018 nach langsamer Abkühlung von 900°C auf Raumtemperatur. Das Gefüge ist gekennzeichnet durch weiß erscheinende Ferritkörner mit wenigen kleinen Volumanteilen an dunkel erscheinenden Perlitkörnern. Die Umformrichtung ist horizontal. Nitalätzung. Originalvergrößerung 240-fach.

Stahl besitzt ein sogenanntes *zeiliges Gefüge*. Praktisch alle hypoeutektoiden Stähle zeigen diese Zeiligkeit von Ferrit und Perlit, wenn sie vorher eine starke mechanische Umformung und eine nachfolgende langsame Abkühlung aus dem Austenitbereich erfahren haben.

Alle Baustähle werden irgendwie, meist durch eine Wechselfolge von Warm- und Kaltwalzen, stark umgeformt. Werden solche Stähle langsam abgekühlt, meist etwas langsamer als bei reiner Luftabkühlung, so

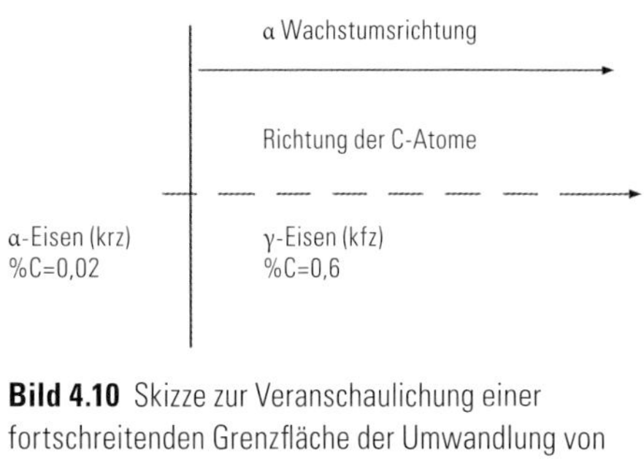

Bild 4.10 Skizze zur Veranschaulichung einer fortschreitenden Grenzfläche der Umwandlung von Austenit in Ferrit.

zeigen sie fast immer im Schliffbild quer zur Verformungsrichtung ein zeiliges Gefüge. Baustähle mit rundem Querschnitt zeigen bei Schliffen senkrecht zu der Achse, die die Verformungsrichtung definiert, keine Zeiligkeit. Sie ist erst zu sehen, wenn man Schliffe parallel zur Achse des Rundmaterials betrachtet.

4.2.2 Gefüge nach beschleunigter Abkühlung

Wir der Stahl schnell aus dem Austenitgebiet abgekühlt, kann man nicht mehr die Art der auftretenden Phasen, ihren Anteil sowie ihre Zusammensetzung aus dem Phasendiagramm ermitteln. Am langsameren Ende solcher beschleunigter Abkühlvorgänge entstehen bei Stählen mit niedrigem Kohlenstoffgehalt Mischungen aus Perlit und Ferrit. Bei Stählen mit höheren Kohlenstoffgehalten entstehen Perlit und Zementit.

Der Gehalt an Perlit hängt jedoch von der Abkühlungsgeschwindigkeit ab. Geht man zu höheren Abkühlgeschwindigkeiten, dann bildet sich eine von zwei neuen Arten von Strukturen, nämlich *Bainit* oder *Martensit*. Diese Strukturen sind die Themen des nächsten Abschnitts.

4.3 Gefügeausbildung bei abgeschreckten Stählen

Der möglicherweise faszinierendste Aspekt des Stahls ist, dass man seine Festigkeit durch Abschrecken (beschleunigte Abkühlung) auf erstaunlich hohe Werte bringen kann. Diese Festigkeitswerte liegen bei weitem über denen der stärksten Legierungen von Aluminium, Kupfer und Titan, und zwar um Faktoren von 4,7, 2,2 und 2,1. Stähle werden gewöhnlich *abgeschreckt*, indem man den heißen Werkstoff in flüssige Kühlmittel taucht, zum Beispiel Wasser, Öl oder flüssiges Salz (Salzschmelzen).

Diese Festigkeitssteigerungen treten nur dann auf, wenn der Stahl im heißen Zustand (teilweise) austenitisch war. Die sehr schnelle Abkühlung verhindert den Zerfall des Austenits in die Struktur aus Ferrit und Zementit. Stattdessen wird eine neue Struktur gebildet, der Martensit, und diese martensitische Phase ist verantwortlich für die hohe Festigkeit.

4.3.1 Martensit

Wie in Kapitel 1 erläutert, besitzt Austenit eine kubisch-flächenzentrierte (kfz) Kristallstruktur, und Ferrit eine kubisch-raumzentrierte (krz) Kristallstruktur. Das Phasendiagramm des Stahls zeigt, dass die kfz-Struktur bei weitem mehr Kohlenstoff lösen kann als die krz-Struktur. Bei der A_1-Temperatur ist der prozentuale Gehalt an Kohlenstoff, der sich im kfz-Eisen lösen kann, um den Faktor 0,77 / 0,02 = 38,5 größer als bei krz-Eisen.

Wie bereits beschrieben, sind die Kohlenstoffatome viel kleiner als die Eisenatome, und die gelösten C-Atome liegen in den Zwischengitterplätzen (interstitiell, in den „Löchern") zwischen den größeren Eisenatomen. Die kfz-Struktur kann mehr Kohlenstoffatome einlagern, da die Löcher in dieser Struktur größer sind als in der krz-Struktur.

Bild 4.10 zeigt die Umwandlung von γ-Eisen eines 1060er Stahls (mit 0,6% C) in ferritisches Eisen (α-Eisen), wobei sich die Trennlinie zwischen den Phasen, die vertikale Linie, nach rechts verschiebt. Wenn sich diese Linie um beispielsweise 25 mm verschiebt, muss in diesem Bereich der Kohlenstoffgehalt von 0,6% auf 0,02% fallen. Bei niedrigen Abkühlgeschwindigkeiten kann der Kohlenstoff vor der Trennlinie in das γ-Eisen wandern, und zwar in Richtung des gestrichelt eingezeichneten Pfeils. Diese sogenannte Diffusion werden wir später noch im Kapitel 7 ausführlich diskutieren.

Führt man jedoch diese Umwandlung sehr rasch herbei, durch Abschrecken, so bleibt den Kohlenstoffatomen nicht genug Zeit, sich neu zu ordnen. Einige davon oder auch alle bleiben im Ferrit gefangen und erhöhen seinen Kohlenstoffgehalt auf deutlich mehr als 0,02%. Dadurch wird die Kristallstruktur gegenüber der kfz-Forma-

Namenswahl

Die Bezeichnungen Ferrit, Austenit, Perlit, Eutektoid und Martensit waren in der Zeit zwischen 1890 und 1903 von zwei Wissenschaftlern vorgeschlagen worden, einem Amerikaner namens Henry Marion Howe und einen Franzosen, Floris Osmond. Bei der Entwicklung der Wissenschaft fallen manchmal die von Forschern vorgeschlagenen Namen unter den Tisch. Ein Beispiel dafür ist der Vorschlag von Howe, den Martensit „Hardenit" zu nennen. Dem Autor dieses Buches erscheint es unglücklich, dass die von Floris Osmond bevorzugte Bezeichnung sich durchsetzte, wo doch der Ausdruck „Hardenit" so hervorragend die einzigartige Eigenschaft von Martensit herausstellt.

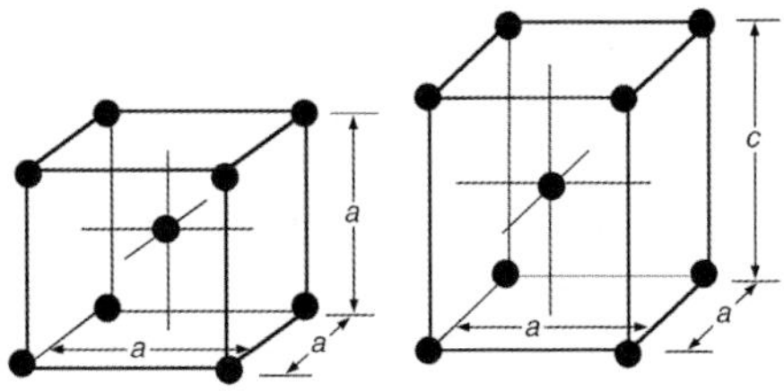

Bild 4.11 Vergleich der Kristallstrukturen von Ferrit und Martensit.

tion verzerrt. Die sich ergebende verzerrte Kristallstruktur ist der Martensit. Bild 4.11 zeigt den Vergleich der kfz-Einheitszelle des Ferrits mit der verzerrten Einheitszelle des Martensits.

Man sieht, dass die Einheitszelle des Martensits der krz-Einheitszelle insoweit ähnelt, als ein Atom im Zentrum angeordnet ist und je ein Atom eine Ecke besetzt. Allerdings ist diese Einheitszelle nicht mehr kubisch. Eine ihrer Seiten, in Bild 4.11 mit „c-Achse“ bezeichnet, ist länger als die anderen beiden, die a-Achsen. Daher bezeichnet man diese Struktur als *tetragonal-raumzentriert* (trz).

Mittels Röntgendiffraktion lassen sich die Längen a und c der Einheitszelle des Martensits messen. In Bild 4.12 sieht man, dass die c-Achse im Verhältnis zur a-Achse mit steigendem Kohlenstoffgehalt wächst. Die höheren Kohlenstoffgehalte im Martensit erhält man durch Abschrecken von austenitischen Zuständen mit höherem C-Gehalt.

Bild 4.12 zeigt, dass bei steigendem C-Gehalt die Verzerrung gegenüber der kubischen Struktur zunimmt – durch den in der trz-Struktur des Martensits gefangenen Kohlenstoff. Dabei wächst c gegenüber a überproportional schnell. Festigkeit und Härte des Martensits nehmen mit steigendem Kohlenstoffgehalt dramatisch zu (siehe die Härtewerte in Bild 4.13).

Eine Möglichkeit der Erklärung des Härteanstiegs besteht darin, dass man sich die chemischen Bindungen zwischen

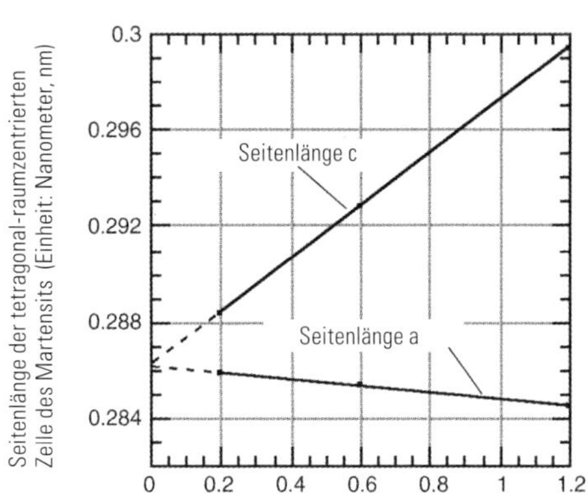

Bild 4.12 Reale Kantenlängen a und c der tetragonal-raumzentrierten (trz) Einheitszelle von Martensit (1 nm = 1/1000 µm).

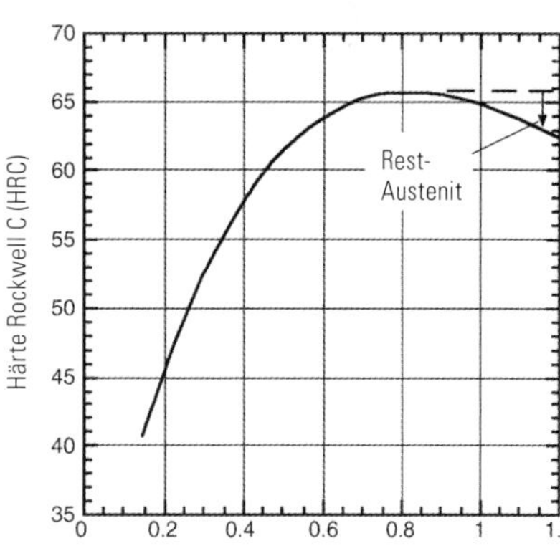

Bild 4.13 Rockwell-Härte von frischem Martensit in Abhängigkeit vom Kohlenstoffgehalt.

Eisenatomen als Federn vorstellt. Steigt der Kohlenstoffgehalt, dann werden die Federn immer weiter gespannt und bieten weiterer Auslenkung immer mehr Widerstand. Das heißt, die Struktur wird fester.

Martensit-Arten

Das Erscheinungsbild des Martensits im Lichtmikroskop ändert sich, wenn der Kohlenstoffgehalt sich ändert. Dieser Sachverhalt ist im rechten Teil des Bilds 4.14 dargestellt. Abgeschreckter Austenit kann mit Kohlenstoffgehalten von unter oder auch über 0,77% (eutektoider Punkt) Martensitstrukturen bilden.

Auf der linken Bildseite sieht man, dass es sich eingebürgert hat, die Formen des Martensits in zwei Typen zu unterteilen, je nach dem Kohlenstoffgehalt. Bei einem C-Gehalt zwischen 0% und 0,6% C spricht man vom *Lattenmartensit*, bei einem Gehalt oberhalb von 1,0% C spricht man von *Plattenmartensit*. Im Zwischenbereich (0,6% bis 1,0% C) liegt eine Mischung dieser beiden Typen Martensit vor.

Die Sprachregelung ist aber nicht einheitlich: Plattenmartensit wird oft auch „Nadelmartensit" oder „verzwillingter Martensit" genannt, der Lattenmartensit auch „Lanzettmartensit", „Blockmartensit" oder „kohlenstoffarmer Massivmartensit".

Im Lichtmikroskop sieht Martensit ein wenig enttäuschend aus. Lattenmartensit wirkt etwas verschwommen und unscharf, wie in Bild 4.15(a) bei einem 1018er Stahl dargestellt. Beim Plattenmartensit lassen sich die einzelnen Platten unterscheiden, aber nur, wenn der Kohlenstoffgehalt mehr als 1,0% C beträgt. Das ist in Bild 4.15(b) an einem Martensit mit 1,4% C gezeigt. Man kann die Platten erkennen, weil die Struktur eben nicht zu 100% aus Martensit besteht. Die weißen Bereiche um die Platten herum sind Austenitkörner, die sich beim Abschrecken nicht umgewandelt haben.

Man spricht bei diesen Körnern vom *Restaustenit*. Dieser Austenit ist im Ver-

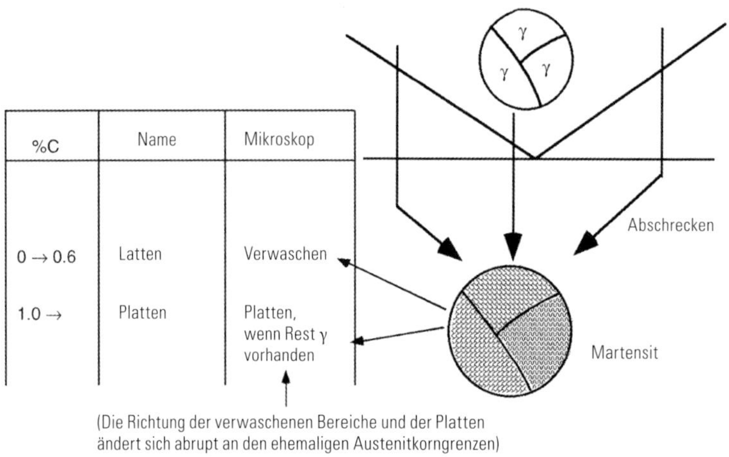

Bild 4.14 Die Bildung von Martensit mit unterschiedlichem Kohlenstoffgehalt beim Abschrecken. Der Kohlenstoffgehalt bestimmt, ob der Martensit als Lattenmartensit oder Plattenmartensit auftritt.

gleich zum Martensit weich. Daher sieht man im Bild 4.13 einen Härteabfall bei Kohlenstoffgehalten um 0,9% C. Enthält ein Gefüge aus Plattenmartensit keinen oder nur wenig Restaustenit, dann ragen die einzelnen Platten nicht aus der Bildebene heraus, siehe Bild 4.15(c). Man kann sie jedoch klar sichtbar machen in einem Transmissionselektronenstrahlmikroskop. Vergleicht man Bilder 4.15(a) und (c), so sieht man, dass es ziemlich schwierig ist, nur aufgrund des Schliffbilds zwischen einem reinen Lattenmartensit und einem Gemisch aus Platten- und Lattenmartensit zu unterscheiden, wenn man nicht ein erfahrener Metallograph ist.

Unmittelbar nach Entnahme aus dem Abkühlbad heißt der Martensit *frischer Martensit*. Die Härtewerte in Bild 4.13 beziehen sich alle auf frischen Martensit. Ein großes Problem bei frischem Martensit mit einem Kohlenstoffgehalt von mehr als 0,2-0,3% C ist seine große Sprödigkeit. Diese Sprödigkeit lässt sich unter Inkaufnahme eines leichten Härteverzichts beseitigen, indem man den abgeschreckten Stahl mäßig erwärmt. Diesen Prozess nennt man *Anlassen*. Daher werden abgeschreckte Stähle praktisch immer angelassen, um die Zähigkeit des Stahls zu verbessern. Den so behandelten Martensit nennt man folglich *angelassenen Martensit*.

Die erhöhte Temperatur beim Anlassen erlaubt es den Kohlenstoffatomen, die in der trz-Struktur eingefangen sind, sich etwas zu bewegen. Diese Atombewegung bewirkt zweierlei: Sie erlaubt der trz-Struktur, wieder krz-förmig zu werden, und sie führt zur Bildung sehr kleiner Karbidpartikel (oft mit der Zusammensetzung $Fe_{2,5}C$, dem sogenannten Epsilon-Karbid), die viel zu klein sind, um sie im Lichtmikroskop zu sehen. Aber auch wenn sie zu klein sind, um individuell unterschieden werden zu können, führen sie beim Ätzen zu einer Aufrauung der Oberfläche, so dass angelassener Martensit im Lichtmikroskop dunkel aussieht.

Wie in Bild 4.1 gezeigt, wird frischer Martensit ziemlich eben angeätzt und erscheint weiß – im Gegensatz zum dunklen Erscheinungsbild des angelassenen Martensits. Die Anlasstemperatur, die zum dunklen Erscheinungsbild führt, ist ziemlich niedrig, etwa in der Größenordnung von 150°C. Die Martensitstrukturen in Bild 4.15 sind leicht angelassen.

M_s- und M_f-Temperatur

Es gibt zwei sehr wichtige Temperaturen, die man verstehen muss, wenn man Wärmebehandlungen zur Erzeugung von Martensit durchführen will: die *Martensit-Starttemperatur* M_s und die *Martensit-Endtemperatur* M_f. Wenn sich Austenit bei Abkühlung in eine andere Phase umwandelt, so bildet sich die neue Phase immer zuerst an den ehemaligen Austenitkorngrenzen. Sie entsteht sozusagen an Keimzellen.

Ein Beispiel: Ein 1077er Stahl (0,77% C) wird bei 850°C vollständig austenitisiert und anschließend an Luft auf 650°C abgekühlt. Gleich nachdem die Temperatur auf unter 727°C gefallen ist, bilden sich kleine Perlitkörner an den ehemaligen Austenitkorngrenzen. Beim Erreichen der Temperatur von 650°C sind diese Körner gewachsen, aber dennoch bleibt zwischen ihnen ein kleiner Rest Austenit erhalten. Hält man die Probe bei 650°C, wachsen die Körner weiter, bis aller Austenit aufgebraucht ist.

Jetzt betrachten wir eine alternative Wärmebehandlung, bei der die Probe von 850°C in einer heißen Flüssigkeit bei 650°C abgeschreckt wird. Durch diese Methode vollzieht sich die Abkühlung auf 650°C sehr viel schneller. Die Abfolge des Austenitzerfalls bleibt die gleiche: An den ehemaligen Austenitkorngrenzen entsteht Perlit, der in den noch vorhandenen Austenit hineinwächst, bis er aufgebraucht ist. Doch bei der schnellen Abkühlung treten drei Unterschiede auf: Die Perlitkörner wachsen schneller, die Zementitstreifen liegen viel enger, und die Perlitkörner werden viel kleiner, da sie sich vermehrt auf den ehemaligen Austenitkorngrenzen bilden.

Nun nehmen wir an, dass der 1077er Stahl in einem Bad abgeschreckt wird, das wesentlich kälter ist, beispielsweise ein Wasserbad bei Raumtemperatur. Bei solch niedrigen Abschrecktemperaturen kann man erwarten, dass sich Martensit bildet und der Stahl hart wird. Es gibt Ähnlichkeiten, aber auch Unterschiede zwischen der Martensitbildung bei Raumtemperatur und der Perlitbildung bei 650°C. Genauso wie Perlit bildet sich Martensit an den ehemaligen Austenitkorngrenzen zuerst. Aber anders als Perlit wächst der Martensit viel schneller in den Austenit hinein. Während die Wachstumsgeschwindigkeit des Perlits in den Austenit bei 650°C etwa 50 µm/s beträgt (langsamer bei höheren Temperaturen), wächst der Martensit unabhängig von der Temperatur annähernd mit Schallgeschwindigkeit (4510 m/s) in den Austenit (die Schallgeschwindigkeit in Luft liegt bei 343 m/s, in Stahl jedoch bei fast 6000 m/s).

Im Gegensatz zum Perlit, der den gesamten vorhandenen Austenit aufzehrt, wenn man ihn lange genug bei niedrigerer Temperatur hält, wandelt der Martensit

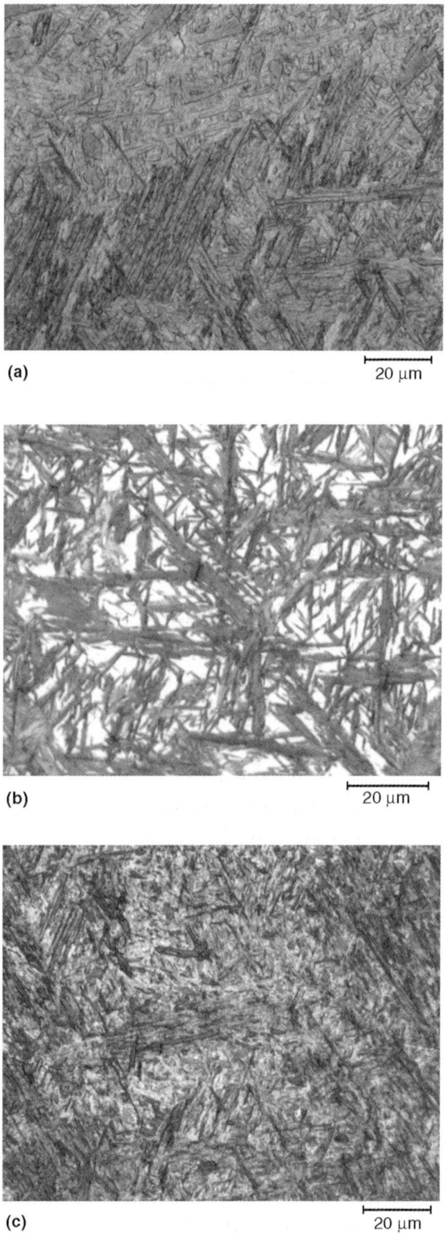

Bild 4.15 Lichtmikroskopische Gefügeaufnahme von Lattenmartensit (a) bei 0,18%C, Plattenmartensit (b) bei 1,4%C und Mischform (c) bei 0,9%C. Nitalätzung.

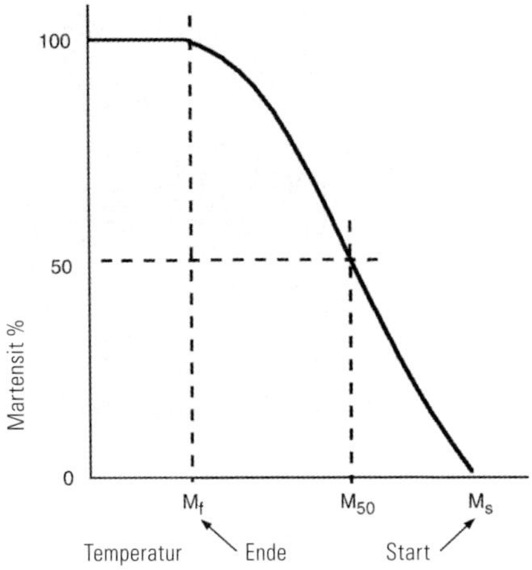

Bild 4.16 Die Abschrecktemperatur bestimmt die Menge an Martensit.

nicht den gesamten vorhandenen Austenit um. Das tut er nur dann, wenn die Temperatur des Abschreckens unter der sogenannten Martensit-Endtemperatur M_f liegt. Die Martensitbildung setzt auch erst dann ein, wenn die Abschrecktemperatur unter der Martensit-Starttemperatur M_s liegt. Liegt die Abschrecktemperatur zwischen M_s und M_f, dann wird nur ein Teil des Austenits in Martensit umgewandelt, und der Rest bleibt als sogenannter Restaustenit erhalten.

Bild 4.16 stellt diese Zusammenhänge graphisch dar. M_{50} gibt die Temperatur an, bei der sich 50 Prozent (des möglichen) Martensit gebildet haben. Das heißt, dass sich in einem Stahl, der auf die M_{50}-Temperatur abgeschreckt wird, 50 Prozent des Austenits innerhalb von Millisekunden in Martensit umgewandelt haben. Die verbleibenden 50 Prozent des Austenits, der um den Martensit angeordnet ist, bleiben so lange erhalten, wie man die Temperatur nicht ändert.

Man beachte, dass gemäß dem Phasendiagramm für Stahl (Bild 3.7) der gesamte Austenit verschwinden sollte, wenn die Temperatur des Stahls unter die A_1-Temperatur abfällt. Weiterhin fordert das Diagramm, dass unterhalb der A_1-Temperatur die Phasen Ferrit und Zementit anwesend sein sollten. Bei abgeschreckten Stählen werden jedoch beide Regeln verletzt, da nämlich Austenit existiert und es keinen Ferrit und Zementit gibt.

Das führt zu der Erkenntnis, dass das Phasendiagramm die bei bestimmten Zusammensetzungen und Temperaturen auftretenden Phasen nur dann korrekt beschreibt, wenn der Stahl mit niedriger Geschwindigkeit abgekühlt wird. Bei hohen Abkühlgeschwindigkeiten tritt eine neue Phase auf, der Martensit, der nicht durch das Phasendiagramm vorhergesagt wird.

Solche Phasen nennt man „metastabil", also nicht stabil. Wird der Martensit erwärmt, wie zum Beispiel beim Anlassen, so wandelt er sich in stabilere Phasen um. Die stabilen Phasen lassen sich aus dem Diagramm ablesen. So führt eine Wärmebehandlung von Martensit unterhalb der A_1-Temperatur sowohl beim Martensit als auch beim Restaustenit zu den Phasen Ferrit+Zementit.

Martensit und Restaustenit

Die M_s-Temperatur von Stählen hängt sehr stark vom Kohlenstoffgehalt im Austenit ab. Das lässt sich anhand zweier Diagramme (Bild 4.17 und Bild 4.18) erläutern. In Bild 4.17 sind die Temperaturen M_s und M_f über dem Kohlenstoffgehalt (bei unlegierten Kohlenstoffstählen) aufgetragen. Die Kurve für die M_f-Temperatur ist mit Unsicherheiten behaftet, denn die entsprechenden Experimente zeigen starke Streuungen. In Bild 4.17 ist eine horizontale Linie eingezeichnet, die mit T_R gekennzeichnet ist, der Bezeichnung für Raumtemperatur. Die meisten Abschreckvorgänge werden bis zur Raumtemperatur geführt. Damit erlaubt die Linie für T_R die Abschätzung, bei welchem Kohlenstoffgehalt man bei unlegierten Kohlenstoffstählen nach dem Abschrecken Restaustenit erhält.

Bild 4.17 zeigt, dass man beim Abschrecken auf Raumtemperatur schon ab Kohlenstoffgehalten von etwa 0,3% C bis 0,4% C oberhalb der M_f-Temperatur liegt. Mit Hilfe von Röntgendiffraktion lässt sich der Gehalt an Restaustenit in abgeschreckten Stählen ziemlich genau messen.

Bild 4.18 zeigt, wie der prozentuale Volumenanteil von Restaustenit in abgeschreckten unlegierten Kohlenstoffstählen mit dem Gehalt an Kohlenstoff ansteigt. Ähnlich wie bei der M_f-Temperatur weisen die Messdaten eine breite Streuung auf. So kann zum Beispiel bei einem Stahl mit 1,4% C der Gehalt an Restaustenit zwischen 28% und 45% streuen.

Dieses Bild dient zur Erklärung von zwei interessanten Sachverhalten:

1. Stähle, die vollständig aus Lattenmartensit bestehen (% C kleiner als 0,6%) weisen keine signifikanten Mengen an Restaustenit auf.

2. Besteht das Gefüge vollständig aus Plattenmartensit (bei Kohlenstoffgehalten von mehr als 1,0% C), so weist es hohe und mit dem Kohlenstoffgehalt ansteigende Anteile von Restaustenit auf.

Bei dem Beispiel eines 1077er Stahls, der auf Raumtemperatur abgeschreckt wurde, ist eine Struktur aus einem Gemisch von Latten- und Plattenmartensit zu erwarten. Die Restaustenitgehalte werden zwischen 6% und 10% liegen. Normalerweise ist es im Lichtmikroskop sehr schwierig, den Restaustenit zwischen den Martensitplatten zu erkennen, sofern die Gehalte nicht 10% übersteigen.

In den bisher angestellten Überlegungen wurde davon ausgegangen, dass der Abschreckprozess die Temperatur des Austenits so rasch unter die Ms-Temperatur abkühlt, dass vor Erreichen der Ms-Temperatur kein Ferrit, Perlit oder Zementit auftritt. Betrachten wir nun einen 1095er Stahl (mit 0,95% C), dessen Zusammensetzung sehr nahe an der perlitischen Zusammensetzung liegt. Aus Bild 4.18 entnehmen wir, dass der Stahl sich bei einer Abkühlung aus dem Austenitgebiet auf Raumtemperatur in Martensit mit etwa 13% Restaustenit umwandelt – wenn die Abkühlgeschwindigkeit so groß ist, dass man die Perlitbildung unterdrückt.

Nehmen wir nun an, die Abkühlgeschwindigkeit sei ein wenig zu gering, um die Bildung von Perlit vor Erreichen der M_s-Temperatur zu vermeiden. In diesem Falle ist es möglich, dass der Austenit anfängt, sich in Perlit umzuwandeln, bevor die Umwandlung zu Martensit eintritt. Wenn das geschieht, dann beginnt der Perlit, sich entlang der ehemaligen Austenitkorngrenzen zu bilden. Wenn dann die Temperatur unter die M_s-Temperatur fällt, wandelt sich der Austenit, der den Perlit umgibt, innerhalb von Millisekunden in Martensit + Restaustenit um. Diese sehr schnelle Martensitformung hält den zuerst an den ehemaligen Austenitkorngrenzen gebildeten Perlit gefangen.

Das Ergebnis ist eine Struktur, wie sie in Bild 4.19 gezeigt ist. Der dunkle Perlit ist von den hellen Körnern aus Martensit + Restaustenit umgeben (Hinweis: Die Probe

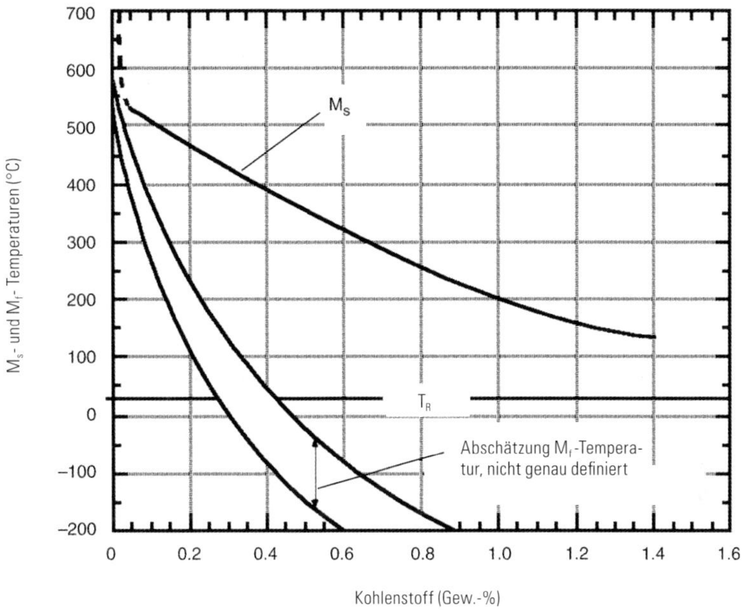

Bild 4.17 Beide Umwandlungstemperaturen des Martensits, nämlich M_s und M_f, werden bei steigendem Kohlenstoffgehalt im Austenit rasch erniedrigt.

war nicht wie üblich so angelassen, dass der Austenit dunkel erscheint, daher sind die Bereiche aus frischem Martensit + Restaustenit hell). Die dünnen weißen Linien wurden in das Gefügebild eingezeichnet, um die wahrscheinliche Position der ehemaligen Austenitkorngrenzen zu verdeutlichen. Man beachte, dass die Perlitkörner ausgehend von den Austenitkorngrenzen in Form kleiner rundlicher Strukturen wachsen. Diese werden als Perlitinseln bezeichnet, und sie besitzen kugelförmige Wachstumsfronten.

4.3.2 Bainit

Wird der Stahl von der Austenittemperatur etwas schneller abgekühlt, so beobachtet man unter Umständen die Bildung einer neuen Mikrostruktur im Stahl, die man als *Bainit* bezeichnet. Ähnlich wie Perlit entsteht Bainit aus dem Austenit, und auch er entsteht zuerst an den ehemaligen Austenitkorngrenzen. Demzufolge besteht bei rascher Abkühlung an den ehemaligen Austenitkorngrenzen eine Konkurrenzsituation, bei der sich an manchen Stellen Perlit, an anderen Bainit ausbildet (siehe Bild 4.20).

Der Bainit ist der hellere Bestandteil, der sich an den ehemaligen Austenitkorngrenzen bildet. Auch hier wurden die ehemaligen Austenitkorngrenzen im Gefügebild durch weiße Linien markiert. Ähnlich wie Perlit ist Bainit eine Mischung aus Ferrit + Zementit. Die innere Struktur des Bainits ist jedoch grundlegend verschieden: Während sich beim Perlit der Zementit in

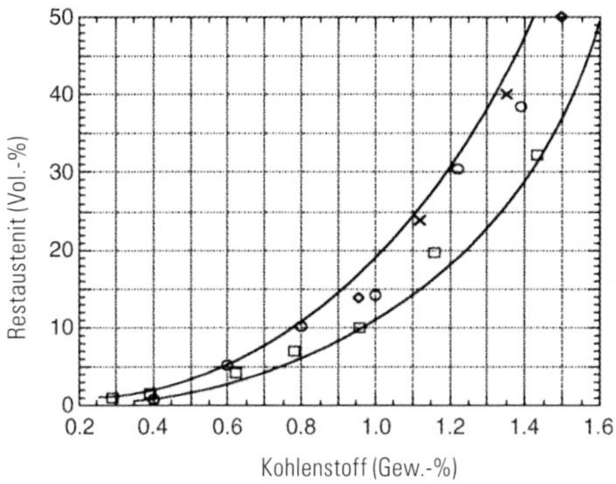

Bild 4.18 Volumenanteil des Restaustenits in Abhängigkeit vom Kohlenstoffgehalt von unlegierten Kohlenstoffstählen nach Abschrecken auf Raumtemperatur. Die aus verschiedenen Quellen stammenden Messwerte veranschaulichen die Breite des Streubandes.

Form von Platten zwischen den Ferritplatten anordnet, liegt er beim Bainit in Form dünner Fäden und/oder kleiner Partikel vor, die in der Ferritmatrix verteilt sind.

Ein weiterer Unterschied zwischen diesen beiden Strukturen ist in Bild 4.20 dargestellt: Die Wachstumsfronten des Perlits sind kugelförmig, aber der Bainit scheint nadelförmig zu wachsen. Man beachte, dass Bild 4.20 ein zweidimensionaler Schnitt durch die Struktur ist. Wäre die Wachstumsfront von Bainit tatsächlich nadelförmig, so wäre das nur zu erkennen, wenn der Schnitt parallel zur Nadelachse läge. Das ist jedoch unwahrscheinlich.

Ist die Wachstumsfront plattenförmig, so würde sie im zweidimensionalen Schnitt für viele Orientierungen wie Nadeln aussehen. Hier ist die Wachstumsfront des Bainits plattenförmig, so wie in den meisten bainitischen Stählen.

Die lichtmikroskopische Gefügeaufnahme in Bild 4.20 wurde mit der höchsten nutzbaren Vergrößerung (etwa 1000-fach) aufgenommen. Durch eine weitere Erhöhung der Vergrößerung würde man keine weiteren Gefügeänderungen mehr sehen. Diese Vergrößerungen lägen außerhalb der lichtmikroskopischen Auflösung von 0,2 µm.

Die plattenförmige Struktur und die kleinen Teilchen aus Zementit in den perlitischen und bainitischen Bereichen in Bild 4.20 sind wegen der Auflösungsbegrenzung des Lichtmikroskops nicht sichtbar. Wie früher schon bemerkt, treten die Zementitteilchen durch Ätzen hervor und streuen das Licht so, dass im Mikroskop das Bild dunkel erscheint. Perlit erscheint dunkler als Bainit, da die Lichtstreuung an den fein strukturierten Plattenanordnungen stärker ist als an den kleinen Partikeln im Bainit.

Seit Ende der 1960er Jahre steht ein besonderer Typ des Elektronenmikroskops zur Verfügung, das so genannte „Scanning Elektronen-Mikroskop“ (SEM). Dieses Gerät liefert Auflösungen, die viel höher liegen als beim Lichtmikroskop, nämlich bis 2 nm (Nanometer), wobei 2 nm einem Wert von 0,002 µm entsprechen. Bild 4.21 ist ein SEM-Bild des Perlits – genau an dem Punkt, der in Bild 4.20 eingezeichnet ist. Bild 4.22 ist eine SEM-Gefügeaufnahme im Bainit an dem ebenso bezeichneten Punkt in Bild 4.20.

In beiden Gefügebildern ist der Zementit die dunkle Phase. Der Unterschied zwischen den beiden Gefügearten geht deutlich aus diesen Gefügebildern hervor. Erhöht man die Abkühlgeschwindigkeit, so wird der Zementitplattenabstand im Perlit kleiner. Der Plattenabstand in Bild 4.21 ist 0,05 µm (50 nm). Das stellt den kleinsten Abstand dar, der bei frischem, unverformtem Perlit möglich ist. Wie Bild 4.22 zeigt, ist im Bainit der Zementit in Form von fla-

Bild 4.19 Perlitanhäufungen (dunkle Stellen) auf den ehemaligen Austenitkorngrenzen, die durch die weißen Linien angedeutet sind. Mild abgeschreckter Stahl 1095. Nitalätzung. Originalvergrößerung 600-fach.

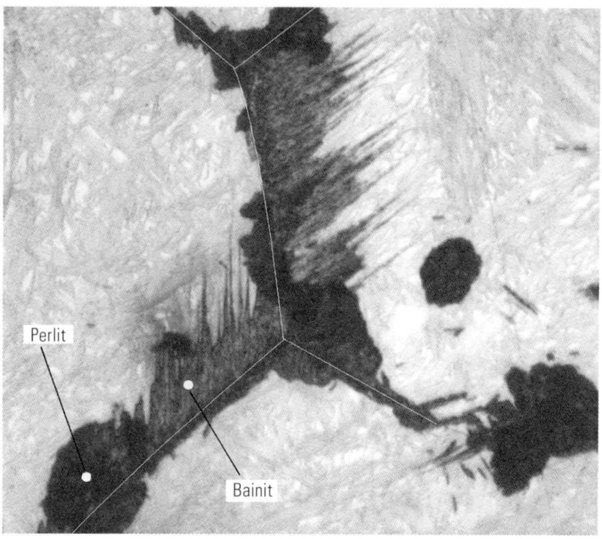

Bild 4.20 Mischgefüge aus Perlit und Bainit an den ehemaligen Austenitkorngrenzen (durch weiße Linien gekennzeichnet). Rasch abgeschreckter Stahl 1095, Originalvergrößerung 1000-fach.

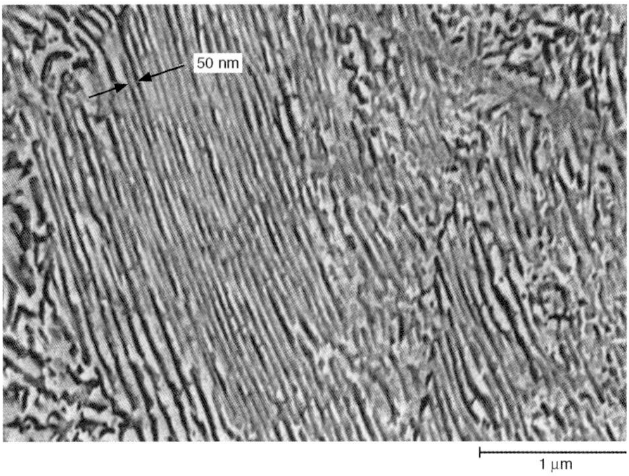

Bild 4.21 SEM-Gefügeaufnahme von Perlit an der in Bild 4.20 markierten Stelle. Originalvergrößerung 21.000-fach.

chen Bändern oder flachen Partikeln anzutreffen. Sowohl die Achsen der Bänder des Bainits als auch die Plattenflächen des Perlits richten sich an der Wachstumsrichtung dieser Strukturen aus.

Ende der 1920er Jahre begründete Edgar Bain das Studium von abgeschreckten Stählen mit Hilfe der Methoden der isothermischen Umwandlung. Isothermisch bedeutet dabei konstante Temperatur. Bei dieser Methode muss man normalerweise mit sehr dünnen Stahlproben arbeiten. Zuerst wird diese dünne Stahlprobe aufgeheizt, bis sie austenitisch ist, danach wird sie in einem flüssigen Abschreckbad, meist eine Salzschmelze, abgeschreckt. Dieses Abschreckbad wird auf der erwünschten isothermischen Temperatur gehalten.

Da die Stahlproben dünn sind, werden sie in ihrem gesamten Volumen auf die Abschreckbadtemperatur gebracht. Eben weil der Stahl so dünn ist, stellt sich das ganze Probenvolumen auf die Temperatur des geschmolzenen Salzes ein, bevor irgendetwas von dem vorhandenen Austenit zerfällt. Der Stahl wird nun so lange in dem Salzbad gehalten, bis der gesamte Austenit sich umgewandelt hat. Danach wird die Probe auf Raumtemperatur abgekühlt und im Lichtmikroskop untersucht.

Mit dieser Methode ist es möglich, für alle Strukturen, die sich aus dem Austenit bei allen möglichen Zusammensetzungen unterhalb der A_1-Temperatur ausbilden können, eine Art Landkarte zu erstellen. Diese Ergebnisse sind in Bild 4.23 zusammengestellt.

Bain und seine Mitarbeiter fanden mit Hilfe dieser Technik heraus, dass es einen Temperaturbereich gibt, unterhalb dessen sich kein Perlit bildet, und oberhalb dessen sich kein Martensit bildet. Sie entdeckten, dass sich in diesem Bereich eine neue Struktur bildet, die etwa 15 Jahre später zu dem Namen Bainit kam. Aus Bild 4.23 entnehmen wir, dass Bainit in zwei Arten vor-

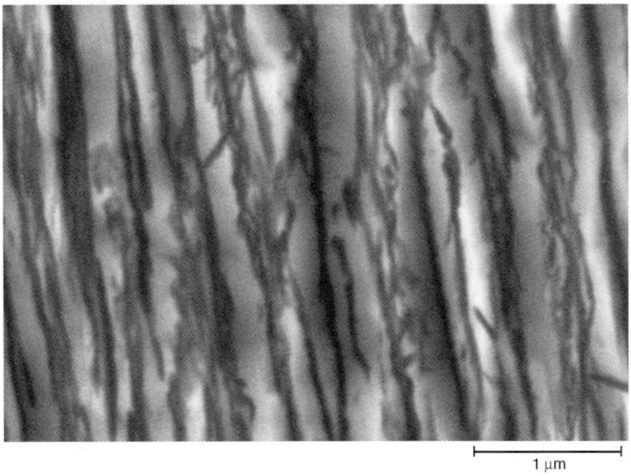

Bild 4.22 SEM-Gefügeaufnahme von Bainit an der in Bild 4.20 markierten Stelle. Originalvergrößerung 20.000-fach.

kommt, die man entsprechend dem Temperaturbereich, in dem sie entstehen, als *oberen Bainit* und *unteren Bainit* bezeichnet. Der Bainit in Bild 4.22 ist oberer Bainit. Der hauptsächliche Unterschied zwischen diesen beiden Strukturen besteht darin, dass beim unteren Bainit die Karbidpartikel und Filamente viel feiner und viel enger angeordnet sind.

Perlit besitzt nie Restaustenit in seiner Struktur. Bainit hingegen kann erhebliche Anteile von Restaustenit besitzen, insbesondere in bestimmten legierten Stählen. Fügt man einem Stahl Silizium hinzu (in Mengen, die über das übliche Maß der Verunreinigung hinausgehen), so beobachtet man einen starken Einfluss auf den Bainit. Silizium wird in größeren Mengen dem Federstahl AISI 9260 (deutsche Werkstoffnummer 1.5027, DIN-Bezeichnung 60Si7) zugesetzt, außerdem allen Gusseisen. Das Silizium führt dazu, dass der Bainit in diesen Stählen merkliche Anteile an Restaustenit und geringere Anteile an Karbiden besitzt.

Zudem wird die Art der Karbide im unteren Bainit geändert: Statt Fe_3C (Zementit) tritt $Fe_{2,5}C$ (Epsilon-Karbid) auf. Epsilon-Karbid tritt im Eisen-Kohlenstoff-Phasendiagramm des Gleichgewichts nicht auf, da es keine stabile Phase ist. Es handelt sich um eine metastabile Phase, die nur in abgeschreckten Stählen auftritt. Dieser Phase werden wir bei der Diskussion des Anlassens wieder begegnen.

Bild 4.23 kann dabei helfen, einen wichtigen Aspekt der perlitischen Stähle zu verstehen: Die Tatsache, dass ein Gefüge perlitisch ist, bedeutet nicht, dass die Zusammensetzung des Stahls die perlitische C-Konzentration von 0,77% hat.

Nehmen wir zum Beispiel den Stahl 1095: Wenn dieser Stahl in den Temperaturbereich zwischen 550°C und 650°C abgeschreckt und dort so lange gehalten wird, bis der Austenit zerfallen ist, wird gemäß

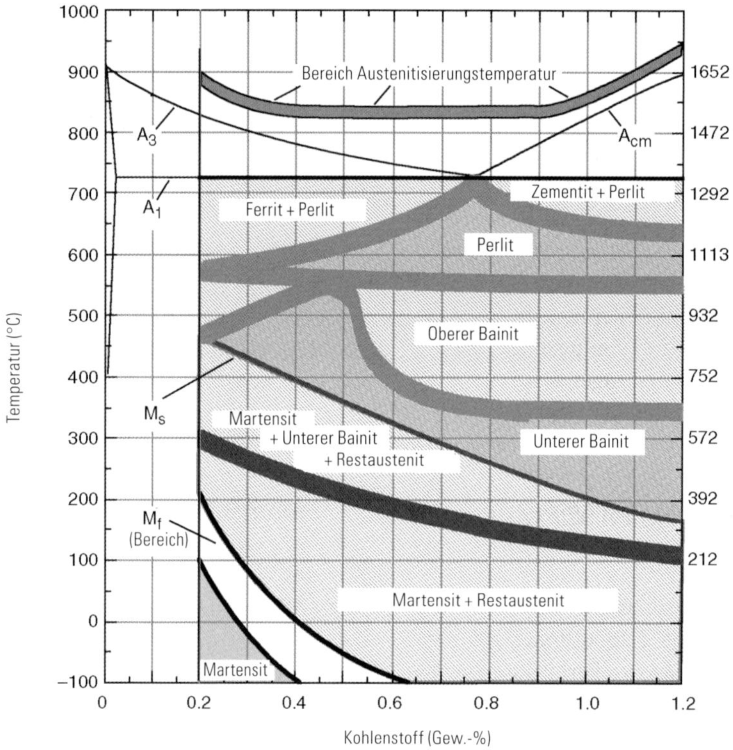

Bild 4.23 Zerfallsprodukte des Austenits in unlegierten Kohlenstoffstählen, isotherme Umwandlung (nach Abschrecken und Halten bei unterschiedlichen Temperaturen unterhalb von A_1).

dem Diagramm eine 100-prozentige perlitische Struktur auftreten. Der Unterschied im Gefüge dieses Stahls und eines perlitischen 1077er Stahls besteht darin, dass die Zementitplatten leicht dicker sind als beim 1077er.

In ähnlicher Weise ist es auch möglich, einen 1060er Stahl mit einem voll perlitischen Gefüge herzustellen, indem man ihn auf 550°C bis 650°C abschreckt. Hier besteht der Unterschied darin, dass die Zementitplatten dünner sind als beim 1077er Stahl. In beiden Fällen sind die Änderungen in den Dicken der Platten zu klein, als dass man sie lichtmikroskopisch oder auch mit SEM darstellen könnte.

Bild 4.23 gibt uns keine Auskunft darüber, welche Gefüge sich beim kontinuierlichen Abkühlen ergeben. Kontinuierliche Abkühlung bedeutet, dass die Probe nicht durch Abschrecken aus dem Austenitgebiet abgekühlt wird, sondern einfach dadurch, dass man sie aus dem Ofen nimmt und zum Beispiel an Luft abkühlen lässt – oder auch mäßig abschreckt, zum Beispiel in einem Ölbad. Die Luftabkühlung wird oft als *Normalisieren* bezeichnet.

Wie der Name nahe legt, heißt kontinuierliche Abkühlung, dass die Temperatur des Stahls kontinuierlich abfällt, statt drastisch abzusinken wie beim Abschrecken. Aus Experimenten weiß man, dass bei schneller Luftabkühlung ein 1095er Stahl voll perlitisch wird, ein 1060er Stahl nicht.

Der 1060er Stahl weist Ferrit an den ehemaligen Austenitkorngrenzen auf, ähnlich wie in Bild 4.6 dargestellt. Wird die Abkühlgeschwindigkeit auf Werte erhöht, die oberhalb einer schnellen Luftabkühlung liegen, so wird Bainit auftreten, und eine große Vielfalt an Gefügen ist möglich, unter anderem Mischungen von Ferrit, Perlit, Bainit und schließlich auch Martensit.

4.4 Einformung von Mikrostrukturen

In den meisten Fällen tritt bei hypoeutektoiden Stählen die Zementitphase in Form von feinen Platten aus Perlit auf, und bei hypereutektoiden Stählen vermehrt mit dickeren Platten und kugelförmigen Gebilden, die sich alle an den Austenitkorngrenzen bilden.

Diese Formen des Zementits ergeben sich, weil sie in genau dieser Form entstehen – bei der Umwandlung von Austenit in Perlit bei Erreichen der A_{r1}-Temperatur, beziehungsweise wenn sich Zementit bei hypereutektoiden Stählen bei Erreichen der A_{rcm}-Temperatur an den Austenitkorngrenzen abzuscheiden beginnt. Es ist jedoch möglich, durch eine entsprechende Wärmebehandlung die Form des Zementits im Stahl zu ändern und ihn in eine kugelförmige Gestalt umzuwandeln. Diese Formation nennt man *Spheroidit*, kugeligen Zementit.

Zementit ist zwar sehr hart, aber auch sehr spröde. Das Einformen von isolierten Zementitkugeln in eine Matrix aus Ferrit oder angelassenem Martensit führt dazu, dass die mechanischen Eigenschaften immer mehr denen der Matrix entsprechen: weich und gut zu bearbeiten im Falle einer Matrix aus Ferrit, oder fest und weniger spröde, wenn die Matrix Martensit ist.

Es gibt zwei mögliche Wärmebehandlungsprozesse, die effektiv kugeligen Zementit erzeugen. Beim ersten Prozess wird der Stahl einfach aufgeheizt, bis er voll austenitisch ist, und dann zu Martensit abgeschreckt. Sowohl bei hyper- als auch hypoeutektoiden Stählen wird der Stahl anschließend auf eine Temperatur dicht unterhalb der A_1-Temperatur erwärmt und etwa eine Stunde dort gehalten. Beim Abkühlen entsteht eine Struktur mit feinen Zementitkügelchen in Ferritmatrix. Der Martensit bei Raumtemperatur ist keine stabile Phase (sie tritt im Phasendiagramm nicht auf), und bei höheren Temperaturen zerfällt der Martensit in feine Karbide (Zementit) in einer ferritischen Matrix.

Bei hypereutektoiden Stählen kann man Kugeln aus Zementit in einer martensitischen oder bainitischen Matrix erzeugen, indem man den abgeschreckten Stahl auf Temperaturen zwischen A_1 und A_{cm} aufheizt und etwa eine Stunde dort hält. Dort zerfällt der Martensit in feine Karbide in einer austenitischen Matrix. Die martensitische oder bainitische Matrix stellt sich ein, wenn man aus dem Austenit mit geeigneter Geschwindigkeit abkühlt. Der Volumenanteil von kugeligem Zementit im Stahl hängt von der genauen Temperatur bei der einstündigen Haltezeit ab. Bei Temperaturen knapp oberhalb von A_1 ist er maximal, und er ist fast Null bei Temperaturen knapp unterhalb von A_{cm}.

Die zweite Methode ist bei hypereutektoiden Stählen die effektivste. Es wird kein

Abschrecken benötigt, und daher wird sie industriell zur Herstellung der eingeformten Strukturen von Zementit+Ferrit angewendet. Diese Stähle werden vom Hersteller mit diesem eingeformten Gefüge ausgeliefert. Bei dieser Methode wird ein Trick angewendet, der verhindert, dass sich beim Abkühlen von Austenit unter A_1 Perlit bildet: Er besteht darin, feine Zementitkugeln im Austenit zu erzeugen und dann langsam (meist nur wenig langsamer als Luftabkühlung) unter A_1 abzukühlen. Diese Wärmebehandlung bewirkt, dass sich Austenit direkt in eine Struktur aus kugeligem Zementit+Ferrit umwandelt, statt in die plattenförmige Perlit-Struktur überzugehen. Diese Umwandlung wird manchmal „Divorced Eutectoid Transformation" oder kurz DET genannt.

Kleine Zementitteilchen entstehen natürlicherweise im Austenit eines hypereutektoiden Stahls, wenn man ihn auf Temperaturen zwischen A_1 und A_{cm} aufheizt. Aus Versuchen weiß man, dass das immer geschieht, wenn der Werkstoff im Ausgangszustand keine großen Zementitpartikel enthält (zum Beispiel wenn er aus Perlit, Bainit, oder Martensit besteht oder bereits im eingeformten Zustand als Ferrit+Zementit vorliegt). Zudem darf der Stahl bei der Austenitisierung nicht auf Temperaturen oberhalb des Bereichs zwischen 800°C bis 840°C erhitzt werden, um zu gewährleisten, dass die DET über die Perlittransformation dominiert.

Diese Methode funktioniert auch bei hypoeutektoiden Stählen, erfordert aber mehr Fingerspitzengefühl. Der Grund dafür ist, dass bei Erhitzung eines hypoeutektoiden Stahls über A_1 die Zementitplatten des Perlits im Stahl sich komplett in Austenit umwandeln, und zwar überproportional schnell mit steigender Temperatur. Da bei dieser Methode bei der Abkühlung Zementitpartikel im Austenit enthalten sein müssen, kann man hypoeutektoide Stähle vor dem Abkühlen nicht lange auf Temperaturen oberhalb von A_1 halten. Eine effektive Methode, in hypoeutektoiden Stählen Einformung zu erzielen, besteht darin, den Stahl einige Male um etwa 50°C über A_1 hinaus und darunter „pendeln" zu lassen.

Bild 4.24 zeigt als Beispiel für die im letzten Absatz erwähnte zweite Methode eine Probe aus Kugellager-Stahl 52100 (100Cr6, 1.3505). Ursprünglich lag der Stahl im perlitischen Zustand vor, und es gab Zementit nur im Perlit. Er wurde bei 795°C für 30 Minuten gehalten und danach im Ofen bei 370°C/h auf 680°C abgekühlt, wobei die DET vollständig abgelaufen war. Schließlich wurde er in Luft auf Raumtemperatur abgekühlt. Die langsame Abkühlung auf 680°C führte dazu, dass sich der Austenit in Ferrit+Zementit umwandelte – statt der perlitischen Umwandlung. Dadurch entstand das komplett eingeformte Gefüge mit sehr feinen Zementitpartikeln in der ferritischen Matrix.

Beispiele für eingeformte Gefüge gibt es meist bei hypereutektoiden Stählen – zum Beispiel Wälzlagerstähle und Werkzeugstähle, die ab Werk mit eingeformtem Zementit in Ferritmatrix ausgeliefert werden, um die Bearbeitung zu erleichtern. Werkzeugstähle und Wälzlagerstähle haben in der Praxis den Vorteil, dass die harten Zementitpartikel dem Verschleiß entgegenwirken. Oft werden diese Stähle einer Wärmebehandlung unterzogen, die eingeformten Zementit erzeugt. Die umgebende Matrix wird durch die endgültige Abkühlung eingestellt, zum Beispiel feiner Perlit, Bainit oder angelassener Martensit.

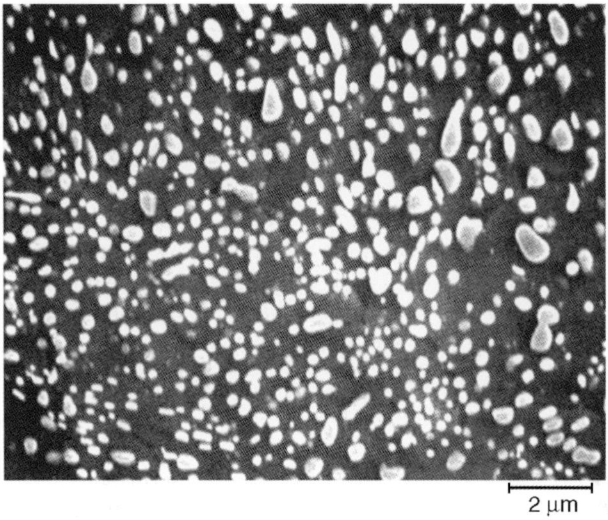

Bild 4.24 Zerfallsprodukte des Austenits in unlegierten Kohlenstoffstählen, isotherme Umwandlung (nach Abschrecken und Halten bei unterschiedlichen Temperaturen unterhalb von A_1).

Die Kernaussagen in Kapitel 4:

1. Der Ausdruck *Mikrostruktur* oder *Gefüge* bezieht sich auf die Anordnung der Körner im Stahl. Seine Beschreibung umfasst Dinge wie Korngröße, Kornform und die Identifikation der vorhandenen Mikrobestandteile. Das Gefüge wird hauptsächlich mit Hilfe des Lichtmikroskops bestimmt, indem man polierte und geätzte Oberflächen betrachtet. Alle wichtigen Gefügebestandteile eines Stahls (die Phasen Ferrit, Austenit, Zementit, frischer Martensit sowie die Phasengemische Perlit, Bainit und angelassener Martensit) haben in einer polierten und geätzten Oberfläche ein charakteristisches Erscheinungsbild. Die mechanischen Eigenschaften von Stählen werden stark durch ihr Gefüge bestimmt.
2. Das bei Raumtemperatur vorliegende Gefüge von langsam abgekühlten (das heißt nicht abgeschreckten) Stählen hängt stark vom Kohlenstoffgehalt des Stahls ab. Eutektoide Stähle (0,77% C) sind normalerweise vollständig perlitisch. Hypoeutektoide Stähle (Kohlenstoffgehalt <0,77%) liegen oft als Gefüge aus Perlitkörnern mit Zementit auf den Korngrenzen vor. Am unteren Ende des Kohlenstoffgehalts bei hypoeutektoiden Stählen (Kohlenstoffgehalt weniger als ca. 0,2%) stellen Ferritkörner den Hauptanteil des Gefüges, und Perlit ist unterschiedlich verteilt. Verformte Stähle zeigen oft ein zeiliges Gefüge, bei dem Bänder von Ferritkörnern und solche mit Perlitkörnern abwechselnd angeordnet sind. Ihre Ausrichtung folgt dabei der erfolgten mechanischen Verformung.
3. Zementit tritt in langsam abgekühlten Stählen normalerweise in Form von

dünnen Platten in der Perlitkomponente auf. Es ist jedoch möglich, den im Perlit enthaltenen Zementit in Anordnungen von kleinen, isolierten Kugeln in einer Matrix von Ferritkörnern darzustellen. Dazu benutzt man spezielle Wärmebehandlungsmethoden. Solche Strukturen bezeichnet man als *eingeformt*. Sie stellen oft den Zustand dar, in dem hochkohlenstoffhaltige Stähle vom Hersteller ausgeliefert werden, da sie so wesentlich einfacher zu bearbeiten sind, als wenn der Zementit in perlitischer Form vorliegt.

4. Kühlt man Austenit durch Abschrecken rasch ab, so können zwei weitere Gefügebestandteile auftreten: *Martensit* und *Bainit*.
5. Martensit ist eine Nicht-Gleichgewichts-Phase (sie ist im Phasendiagramm nicht existent). Martensit hat das Bestreben, eine krz-Struktur anzunehmen wie Ferrit, aber der im Austenit gelöste Kohlenstoff verzerrt die Kristallstruktur zu einer raumzentriert-tetragonalen Struktur. Je mehr Kohlenstoff im Austenit vorhanden ist, umso stärker ist die Verzerrung, und umso härter (fester) ist auch der Martensit.
6. Martensit hat unter dem Lichtmikroskop zwei Erscheinungsformen: plattenförmig und lattenförmig. Lattenmartensit bildet sich bei Kohlenstoffgehalten zwischen 0% C und 0,6% C, Plattenmartensit ab 1,0% C und darüber. Dazwischen liegen Mischformen vor.
7. Der Martensit, der sich im Abschreckbad ausbildet, heißt frischer Martensit. Wenn der Kohlenstoffgehalt größer als etwa 0,3% ist, ist dieser frische Martensit zu spröde für die meisten Anwendungen. Daher werden die meisten martensitischen Zustände durch Erhitzen auf moderate Temperaturen angelassen. Dieses Anlassen führt zur Bildung sehr kleiner Karbide im Martensit. Dadurch wird die Festigkeit etwas reduziert, aber die Duktilität (Zähigkeit) wird erhöht. Das Anlassen führt auch dazu, dass angelassener Martensit nach dem Ätzen unter dem Mikroskop dunkel erscheint.
8. Um Martensit zu erzeugen, muss Austenit abgeschreckt werden auf Temperaturen unterhalb der M_s-Temperatur. Wenn die Temperatur unter M_s fällt, bildet sich zunehmend mehr Martensit, bis die M_f-Temperatur erreicht ist. Danach liegt 100% Martensit vor. Zwischen den Temperaturen M_s und M_f findet man ein Gefüge aus Martensit plus Restaustenit.
9. Sowohl M_s als auch M_f nehmen mit zunehmendem C-Gehalt ab. Stähle mit höherem C-Gehalt, die auf Raumtemperatur abgeschreckt wurden, können erhebliche Mengen an Restaustenit enthalten.
10. Liegt die Abkühlgeschwindigkeit ein wenig unterhalb des zur Martensitbildung erforderlichen Werts, bilden sich Gefügebestandteile aus, die man Bainit nennt. Bainit ist dem Perlit ähnlich, weil er Ferrit plus Karbide enthält. Dabei besteht die Karbidkomponente aus fadenförmigen oder partikelförmigen Anordnungen, im Gegensatz zu den Plattenanordnungen beim Perlit.
11. Bainit tritt in zwei Formen auf, als oberer Bainit und als unterer Bainit, in Abhängigkeit von der Temperatur, bei der er sich bildet. Der untere Bainit besitzt

feinere Karbidstrukturen. Bainit kann Festigkeiten nahe dem Martensit erreichen mit Zähigkeitswerten, die oft höher liegen als beim Martensit gleicher Härte.

12. Eine einzigartige Eigenschaft des Martensits ist, dass er sich viel schneller ausbildet als alle anderen Zerfallsprodukte des Austenits – Ferrit, Zementit, Perlit oder Bainit. Martensit wächst fast mit Schallgeschwindigkeit. Wenn die Temperatur des Austenits unter M_s fällt, bildet sich innerhalb von Millisekunden Martensit.
13. Bei der Abkühlung eines Stahls aus dem Austenitgebiet gibt das Phasendiagramm Auskunft darüber, welche Zerfallsprodukte des Austenits sich bevorzugt bilden: Ferrit in hypoeutektoiden Stählen, Zementit in hypereutektoiden Stählen. Diese Produkte bilden sich zuerst an den Austenitkorngrenzen. Will man ein Gefüge aus 100% Martensit erzeugen, so muss der Stahl so schnell abgekühlt werden, dass keines dieser Produkte sich an den Austenitkorngrenzen abscheidet. Wenn sich einer dieser Bestandteile dort ausbildet, bevor der Austenit die M_s-Temperatur erreicht, dann wird er dort vom Martensit eingefangen, denn dieser bildet sich sehr schnell aus.
14. Werden Stähle so schnell abgeschreckt, dass sich der Austenit noch nicht umgewandelt hat, und dann in einem Temperaturbad aus Salzschmelze abgefangen, so wandelt sich der Austenit isothermisch bei konstanter Temperatur um. Die Zerfallsprodukte des Austenits bzw. die sich bildenden Produkte hängen von der Abschrecktemperatur und vom C-Gehalt des Stahls ab.

KAPITEL 5 Mechanische Eigenschaften

Die für den Einsatz von Metallen wichtigsten Eigenschaften sind ihre mechanischen Eigenschaften. Sie bestehen aus einer Kombination von sehr hoher Festigkeit und der Fähigkeit, sich eher zu verbiegen als zu brechen. Viele unterschiedliche Prüfmethoden wurden entwickelt, um die Festigkeit und *Duktilität* (ein Maß für die Biegbarkeit) von Metallen und anderen Werkstoffen zu messen. Die meisten dieser Prüfmethoden, die zur Charakterisierung der mechanischen Eigenschaften von Stahl verwendet werden, sollen in diesem Kapitel diskutiert werden.

5.1 Der Zugversuch

Betrachten wir das einfache Beispiel einer kleinen Feder, die wir ein Stück auseinanderziehen und dann wieder loslassen. Die Feder nimmt wieder ihre ursprüngliche Länge an. Nun wiederholen wir diesen Versuch, dehnen die Feder aber wesentlich weiter. Wenn die Feder über das maximale Maß hinaus gedehnt wird, fällt die Kraft, die man zur weiteren Auslenkung benötigt, plötzlich ab, und die Feder gibt nach. Lässt man die Feder los, nimmt sie nicht mehr ihre ursprüngliche Länge an. Die Feder ist nun dauerhaft auf eine größere Länge gezogen und sehr wahrscheinlich für die vorgesehene Anwendung ruiniert.

Schon vor langem haben Ingenieure einen Test für die Bewertung der Stärke von Werkstoffen entwickelt, der sich an dieses einfache Experiment anlehnt. Ein Stück eines Metalls mit einer bestimmten Länge, meist ein runder zylindrischer Stab, wird in einer Maschine mit einer bestimmten Kraft F in die Länge gezogen. Die Maschine besitzt Spannzangen, die an den Enden des Prüfstabs angreifen, und die Kraft wird parallel zur Achse des Stabs eingeleitet.

Das ist schematisch in Bild 5.1 dargestellt. Steigt die Kraft, wird der Stab länger. Die Längenänderung ist mit Δl bezeichnet, wobei das Symbol Δ „eine Änderung in" bedeutet, und l bezieht sich auf die ursprüngliche Länge des Stabs.

Eine Kraft wird in zwei Stäbe des gleichen Materials eingeleitet, eine Probe jedoch ist dicker als die andere. Der dünne Stab wird sich weiter dehnen. Um nun die mechanischen Eigenschaften unabhängig vom Probendurchmesser zu definieren, haben die Ingenieure den Begriff der *Spannung* gebildet. Spannung ist einfach die Kraft dividiert durch die Querschnittsfläche der Probe.

Legt man an beide Proben, die dicke wie die dünne, die gleiche Spannung an, so dehnen sie sich um den gleichen Betrag. Denn die an der dicken Probe tatsächlich angreifende Kraft ist größer als die bei der

> ### *Uneinheitliche Einheiten*
>
> *Die Industrie in den USA ist die letzte Bastion in der Verwendung von psi (pounds/square inch) beziehungsweise kpsi oder ksi als Einheit für die Spannung. Das Symbol „k" für „kilo" bedeutet „1000-mal". Also gilt 1 kpsi = 1000 psi. So gilt zum Beispiel 50 ksi = 50.000 psi. Der Rest der Welt bedient sich des Internationalen Einheitensystems, SI-Einheiten genannt. In diesem System wird die Spannung in Einheiten von Megapascal angegeben (MPa). Ein Pascal ist eine Spannung von einem Newton pro Quadratmeter, und ein Megapascal ist eine Spannung von 1 Million Pascal. Um ksi in MPa umzurechnen, muss man den ksi-Wert mit 7 multiplizieren, und man erhält eine sehr gute Näherung für den Spannungswert in MPa. So entsprechen 50 ksi etwa 350 MPa (der korrekte Umrechnungsfaktor ist 6,895, demnach wären 50 ksi exakt 345 MPa).*

dünneren Probe, und zwar um einen Betrag, der proportional zur Größenänderung der Querschnittsfläche ist. Die Spannung ist definiert als Kraft/Fläche und hat die Einheiten N/m^2 (Newton pro Quadratmeter) oder gebräuchlicher N/mm^2 beziehungsweise MPa (Megapascal). 1 MPa entspricht 1 N/mm^2.

Wird eine Werkstoffprobe parallel zur Probenachse gezogen, so nennt man die angelegte Kraft *Zugkraft*, und die Maschine, die diese Kraft aufbringt, heißt Zugprüfmaschine. Bild 5.1 zeigt ein typisches Resultat eines Zugversuchs an einer metallischen Probe. Die angelegte Spannung ist an der vertikalen Achse aufgetragen, die

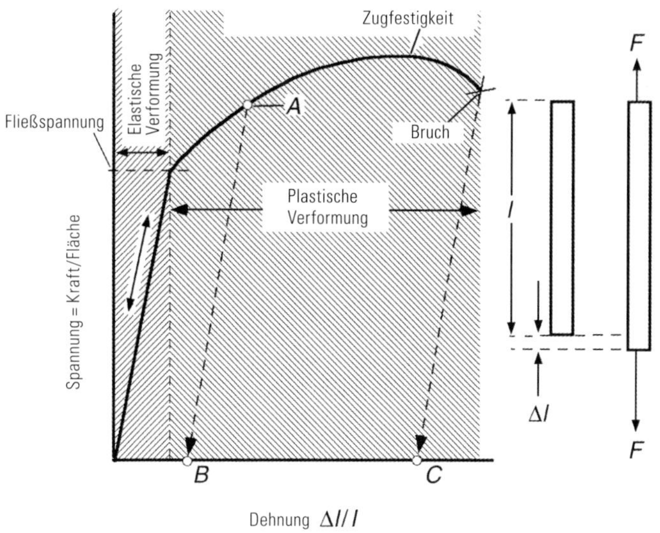

Bild 5.1 Spannungs-Dehnungs-Diagramm.

Längenänderung entlang der horizontalen Achse. Es hat sich jedoch eingebürgert, stattdessen die auf die ursprüngliche Länge bezogene Längenänderung Δl/l zu verwenden, so wie im Bild 5.1 dargestellt. Diese relative Längenänderung heißt *Dehnung*. Das in Bild 5.1 dargestellte Diagramm heißt *„Spannungs-Dehnungs-Diagramm"*.

Das Spannungs-Dehnungs-Diagramm lässt sich in Bereiche aufteilen, siehe Bild 5.1, nämlich in den *elastischen* und den *plastischen* Bereich. Wenn die Kraft ansteigt, wie in dem Beispiel mit der Feder, dann dehnt sich der Stab. So lange die Spannung nicht zu hoch wird, geht die Länge der Probe wieder auf den Ausgangswert zurück. Das nennt man *elastische Deformation*.

Erreicht die Spannung jedoch einen kritischen Wert, den man die *Fließspannung* (YS von „yield stress") nennt, dann gibt der Werkstoff nach, genau wie in dem Beispiel mit der Feder. Dabei treten zwei Phänomene auf: Erstens wird die Spannungszunahme, die man für eine weitere kleine Dehnungsänderung braucht, plötzlich kleiner. Zweitens bleibt nach Wegnahme der Spannung die Probe bleibend gedehnt. Das ist in Bild 5.1 durch den gestrichelt eingezeichneten Pfeil A-B verdeutlicht.

In diesem Fall wurde die Probe bis zum Erreichen des Punkts A unter Spannung gesetzt. Nach Wegnahme der Spannung hat sich die Probe von ihrer Ausgangslänge gedehnt um einen prozentualen Betrag von B*100.

Bild 5.1 ist zu entnehmen, dass die Spannungszunahme in der Probe bei weiterer Probenverlängerung einen Maximalwert im Bereich der plastischen Verformung erreicht und dann kurz vor dem Bruch der Probe abfällt. Der maximale Wert der Spannung wird gewöhnlich *Zugfestigkeit* (R_m) genannt.

Das Spannungs-Dehnungs-Diagramm liefert noch ein weiteres Maß für mechanische Eigenschaften eines Metalls: Die Duktilität ist der Betrag der Dehnung, der ertragen wird, sobald die Spannung die Fließspannung überschritten hat, bis zum Bruch. Diese Dehnung wird manchmal *Bruchdehnung* genannt, da sie in der Probe bestehen bleibt und nach dem Bruch einfach ausgemessen werden kann.

Die Bruchdehnung der Probe, deren Verhalten in Bild 5.1 dargestellt ist, ist nach Wegnahme der Spannung durch den Punkt C gegeben. Indem man die Dehnung C mit 100 multipliziert, erhält man die prozentuale Bruchdehnung des Werkstoffs.

Präzisierung

Im englischsprachigen Raum spricht man von „UTS", der „ultimate tensile strength", oder einfach „TS" für „tensile strength". Die Zugfestigkeit wird in Deutschland abgekürzt mit R_m für „resistance maximale". Zusätzlich ist zu bemerken, dass das hier diskutierte Spannungs-Dehnungs-Diagramm das sogenannte Technische Spannungs-Dehnungsdiagramm ist, auch Nennspannungs-Nenndehnungs-Diagramm genannt. Es steht im Gegensatz zum „richtigen" Diagramm, in dem die echte, auf den aktuellen Querschnitt bezogene Spannung über der laufend integrierten Dehnung aufgetragen wird.

Bild 5.2 zeigt mögliche Spannungs-Dehnungs-Diagramme für einen duktilen und einen spröden Werkstoff. Die Bruchverformung des duktilen Werkstoffs ist viel größer, und seine prozentuale Bruchdehnung ist auch viel höher. Das Bild gibt auch wieder, dass für einen spröden Werkstoff der Durchmesser an der Bruchzone sehr nahe an dem der unverformten Probe liegt. Bei duktilen Werkstoffen verkleinert sich der Durchmesser.

Diese Querschnittsabnahme durch plastisches Fließen in der Bruchfläche bezeichnet man als *Einschnürung*, und sie tritt bei duktilen Werkstoffen unmittelbar vor dem Bruch auf. Zusätzlich zur Bruchdehnung wird die prozentuale Querschnittsänderung zur Beurteilung der Duktilität herangezogen. Das ist einfach der Prozentsatz, um den sich die ursprüngliche Querschnittsfläche bei Bruch verändert hat.

Das Konzept für duktiles Verhalten gegenüber sprödem Verhalten ist ziemlich einleuchtend: Man spanne ein Stück Metall in einen Schraubstock und schlage mit einem Hammer auf das freie Ende. Ein spröder Werkstoff sollte sofort brechen, während ein duktiler Werkstoff durch Hammerschläge erheblich umgebogen werden kann und selbst bei Umbiegung um 90° oder mehr unter Umständen noch nicht bricht.

Wenn ein Schmied eine Messerklinge schmiedet, dann erzeugt jeder Hammerschlag eine bleibende Verformung im Werkstoff. Bei jedem Schlag wird die Fließspannung überschritten. Wie jeder weiß, der schon einmal ein Stück Metall geschmiedet oder einen Metallstab gebogen hat, wird es mit jeder Verformung schwieriger, den Werkstoff noch mehr umzuformen. Diesen Effekt nennt man *Verfestigung*, und dieser Effekt lässt sich aus dem

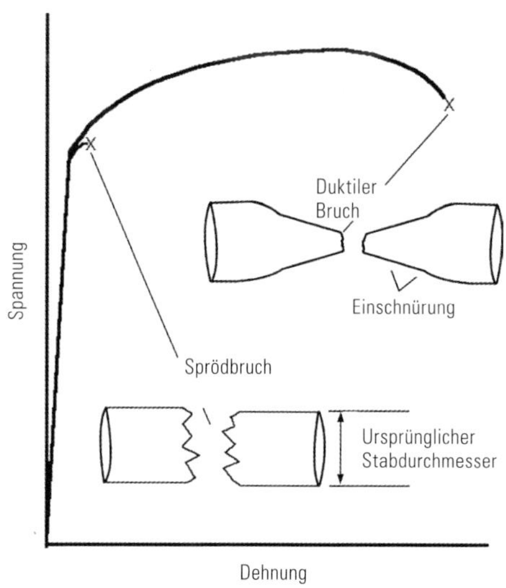

Bild 5.2 Spannungs-Dehnungs-Diagramm mit Beispielen für die Zugspannungsverläufe bei Sprödbruch und duktilem Bruch.

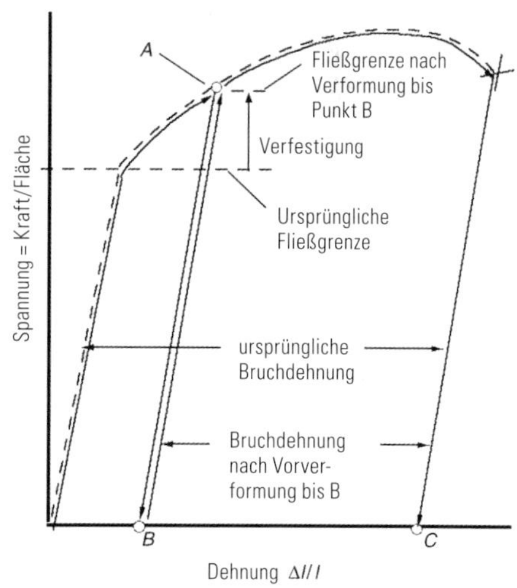

Bild 5.3 Erhöhung der Fließspannung (R_p) nach plastischer Verformung (Verfestigung).

Stahl	Wärmebehandlung	Fließspannung MPa	Fließspannung ksi	Zugfestigkeit MPa	Zugfestigkeit ksi	Bruchdehnung %	C %
1020	Normalisiert	345	50	440	65	36,0	0,20
1040	(Luftabgekühlt)	370	54	595	86	28,0	0,40
1095		505	73	1015	147	9,5	0,95
1020	Walzzustand	330	48	450	65	35,0	0,20
1040		415	60	620	90	25,0	0,40
1095		570	83	965	140	9,0	0,95

Tabelle 5.1 Mechanische Eigenschaften einiger Stahlsorten.

Spannungs-Dehnungs-Diagramm in Bild 5.3 verstehen.

Das Spannungs-Dehnungs-Diagramm des ursprünglichen, noch nicht verformten Werkstoffs ist durch die gestrichelte Linie dargestellt. Wird das Metall bis zum Punkt A verformt, dann hat es eine Dehnung erfahren, die der Dehnung bei Punkt B entspricht. Prüft man diesen Stab erneut, dann sieht man, dass die Fließspannung von dem ursprünglichen Wert auf den Wert A angestiegen ist. Diese Fließspannungserhöhung ist ein Maß für die Verfestigung, die auf die Zunahme der Verformung gegenüber dem Ausgangszustand durch die eben durchgeführte Dehnung zurückzuführen ist.

Obwohl das Metall nun widerstandsfähiger ist (in dem Sinne, dass man mehr Spannung anlegen muss, damit es sich plastisch verformt), ändert sich die Zugfestigkeit nicht signifikant. Zudem ist es weniger duktil. Das heißt, seine Bruchdehnung ist gesunken. Es ist für Metalle charakteristisch, dass Prozesse, die ihre Fließspannung erhöhen, auch eine Absenkung ihrer Duktilität bewirken. Metallbearbeiter kennen das, denn stark verfestigte Metalle brechen oft sehr leicht. Ein vertrautes Beispiel für dieses Verhalten ist die gebräuchliche Methode, einen Draht durch häufiges Hin- und Herbiegen abzubrechen.

Die mechanischen Eigenschaften von Metallen werden oft dadurch charakterisiert, dass man ihre Fließspannung, Zugfestigkeit und Bruchdehnung auflistet. Die in Tabelle 5.1 aufgeführten Daten veranschaulichen für einige niedrig legierte Kohlenstoffstähle diese Charakterisierung. Die Einheiten der Spannung sind in dieser Tabelle MPa und ksi.

Die Daten für die normalisierten Stähle in Tabelle 5.1 veranschaulichen zwei allgemeine Aspekte von Stählen: Erstens steigert die Erhöhung des Kohlenstoffgehalts eines Stahls sowohl die Fließspannung als auch die Zugfestigkeit. Zweitens vermindert die Erhöhung des Kohlenstoffgehalts die Duktilität (die Bruchdehnung). Der Vergleich zwischen den gewalzten und normalisierten Zuständen zeigt den Effekt der Verfestigung: Die Fließspannung steigt bei höheren Kohlenstoffgehalten, die Zugfestigkeit ändert sich nur wenig, und die Bruchdehnung fällt ein wenig ab.

5.2 Die Härteprüfung

Ein Problem beim Zugversuch ist, dass das Metall durch den Test zerstört wird. Eine andere Prüfung, die die Festigkeit eines Metalls charakterisiert, jedoch ohne es zu

Verfahren	Gewicht kg	lb	Eindringkörper	Messgröße	Anwendung
Rockwell C	150	330	120° Diamantkegel	Tiefe	Mittlere bis hohe Härte
Rockwell A	60	130	120° Diamantkegel	Tiefe	Gehärtete Oberflächen
Rockwell B	100	220	Ø1,6 mm Kugel	Tiefe	Weiche Werkstoffe
Brinell	500-3000	1100-6615	Große Kugel, Ø 10 mm	Durchmesser	Weiche bis mittelharte Werkstoffe
Mikrohärte	1g-1kg	0,04 oz-2,2 lb	136° Diamantpyramide, Diamantpyramidenhärte oder Knoop-Härte	Diagonale	Mikro-Gefügebestandteile
Vickers	10-120	22-65	136°-Diamantpyramide	Diagonalenlänge	Geringe bis hohe Härte

Tabelle 5.2 Vergleich verschiedener Härteprüfverfahren mit Eindringkörpern.

zerstören, ist die Härteprüfung. Diese Prüfung wird vielfach angewandt, da sie sehr schnell duchzuführen ist und die Bauteile danach noch verwendet werden können.

Im Laufe der Zeit haben sich einige unterschiedliche Härteprüfmethoden entwickelt. Die grundlegenden Aspekte dieser Methoden kann man sich anhand von Bild 5.4 erklären. Ein Eindringkörper aus einem harten Werkstoff wird unter einer festen Last (durch ein Gewicht) in die Metalloberfläche gepresst. Die metallische Oberfläche unter der Spitze des Eindringkörpers wird so stark verformt, dass man in den plastischen Bereich gemäß Tabelle 5.1 gerät. Es entsteht eine bleibende Verformung in Form eines Kraters (*Härteeindruck* genannt) in der Oberfläche. Die Härte wird dann definiert über ein Maß, das proportional zur Größe des Härteeindrucks ist. Bei einigen Methoden wird diese Größe des Eindrucks über den Durchmesser ermittelt, bei anderen über die Eindrucktiefe.

5.2.1 Härteprüfverfahren nach Rockwell

Tabelle 5.2 zeigt die unterschiedlichen für die Härtebestimmung in Stählen und anderen Metallen gebräuchlichen Härteprüfverfahren mit Eindringkörpern im Vergleich. Das Verfahren nach Rockwell ist wahrscheinlich das am meisten angewandte. Die Tabelle führt auch die drei gebräuchlichsten Skalen für das Rockwell-Verfahren auf.

Die Rockwell (A)- und auch die Rockwell (C)-Methode bedienen sich beide eines konischen Eindringkörpers aus Diamant. Der Unterschied besteht nur darin, dass beim Verfahren Rockwell (A) eine leichtere Last aufgelegt wird. Die nach dem Rockwell-Verfahren arbeitenden Prüfgeräte erlauben einfache und schnelle Messungen. Das Gerät misst dabei die Eindringtiefen automatisch aus und zeigt den Härtewert entweder auf einer Skala an oder – bei neu-

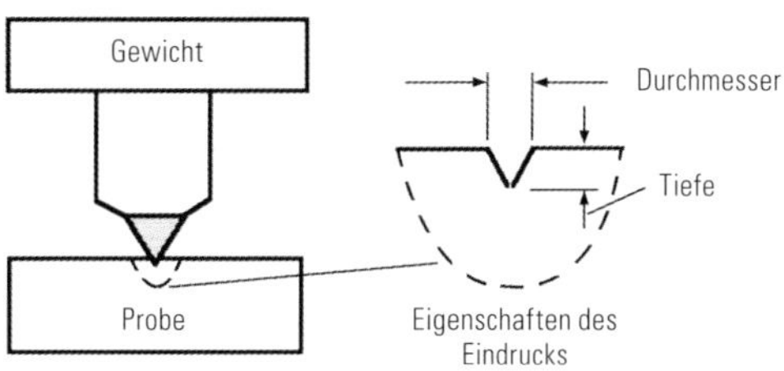

Bild 5.4 Schematische Darstellung der grundsätzlichen Vorgänge bei der Härtemessung.

HRC	HV	HB(a)	HRA	HRB	Zugfestigkeit MPa	Zugfestigkeit ksi
68	940	...	85.6	...	...	...
67	900	...	85.0	...	...	...
66	865	...	84.5	...	...	...
65	832	(739)	83.9	...	...	...
64	800	(722)	83.4	...	...	...
63	772	(705)	82.8	...	...	...
62	746	(688)	82.3	...	...	...
61	720	(670)	81.8	...	...	...
60	697	(654)	81.2	...	...	...
59	674	(634)	80.7	...	...	...
58	653	615	80.1	...	...	...
57	633	595	79.6	...	...	...
56	613	577	79.0	...	...	...
55	595	570	78.5	...	2075	301
54	577	543	78.0	...	2013	292
53	560	525	77.4	...	1951	283
52	544	512	76.8	...	1882	273
51	528	496	76.3	...	1820	264
50	513	481	75.9	...	1758	255
49	498	469	75.2	...	1696	246
48	484	455	74.7	...	1634	237
47	471	443	74.1	...	1579	229
46	458	432	73.6	...	1531	222
45	446	421	73.1	...	1482	215
44	434	409	72.5	...	1434	208
43	423	400	72.0	...	1386	201
42	412	390	71.5	...	1338	194
41	402	381	70.9	...	1296	188
40	392	371	70.4	...	1248	181

HRC	HV	B(a)	HRA	HRB	Zugfestigkeit MPa	Zugfestigkeit ksi
39	382	362	69.9	...	1213	176
38	372	353	69.4	...	1179	171
37	363	344	68.9	...	1158	168
36	354	336	68.4	(109.0)	1117	162
35	345	327	67.9	(108.5)	1082	157
34	336	319	67.4	(108.0)	1055	153
33	327	311	66.8	(107.5)	1027	149
32	318	301	66.3	(107.0)	1000	145
31	310	294	65.8	(106.0)	979	142
30	302	286	65.3	(105.5)	951	138
29	294	279	64.7	(104.5)	931	135
28	286	271	64.3	(104.0)	910	132
27	279	264	63.8	(103.0)	883	128
26	272	258	63.3	(102.5)	862	125
25	266	253	62.8	(101.5)	841	122
24	260	247	62.5	(101.0)	827	120
23	254	243	62.0	100.0	807	117
22	248	237	61.5	99.0	786	114
21	243	231	61.0	98.5	772	112
20	238	226	60.5	97.8	758	110
(18)	230	219	...	97.8	731	106
(16)	222	212	...	95.5	703	102
(14)	213	203	...	93.9	676	98
(12)	204	194	...	92.3	648	94
(10)	196	187	...	90.7	621	90
(08)	188	179	...	89.5	600	87
(6)	180	171	...	85.5	579	84
(4)	173	165	...	85.5	552	80
(2)	166	158	...	83.5	531	77
(0)	160	152	...	81.7	517	75

Anmerkung: Gültig für legierte und unlegierte Stähle im geglühten, normalisierten, abgeschreckten und angelassenen Zustand und für austenitische Stähle. Werte in Klammern liegen außerhalb des Gültigkeitsbereichs.

HB(a): 3000 kg Prüflast, Wolfram-Karbid-Kugel

Tabelle 5.3 Vergleich äquivalenter Härtewerte von Stählen nach unterschiedlichen Messverfahren (näherungsweise).

eren Maschinen – in Form einer Digitalanzeige.

Die bei Rockwell (A) verwendete kleinere Last reduziert die Eindringtiefe und wird oft dazu benutzt, an einsatzgehärteten Stählen die Oberflächenhärte in der harten, dünnen Schicht zu messen. Die ermittelten Härtewerte werden unterschiedlich mit R_C oder HRC und entsprechend mit R_A beziehungsweise HRA bezeichnet.

Der Eindringkörper der Rockwell (B)-Prüfung ist eine gehärtete Kugel mit einem Durchmesser von 1,6 mm. Diese Skala der Härteprüfung wird manchmal bei weichen Stählen benutzt.

5.2.2 Härteverfahren nach Brinell

Ein für weiche bis mittelharte Stähle zuverlässigeres Verfahren ist das Härteverfahren nach Brinell. Dabei findet als Eindringkörper eine größere Kugel Anwendung, die entweder aus gehärtetem Stahl oder aus Wolframkarbid besteht. Hier wird der Durchmesser des Eindrucks gemessen.

Diese Prüfung verläuft in zwei Stufen: Zunächst wird der Eindruck erzeugt und dann optisch vermessen. Die Größe des Eindrucks soll zwischen 3 und 6 mm liegen. Die Härtezahl nach Brinell, beziehungsweise die Brinellhärte (als HB oder BHN bezeichnet), wird dann mit Hilfe einer Tabelle bestimmt.

Ein Vorteil der Brinellhärteprüfung besteht darin, dass sie die Härte über eine viel größere Fläche misst als bei der Härteprüfung nach Rockwell. Das ist nützlich bei grobkörnigen Werkstoffen, wie zum Beispiel Gusseisen. Allerdings besteht ein Nachteil, wenn die Probengröße klein sein muss, zum Beispiel bei einem Zahn eines Zahnrads. Ein weiterer Nachteil ist, dass diese Methode bei höheren Stahlhärten nicht brauchbar ist.

Tabelle 5.3 zeigt einen Vergleich (übernommen aus der Norm ASTM E 140, DE DIN 50150) der HRC-Werte mit den Härtewerten nach verschiedenen anderen Methoden. Es ist zu beachten, dass diese Werte nur für Stahl Gültigkeit besitzen. Man darf sie also nicht benutzen für Aluminium, Kupfer und andere Nicht-Eisen-Legierungen.

5.2.3 Härteprüfverfahren nach Vickers

Es gibt noch eine andere Härteprüfmethode, die in England entwickelt wurde und dort auch dem Rockwellverfahren vorgezogen wird. Es handelt sich um die Vickers-Härteprüfung. Dieser Test besitzt eine gewisse Ähnlichkeit mit dem Brinell-Verfahren, da auch hier der Eindruck in zwei Schritten erzeugt wird. Danach wird sein Durchmesser gemessen.

Es wird jedoch ein Eindruckkörper verwendet, der aus einem pyramidenförmigen Diamanten besteht. Die Pyramidenform des Eindringkörpers ergibt einen Eindruck mit rechteckiger Grundfläche, und die Größe des Eindrucks wird über die Diagonalenlängen ermittelt. Die mittlere Diagonalenlänge und die Prüflast werden in eine Formel eingesetzt, nach der sich die Vickershärte (HV) berechnet. Die Vickershärte nennt man auch Diamantpyramidenhärte (DPH).

In Tabelle 5.3 sind die Bereiche, die bei den verschiedenen Testmethoden außerhalb der Gültigkeit des Verfahrens liegen, entweder freigelassen oder durch eingeklammerte Werte gekennzeichnet. Es ist zu beachten, dass die Vickershärteprüfmethode die einzige ist, die für alle Härtebereiche anwendbar ist.

5.2.4 Diamantpyramidenhärte und Knoop-Härte

In Tabelle 5.2 ist in der zweitletzten Zeile ein Verfahren zur Bestimmung der Mikrohärte aufgeführt. Dieses Verfahren arbeitet mit sehr kleinen Lasten und erzeugt dadurch auch Eindruckdurchmesser im Mikrobereich. Man benutzt ein Mikroskop, um die Eindrücke so zu positionieren, dass sie bestimmte Bereiche einer Gefügestruktur erfassen. Dieses Mikroskop dient auch zur Ermittlung der Eindruckgröße.

Bei der Mikrohärteprüfung werden zwei unterschiedliche Eindringkörper eingesetzt: die Diamantpyramide aus dem Vickers-Test und ein Eindringkörper mit einer speziellen Geometrie, der Knoop-Eindringkörper genannt wird.

Bild 5.5 demonstriert die Verwendung einer Diamantpyramide (Vickers) zur Härtemessung an einem zeiligen Ferrit-Perlit-Gefüge eines Kohlenstoffstahls mit 0,45% C (1045er Stahl). Eindrücke wurden jeweils in einem Ferritband und einem Perlitband platziert. Der Eindruck in der Perlitzeile ist kleiner als der in der Ferritzeile. Das lässt darauf schließen, dass die Härte des Perlits höher ist als die des Ferrit. Das verwendete Gewicht musste auf 50 kg begrenzt werden, damit die Eindrücke so klein blieben, dass sie in die jeweilige Zeile passen.

Das Verfahren zur Bestimmung der Mikrohärte benutzt die gleiche Formel zur Ermittlung des Härtewerts wie die Methode nach Vickers, HV. Die Messungen ergaben HV=260 in Perlit und HV=211 in Ferrit. Gemäß Tabelle 5.3 entspricht das Rockwell (C)-Härtewerten von HRC 24 in Perlit und HRC 13,6 in Ferrit.

Bild 5.6 zeigt in ähnlicher Weise ermittelte Werte für einen zeiligen Stahl Typ 1144 unter Benutzung eines Knoop-Eindringkörpers. Wie der Stahl 1044 besitzt

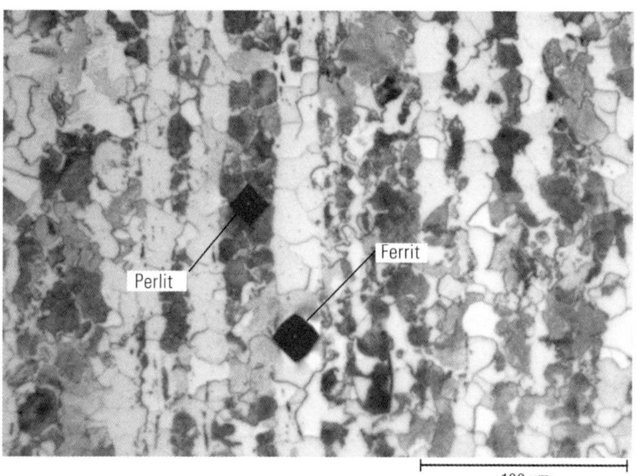

Bild 5.5 Härteeindrücke einer Diamantpyramide nach Vickers im Ferrit und im Perlit eines zeiligen Stahls 1045. Originalvergrößerung 230-fach.

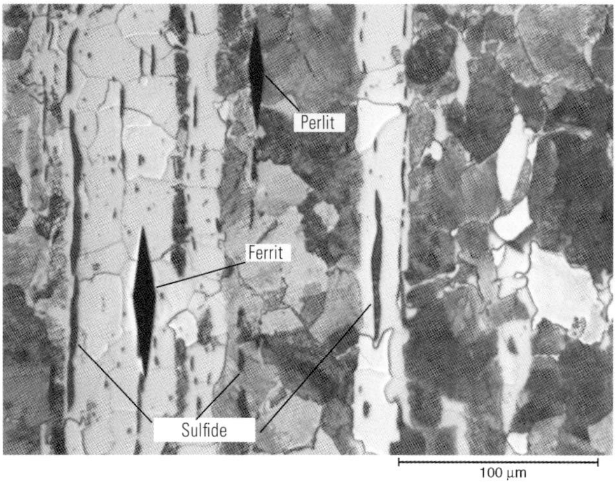

Bild 5.6 Knoop-Härteeindrücke im Ferrit und im Perlit eines zeiligen Stahls 1144. Originalvergrößerung 230-fach.

auch 1144 einen Kohlenstoffgehalt von 0,44% C, jedoch hat 1144 einen erhöhten Schwefelgehalt und enthält demzufolge einen deutlichen Anteil von Sulfiden. Bei der Temperatur der Warmumformung sind diese Sulfide duktil und werden bei der Warmumformung daher längs gestreckt. Der Schwefelgehalt verbessert die Zerspanbarkeit des Stahls erheblich.

Man beachte, dass der Eindruck des Knoop-Eindringkörpers ziemlich in Längsrichtung gestreckt ist. Er passt besser in schmale Gefügebereiche als der Eindruck der Vickerspyramide. Die Knoop-Methode eignet sich daher besonders für die Untersuchung von Gefügen mit sehr dünnen Schichtstrukturen. Die Härte wird beschrieben mit speziellen Knoop-Härtewerten, die über Tabellen mit den HRC-Werten ähnlich wie in Tabelle 5.3 korreliert werden können (siehe Literaturstelle 5.1).

Die mit Hilfe von verschiedenen Eindringmethoden gewonnenen Härtezahlen korrelieren gut mit den Festigkeiten von Stählen, die abgeschreckt und angelassen sind. Diese Daten sind in Tabelle 5.3 durch die Spalte mit der Überschrift „Zugfestigkeit" erfasst, und in Bild 5.7 findet sich eine graphische Darstellung dieses Zusammenhangs. Diese Korrelation wird bei HRC-Werten oberhalb von 55 weniger zuverlässig, aber das Bild zeigt die Zugfestigkeitswerte, die durch Weiterführung der Kurve bis zu Härtewerten von 60 HRC und 65 HRC ermittelt wurden.

Es zeigt sich, dass Stähle, die auf Werte zwischen 60 und 65 HRC gehärtet wurden, Zugfestigkeiten im Bereich von 2450 MPa bis 2850 MPa besitzen, was extrem hoch ist. Zum Vergleich: Die höchsten Zugfestigkeiten von industriell hergestelltem Aluminium, Kupfer und Titanlegierungen betragen jeweils etwa 580 MPa, 1240 MPa und 1330 MPa. Die höchste dieser Festigkeiten wird schon von einem Stahl übertroffen, der auf nur etwa 43 HRC gehärtet wurde.

In Kapitel 4 wurden die unterschiedlichen, in Stählen vorkommenden Gefüge diskutiert. Tabelle 5.4 zeigt Abschätzungen für die maximalen Härten der unterschiedlichen Gefüge. Zu beachten ist, dass sowohl Ferrit als auch Austenit ziemlich weich sind. Die Härte des Perlits wird durch seinen Plattenabstand kontrolliert, und die Werte von 40 bis 43 in Tabelle 5.4 beziehen sich auf Perlit, der die feinste Plattenstruktur besitzt, die man durch Abkühlen erreichen kann, siehe auch Bild 4.21.

Noch feinere Perlitstrukturen kann man erzeugen, indem man den Perlit im Stahl mechanisch so verformt, dass er in Form dünner Drähte vorliegt, die man zu Drahtseilen verwinden kann. Solche perlitischen Stahldrahtseile haben Festigkeiten von bis zu 2200 MPa. Man kann auch durch Abschrecken und Anlassen Stahlseile mit diesem Festigkeitsniveau herstellen, aber die Erfahrung hat gezeigt, dass die perlitischen Stahlseile zäher sind. Daher sind sie die Seile der Wahl für industrielle Anwendungen, wie zum Beispiel für Brücken und Kräne.

Unterer Bainit besitzt ebenballs Härtewerte, die in der Nähe des Martensits liegen. Daher findet er auch industrielle Anwendung, zumal er auch den abgeschreckten und angelassenen Stählen in Bezug auf Zähigkeit überlegen ist.

Martensit besitzt von allen die höchste Festigkeit und Härte. Wie in Bild 4.13 zu sehen ist, hängt die Härte von frischem Martensit vom Kohlenstoffgehalt des Stahls ab. Frischer Martensit wird jedoch wegen seiner schlechten Zähigkeit industriell nur selten genutzt. Er wird angelassen (auf moderate Temperaturen erwärmt), wodurch seine Festigkeit abnimmt, aber seine Zähigkeit zunimmt.

Härtemessungen sind eine wichtige Methode, den Erfolg von Anlassvorgängen zu kontrollieren.

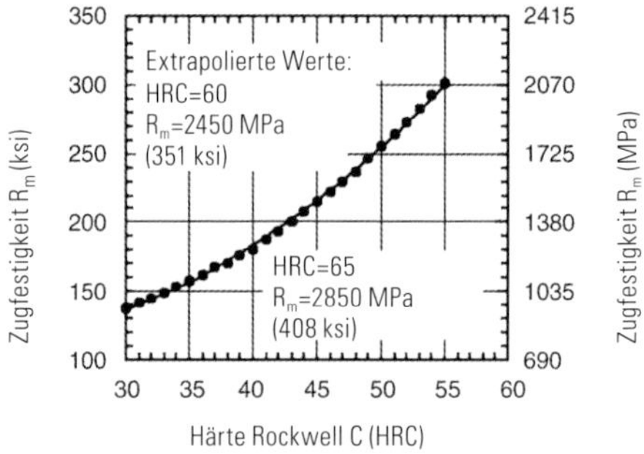

R_m (ksi) = 143,8 – 3,936 x HRC + 0,1231 x (HRC)^2

Bild 5.7 Auftragung der Daten aus Tabelle 5.3 für die Zugfestigkeit (R_m) eines abgeschreckten und angelassenen Stahls in Abhängigkeit von der Härte Rockwell C (HRC).

5.3 Der Kerbschlagversuch

Während des Zweiten Weltkriegs führte der große Bedarf an Kriegsschiffen zu einer konstruktiven Änderung: Es wurden geschweißte Stahlplatten eingesetzt statt der standardmäßigen Bauweise mit Vernietung. Diese Schiffe nannte man „Liberty-Schiffe“ – und Sprödbruchversagen der geschweißten Platten dieser Schiffe führten zu spektakulären Schadensfällen, wobei in einem Fall sogar ein ganzes Schiff mit katastrophalen Folgen entzweibrach. Die Risse starteten lokal an bestimmten Punkten in den Schweißnähten und breiteten sich rund um das Schiff aus, wobei die Risse von Platte zu Platte liefen und Sprödbruchversagen hervorriefen, das heißt ein Versagen ohne oder mit nur wenig plastischem Fließen.

Diesen Duktilitätsverlust konnte man nicht über eine plötzliche Abnahme der Duktilität im einfachen Zugversuch erfassen. Die Katastrophen führten zu der allgemeinen Auffassung, dass die im Zugversuch ermittelte Duktilität kein geeignetes

Gefügebestandteil des Stahls	Maximal erreichbare Werte HRC
Ferrit	10-15
Austenit	10-15
Perlit	40-43
Oberer Bainit	40-45
Unterer Bainit	58-60
Martensit	65-66

Tabelle 5.4 Härtewerte verschiedener Gefügebestandteile im Stahl.

Maß darstellte, die Neigung zu Sprödbruchversagen in komplexen Bauteilen aus Stahl zu erfassen.

Ferritische Stähle haben – wie auch andere kubisch-raumzentrierte Werkstoffe – den Nachteil, dass sie bei niedrigen Temperaturen spröde brechen. In der zuvor vorgestellten Begriffswelt des einfachen Zugversuchs bedeutet das, dass die Bruchdehnung nahe bei Null liegt. Bei Erniedrigung der Temperatur erreicht man einen Temperaturbereich, innerhalb dessen die krz-Metalle plötzlich anfangen, Sprödbruchverhalten an den Tag zu legen.

Zur Charakterisierung der Temperatur, bei der dieser Übergang stattfindet, benutzt man eine mittlere Temperatur dieses Bereichs. Diese Temperatur heißt *Übergangstemperatur* (von duktil zu spröde), im englischen Sprachraum DBTT (ductile-brittle transition temperature). Dieser Übergang kann im einfachen Zugversuch nachgewiesen werden, allerdings misst man oft Übergangstemperaturen, die weit unter denen liegen, die bei komplexen Bauteilen aus Stahl vorkommen.

Beim Zugversuch wird die Spannung nur in einer Richtung wirksam. In komplexen Bauteilen aus Stahl wirken Spannungen in alle drei möglichen Richtungen – eine Situation, die man als „dreiachsigen Spannungszustand" bezeichnet. Durch einen dreiachsigen Spannungszustand erhöht sich die Übergangstemperatur DBTT.

Im Grund einer Kerbe in einer Probe, die im Zugversuch zerrissen wird, bildet sich ein dreiachsiger Spannungszustand aus. Solche Versuche nennt man Kerbzugversuche. Es ist jedoch viel aussagekräftiger, wenn man die Probe in einem Schlagversuch bricht, bei dem die Last wesentlich dynamischer eingeleitet wird als bei einem Zugversuch. Die Kombination aus einer bestimmten Geometrie der Kerbe und der hohen Belastungsgeschwindigkeit führt zu Übergangstemperaturen, die nahe bei der Temperatur liegen, bei der in komplexen Bauteilen das Sprödbruchverhalten anfängt.

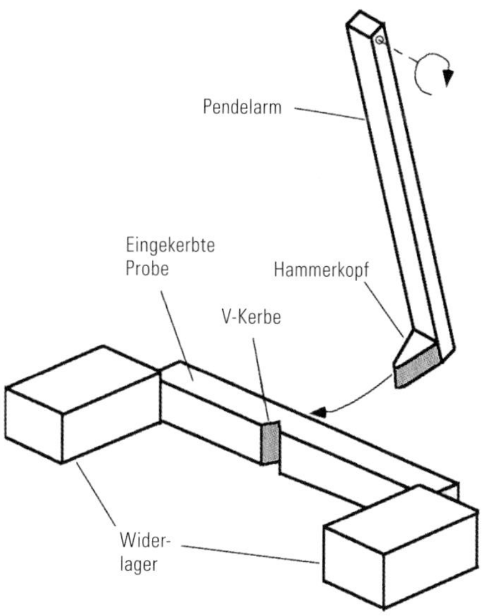

Bild 5.8 Prinzipskizze eines Charpy-Pendelschlagversuchs.

In den USA benutzt man für solche Schlagversuche am häufigsten den so genannten Charpy-Schlagversuch, der schematisch in Bild 5.8 dargestellt ist. Eine V-förmige Kerbe wird in einen rechteckigen Stab eingebracht, der in einen Probenhalter eingespannt wird. Die Probe wird sauber in zwei Teile zerbrochen, und zwar durch einen mit Gewicht belasteten Hammer, der am Hebelarm eines Pendels angebracht ist. Der Pendelarm wird bis zu einer definierten Höhe angehoben und dann losgelassen. Er schwingt abwärts durch die Probe und auf der Gegenseite wieder hoch.

Durch den Vergleich der Ausschwinghöhe nach Brechen der Probe mit der Höhe, die ohne eine Probe erreicht wird, lässt sich die Energie berechnen, die von der Probe aufgenommen wird. Diese Energie, die meist in Joule (J) angegeben wird oder in Fuß-Pfund (ft*lbf), wird als Charpy Impact Energy bezeichnet, oder auch als CVN-Energie.

Der Izod-Kerbschlagversuch, der in Europa vorwiegend verwendet wird, ist ähnlich dem Charpy-Test. Der hauptsächliche Unterschied besteht darin, dass die Izod-Probe einseitig eingespannt wird und das Pendel auf der anderen Probenseite auftrifft.

Bild 5.9 zeigt Charpy-Kerbschlagwerte von unlegierten Kohlenstoffstählen, die aus dem Austenitgebiet langsam abgekühlt wurden, so dass die Gefüge aus Mischungen von Ferrit und Perlit bestehen. Der Charpy-Versuch reagiert sehr empfindlich auf den Kohlenstoffgehalt im Stahl. Bei allen Zusammensetzungen trifft ein Übergang vom duktilen zum spröden Bruchverhalten auf, wenn die Temperatur erniedrigt wird. Bei Kohlenstoffgehalten von 0,11% C und darunter ist der Übergang wesentlich schärfer ausgebildet, und die CVN-Energie ist erheblich höher für den bei höheren Temperaturen auftretenden duktilen Bruch.

Bei Stählen wird oft eine Kerbschlagenergie CVN von 20 J (15ft*lbf) als Grenzwert für den Beginn des Sprödbruchverhaltens angenommen. Die gestrichelte Linie in Bild 5.9 bei 20 J (15 ft*lbf) zeigt, dass unter Zugrundelegung dieses Kriteriums alle Stähle mit Kohlenstoffgehalten oberhalb von etwa 0,5% C bei Raumtemperatur als spröde anzusehen wären. Allerdings ist die Übergangstemperatur aus dem Charpy-Test nur ein Anhaltspunkt für die wirkliche Übergangstemperatur von Bauteilen aus Stahl. Die Daten aus Bild 5.9 bedeuten nicht, dass ein 1060er Stahl mit 0,6% C bei Raumtemperatur immer sprödes Bruchversagen aufweist.

Gewöhnlich bezeichnet man die CVN-Energie als ein Maß für die Zähigkeit bei Vorliegen einer Kerbe, oder einfach als die Zähigkeit eines Stahls. Die Messung der

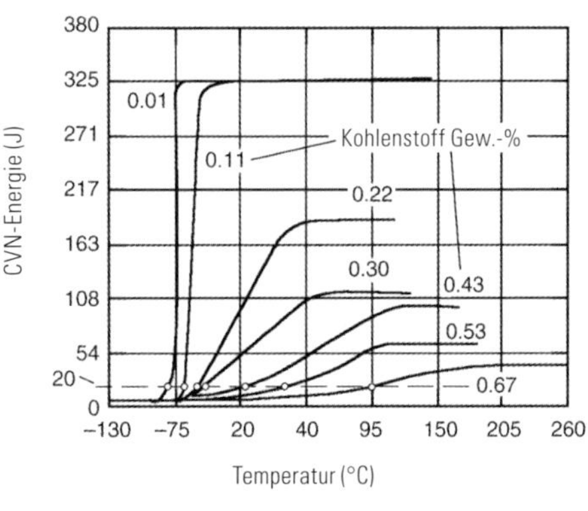

Bild 5.9 Ergebnisse für die Charpy-Daten von Proben mit V-Kerbe aus unlegierten Kohlenstoffstählen nach Austenitisieren bei 870°C (1600°F) bei 4 Stunden Haltezeit mit anschließender langsamer Abkühlung. Quelle: Literaturstelle 5.3

Zähigkeit ist zur Bewertung des Sprödbruchpotenzials eines Stahls ein viel brauchbareres Maß als die Bestimmung von Duktilität (wie etwa die Bruchdehnung). Zähigkeit und Duktilität sind miteinander korreliert, haben aber jeweils eine leicht andere Bedeutung, und es ist ein hohes Maß an Zähigkeit, das man bei Bauteilen aus Stahl anstrebt.

Die Zähigkeit von Stählen kann man auf folgende Weise erhöhen:

1. Minimierung des Kohlenstoffgehalts.
2. Minimierung der Korngröße.
3. Beseitigung von Einschlüssen, wie zum Beispiel die ausgelängten Sulfidstränge aus Bild 5.6. Das erreicht man durch Verwendung von Stählen mit geringem Gehalt an Verunreinigungen durch Schwefel, Phosphor und andere Elemente.
4. Verwendung von Gefügen, die entweder durch Abschrecken und Anlassen erzeugt wurden, oder unteren Bainit anstelle von oberem Bainit oder Ferrit/Perlit.

Beim spröden Versagen eines Stahls gibt es im Gegensatz zum duktilen Bruch große Unterschiede im Bruchmechanismus. Beim spröden Versagen tritt vor dem Entstehen und Durchlaufen eines Risses nur wenig oder überhaupt kein plastisches Fließen auf, und dadurch zerbricht das Metall in viele Teile. Das Metall scheint sich entlang der Risslinie aufzuspalten.

Dieses plötzliche Aufreißen tritt nach einem der beiden Mechanismen auf: Entweder der Werkstoff trennt sich entlang der Korngrenzen, oder die Metallkörner spalten sich entlang bestimmter Ebenen in ihrer Kristallstruktur auf. Diese spröden Bruchmodi heißen *Korngrenzenversagen* oder *Spaltbruch*. Man kann sie unterscheiden, indem man die Bruchoberfläche entweder in einem wenig vergrößernden Mikroskop betrachtet oder ein Scanning Electron Mikroskop (SEM) zu Hilfe nimmt.

Bild 5.10 veranschaulicht mittels eines SEM eine Spaltbruchoberfläche. Die charakteristischen parallelen Linien werden oft Höhenlinien oder Flusslinien genannt. Man spricht oft von einem Chevronmuster oder Fächer. Die Linien markieren in unterschiedlichen Höhenlagen das Spaltbruchversagen.

Bild 5.11 zeigt ein SEM-Bild einer Bruchfläche mit etwa 60% Korngrenzenbruchanteil. An über 60% der Oberfläche ist das dreidimensionale Bild von individuellen Körnern zu sehen, die durch das Versagen an den ehemaligen Korngrenzen freigelegt werden.

Versagt ein Stahl im duktilen Modus, dann gibt es ein gewisses Maß an plastischem Fließen auf der Bruchoberfläche vor dem Werkstoffversagen. Dieses Fließen führt zur Ausbildung von sehr kleinen Hohlstellen (Poren) innerhalb der Körner. Bei fortgesetztem Fließen werden diese Poren größer, wachsen zusammen und führen letztlich zum Bruch.

SEM-Aufnahmen mit hinreichend großer Vergrößerung, wie zum Beispiel in Bild 5.12, zeigen noch Reste dieser einzelnen Poren in der Bruchoberfläche. Dieser Bruch wird oft „Koaleszenz von Mikroporen" genannt.

Enthält der Stahl kleine Fremdkörperpartikel, so sind diese oft die Ausgangsstelle für die Bildung von Mikroporen. Diese Partikel beobachtet man oft im Grund der Poren auf einer der beiden Seiten der Bruchstelle. Der in Bild 5.12 gezeigte Stahl

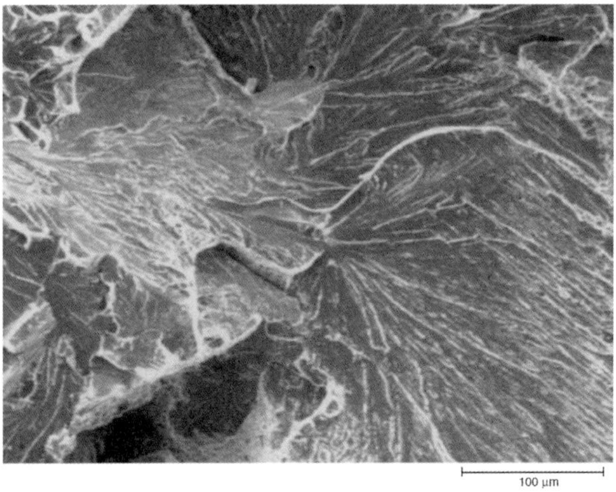

Bild 5.10 SEM-Aufnahme einer Spaltbruchoberfläche eines 1018er Stahls. Originalvergrößerung 160-fach.

vom Typ 1018 enthielt genug kleine Sulfidpartikel, die als Ausgangspunkt für das Entstehen und Zusammenwachsen von Poren während der plastischen Verformung dienten und letztlich zum Bruch führten. Leider ist es schwierig, die Mikroporen im Lichtmikroskop auf Bruchoberflächen zu beobachten, da die optische Schärfentiefe bei der notwendigen hohen Vergrößerung für eine Darstellung nicht ausreicht.

Korngrenzenbruch weist normalerweise immer auf einen Sprödbruch hin, mit wenig oder keiner plastischen Verformung vor dem Eintreten des Bruchs. Spaltbruch kann manchmal mit erheblichen plastischen Verformungen einhergehen, und die Bruchflächenaufnahmen geben selbst keinen Hinweis darauf, ob der Bruch spröde war oder nicht. Bruchflächen, die Mikroporenkoaleszenz aufweisen, sind ein Indiz für einen duktilen Bruch.

5.4 Ermüdungsbruch und Eigenspannungen

Eine einfache aber wirksame Methode, einen Stahlstab in zwei Stücke zu zerbrechen, besteht darin, mit einer Feile oder einem Meißel eine Kerbe über dem Querschnitt anzubringen und den Stab dann an der Kerbe zu biegen. Der Stab wird normalerweise nach dem ersten oder zweiten Biegen brechen. Wird der Stab von der Kerbe weggebogen, dann entsteht im Kerbgrund eine wesentlich höhere Zugspannung als ohne Kerbe, und dies führt zum Bruch, wobei der Bruchausgang der Kerbgrund ist.

Der kleine Krümmungsradius im Kerbgrund stellt einen „Spannungskonzentrator“ dar, oder anders ausgedrückt einen Spannungserhöher. Je kleiner der Krümmungsradius, umso höher die Spannungsüberhöhung. Kleine Kratzer in der Oberfläche, selbst wenn sie mit dem Auge nicht zu erkennen sind, können bereits zu einer Spannungsüberhöhung beim Biegevorgang

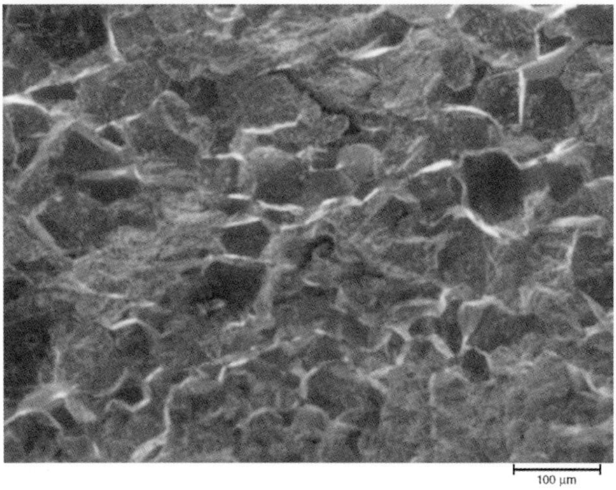

Bild 5.11 SEM-Aufnahme eines 1080er Stahls (größtenteils Korngrenzenbruch). Originalvergrößerung 160-fach.

führen. Sie befindet sich dann im Grund des Kratzers. Ist sie hinreichend hoch, so wird lokal die Fließspannung überschritten, und es entstehen kleine Risse mit dem Potenzial zur Bruchinduzierung.

Diese Vorstellung ist hilfreich für das Verständnis eines Typs von Versagensmöglichkeiten, die in Metallen auftreten, nämlich des Ermüdungsbruchs. Stellen wir uns eine Achse an einem Fahrzeug vor. Sie steht unter einer Last, die diese Achse in der Mitte zwischen den beiden Rädern leicht durchbiegt, so wie es in Bild 5.13 schematisch dargestellt ist. Diese Biegung führt zu einer Zugbelastung im Punkt T und zu einer Druckbelastung im Punkt C. Das bedeutet, dass der Werkstoff bei T unter Zugspannung steht, bei C unter Druckspannung.

Ein fester Punkt auf der Achse läuft also um und erleidet abwechselnd Druck- und Zugspannung. Zug im unteren Punkt, Druck im oberen Punkt. In einer richtig ausgelegten Achse liegt die maximale Zugspannung deutlich unter der Fließspannung, und alle Dehnungen, die in der Bauteiloberfläche bei der Rotation auftreten, liegen im elastischen Bereich des Spannungs-Dehnungs-Diagramms (Bild 5.13 unten).

Nehmen wir nun an, es gibt auf der Metalloberfläche eine sehr kleine Kerbe. Erreicht die dort lokal heraufgesetzte Spannung die Fließgrenze oder übersteigt diese, kann an dieser Stelle ein Riss entstehen. Bei jeder Umdrehung der Achse wächst dieser Riss. Im Laufe der Zeit wird der Riss so tief, dass die Achse bricht.

Dieser Prozess heißt Ermüdungsbruch. Ermüdungsbrüche treten in zyklisch beanspruchten (wechselbeanspruchten) metallischen Bauteilen auf, zum Beispiel bei drehenden Maschinenkomponenten, Ventilen, Spiralfedern, oder auch Bauteilen, die Vibrationen ausgesetzt sind, wie zum Beispiel Tragflächen von Flugzeugen.

Setzt man einen Stahlstab unter Zugspannung, so werden die Atome der Eisen-

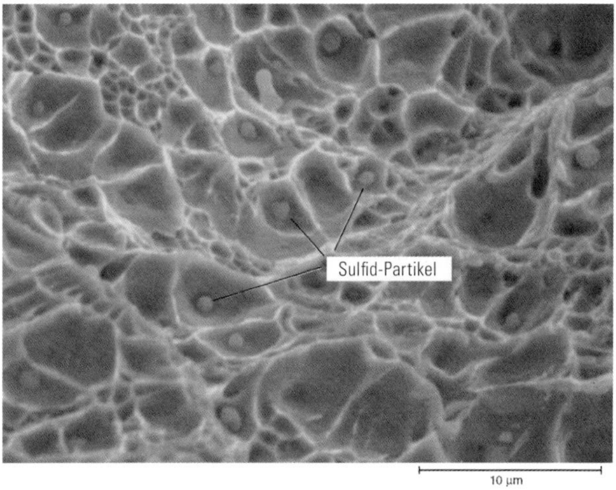

Bild 5.12 SEM-Aufnahme einer Spaltbruchoberfläche eines 1018er Stahls. Originalvergrößerung 160-fach.

körner voneinander weggezogen, so dass im Mittel die Atomabstände größer werden. In ähnlicher Weise nehmen sie entsprechend um einen kleinen Betrag ab, wenn man den Stab mit Druckspannung belastet. Also besitzt der Stahl im spannungsfreien Zustand einen bestimmten mittleren Abstand zwischen den Atomen.

Ein frei auf einer Werkbank liegender Metallstab wird normalerweise als spannungsfrei angesehen. Das heißt die Atome haben den Abstand zueinander, der dem spannungsfreien Zustand entspricht. Das muss richtig sein, da der Stab ja ruhig daliegt.

Das ist allerdings nur richtig für den mittleren Atomabstand im gesamten Stahlstab. Es ist durchaus möglich, dass in bestimmten Teilen des Stabs die Atomabstände in diesen Zonen im Mittel kleiner sind als im spannungsfreien Zustand, und in anderen Zonen größer. Ist das der Fall, so sagt man, der Stab enthalte Eigenspannungen, teils Zugeigenspannungen, teils Druckeigenspannungen.

Nehmen wir an, dass bei einem Stab der äußere Millimeter unter Druckspannung steht. Dann muss es unterhalb dieses äußeren, 1 mm dicken Zylinders eine Zone geben, in denen ein Zugspannungszustand vorherrscht. In diesem Fall liegt an der Oberfläche ein Druckeigenspannungszustand vor, und darunter ein Zugeigenspannungszustand.

An der Oberfläche treten die Kerben auf, die zum Ermüdungsversagen führen. Indem man also an der Oberfläche Druckeigenspannungen erzeugt, kann man das Risswachstum bei zyklischer Belastung reduzieren.

Wie im Bild 5.14 dargestellt ist, reduzieren die lokalen Druckeigenspannungen in der Oberfläche der Achse die bei der Rotation auftretenden Zug(last)spannungen. Der zyklische Spannungszustand infolge der Rotation wird auf die Achse aufgebracht. Er startet dabei an der Zugseite bei einem Wert, der um den an der Oberfläche vorliegenden Druckeigenspannungszustand reduziert ist. Es ist daher sehr wünschenswert, wenn bei metallischen Bauteilen ein Druckeigenspannungszustand vorliegt.

Es gibt unterschiedliche Methoden, in Stählen Druckeigenspannungen zu erzeugen, darunter Methoden der Wärmebehandlung und der mechanischen Verformung. Betrachten wir zunächst eine Wärmebehandlungsmethode, die man als *Flammhärtung* bezeichnet. Die Oberfläche eines Stahlstücks erwärmt sich viel rascher als das Werkstoffinnere, wenn man eine intensive Flamme auf die Oberfläche richtet. Die Flammhärtung führt an einer außen liegenden Schicht zu Austenitisierung, während das Werkstoffinnere ferritisch+perlitisch bleibt. Beim Abschrecken mit einem geeigneten Abschreckmedium wird sich die Oberflächenschicht in Martensit umwandeln, und der innere Bereich bleibt ferritsch+perlitisch.

Martensit hat eine geringere Dichte als der Austenit, aus dem er entsteht. Daher dehnt sich die Außenschicht bei der Martensitbildung aus. Die inneren Zonen des Werkstoffs widersetzen sich aber dieser Expansion und führen dazu, dass die Atome der Außenzone zwangsläufig dichter zusammenrücken. Dadurch entsteht in der äußeren Martensitschicht eine Druckeigenspannung.

Eine weitere Methode der sehr schnellen Aufheizung von Oberflächenschichten im Vergleich zu inneren Werkstoffbereichen besteht im Erhitzen durch Induktion. Dazu wird eine Kupferspule an die Stahloberfläche herangeführt, und ein hochfrequenter Wechselstrom wird durch die Spule geschickt. Das durch diesen Strom erzeugte Magnetfeld induziert in der Oberfläche des Stahls Ströme, die den Werkstoff lokal aufheizen.

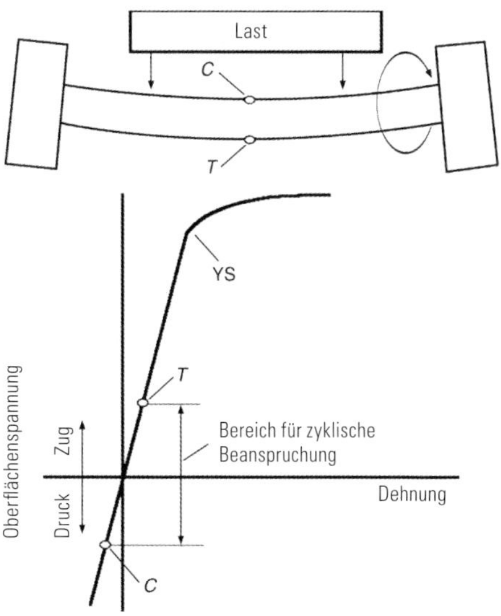

Bild 5.13 Die Ausbildung von Druck- und Zugspannungen an der Oberfläche einer rotierenden Achse.

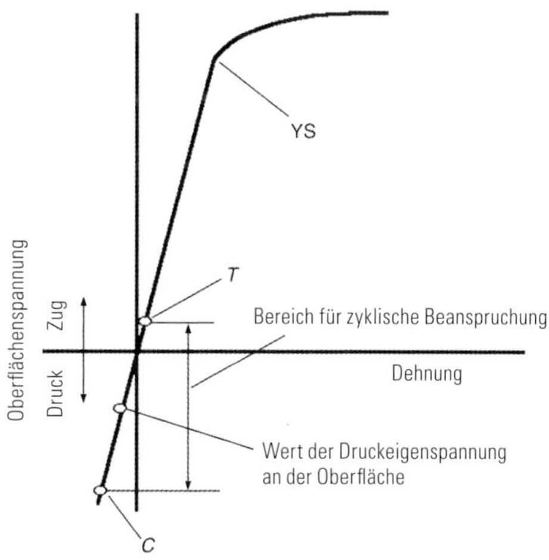

Bild 5.14 In der Oberfläche zurückbleibende Druckeigenspannungen kompensieren aufgebrachte Zugeigenspannungen und führen damit zu einer Reduzierung der Netto-Zugspannungen im Werkstück.

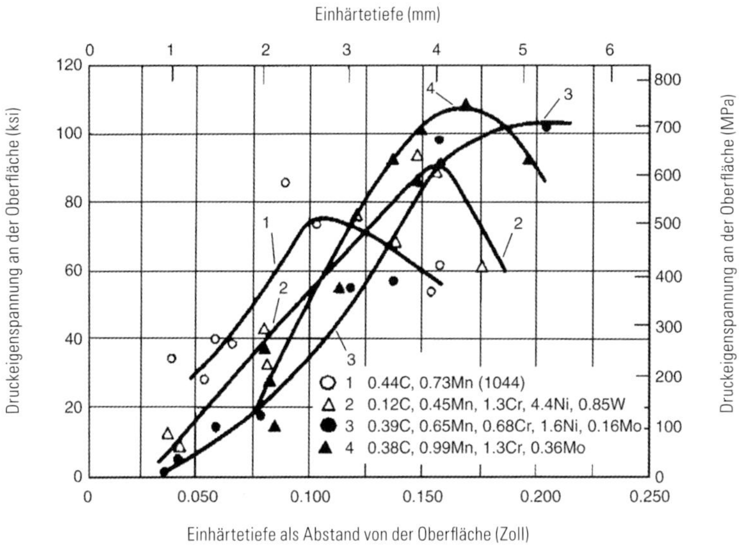

Bild 5.15 Oberflächennahe Druckeigenspannungen in Längsrichtung in Abhängigkeit von der Einhärtetiefe induktiv gehärteter Stähle. Quelle: Literaturstelle 5.6 (Copyright 1963, Society for Experimental Mechanics).

Dieses Verfahren findet in der Industrie breite Anwendung. Es ist so effektiv, dass Achsen für Kraftfahrzeuge grundsätzlich induktiv gehärtet werden, weniger zur Verschleißminderung an der Oberfläche als zu Zwecken der Erhöhung der Ermüdungslebensdauer. In Bild 5.15 ist die Größenordnung der oberflächennahen Spannungen zu sehen, die durch diese Technik erzeugt werden. Das Bild erläutert auch die Eigenspannungsverläufe unter der Oberfläche.

Die berühmten japanischen Samurai-Schwerter sind ein faszinierendes Beispiel für die wichtige Rolle, die lokalisierte martensitische Umwandlungen in der Oberfläche spielen. Wenn diese Schwerter abgeschreckt werden, dann sorgt man dafür, dass sie an der dünnen Schneide schneller abkühlen und dort lokal entlang der Schneidkante Martensit bilden, und zum Rücken hin nicht. Das führt nicht nur zu einer harten Schneide. Die Ausdehnung des Martensits an der Schneide führt auch dazu, dass die Klinge sich krümmt. Je länger die Klinge, umso krummer wird sie, wie in Bild 5.16 dargestellt. Dieser Effekt ist auch in einer Veröffentlichung diskutiert worden (Literaturstelle 5.7).

Druckeigenspannungen kann man auch während der Wärmebehandlung erzeugen – durch die Effekte der thermischen Expansion und Kontraktion bei Erwärmung und Abkühlung. Wenn ein runder Stab abgeschreckt wird, dann zieht die äußere Oberfläche sich schneller zusammen als das Innere. Der Innenbereich widersetzt sich der Kontraktion der äußeren Oberfläche und erzeugt darin dann Zugeigenspannungen. Ist die Zugspannung groß genug, plastisches Fließen in der äußeren Oberfläche hervorzurufen, so tritt bei weiterer Abkühlung eine Spannungsumlage-

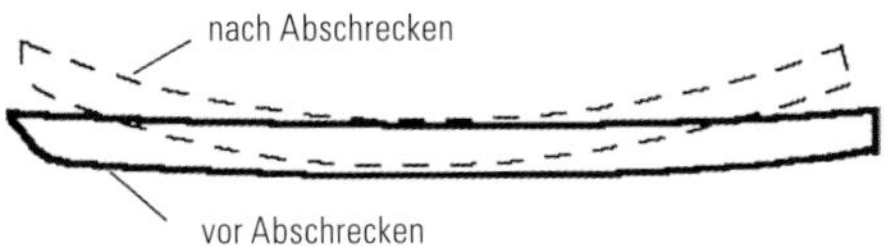

Bild 5.16 Die Entwicklung der Krümmung bei der Klinge eines Samurai-Schwerts infolge der Martensitbildung beim Abschrecken.

rung ein. Als Ergebnis erhält man an der äußeren Oberfläche Druckeigenspannungen, wie beim Flammhärten und Induktionshärten.

Tritt jedoch bei der Abkühlung eine Phasenumwandlung auf, so werden die Verhältnisse komplizierter. Bei Stählen bleibt der oberflächennahe Druckeigenspannungszustand so lange erhalten, wie man den Stahl vor dem Abschrecken nicht über A_1 erhitzt. Erhitzen über A_1 hinaus führt zur Austenitbildung, was die Dinge wegen der beim Abkühlen einsetzenden Martensitbildung verkompliziert. Bildet sich, wie weiter vorne erklärt, Martensit bei der Abkühlung nur in oberflächennahen Bereichen, dann erhält man in der Oberfläche Druckeigenspannungen. Tritt jedoch martensitische Umwandlung bis ins Zentrum der Probe auf (die sogenannte Durchhärtung), dann entsteht in der Oberfläche ein Zugeigenspannungszustand, der höchst unerwünscht ist.

Wie in Kapitel 17 diskutiert werden wird, gibt es sehr viele Oberflächenbehandlungsverfahren von Stählen. Die beiden meistgenutzten sind Aufkohlen und Nitrieren. Diese Verfahren wendet man meist an, um harte Außenschichten zu erzeugen, die die Verschleißrate an der Oberfläche vermindern. Sie fördern auch die Ausbildung von Druckeigenspannungen, was eine angenehme Begleiterscheinung ist.

Oberflächennahe Druckeigenspannungszustände lassen sich auch mit mechanischen Verfahren erzeugen. Die der in der Industrie wahrscheinlich am meisten gebräuchliche Methoden ist das Kugelstrahlen. Bei dieser Technik bombardiert man die Stahloberfläche mit kleinen Stahlkugeln (Schrot, daher „shot peening“ genannt – shot steht für Schrot). Das führt an der

Versprödung und die Titanic

Der Kohlenstoffgehalt von Stählen, die kalten Klimabedingungen ausgesetzt sind, wird so niedrig wie möglich eingestellt, um Versprödung zu vermeiden. Eine faszinierende Frage ist die, ob die Stahlplatten, die beim Bau der „Titanic“ verwendet wurden, möglicherweise in dem -2°C kalten Salzwasser versprödet wurden und bei der Kollision mit dem Eisberg brachen.

Untersuchungen an geborgenen Plattenstücken der „Titanic“ konnten diese Frage nicht vollständig beantworten. Charpy-Tests ergaben CVN-Werte von nur 4 J bei -2°C im Vergleich zu den Werten von 325 J, die bei modernen Schiffsbaustählen gemessen werden (vgl. Literaturstelle 5.4). Moderne Schiffsbaustähle sind besser, da sie geringere Gehalte an Schwefel, Phosphor und Silikatpartikeln aufweisen und dazu noch geringere Korngrößen besitzen. Eine Überprüfung von Nieten aus der Titanic (vgl. Literaturstelle 5.5) ergab hohe Gehalte von Schlackeneinschlüssen, und man kann als Versagensursache auch den Bruch von Nieten nicht ausschließen.

Oberfläche zu lokalem Fließen, was die erwünschten Druckeigenspannungen erzeugt.

Das Zähigkeitsverhalten von Stählen wird durch Druckeigenspannungen in der Oberfläche stark verbessert. Ein Beispiel dafür ist auch die schon erwähnte Verwendung von hochfestem perlitischem Draht, der für Stahlseile verwendet wird. Im Abschnitt über Schlagversuche wurde dargestellt, dass normalerweise perlitischer Stahl nicht so zäh ist wie abgeschreckter und angelassener Martensit. Und doch weisen hochfeste perlitische Drähte, die Anwendung für Stahlseile finden, im Vergleich zu abgeschreckten und angelassenen martensitischen Drähten der gleichen Härte höhere Zähigkeiten auf. Man führt diesen Zähigkeitsgewinn auf die Zugbeanspruchung zurück. Anscheinend führt das Drahtziehen zu Druckeigenspannungen, die für den Zähigkeitsgewinn verantwortlich sind.

Die Kernaussagen in Kapitel 5:

1. Die mechanischen Eigenschaften von Metallen werden oft durch den Zugversuch charakterisiert. Bei diesem Test wird eine Zuglast an einen Metallstab angelegt, und die relative Längenzunahme wird gemessen. Die Ergebnisse werden in Diagrammen dargestellt, in denen die *Spannung* (das ist die Kraft bezogen auf die ursprüngliche Querschnittsfläche) über der *Dehnung* (das ist die relative Längenänderung) aufgetragen wird. Bei kleinen Dehnungen verhält sich die Probe elastisch – sie nimmt ihre ursprüngliche Länge nach Wegnahme der Last wieder an. Jenseits der sogenannten *Fließspannung* beginnt die Probe, plastisch zu fließen, was bedeutet, dass nach Wegnahme der Last die Probe bleibend gedehnt ist. Zieht man die Probe bis zum Bruch, dann findet man in dem Diagramm eine maximale Spannung, die man *Zugfestigkeit* nennt.
2. Metalle, die sich beim Biegen erheblich verformen lassen, bevor sie brechen, nennt man *duktile* Metalle – im Gegensatz zu spröden Metallen, die brechen, bevor sie sich nennenswert verformt haben. Gute *Duktilität* drückt sich im Zugversuch durch hohe Werte der (prozentualen) Bruchdehnung oder Einschnürung aus. Die (prozentuale) Bruchdehnung errechnet sich durch Multiplikation der gesamten relativen Längenänderung bei Bruch aus dem Zugversuch mit dem Faktor 100. Prozentuale Brucheinschnürung nennt man die mit 100 multiplizierte auf den ursprünglichen Querschnitt bezogene Querschnittsänderung der Probe in der Bruchzone.
3. Mechanische Eigenschaften werden oft summarisch in Form einer Auflistung von Fließspannung, Zugfestigkeit und Bruchdehnung dargestellt. Die Festigkeitswerte werden gewöhnlich in MPa (Megapascal), in den USA in psi (pound per square inch) oder ksi (1000 pounds per square inch) angegeben. Die Daten aus Tabelle 5.1 zeigen, dass bei Erhöhung des Kohlenstoffgehalts von 0,2% C auf 0,95% C in unlegierten Kohlenstoffstählen sowohl für den Zustand nach Luftabkühlung (normalisiert) als auch im gewalzten Zustand die Zugfestigkeit von etwa 450 auf 1000 MPa ansteigt. Die Bruchdehnung fällt von etwa 35%

auf rund 9%. Fast immer geht bei Metallen und Legierungen eine Erhöhung der Festigkeit mit einem Verlust an Duktilität einher.

4. Härteprüfmethoden charakterisieren die Festigkeitseigenschaften dadurch, dass ein Eindringkörper, oft ein Diamant, mit einer bestimmten Last in die Oberfläche eines Metalls hineingedrückt wird. Dabei wird entweder die Eindrucktiefe gemessen (beim Rockwell-Verfahren) oder die Größe des Eindrucks (Brinell- und Vickers-Verfahren).
5. Für abgeschreckte und angelassene Zustände von Stählen gibt es eine gute Korrelation zwischen der Festigkeit und der Härte. Gewöhnlich härtet man Stähle auf Werte oberhalb von 45 HRC, was einer Festigkeit zwischen 1480 MPa und darüber entspricht. Im Vergleich dazu weisen die stärksten kommerziell erhältlichen Aluminiumlegierungen, Kupfer- und Titanlegierungen Festigkeiten von etwa 570 MPa, 1220 MPa und 1310 MPa auf. Also sind Stähle erheblich fester als all diese Legierungen.
6. Alle kubisch-raumzentrierten (krz) Metalle, zum Beispiel ferritischer Stahl, weisen das gemeinsame Problem auf, dass sie bei niedrigen Temperaturen spröde brechen. Das steht im Gegensatz zu ihrem bei höheren Temperaturen auftretenden duktilen Versagen. Die Übergangstemperatur von duktil/spröde (DBTT) ist definiert als die Temperatur, unterhalb der sprödes Versagen auftritt. Die Werte der DBTT können im Zugversuch bestimmt werden, aber sie liegen deutlich unter den Werten, die bei komplexen Stahlbauteilen beobachtet werden. En Kerbschlagversuch mit V-förmigen Kerben in der Probe liefert Werte, die recht gut mit den Werten übereinstimmen, die man aus der Anwendung kennt. Der Kerbschlagversuch nach Charpy mit V-Kerben in der Probe misst die Energie, die zum Brechen der gekerbten Probe nötig ist. Die Übergangstemperatur DBTT steigt bei Kohlenstoffstählen mit dem Kohlenstoffgehalt an.
7. Gewöhnlich benutzt man den Ausdruck *Zähigkeit* als ein Maß für die Fähigkeit eines Metalls, auf eine nicht-spröde Weise zu brechen. Es gibt vier wichtige Möglichkeiten, die Zähigkeit eines Stahls zu erhöhen: Minimierung des Kohlenstoffgehalts, Minimierung der Korngröße, Eliminierung von Einschlüssen und Einstellen eines Gefüges aus abgeschrecktem und angelassenem Martensit oder aus unterem Bainit. Anhand der Bruchfläche kann man Sprödbruch und Duktilbruch unterscheiden.
8. In einem ferritischen Stahl sind die Eisenatome an den Ecken und in der Raummitte der kubisch-raumzentrierten Würfelstruktur, aus denen sich die Körner zusammensetzen, angeordnet. Es gibt einen bestimmten mittleren Abstand zwischen den Atomen in einem Stahl im spannungsfreien Zustand. Eine *Zugspannung* vergrößert diesen Abstand, eine *Druckspannung* verringert ihn. Eigenspannungen entstehen im Stahl dann, wenn es Bereiche in dem Bauteil aus Stahl gibt, die im Mittel einen kleineren Atomabstand aufweisen (Druckeigenspannungen), oder auch einen größeren (Zugeigenspannungen) im Vergleich zum spannungsfreien Zustand.
9. Eigenspannungen können in Stählen

durch Wärmebehandlungen erzeugt werden, insbesondere dann, wenn sich beim abgeschreckten Stahl nur in Randbereichen Martensit bildet. Die Dichte von Martensit ist geringer als die von Austenit, aus dem er entsteht. Das bedeutet, dass das Martensitvolumen ansteigen muss, wenn aus Austenit Martensit entsteht. Wenn sich Martensit nur in oberflächennahen Bereichen eines Stabs bildet, dann setzt das Innere des Stabs der Ausdehnung Grenzen und führt zu einem Druckeigenspannungszustand in der Oberfläche. Es ist üblich, in oberflächennahen Bereichen Martensit durch Flammhärten oder Induktionshärten einzustellen. Diese Verfahren erhitzen nur die äußeren Bereiche sehr schnell in den Temperaturbereich des Austenits, bevor man abschreckt. Durch die Anwendung der Induktionshärtung können sehr starke Druckeigenspannungen in der Oberfläche auftreten.

10. Oberflächennahe Druckspannungen sind sehr günstig für das Zähigkeitsverhalten, da dadurch Rissbildung in der Oberfläche und Rissausbreitung vermindert werden. Eine Druckspannung kompensiert eine angelegte Zugspannung um ihren Betrag, und sie reduziert dadurch die Nettospannung in Rissspitzen (vorgespanntes Glas bei Auto-Windschutzscheiben ist ein weiteres Anwendungsbeispiel für den positiven Effekt von Druckeigenspannungen).
11. Ermüdungsbruch ist ein Versagenstyp, der bei Metallen unter zyklischer Belastung auftritt. Die Lastspannung an der Oberfläche einer belasteten Achse wechselt im Betrieb bei jeder Umdrehung zwischen Zugspannung und Druckspannung. Die spezielle Geometrie einer Rissspitze bewirkt genau dort eine Spannungskonzentration. Daher steigt die oberflächennahe Spannung lokal in den Spitzen aller in der Oberfläche liegenden Risse stark an, und das wiederum kann bei jeder Umdrehung die Risse stark vergrößern, bis schließlich der Bruch eintritt. Solche Ermüdungsbrüche können drastisch verringert werden durch Druckspannungen an der Oberfläche, die die Lastspannungen teilweise an der Bauteiloberfläche kompensieren.

KAPITEL 6
Niedrig legierte Stähle und das AISI-System

In den vielen unterschiedlichen Stahlsorten gibt es eine ganze Reihe chemischer Elemente, die dem Stahl entweder absichtlich zugesetzt wurden oder Verunreinigungen darstellen.

Zum Verständnis der für die chemischen Elemente verwendeten Symbole ist es hilfreich, sich das Periodensystem der Elemente aus dem Chemieunterricht in der Schule anzusehen. Im Anhang dieses Buches ist ein Periodensystem dargestellt, in dem die Kristallstrukturen der vielen unterschiedlichen Metalle, die in der Natur vorkommen können, herausgearbeitet werden. Der unten links stehende Kasten identifiziert die für jedes Element ausgewiesenen Informationen.

So hat Eisen zum Beispiel das chemische Symbol Fe, die Ordnungszahl 26, das Atomgewicht 55,85, eine Dichte von 7,8 g/cm3, eine Schmelztemperatur von 1538°C und unterschiedliche Kristallstrukturen zwischen Raumtemperatur und Schmelztemperatur, nämlich kubisch-raumzentriert/kubisch-flächenzentriert/kubisch-raumzentriert (krz-kfz-krz).

Die Elemente in den zentralen Spalten der Tabelle sind in drei Gruppenspalten unterteilt, je nach Kristallstruktur krz, Mischstrukturen wie krz und kfz bei Eisen, und kfz. Diese Gruppe von Spalten ist sehr interessant, da darin fast alle Elemente enthalten sind, die in Stählen auftreten.

Bis jetzt bezogen sich alle Ausführungen auf unlegierte Kohlenstoffstähle. Das Bezeichnungssystem zur Klassifizierung dieser Stähle wurde in den USA von zwei professionellen Institutionen entwickelt, dem American Iron and Steel Institute (AISI, amerikanisches Institut für Eisen und Stahl) sowie der Society of Automotive Engineers (SAE, Gesellschaft der Automobilingenieure). Die Werkstoffnummer eines Stahls wird normalerweise als AISI-SAE-Werkstoffnummer bezeichnet, doch aus Gründen der Vereinfachung wird hier von AISI-Werkstoffnummern gesprochen.

Tabelle 6.1 gibt die chemische Zusammensetzung einiger ausgewählter einfacher Kohlenstoffstähle wieder. Es ist zu beachten, dass die ersten beiden Ziffern der Kennziffer sich bei den Automatenstählen von 10 nach 11 ändern und für hoch manganlegierte einfache Kohlenstoffstähle von 10 auf 13 oder 15. Eine komplette Zusammenstellung der chemischen Zusammensetzung aller Kohlenstoffstähle ist beispielsweise in den Literaturstellen 6.1 und 6.2 zu finden.

In den USA gibt es über die AISI-Stahlspezifikationen hinaus auch Spezifikationen von ASTM International und auch des Militärs. Die ASTM-International-Spezifikationen werden normalerweise vorgezogen, wenn die Stähle in der Anwendung unbedingt versagensfrei sein sollen, wie bei

AISI Nr.	%C	%Mn	%übrige
1018	0.18	0.75	...
1020	0.20	0.45	...
1044	0.44	0.45	...
1045	0.45	0.75	...
1060	0.60	0.75	...
1078	0.78	0.45	...
1080	0.80	0.75	...
1095	0.95	0.75	...
Automatenstähle			
1141	0.41	1.45	0.11 S
1144	0.44	1.45	0.26 S
Manganlegierte einfache Kohlenstoffstähle			
1340	0.40	1.75	...
1518	0.18	1.25	...
1541	0.41	1.45	...

Tabelle 6.1 Eine Auswahl einfacher Kohlenstoffstähle.

Brücken und Dampfkesseln. Die militärischen Spezifikationen gelten für militärische Anwendungen. Entsprechungen zwischen den AISI-Nummern und denen nach ASTM sowie auch zu den entsprechenden Werkstoffnummern ausländischer Systeme findet man in den Literaturstellen 6.2 und 6.3.

Gussstähle, wie sie zum Beispiel in großen Ventilen, Getrieben, Maschinen und so weiter Anwendung finden, haben eigene Werkstoffnummern, von denen die meisten durch ASTM vergeben sind. Die Bezeichnung nach AISI wird für Stähle genutzt, die im Stahlwerk abgegossen werden und danach durch Umformungsverfahren wie Walzen und Schmieden auf Maß gebracht werden. Diese Stähle heißen Knetlegierungen.

Alle Stähle enthalten einen geringen Anteil an Verunreinigungen, die von der Herstellung herrühren. Diese Verunreinigungen können in Laborstählen, wo Kosten keine Rolle spielen, beseitigt werden. Stahl ist jedoch ein industriell hergestelltes Metall und wird im Megatonnenmaßstab produziert. Wirtschaftliche Herstellung führt zu gewissen Verunreinigungen im Stahl.

Element	Maximaler Gehalt in %
Schwefel S	0,04
Phospor P	0,05
Silizium Si	0,20
Aluminium Al	0,04

Tabelle 6.2 Im Stahl enthaltene Verunreinigungen.

Die gängigsten Verunreinigungen und ihre maximalen Gehalte, die in Stählen auftreten, sind in Tabelle 6.2 aufgeführt. Diese vier Elemente – Schwefel, Phosphor, Silizium und Aluminium – treten als Nachbarn in der dritten Zeile von oben im Periodensystem der Elemente auf. Zur Unterstreichung ihrer Bedeutung sind die entsprechenden Felder schattiert. Fortschritte bei den Herstellungsmethoden von Stahl in den letzten 20 Jahren erlauben der Industrie, die Restgehalte von Phosphor und Schwefel im Stahl zu reduzieren. Heutige Stähle weisen oft Gehalte an diesen Elementen auf, die bei der Hälfte der in Tabelle 6.2 ausgewiesenen Werte liegen.

Aus Gründen, die nachfolgend erklärt werden, ist es oft vorteilhaft, dem Stahl weitere Elemente hinzuzufügen. Diese zugefügten Elemente nennt man Legierungselemente. Ist der Prozentsatz der Legierungselemente gering, insgesamt unter 4%, dann spricht man von niedrig legierten Stählen.

Glücklicherweise beschränkt sich die Verwendung von Legierungselementen bei den meisten Stählen auf nur drei wesentliche: Das sind die Elemente Chrom, Molybdän und Nickel, die ebenfalls im Pe-

AISI-Nr.	%C	% Mn	% Cr	% Mo	% Ni	Werkstoff-Nr.	Bez. DIN-EN
Molybdänlegierte Stähle (4xxx)							
4023 (Mo)	0,23	0,80	...	0,25	...	-	-
4042	0,42	0,80	...	0,25	...	-	-
4130 (Mo-Cr)	0,30	0,50	0,95	0,20	...	1.7218/7220	25 CrMo 4
4140	0,40	0,87	0,95	0,20	...	1.7225	42 CrMo 4
4320(Mo-Cr-Ni)	0,20	0,55	0,50	0,25	1,82	(1.5919)	15 CrNi 6
4340	0,40	0,70	0,80	0,25	1,82	1.6562	40NiCrMo 8 4
4620(Mo-Ni)	0,20	0,55	...	0,25	1,82	-	-
Chromlegierte Stähle (5xxx)							
5046	0,46	0,87	0,27	...	...	-	-
5120	0,20	0,80	0,80	...	...	1.7147/1.3523	20 MnCr 5/19 MnCr 5
5160	0,60	0,87	0,80	...	...	1.7137	60 MnCrB 3
52100	1,00	0,30	1,45	...	...	1.3505	100 Cr 6
Dreifach legierte Stähle (8xxx)							
8620	0,20	0,80	0,50	0,20	0,55	1.6523	20 NiCrMo 2-2
8640	0,40	0,87	0,50	0,20	0,55	1.6546	40 NiCrMo 2-2

Tabelle 6.3 Eine Auswahl von niedriglegierten Stählen (mit ungefährer deutscher Entsprechung).

riodensystem der Elemente schattiert sind. Die legierten Stähle kann man in drei Hauptkategorien unterteilen: molybdänlegierte Stähle, chromlegierte Stähle und dreifach legierte Stähle mit Mo, Cr, und Ni. Die Tabelle 6.3 führt eine Auswahl dieser niedrig legierten Stähle in den entsprechenden Kategorien auf. Eine Gesamtliste der niedrig legierten AISI-Stähle und deren Zusammensetzung findet sich in den Literaturstellen 6.1 bis 6.3.

Die chromlegierten Stähle vom Typ 5xxx stellen insofern die einfachsten legierten Stähle dar, als Chrom das einzige hinzugefügte Element ist. Molybdänlegierte Stähle vom Typ 4xxx sind komplexer, weil sie auch unterschiedliche Kombinationen aller drei hauptsächlich verwendeten Legierungselemente enthalten können, je nach der zweiten Ziffer der Werkstoffnummer.

So bezeichnet man zum Beispiel die nur mit Molybdän legierten Stähle in der Form 40xx, die mit Molybdän und Chrom legierten Stähle in der Form 41xx. Zu beachten ist, dass keine nur mit Nickel legierten Stähle aufgeführt sind. Nickellegierte Stähle haben ihre Popularität nach der ersten Hälfte des 20. Jahrhunderts verloren, und die industrielle Produktion der 2xxx-Nickelstähle und der 3xxx-Chrom-Nickel-Stähle wurde um 1964 herum eingestellt.

6.1 Phospor und Mangan

Das Element Schwefel ist als Verunreinigung in allen Stählen enthalten, wie aus Tabelle 6.2 zu entnehmen ist. Es gibt zwei hervorstechende Eigenschaften von Schwefel in Stahl, die selbst in geringen Mengen zur Versprödung führen:

1. Die Löslichkeit von Schwefel in Austenit wie Ferrit ist extrem niedrig, faktisch ist er unlöslich.

2. Schwefel bildet eine chemische Verbindung mit Eisen, das Eisensulfid (FeS), das bei 1190°C schmilzt.

Zum Verständnis dafür, weshalb diese beiden Tatsachen in Kombination das Problem der Versprödung hervorrufen, führen wir uns folgende Gedanken vor Augen: Nehmen wir an, ein Stahl enthält nur 0,04% Schwefel. Da die Löslichkeit von Schwefel sowohl in den Austenitkörnern als auch in den Ferritkörnern praktisch null ist, liegt der gesamte Schwefel bei allen Temperaturen als FeS vor. Da Warmwalzen und Schmieden oft bei Temperaturen oberhalb von 1190°C erfolgt, liegt FeS bei diesen Temperaturen in flüssiger Form vor.

Wegen des sehr geringen Gehalts an Schwefel, nämlich nur 0,04 Gewichtsprozent, könnte man annehmen, dass die geringe Menge an Flüssigkeit keinen nennenswerten Einfluss auf die Warmformgebung des Stahls haben sollte. Aber es gibt einen weiteren Faktor, der hier von Einfluss ist. Um diesen zu verstehen, muss man das Konzept des Benetzens kennen, das auch aus der Löttechnik bekannt ist: Eine gute Lötverbindung entsteht dann, wenn das geschmolzene Lot in den dünnen Lötspalt läuft. Wird das Lot in der Verbindungsstelle lediglich aufgeschmolzen ohne Verwendung eines Flussmittels, wird das geschmolzene Lot Kugeltropfenform annehmen und nicht in den Lötspalt fließen. Die Verwendung eines Flussmittels sorgt dafür, dass das geschmolzene Lot in den Spalt einfließt. Es erscheint so, als ob das geschmolzene Lot förmlich in den Spalt hineingesogen würde. Und tatsächlich wird es wirklich in den Spalt hineingesogen – durch eine Kraft, die als Oberflächenspannung bekannt ist.

Um ein Gefühl für die Natur der Oberflächenspannung zu bekommen, denke man an das Aufblasen eines Wasserballs aus Gummi. Das Aufblasen erfolgt, indem man den Luftdruck im Inneren des Balls über den Außendruck erhöht. Das führt dazu, dass die Gummihaut unter Zugspannung steht. Diese Zugspannung bewirkt, dass eine Zugkraft entsteht, die in der Oberflächenebene des Gummis wirkt. Diese Kraft in der Oberfläche ist sehr ähnlich der Zugkraft, die das geschmolzene Lot in den Lötspalt fließen lässt.

Die Wirkung der Oberflächenspannung kann auch beobachtet werden, wenn man ganz vorsichtig eine Büroklammer auf der Wasseroberfläche in einem Glas schwimmen lässt. Die Wasseroberfläche wird dort, wo die Büroklammer aufliegt, um einen kleinen Betrag nach unten gebogen. Es ist die Oberflächenspannung an der Trennfläche Wasser-Luft, die die Büroklammer oben hält. Die Kraft wirkt entlang der Wasseroberfläche und ist, wie in Bild 6.1 dargestellt, leicht nach oben gerichtet. Die nach oben gerichtete Komponente dieser Oberflächenspannungskraft bewirkt, dass die Klammer schwimmt.

Fügt man Seife hinzu, dann wird die Oberflächenspannung reduziert. Um das dramatisch vorzuführen, muss man nur einen Zahnstocher in Spülmittel tauchen. Wenn man nun ganz vorsichtig den Zahnstocher in die Wasseroberfläche taucht – auch in größerer Entfernung von der schwimmenden Büroklammer –, dann kann man beobachten, wie diese sofort untergeht.

Dieses „Saugphänomen“ wird aus offensichtlichen Gründen *Benetzung* genannt. Übertragen wir das nun auf eine kleine Kugel aus flüssigem FeS an einer

Korngrenze bei Warmformgebungstemperatur: Die Korngrenze ist eine Grenzfläche zwischen zwei festen Phasen. Es gibt eine Oberflächenspannungskraft dort, wo das geschmolzene FeS die Korngrenzen zwischen den Austenitkörnern berührt. Diese Kraft führt dazu, dass das geschmolzene FeS die Austenitkorngrenzen benetzt. Das FeS wird als sehr dünner Flüssigkeitsfilm zwischen die Korngrenzen gezogen, und dadurch werden die Korngrenzen geschwächt.

Da dieser Film extrem dünn ist, genügt die kleine Menge FeS im Stahl, um ziemlich große Flächen auf den Korngrenzen zu belegen. Das führt zu sprödem Versagen des Stahls (Korngrenzenversagen) beim Walzen und Schmieden. Diese Art der Versprödung, die während der mechanischen Verformung bei hohen Temperaturen auftritt, nennt man *Warmbrüchigkeit.* Sie tritt praktisch immer auf, wenn sich im Metall flüssige Phasen bilden, aber nur, wenn diese die Korngrenzen benetzen.

Zum Beispiel schmilzt das Blei in bleilegierten Messinglegierungen bei der Erwärmung auf. Es bildet kleine Kügelchen im Messing und versprödet die Legierung nicht. Die Verunreinigung durch Phosphor führt auch zu Warmsprödigkeit im Stahl, allerdings erst bei wesentlich höheren Gehalten als bei Schwefel. Phosphor bildet eine niedrigschmelzende Phase namens Steadit, und bei Phosphorgehalten von etwa 0,1% und darüber kann Warmbrüchigkeit entstehen.

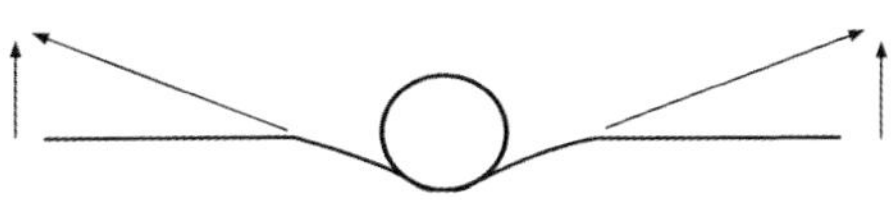

Bild 6.1 Ein Draht kann infolge der Oberflächenspannung auf einer Wasseroberfläche schwimmen.

Ein Hauptgrund, weshalb Mangan in (fast) allen Stählen vorhanden ist, besteht darin, dass man die Schwefel-Probleme kontrollieren will. Wie Eisen bildet Mangan ebenfalls eine chemische Verbindung mit Schwefel, das Mangansulfid. Es hat die chemische Formel MnS und hat seinen Schmelzpunkt bei einer wesentlich höheren Temperatur als FeS, nämlich bei 1665°C.

In Stählen, bei denen notwendigerweise sowohl Eisen als auch Mangan enthalten sind, hat diese Verbindung die chemische Formel (MnFe)S, und der Schmelzpunkt liegt etwas niedriger – aber trotzdem noch höher als die Walz- und Schmiedetemperaturen. Das Problem der Warmbrüchigkeit wird damit beseitigt. Man bezeichnet gewöhnlich die (MnFe)S-Teilchen in Stählen einfach als Mangansulfid, obwohl sie oft ziemlich hohe Gehalte an Eisen aufweisen. Die in Bild 5.6 markierten Sulfide im 1144er Stahl sind Beispiele für solche Mangansulfide.

Obwohl die Beigabe von Mangan das Problem der Warmbrüchigkeit löst, kann die Anwesenheit solcher Partikel (gemeinhin Einschlüsse genannt) bei Raumtemperatur zu Versprödung führen. Da die Sulfideinschlüsse bei der Warmformgebungstemperatur duktil sind, werden sie zu Fäden ausgelängt, wie in Bild 5.6 zu sehen ist. Das führt bei Blechen und Stäben zu einer Art Versprödung, die von der Richtung der Beanspruchung abhängt. Die Versprödung führt oft zu Versagen in Bauteilen, die aus Blechen hergestellt wurden.

In Bild 6.2 sind die Längs- und Querrichtung der Walzverformung an einem Stahlblech veranschaulicht. Hier sind die Einschlüsse in Längsrichtung (Walzrichtung) gestreckt. Es sind die Orientierungen zweier Charpy-Proben eingezeichnet. In der Querprobe sind die gestreckten Einschlüsse parallel zum Kerbgrund in der Probe orientiert, wohingegen sie bei der Längsprobe quer zur Basis der V-Kerbe verlaufen.

Sprödbruch entsteht dadurch, dass Risse durch den dreiachsigen Spannungszustand, der im Kerbgrund der V-Kerbe erzwungen wird, geöffnet werden. Betrachten wir nun den Einfluss der langgestreckten Einschlüsse: Liegen sie parallel zur V-Kerbe, so kann es sein, dass sich ein Einschluss über die gesamte Länge des Kerbgrundes erstreckt. Liegen die Einschlüsse quer zum Kerbgrund, so wird ein Einschluss die Basis der V-Kerbe nur an einem einzigen Punkt treffen. Daher begünstigen Einschlüsse die Rissausbildung viel mehr, wenn sie parallel zum Kerbgrund verlaufen.

Charpy-Tests an gewalzten Blechen mit gestreckten Sulfideinschlüssen führen zu Schlagenergien von etwa 60 J für längs orientierte Proben und nur 20 J für Querproben. Diese Daten zeigen auf dramatische Weise, wie gestreckte Einschlüsse die Querzähigkeit eines Formstahls reduzieren können.

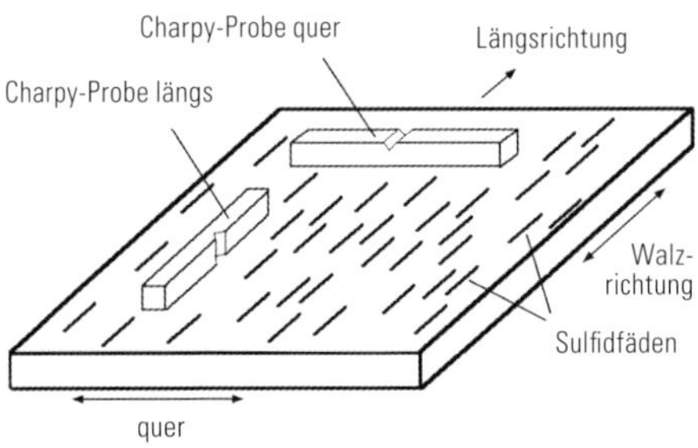

Bild 6.2 Lage der in Längs- und Querrichtung entnommenen Proben für Charpy-Tests bei Stahlblechen mit ausgelängten Sulfideinschlüssen.

Einschlüsse werden normalerweise durch Verunreinigungen im Stahl hervorgerufen. Restmengen an Sauerstoff und Stickstoff führen zu Einschlüssen von Oxid- und Nitridpartikeln. Normalerweise sind diese Einschlüsse spröde und werden durch Warmformgebung nicht ausgestreckt. Sofern ihre Menge nicht übermäßig groß wird, reduzieren sie die Zähigkeit nicht in nennenswertem Maße.

6.2 Der Einfluss von Legierungselementen

Die in Kapitel 3, zum Beispiel im Bild 3.5, dargestellten Phasendiagramme sind alle reine Eisen-Kohlenstoff-Phasendiagramme. Wenn man den Eisen-Kohlenstoff-Legierungen (Stahl) Mangan und diverse Legierungselemente beifügt, verschieben sich die wichtigen Linien für A_3, A_1 und A_{cm} im Phasendiagramm ein wenig. Wird nur ein Zusatzelement betrachtet, wie die Fe-C-Mn-Zusammensetzung bei niedrig legierten Kohlenstoffstählen, dann spricht man von einem *ternären* Phasendiagramm (Dreistoffdiagramm).

Das Studium ternärer Phasendiagramme ist bei weitem komplexer als das der *binären* Systeme (Zweistoffsysteme). Das in Bild 3.5 dargestellte Diagramm beinhaltet nur zwei Elemente, es handelt sich um ein binäres Phasendiagramm. Wir werden hier nicht im Detail auf ternäre Phasendiagramme eingehen, aber um einen Vorgeschmack auf die Komplexität zu bekommen, kann man das Bild 6.3 betrachten.

Das Diagramm ist aufgestellt für eine hypothetische ternäre Legierung aus

Fe+C+X mit X als dritter Komponente. Das Diagramm beschränkt sich auf maximale Gehalte von 2% (Gewichtsprozent) des Elements X. Es zeigt, wie sich die drei wichtigen Linien des Eisen-Kohlenstoffdiagramms verschieben, wenn man die Komponente X hinzufügt. Die A_3-Linie und die A_{cm}-Linie werden im Vergleich zu ihrer Position im zweiphasigen System Eisen-Kohlenstoff nur nach oben oder unten verschoben, aber die A_1-Linie spaltet sich auf in zwei Linien, die in Bild 6.3 mit A_1(L) und A_1(U) (für L= lower, untere Linie, und U = upper, obere Linie) bezeichnet sind. Bei niedrig legierten Stählen ist die Temperaturdifferenz zwischen diesen Linien normalerweise klein und kann vernachlässigt werden.

In reinen Kohlenstoffstählen ist die Verschiebung der drei wichtigen Linien durch den Mangangehalt so gering, dass das reine Eisen-Kohlenstoff-Diagramm diese Stähle in sehr guter Näherung beschreibt. Bei niedrig legierten Stählen spielt allerdings noch die Anwesenheit weiterer Elemente zusätzlich zum Mangan eine Rolle. Um die Dinge zu vereinfachen, wird die Aufspaltung der A_1-Linie vernachlässigt, und die Linienverschiebungen werden charakterisiert, indem man bestimmt, wie die Zugabe von Elementen die Temperaturverschiebung von A_1 sowie die Zusammensetzung am perlitischen Punkt bestimmt.

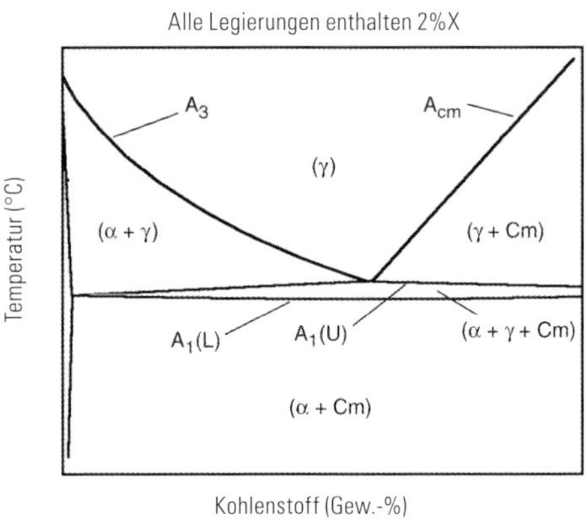

Bild 6.3 Ternäres Fe-C-X-Phasendiagramm bei 2%X, wobei X ein Legierungselement wie Molybdän, Chrom oder Nickel im Stahl kennzeichnet. Das Hinzulegieren führt dazu, dass sich die A_3-Linien und die A_{cm}-Linien verschieben. Die A_1-Linie spaltet auf in A_1(L) und A_1(U).

Die Ergebnisse sind relativ einfach: Die Elemente Mangan und Nickel erniedrigen A_1, während Chrom und Molybdän A_1 erhöhen. Aus der Fachliteratur (Literaturstelle 6.4) entnimmt man eine Gleichung für A_1, die diese Effekte beschreibt:

$$A_1(\text{in}\,^\circ\text{C}) = 727 - 10{,}7\ (\%\text{Mn}) - 16{,}9\ (\%\text{Ni}) + 16{,}9\ (\%\text{Cr}) + 29{,}1\ (\%\text{Si})$$

(Gleichung 6.1)

Diese Gleichung ist nur gültig für niedrige Gehalte der aufgeführten Elemente, stimmt jedoch sowohl für einfache Kohlenstoffstähle wie auch für niedrig legierte Stähle. Das Element Molybdän ist nicht aufgeführt, da es bei Gehalten unter 0,5% (Tabelle 6.3) keinen Einfluss auf die Temperaturen hat.

Um die Anwendung dieser Gleichung zu erläutern, betrachten wir einen Stahl vom Typ 1018 (mit 0,18 % C), der den Tabellen 6.1 und 6.2 zufolge einen Mangangehalt von 0,75% und einen Siliziumgehalt von 0,2% aufweist. Setzt man diese Werte in die Gleichung ein, so ergibt sich für A_1 ein Wert von 725°C. Dieser Wert wurde auch in den Bildern 3.9 und 3.10 zugrunde gelegt. Alle vier Elemente verschieben die Zusammensetzung am Perlitpunkt zu Werten kleiner als 0,77% C. Die verschiedenen anderen Elemente, die im Zusammenhang mit Werkzeugstählen behandelt werden, erhöhen A_1 und verringern die perlitische Zusammensetzung.

Als ein erstes Beispiel betrachten wir den Stahl 5160 (deutsche Werkstoff-Nr. 1.7137), den Werkstoff der Wahl für Blattfedern bei Fahrzeugen. Vergleicht man diesen Stahl mit dem einfachen Kohlenstoffstahl 1060 (Tabellen 6.1 und 6.3), so sieht man, dass der Hauptunterschied die Zugabe von 0,8% Cr ist. Das hinzugefügte Chrom verschiebt die perlitische Zusammensetzung nach unten auf einen Wert von etwa 0,66% C für diese Legierung. Aus diesem Grunde ist 5160 näher am perlitischen Punkt als 1060, und die Zunahme des Volumenanteils an Perlit bei rascher Abkühlung ist daher beim Stahl 5160 größer als beim 1060.

Als zweites Beispiel soll uns der weitverbreitete Kugellagerstahl 52100 (1.3505, 100Cr6) dienen. Er enthält einen Kohlenstoffanteil von 1,0% und ist damit ein hypereutektoider Stahl. Außerdem enthält er noch einen Chromgehalt von 1,45%. Die bei diesem Stahl angewandte Wärmebehandlung unterscheidet sich von der der meisten niedrig legierten Stähle dadurch, dass die Austenitisierungstemperatur *unterhalb* der A_{cm}-Temperatur liegt.

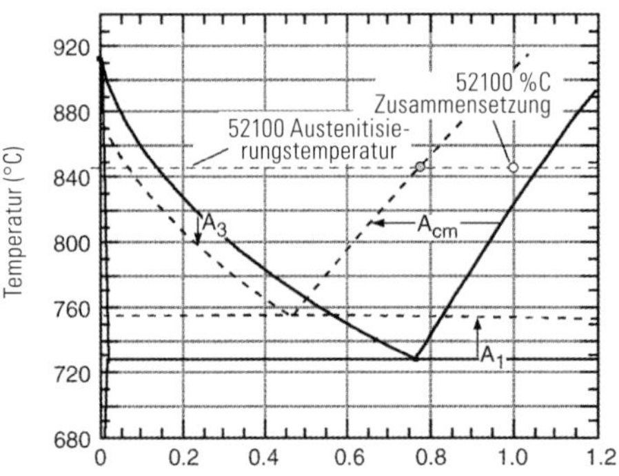

Bild 6.4 Die gestrichelten Linien sind Abschätzungen der neuen Positionen der Linien A_1, A_3 und A_{cm} für einen Stahl 52100, einen hypereutektoiden chromlegierten Stahl. Die ausgezogenen Linien stehen für die Linien A_1, A_3 und A_{cm} im Zweiphasendiagramm Eisen-Kohlenstoff.

Die durchgezogenen Linien in Bild 6.4 markieren die Position der A_1, A_3- und A_{cm}-Temperatur im Eisen-Kohlenstoff-Diagramm. Die gestrichelt eingezeichneten Linien sind die für den Stahl 52100 abgeschätzten Positionen. Die für den Stahl 52100 empfohlene Austenitisierungstemperatur wird in der Literatur (6.2, Seite 429) mit 845°C angegeben. Dieser Wert ist auch im Bild 6.4 eingezeichnet.

Es ist zu beachten, dass bei dieser Temperatur eine reine Legierung Fe+1,0%C komplett austenitisch wäre, denn sie läge oberhalb des Werts für A_{cm}. 52100 liegt jedoch in seiner Zusammensetzung deutlich unter A_{cm}. Der Stahl wird also dort noch Zementitpartikel im Austenit enthalten. Beim Abschrecken verbleiben diese Zementitpartikel einfach im Stahl. Wenn der Austenit sich in Martensit umwandelt, werden diese Partikel mehr und mehr von Martensit als von Austenit umgeben.

Die Zementitpartikel, die im Stahl 52100 nach dem Abschrecken und Anlassen vorhanden sind, sind sehr klein. Bild 6.5 zeigt ein hoch aufgelöstes SEM-Gefügebild mit einer typischen Verteilung dieser Partikel. Die kleinen Teilchen in diesem Bild besitzen im Schnitt einen Durchmesser von nur 0,2µm und sind für das Auflösungsvermögen eines Lichtmikroskops zu klein. Kleine Partikeldurchmesser sind vorteilhaft, da einige mechanische Eigenschaften des Stahls 52100 mit kleiner werdender Partikelgröße besser werden. Dieser Stahl wird noch in Kapitel 11 besprochen.

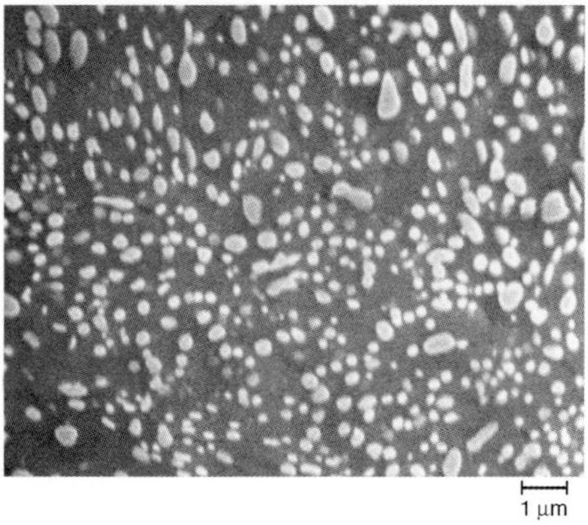

Bild 6.5 Zementitpartikel in Stahl 52100 nach einer Standardwärmebehandlung von Abschrecken und Anlassen. Originalvergrößerung 5000-fach.

Die Kernaussagen in Kapitel 6:

1. Das in den USA hauptsächlich angewandte Klassifizierungssystem für die unterschiedlichen Stähle wurde vom American Iron and Steel Institute (AISI) entwickelt. Die Zusammensetzung aller gebräuchlichen Eisenknetlegierungen ist durch ihre AISI-Nummer spezifiziert. Die AISI-Nummern der einfachen Kohlenstoffstähle besitzen die Struktur 1xxx, wobei die letzten beiden Ziffern für den Kohlenstoffgehalt stehen. Die zweite Ziffer gibt an, ob Schwefel oder Mangan absichtlich hinzulegiert wurden. Mangan ist in allen Stählen vorhanden. Der Mangangehalt eines Stahls kann nur Tabellen entnommen werden, da der AISI-Code diese Information nicht enthält.
2. Zum Verständnis der Zusammensetzung von Stählen benötigt man ein Mindestmaß an Vertrautheit mit den chemischen Symbolen der Elemente, die als Legierungsbestandteile oder Verunreinigungen im Stahl enthalten sein können. Die Symbole aller natürlich vorkommenden Elemente finden sich im Periodensystem der Elemente (auf den hinteren Seiten dieses Buchs) wieder. Die für Stahl wichtigen Legierungs- und Verunreinigungselemente sind in dieser Darstellung schattiert wiedergegeben.
3. Die gebräuchlichen legierten Stähle enthalten eines oder mehrere der drei Elemente Chrom, Molybdän oder Nickel als Zusatz. Diese Stähle tragen die Bezeichnung „niedrig legierte Stähle nach AISI". Man kann diese Stähle in drei Gruppen unterteilen: Molybdänlegierte Stähle (4xxx), chromlegierte Stähle (5xxx) und schließlich dreifach legierte Stähle (8xxx). Auch hier geben die letzten beiden Stellen wieder den Kohlenstoffgehalt an. Die Bedeutung der dritten Stelle ändert sich mehr oder minder unregelmäßig.
4. Mangan ist zur Vermeidung von Versprödung durch Schwefel in allen Stählen enthalten. Schwefel ist eine Verunreinigung im Stahl, die jedoch wirtschaftlich nicht zu beseitigen ist. Er bildet mit Eisen eine Verbindung, das Eisensulfid FeS, das bei Warmwalztemperatur von Stahl flüssig wird. Das geschmolzene FeS benetzt die Austenitkorngrenzen und führt zu sprödem Versagen an den Korngrenzen bei der Warmformgebung. Dieses Phänomen heißt *Warmbrüchigkeit* (auch *Heißversprödung* oder *Rotbrüchigkeit*). Die Zugabe von Mangan ersetzt das FeS durch Mangansulfid MnS, das bei Warmverformung nicht aufschmilzt und so das

Problem der Warmbrüchigkeit auf preiswerte Weise löst.

5. Die kleinen Mangansulfidpartikel werden in Formstählen gelängt und bilden Fäden aus, die in Verformungsrichtung orientiert sind. Mangansulfidfäden stellen eine Art von *Einschlüssen* im Stahl dar. Der Einfluss auf die Zähigkeit bei Beanspruchung parallel zur Verformungsrichtung (also auch parallel zur Ausrichtung der Mangansulfide) ist gering, es kann jedoch eine ausgeprägte Einbuße an Zähigkeit bei Beanspruchung quer zur Ausrichtung der MnS-Einschlüsse vorliegen.
6. Der Zusatz von Mangan zusammen mit Chrom, Molybdän und Nickel als Legierungselemente verschiebt die Lage von A_3, A_1 und A_{cm} gegenüber ihrer Lage im Zweiphasensystem Eisen-Kohlenstoff. Alle diese Legierungsbestandteile drücken den Kohlenstoffgehalt des Perlitpunkts unter den Gehalt von 0,77%. Normalerweise sind diese Verschiebungen gering und können oft bei der Festlegung der Wärmebehandlung außer Acht gelassen werden. Bei höheren Legierungsgehalten jedoch können sie bedeutsam werden.

KAPITEL 7
Diffusion – ein Mechanismus der Atombewegung in Metallen

Die moderne Archäologie lehrt uns, dass unsere Urväter sich in Afrika entwickelt und dann sehr langsam in den Rest der Welt ausgebreitet haben – durch einen Prozess, der den Namen Migration oder auch Diffusion trägt. Bild 7.1 deutet die Richtung der Ausbreitung der Bevölkerung von Afrika nach Europa, Asien und Indien an.

Unten rechts im Bild ist eine Illustration der beiden Grundvoraussetzungen für Diffusionsprozesse gezeichnet: Zunächst verläuft die Richtung der Diffusion grundsätzlich von Gebieten mit hoher Dichte zu Gebieten mit niedrigerer Dichte, von Gebieten mit höherer Population zu denen ohne oder mit geringer Population also. Das führt zu einem sogenannten Gradienten in der Bevölkerungsdichte, und der Fluss geht von der dicht besetzten Stelle des Gradienten zu der wenig dicht besetzten.

Zweitens muss die sich bewegende Art – in diesem Falle der Mensch – in der Lage sein, sich sowohl hin- als auch herzubewegen. Da es mehr Menschen in den dicht bevölkerten Gebieten gibt, werden im Mittel mehr Menschen von dort in die dünn bevölkerten Gebiete abwandern als umgekehrt, und das führt zu einer resultierenden Bewegung in Richtung des erwähnten Gradienten.

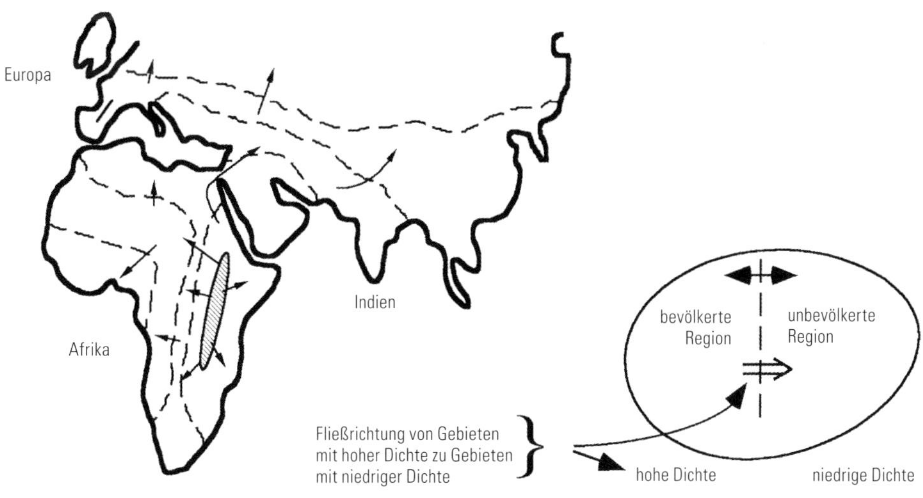

Bild 7.1 Ausbreitung (Diffusion) des frühen Menschen von Ostafrika aus.

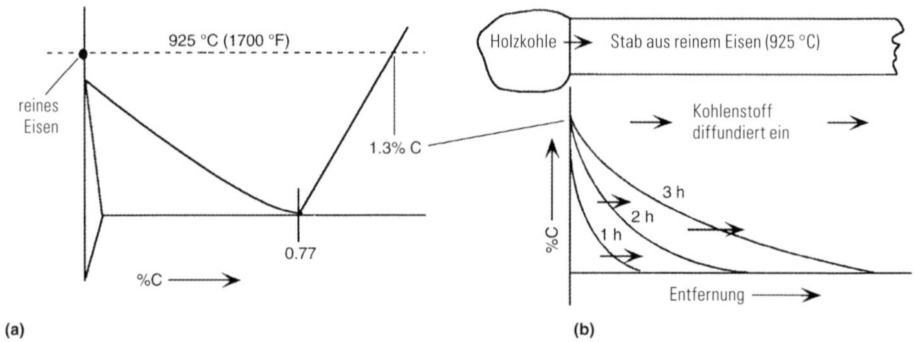

Bild 7.2 (a) Das Eisen-Kohlenstoff-Phasendiagramm zeigt, dass Eisen bei 925°C bis zu 1,3% Kohlenstoff lösen kann.
Bild 7.2 (b) Kohlenstoffdiffusion in reinem Eisen. Wenn der Kohlenstoff in dem Stab in Gebiete ohne Kohlenstoff wandert, wird stetig weiterer Kohlenstoff von der Holzkohle an der Oberfläche absorbiert.

Betrachten wir nun das in Bild 7.2 gezeigte Experiment. Das Ende eines Stabs aus reinem Eisen wird in Holzkohle eingesetzt und in einem Ofen auf 925°C aufgeheizt. Bei dieser Temperatur ist das Eisen austenitisch und gemäß Phasendiagramm in der Lage, etwa 1,3% Kohlenstoff zu lösen. Da der Stab aus reinem Eisen besteht, enthält er praktisch keinen Kohlenstoff, wohingegen der Kohlenstoffgehalt an seiner Oberfläche nahezu 100% beträgt. Daher wird erwartet, dass Kohlenstoffatome durch den Mechanismus der Diffusion in den Stab aus reinem Eisen hineinwandern, wenn sie schnell genug hin und zurück springen können.

Man beachte, dass gemäß dem Periodensystem der Elemente (auf den hinteren Seiten dieses Buches) das Atomgewicht des Kohlenstoffs viel kleiner als das des Eisenatoms ist, nämlich nur 12 verglichen mit 26. Das bedeutet, dass das Kohlenstoffatom ein viel kleineres Atom ist als das Eisenatom. Hauptsächlich aus diesem Grund befinden sich die im Austenit gelösten Kohlenstoffatome in den Lücken zwischen den Eisenatomen.

Bild 3.2 zeigt die Eisenatome als Kugeln an den Ecken und in den Flächenmitten eines Würfels, in kubisch-flächenzentrierter Anordnung. Diese Anordnung stellt die Kristallstruktur der Austenitkörner dar. Die kleinen offenen Kreise markieren die Mittelpunkte der Lücken zwischen den Eisenatomen. Wenn ein Kohlenstoffatom wandern will, muss es von einer Lücke zwi-

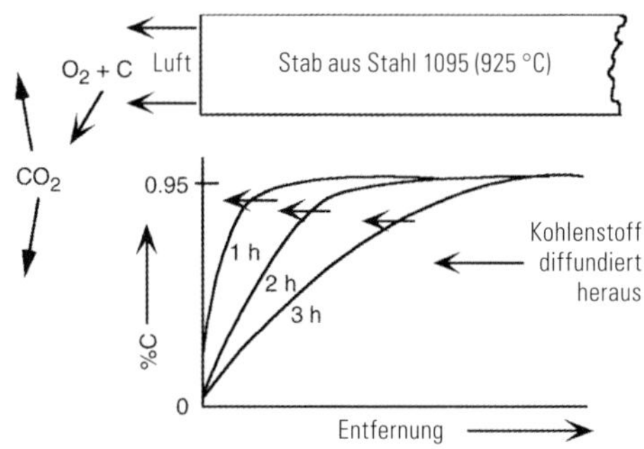

Bild 7.3 Entkohlung entfernt Kohlenstoff aus einem Stab aus 1095er Stahl durch Diffusion. Durch eine Oberflächenreaktion zwischen Stahl und Sauerstoff bildet sich CO_2. Dadurch wird Kohlenstoff aus der Oberfläche entfernt. Kohlenstoffatome wandern aus dem Inneren des Stabs in die an Kohlenstoff verarmte Oberfläche nach.

schen den großen Eisenatomen in die nächste springen. Diese Lücke heißt auch *Zwischengitterplatz*. Die mit der Temperaturerhöhung eingebrachte Wärmeenergie führt zu einer Wechselbewegung der Atome, deren Ausmaß mit höherer Temperatur steigt. Damit steigt auch die Wahrscheinlichkeit, dass ein bestimmtes Atom auf einen nahegelegenen Zwischengitterplatz springt.

Experimente belegen folgenden Sachverhalt: Bei Raumtemperatur benötigt ein Kohlenstoffatom in Austenit Jahre (!), um zum nächsten Platz zu springen, aber das ändert sich dramatisch, wenn die Temperatur erhöht wird. Bei 925°C springt ein Kohlenstoffatom in einem Austenitkorn zwischen zwei benachbarten Lücken des kfz-Gitters unvorstellbar schnell hin und her: etwa 1,8 Milliarden Mal pro Sekunde!

Daher tritt Diffusion der Kohlenstoffatome aus dem Graphit in das reine Eisen mit einer Geschwindigkeit auf, die deutlich von der Temperatur abhängig ist. Bei 925°C ist es möglich, Kohlenstoffatome schnell in das reine Eisen diffundieren zu lassen. Der Kohlenstoffgehalt steigt an der Trennfläche zur Holzkohle auf den maximal möglichen Gehalt in Austenit an, nämlich 1,3%. Wie in Bild 7.2 dargestellt, diffundiert im Laufe der Zeit immer mehr Kohlenstoff ins Innere.

Im Falle des Systems Eisen-Kohlenstoff sind auch die beiden Grundvoraussetzungen für Diffusion erfüllt:

1. Die Kohlenstoffatome haben eine hohe Beweglichkeit (sie können schnelle Platzwechsel vollführen).
2. Die Kohlenstoffatome bewegen sich von den Gebieten mit hoher C-Konzentration links zu denen mit niedriger Konzentration auf der rechten Seite hin. Hier verläuft der Strom entlang des Konzentrationsgradienten, ähnlich wie bei dem Gradienten der Bevölkerungsdichte.

Bild 7.3 zeigt, dass es auch möglich ist, durch Diffusionsprozesse Kohlenstoffatome aus dem Stahl zu entfernen. Das Bild zeigt einen Stab aus dem Stahl 1095, der auf 925°C aufgeheizt ist und bei dem nur ein freies Ende der Luft ausgesetzt ist. Der Luftsauerstoff reagiert mit dem Kohlenstoff an der Oberfläche und bildet gasförmige Moleküle aus Kohlendioxid (CO_2). Dieses entweicht an der Oberfläche und entfernt Kohlenstoff aus dem linken Ende des Stahlstabs.

Das führt zu einer Abnahme des Kohlenstoffgehalts an der linken Seite des Stabs. Mit der Diffusion aus dem Stahl wird der Kohlenstoffgehalt des Stahls reduziert. Diesen Vorgang nennt man Entkohlung. Er stellt manchmal ein großes Problem dar, wenn Stähle in Luft erhitzt werden. Um dieses Problem zu vermeiden, muss man die Zusammensetzung des Gases kontrollieren, das bei der Aufheizung den Stahl umströmt. Entsprechende Verfahren werden wir später kennenlernen.

Die Diffusionsgeschwindigkeit wird beschrieben durch einen Parameter D, den Diffusionskoeffizienten. In guter Näherung lässt sich die Zeit, die ein Kohlenstoffatom für eine Diffusion über eine Strecke der Länge d braucht, berechnen durch die Division des Quadrats von d durch das Sechsfache des Diffusionskoeffizienten D:

$$\text{Zeit (s)} = \frac{d \times d}{6 \times D}$$

(Gleichung 7.1)

Die für D einzusetzenden Einheiten sind hier Mikrometer zum Quadrat pro Sekun-

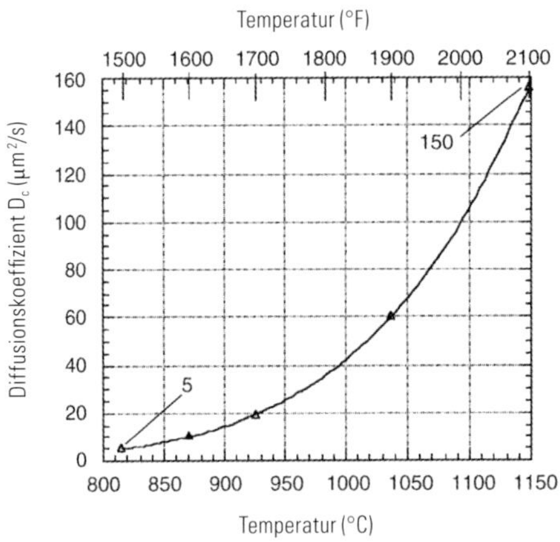

Bild 7.4 Temperaturabhängigkeit des Diffusionskoeffizienten vom Kohlenstoff in Austenit.

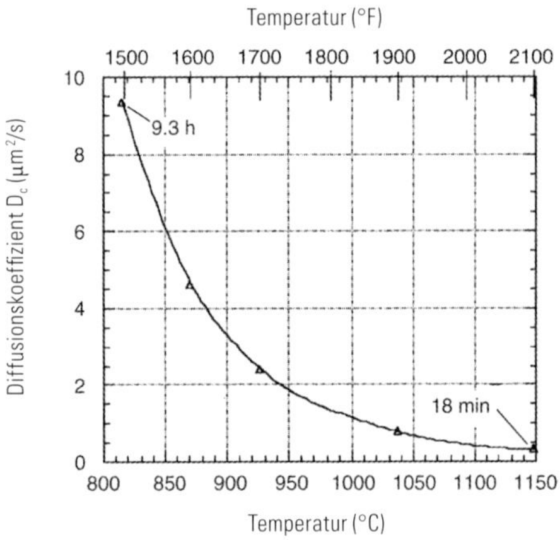

Bild 7.5 Temperaturabhängigkeit der Zeit, die ein Kohlenstoffatom benötigt, um durch Diffusion im Austenit eine Strecke von 1 mm zurückzulegen.

de (μm²/s). Um die Zeit in Sekunden zu erhalten, muss man die Strecke d zuerst in Mikrometer umrechnen, dann quadrieren und anschließend durch 6D dividieren.

Um die sehr starke Temperaturabhängigkeit der Diffusion zu verdeutlichen, dienen die Diagramme in den Bildern 7.4 und 7.5. Bild 7.4 gibt wieder, wie stark sich der Diffusionskoeffizient des Kohlenstoffs in Austenit, D_c genannt, ändert, wenn man die Temperatur von 820 auf 1150°C erhöht. Diese Temperaturerhöhung von 330°C führt zu einem Anstieg von D_c von etwa 5 auf 150 μm²/s. Das entspricht einem Faktor von 30 (oder 2900% – eine extrem große Änderung!).

Bild 7.5 zeigt unter Anwendung von Gleichung 7.1, wie lange ein Kohlenstoffatom braucht, um durch Diffusion eine Strecke von 1 mm im Austenit zu überwinden. Der Temperatureinfluss ist dabei enorm, denn die Zeit fällt von einem Wert von 9,3 Stunden bei 816°C auf nur 18 Minuten bei 1150°C ab. Die meisten Wärmebehandlungen spielen sich zwischen 815°C und 870°C ab, während die meisten Schmiedeprozesse im Bereich zwischen 1090°C und 1200°C stattfinden.

Zusätzlich zu der sehr ausgeprägten Abhängigkeit von der Temperatur ist überraschenderweise die Zeit der Diffusion über eine Strecke d abhängig von der Länge des Diffusionswegs. Die Gleichung 7.1 zeigt: Wenn die Strecke d auf die Hälfte der ursprünglichen Größe abnimmt, nimmt die Zeit um ein Viertel ab, und bei Reduktion auf ein Viertel ist der Faktor 1/16. Daher beträgt beim Schmieden bei einer Temperatur von 1150°C die Diffusionszeit eines Kohlenstoffatoms für einen Weg von 0,25 Millimetern etwa 18/16 einer Minute, oder etwa annähernd eine Minute, im Vergleich zu den 18 Minuten für einen Weg von einem Millimeter.

Ein hinreichendes Verständnis der Diffusionsvorgänge ist wichtig für die Herstellung von Messerklingen aus Stahl. Die unterschiedlichen Lagen in einem Schweißdamast haben Abstände in der Größenordnung von 50 bis 100 μm voneinander.

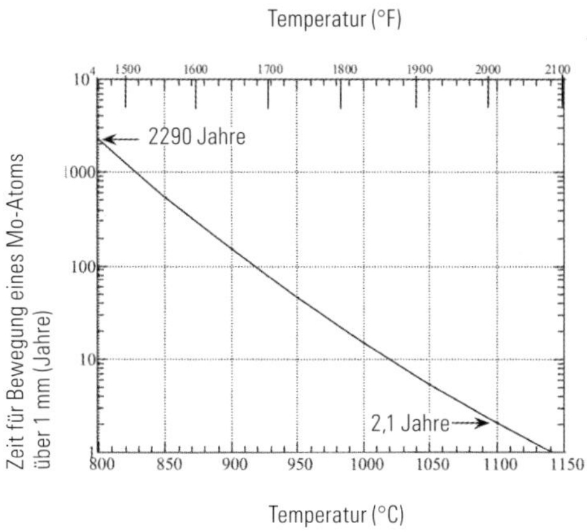

Bild 7.6 Temperaturabhängigkeit der Zeit, die ein Molybdänatom benötigt, um durch Diffusion im Austenit eine Strecke von 1 mm zurückzulegen.

Wenn eine Lage ein hochkohlenstoffhaltiger Stahl ist und die andere einen niedrigen Kohlenstoffgehalt hat, dann geht der Schmied oft davon aus, dass die Klinge später aus wechselnd hochkohlenstoffhaltigen und niedergekohlten Lagen bestehen wird. Doch das muss nicht so sein.

Nehmen wir an, das Schmieden findet bei einer typischen Schmiedetemperatur von 1150°C statt. Bild 7.4 zeigt, dass der Diffusionskoeffizient D den Wert 150 $\mu m^2/s$ hat. Gleichung 7.1 ergibt für die Zeit, die ein Kohlenstoffatom zur Diffusion über eine Strecke von 100 µm benötigt, einen Wert von t = (100 x 100) / (6 x 150) = 11 s. Das zeigt, dass während des Schmiedens der Stahl durch Diffusion homogenisiert wird, so dass beide Lagen den gleichen Kohlenstoffgehalt aufweisen. Mehr zu diesem Sachverhalt ist in Literaturstelle 7.1 zu finden.

Zu beachten ist, dass gemäß dem Periodensystem die Größe der Atome der drei hauptsächlichen Legierungselemente Molybdän, Chrom und Nickel und auch Mangan ungefähr gleich groß ist oder größer als die Atome des Eisens. Das bedeutet, dass es für diese ziemlich schwer ist, im Austenit in Lösung zu gehen, denn die Lücken zwischen den Eisenatomen sind zu klein. Wenn diese Atome sich im Austenit lösen, dann geschieht das dadurch, dass sie Eisenatome an den Ecken oder in der Flächenmitte der kfz-Kristallstruktur ersetzen.

Wie kann nun ein solches Atom im kfz-Austenit diffundieren? Ein Kohlenstoffatom hat es ziemlich leicht mit der Diffusion, denn alles, was es zu tun hat, ist, in eine der noch unbesetzten benachbarten Lücken zwischen den Eisenatomen zu springen, und von solchen Lücken gibt es genug. Ein Legierungselement, das in der Flächenmitte eines bestimmten Würfels sitzt, kann nicht auf einen der Zwischenplätze springen, da diese zu klein sind. Sie können auch im Allgemeinen nicht auf einen der Eckplätze des Würfels in der Nachbarschaft springen, da dort bereits Eisenatome sitzen. Allerdings sind nicht alle diese Plätze besetzt. Wenn an einer Stelle kein Eisenatom sitzt, nennt man diese Stelle eine Leerstelle.

Eine sehr kleine Anzahl von Eckplätzen ist unbesetzt, und diese Zahl wächst sehr schnell, wenn die Temperatur ansteigt. Demzufolge sind die Legierungselemente im Austenit zur Diffusion fähig – durch Platzwechsel zwischen Leerstellen. Die Diffusionsrate wächst schnell mit der Temperatur. Die Diffusionsraten sind jedoch erheblich kleiner als die bei der Kohlenstoffdiffusion.

Die Diffusionskoeffizienten von Mangan und den drei hauptsächlichen Legierungselementen (Molybdän, Chrom und Nickel) im Austenit wurden gemessen. Sie sind Tausende von Millionen Mal kleiner (abhängig von der Temperatur) als der Diffusionskoeffizient des Kohlenstoffs (Literaturstelle 7.2). Wie groß der Unterschied zur Kohlenstoffdiffusion ist, zeigt Bild 7.6. Dort sind die Diffusionszeiten von Molybdänatomen im Austenit zu finden. Die Zeit, die ein Molybdänatom für einen Diffusionsweg von 1 mm bei 820°C und 1150°C benötigt, ist 2600 Jahre beziehungsweise 1,6 Jahre. Wie man Bild 7.5 entnehmen kann, benötigt Kohlenstoff zur Diffusion über 1 mm Weg bei den jeweiligen Temperaturen nur 9,3 Stunden respektive 18 Minuten.

Diese Werte zeigen, dass sich bei der Wärmebehandlung von Stahl Mangan und die drei Hauptlegierungselemente nicht signifikant bewegen, während die Kohlenstoffatome sich sehr wohl fortbewegen. Es ist möglich, die größeren Atome in akzeptablen Zeiten über kurze Strecken diffundieren zu lassen, aber das erfordert die Aufheizung auf sehr hohe Temperaturen, verbunden mit langen Haltezeiten. So wird beispielsweise ein Molybdänatom über eine Strecke von 50 µm diffundieren, wenn man den Austenit bei 1200°C acht Stunden lang hält. Demgegenüber ist die entsprechende Diffusionszeit für ein Kohlenstoffatom bei der gleichen Temperatur nur 1,7 Sekunden.

In der Literaturstelle 7.2 findet sich eine Zusammenstellung der Messung von Diffusionskoeffizienten der wichtigen Legierungselemente in Stahl in graphischer Form. Für jedes Legierungselement können so die Gleichungen für die Temperaturabhängigkeit aufgestellt werden.

Für Chrom: $$D = 1{,}7{*}\exp\left(\frac{-61300}{RT}\right)$$

Für Molybdän: $$D = 1{,}8{*}\exp\left(\frac{-68200}{RT}\right)$$

Für Mangan: $$D = 1{,}1{*}\exp\left(\frac{-68200}{RT}\right)$$

Für Nickel: $$D = 0{,}51{*}\exp\left(\frac{-68200}{RT}\right)$$

Dabei ist R=1,987, die Temperatur T ist in Kelvin angegeben, und die Einheit des Diffusionskoeffizienten ist Quadratzentimeter pro Sekunde (cm^2/s).

Eine gute Näherung für den Diffusionskoeffizienten von Kohlenstoff in Austenit ist $D=0{,}12{*}\exp(-16000/RT)\ cm^2/s$. Mit diesen Gleichungen lässt sich berechnen, um wie viel bei jeder Temperatur der Diffusionskoeffizient des Kohlenstoffs in Austenit größer ist als der der Legierungselemente.

Element	800°C	1000°C	1200°C
Cr	72.400	8.200	1.690
Mo	1.400.000	119.000	16.800
Mn	2.840.000	194.000	27.500
Ni	6.140.000	419.000	59.400

Quelle: Literaturstelle 7.2

Tabelle 7.1 Quotient aus der Größe des Diffusionskoeffizienten des Kohlenstoffs in Austenit und der Diffusionskoeffizienten der vier Haupt-Legierungselemente in Austenit bei drei Temperaturen.

7.1 Aufkohlung und Entkohlung

Die Aufkohlung ist in Bild 7.2 dargestellt. Bei Holzkohle handelt es sich um festen Kohlenstoff. Daher könnte man annehmen, dass die Kohlenstoffatome an der Kontaktstelle zwischen Holzkohle und Eisen aus der Holzkohle in das Eisen hineintransportiert werden. Das ist jedoch nicht der Fall. Verwendet man statt der Holzkohle reines Kohlenstoffpulver, tritt keine Aufkohlung ein. Holzkohle ist ein Verbrennungsprodukt von Holz und enthält Kohlenwasserstoffe, die in die Dampfphase übergehen und dabei ein Gas produzieren, das Kohlenmonoxid (CO) enthält. Die Kohlenstoffatome werden also durch Kohlenmonoxid-Gasmoleküle transportiert.

Betrachten wir ein Stück Stahl, das in einem Holzkohlenfeuer (Esse) erhitzt wird, so wie die Schmiede das seit vielen Jahrhunderten tun. Luft ist ein Gasgemisch mit etwa 20% Sauerstoff (als Sauerstoffmolekül O_2) und 80% Stickstoff (als Stickstoffmolekül N_2).

Wird Luft in die Holzkohle geblasen, verbrennt der Sauerstoff und erhitzt dabei das Feuer. Die Reaktion des O_2 in der Luft mit dem Kohlenstoff in der Holzkohle beschreibt sich wie folgt:

$$2O_2 + 3C \Rightarrow \underset{\text{Kohlendioxid}}{CO_2} + \underset{\text{Kohlenmonoxid}}{2CO}$$

(Gleichung 7.2)

Die durch Gleichung 7.2 beschriebene chemische Reaktion besteht darin, dass zwei Sauerstoffmoleküle mit drei Atomen Kohlenstoff reagieren und dabei zwei verschiedene Gase bilden, nämlich ein Molekül Kohlendioxid und zwei Moleküle Kohlenmonoxid. Der Stickstoff in der Luft reagiert bei der Verbrennung nicht mit. Nach der Reaktion besteht das Gas im Holzkohlenbett immer noch zum größten Teil aus Stickstoff, N_2, nämlich 72%. Die restlichen 28% sind eine Mischung aus CO_2 und CO.

Im Allgemeinen gilt: Überwiegt bei weitem das CO_2, dann wird die Oberfläche des Stahls entkohlt und möglicherweise auch oxidiert. Oxidiert werden bedeutet, dass sich auf der Oberfläche eine Zunderschicht aus Eisenoxid (FeO) bildet. Enthält die Gasmischung jedoch CO im Überschuss, dann kann der Stahl aufkohlen, und es ist sogar möglich, dass sich Zementit oder auch Graphit an der Oberfläche bildet. Diese Gedanken kann man sich klar machen, indem man folgende chemische Reaktionsgleichung betrachtet:

$$CO_2 + [C]_S \underset{\text{Entkohlung}}{\overset{\text{Aufkohlung}}{\rightleftarrows}} 2CO$$

(Gleichung 7.3)

Das Symbol C_S steht für ein Kohlenstoffatom, das sich im Stahl in Lösung befindet.

Läuft die Reaktion von links nach rechts ab (in Richtung Entkohlung), so ergibt Gleichung 7.3, dass ein Molekül Kohlendioxid mit einem gelösten C-Atom im Stahl an der Oberfläche reagiert und dabei zwei Moleküle Kohlenmonoxid erzeugt. Diese Kohlenmonoxidmoleküle entweichen, und das Ergebnis ist eine Entkohlung – eine Entfernung eines Kohlenstoffatoms aus der Stahloberfläche.

Verläuft die Reaktion in Gegenrichtung (Aufkohlung), dann folgt aus Gleichung 7.3, dass zwei Moleküle Kohlenmonoxid an der Stahloberfläche zerfallen und dabei ein CO_2-Molekül erzeugen, das dann entweicht. Daher bestimmt der relative Anteil von CO bezogen auf CO_2 in dem Gas, ob der Stahl aufgekohlt, entkohlt oder verzundert wird. Erhöht sich der CO_2-Anteil, verschiebt sich die Reaktion mehr nach rechts, wodurch die Wahrscheinlichkeit der Entkohlung und Verzunderung ansteigt.

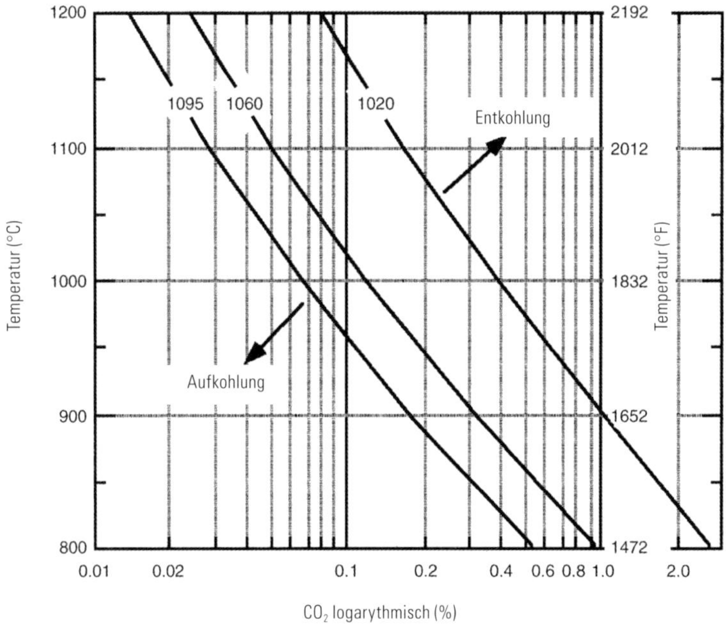

Bild 7.7 Der prozentuale Gehalt an CO_2, oberhalb dessen Entkohlung auftritt und unterhalb dessen Aufkohlung auftritt am Beispiel dreier Stähle, nämlich 1095, 1060 und 1020.

Der „Thermodynamik" genannte Zweig der Wissenschaft entwickelte sich zu Ende des 19. Jahrhunderts und liefert die Werkzeuge zur Berechnung des wirklich notwendigen CO_2-Gehalts, der zur Durchführung der Entkohlung notwendig ist. Die Berechnungen erfordern die Messung von sogenannten Gleichgewichtskonstanten von Reaktionen und Aktivitätskoeffizienten der Legierungselemente in Stahl.

Diese Messungen wurden zugrunde gelegt bei der Erstellung des Bilds 7.7 für die drei Stahlsorten 1020, 1060 und 1095. Dabei gilt die Annahme, dass jeweils noch 0,75% Mangan enthalten sind. Das Bild ermöglicht die Vorhersage des Volumenanteils an CO_2, der bei diesen Stählen nötig ist, um Entkohlung oder Aufkohlung zu erreichen.

Nehmen wir an, ein Stahl 1095 wird auf 1000°C aufgeheizt. In Bild 7.7 schneidet die Kurve des Stahls 1095 die 1000°C-Linie bei ungefähr 0,068% CO_2. Daher tritt bei dem Stahl 1095 Aufkohlung ein, wenn der CO_2-Gehalt des umgebenden Gases unterhalb von 0,068% liegt. Liegt der Gehalt darüber, tritt Entkohlung ein. Ist der Kohlendioxidgehalt des Gases genau 0,068%, dann wird an der Oberfläche weder Kohlenstoff hinzugefügt noch entnommen.

Eine Gaszusammensetzung, die bei gegebener Temperatur weder aufkohlt noch entkohlt, nennt man *neutrales Gas*. In diesem Beispiel ist der Gehalt von 0,068% CO_2 die neutrale CO_2-Zusammensetzung für einen 1095er Stahl bei 1000°C. Bild 7.7 zeigt, dass die neutrale CO_2-Zusammensetzung mit abnehmendem Kohlenstoffgehalt des Stahls ansteigt. Und zwar von 0,068% CO_2-Gehalt für einen Stahl mit 0,95% Kohlenstoff (1095) auf 0,4% CO_2 für einen Stahl mit 0,2%C (1020) bei 1000°C. Bei allen Stählen wird sich, wenn der CO_2-Gehalt die neutrale Gaszusammensetzung in großem Maße übersteigt, eine Zunderschicht aus FeO auf der Stahloberfläche bilden. Die Kurve für die Zunderbildung liegt sehr weit rechts in dem Diagramm von Bild 7.7, nämlich bei etwa 5% CO_2 (bei 1000°C).

In den USA benutzen Härtereien ein Gas, das *endothermes Gas* (kurz Endogas) genannt wird, zur Kontrolle des CO_2-Gehalts in Öfen. So können entweder neutrale oder aufkohlende Gase für die Wärmebehandlung oder Aufkohlung von Stählen eingestellt werden. Das Gas entsteht bei der Verbrennung von Naturgas (Methan, CH_4) in einem sehr heißen katalytischen Konverter. Das Endogas enthält grob 40 Volumenprozent Wasserstoff (H_2) und 40 Volumenprozent Stickstoff (N_2), der Rest ist ein Gemisch aus CO und CO_2.

Die Kurven in Bild 7.7 dienen der Anwendung dieses Gases. Der CO_2-Gehalt des Gases wird kontrolliert durch das Verhältnis von Luft zu Naturgas bei der Zufuhr zum Gasgenerator. So ist ein Wechsel vom neutralen Gas für Wärmebehandlungen zu einem aufkohlenden Gas beim Aufkohlen möglich.

Der Wasserstoff führt zu zwei Dingen: Erstens macht er das Gas bei niedrigen Temperaturen explosiv, so dass man beim Gebrauch extrem vorsichtig sein muss. Zweitens erhöht er die Transportgeschwindigkeit des Kohlenstoffs zur Grenzoberfläche am Stahl, so dass höhere Aufkohlungsgeschwindigkeiten erreicht werden.

Viele Schmiede benutzen Öfen, die durch Verbrennung eines Gemischs von Naturgas oder Propan mit Luft betrieben werden. Sowohl Naturgas (CH_4) als auch Propan (C_3H_8) sind Kohlenwasserstoffe, die Wasserstoff und Kohlenstoff enthalten. Verbrennung an der Luft führt zu Gasgemischen aus CO, CO_2 und H_2. Die Konzentration des CO_2-Gehalts im Verbrennungsgas entscheidet darüber, ob Entkohlung eintritt oder nicht, oder ob sich beim Aufheizen des Stahls Zunder bildet. Eine zuverlässige Auslegung der Verbrennungskammer in Kombination mit einer Kontrolleinheit für das Verhältnis Luft/Gas kann diese Probleme vermeiden.

Obwohl heute die meisten Schmiede gasbetriebene Öfen (Essen) verwenden, benutzen einige immer noch die traditionellen Essen alten Stils, die ihre Hitze dadurch erzielen, dass Luft durch ein Bett aus heißer Holzkohle strömt. In einer Holzkohlenesse wird das Verhältnis CO_2/CO durch die Luftmenge kontrolliert, die durch das heiße Bett strömt. Hoher Luftdurchsatz führt zu höheren Temperaturen, aber auch zu höheren Verhältnissen von CO_2/CO, was zu Entkohlung oder gar Oxidation des Stahls führen kann. Geringer Luftdurchsatz erniedrigt die Temperatur, kann jedoch Eisen und Stahl aufkohlen. Diese Tatsachen erklären, warum zu früheren Zeiten nur erfahrene Schmiede in der Lage waren, Rennfeuereisen reproduzierbar so aufzukohlen, dass feste Stähle entstanden.

Die Kernaussagen in Kapitel 7:

1. *Diffusion* ist ein Prozess, der es Kohlenstoffatomen ermöglicht, in festes Eisen hineinzuwandern. Ein Kohlenstoffatom löst sich in Eisen, indem es sich in die Lücken (Zwischengitterplätze) zwi-

schen den viel größeren Eisenatomen begibt. Wenn die Temperatur ansteigt, beginnen die Kohlenstoffatome so stark zu schwingen, dass sie oft in die nächste unbesetzte Lücke springen. Die Folge ist eine resultierende Wanderung von Kohlenstoffatomen in Richtung geringerer Konzentration. Somit bewirkt Diffusion eine Wanderung von Atomen aus Gebieten, wo sie reichlich vorhanden sind, in Gebiete, in denen sie in geringerem Maße auftreten.

2. Jedes Fremdatom, das im Stahl gelöst ist, kann sich durch Diffusion fortbewegen. Die Wanderungsrichtung ist dabei immer von hohen Fremdatomkonzentrationen zu niedrigeren gerichtet. Bringt man Holzkohle in Kontakt mit einem Eisenstab und erhitzt diesen dann, so werden Kohlenstoffatome aus der Holzkohle in den Eisenstab hineindiffundieren, von Gebieten mit hoher Kohlenstoffkonzentration zu Gebieten mit geringer Konzentration. In ähnlicher Weise werden Kohlenstoffatome aus der Oberfläche eines an Luft erhitzten Stahlstabs herausgelöst durch Oxidation. Daraus entstehen dann CO_2-Moleküle. Die Kohlenstoffkonzentration an der Oberfläche sinkt weiter ab, und mehr Kohlenstoffatome wandern zur Oberfläche hin, um dort auch wieder entfernt zu werden. So entsteht eine oberflächennahe entkohlte Zone.
3. Die Diffusionsrate ist charakterisiert durch eine Zahl, die *Diffusionskoeffizient* (D) heißt. Unter Benutzung der Gleichung 7.1 ist es möglich, abzuschätzen, wie lange es dauert, bis ein Atom eine beliebige Strecke d durch Diffusion zurückgelegt hat.
4. Diffusionsraten sind sehr stark temperaturabhängig. Durch Experimente wurde ermittelt, um wie viel sich der Diffusionskoeffizient D erhöht, wenn die Temperatur gesteigert wird. Für die Überwindung des Abstands zwischen den Lagen in einer Klinge aus Schweißdamast (etwa 100 µm) benötigt ein Kohlenstoffatom bei der Schmiedetemperatur von 1150°C nur 11 Sekunden.
5. Die wichtigen Legierungselemente in Stahl, nämlich Chrom, Molybdän und Nickel, und auch das in Stählen stets vorhandene Mangan haben Atomdurchmesser, die denen von Eisen sehr ähnlich sind. Ihre Größe verhindert, dass sie die kleinen Zwischengitterplätze im Verbund der Atome des festen Eisens einnehmen. Daher ist es für diese Elemente sehr schwierig, durch Diffusion im Stahl zu wandern. Das spiegelt sich auch in ihren viel geringeren Diffusionskoeffizienten wieder. Ein Molybdänatom braucht 2600 Jahre, um in Austenit bei 815°C einen Millimeter weit zu wandern, ein Kohlenstoffatom nur 9,3 Stunden.
6. Der große Unterschied in den Diffusionsgeschwindigkeiten des Kohlenstoffs im Vergleich zu den gebräuchlichen Legierungselementen ist für die Wärmebehandlung von Stählen von hoher Bedeutung. Er erlaubt eine Kohlenstoffbewegung ohne signifikante Änderung der Verteilung der Legierungselemente.
7. Zwei wichtige Prozesse bei der Wärmebehandlung von Stahl, die bei der Diffusion des Kohlenstoffs im Eisen auftreten, sind die *Aufkohlung* und die *Entkohlung*. Zur Aufkohlung ist ein Hinzufügen von Kohlenstoffatomen in der Oberfläche erforderlich, zur Entkohlung eine Entfernung aus der Ober-

fläche eines Stahlwerkstücks. Das Hinzufügen und Herauslösen von Kohlenstoff an der Stahloberfläche wird erreicht durch eine Reaktion, bei der Kohlenmonoxid (CO) und Kohlendioxid (CO_2) auftreten. Wird der Oberfläche bei der Aufkohlung immer mehr Kohlenstoff zugefügt, so wandert dieser in den Stahl hinein. In entsprechender Weise diffundieren Kohlenstoffatome aus dem Inneren des Stahls heraus, sobald Kohlenstoff an der Oberfläche durch Entkohlen entfernt wird.

8. Beim Verbrennen von Holzkohle entsteht ein Gasgemisch aus CO und CO_2. Diese Gase entstehen auch als Reaktionsprodukte in Öfen, die mit Methan (Naturgas) oder Propan betrieben werden. Wenn der Anteil des CO_2 größer ist als etwa 1%, dann wirkt das heiße Gas entkohlend auf den Stahl. Wird jedoch der CO_2-Gehalt entsprechend verringert, wirken die heißen Gase aufkohlend. Es ist möglich, den Gehalt an CO_2 zu berechnen, der zu einem neutral wirkenden Gas führt. Dabei handelt es sich um ein Gas mit einer Zusammensetzung, bei der weder Entkohlung noch Aufkohlung entstehen. Der Gehalt an CO_2 in einem *neutralen Gas* hängt sowohl von der Temperatur ab als auch vom Kohlenstoffgehalt im Stahl.
9. Viele industriell hergestellte Bauteile aus Stahl werden aufgekohlt (zum Beispiel Zahnradzähne oder Achsschenkel). So entstehen nahe der Oberfläche bis zu geringen Tiefen (etwa 1 mm) Zonen höherer Härte. Dazu werden häufig Stähle mit niedrigeren Kohlenstoffgehalten benutzt, wie zum Beispiel 1020 oder 8620. Nach dem Abschrecken und Anlassen liegt an der Oberfläche hochkohlenstoffhaltiger Martensit vor, und im Inneren entweder ein Martensit mit geringem Kohlenstoffgehalt oder ein bainitisch/perlitisches Gefüge. Die hochkohlenstoffhaltige Oberfläche ist wesentlich härter als das Werkstoffinnere mit niedrigem Kohlenstoffgehalt. So lässt sich ein Bauteil herstellen, dass eine sehr harte Oberfläche mit hohem Verschleißwiderstand hat und einen Kern mit hoher Zähigkeit. Der Prozess der Aufkohlung wird eingehender in Kapitel 19 diskutiert.

KAPITEL 8 Beeinflussung der Korngröße durch Wärmebehandlung und Schmieden

Wie bereits im Kapitel 5 angesprochen, ist es wichtig, die Korngröße so klein wie möglich zu halten, um das Zähigkeitsverhalten des Stahls zu verbessern. Umgeformte oder gegossene Stähle bringen eine bestimmte Korngröße von vornherein mit. Diese Korngröße kann in weiten Grenzen durch Wärmebehandlungen oder durch Schmieden variiert werden. Dabei ist es wichtig, die Einflussgrößen zu verstehen.

Man kann die Form und auch einige Eigenschaften von Körnern in Stahl und auch anderen Metallen verblüffend gut mit dem Modell von Seifenblasen behandeln. Ein sehr einfaches Küchenexperiment kann ein Gefühl für die Korngeometrie in Stählen vermitteln: Man gebe auf den Boden eines schlanken klaren Glases einige Tropfen Geschirrspülmittel. Dazu dann soviel Wasser, dass eine Schicht von 3 mm Dicke entsteht. Nach vorsichtigem Umrühren mit einem Strohhalm blase man kräftig durch den Strohhalm, bis das Glas ganz mit Blasen ausgefüllt ist. Die Oberflächenspannungen in dem flüssigen Seifenfilm ähneln sehr den Oberflächenspannungen an den Trennflächen Festkörper-Festkörper der Korngrenzen in Metall. Daher stellen die Gestalt und das Wachstum der Seifenblasen ein gutes Modell für Körner in Metallgefügen dar.

Die „Seifenkörner" sind hervorragend geeignet, dreidimensionale Geometrien von Körnern zu erklären. In Bild 8.1(a) sieht man beispielsweise an der Glaswand unten rechts im Bild ein durch sieben Flächen begrenztes Seifenkorn, deren Seiten von 1 bis 7 durchnummeriert sind. Die Dreidimensionalität dieses Korns ist unter der Glasoberfläche gut zu erkennen.

Gefügeaufnahmen von Körnern, wie zum Beispiel in Bild 1.1 zu sehen, zeigen nur einen zweidimensionalen Schnitt durch das Korn. Die Seifenkörner helfen bei der Veranschaulichung, wie sich diese Körner normalerweise unterhalb der Schnittoberfläche fortsetzen.

Kornwachstum lässt sich auch illustrieren, nämlich indem man die Spitze des Strohhalms in die Mitte des Glases bringt und dann sanft hineinbläst, um die Blase an der Strohhalmspitze zu expandieren. Ein wesentlich angenehmerer Weg, Metallkörner zu simulieren, besteht darin, rasch eine Bierflasche zu leeren, so dass in der Flasche eine Anordnung von Blasen zurückbleibt, wie sie in Bild 8.1(b) gezeigt ist.

8.1 Korngröße

Wie man in dem Blasenmodell von Bild 8.1 sieht, sind Körner irregulär geformte Strukturen. Es ist nicht einfach, ihre Größe in geeigneter Weise zu beschreiben. Im Jahr 1947 hat ASTM International eine heute weit verbreitete Methode entwickelt, um die Korngrößen zu bestimmen und zu beschreiben. Sie wird in Literaturstelle 8.1 beschrieben. Es wird dazu eine *Korngrößenzahl* G definiert, die folgender Gleichung genügt:

$$n = 2^{G-1} \qquad \textit{(Gleichung 8.1)}$$

Löst man nach *G* auf, so erhält man:

$$G = 1 + \frac{\log n}{\log 2} \qquad \textit{(Gleichung 8.2)}$$

ASTM-Zahl	Mittlerer Korndurchmesser [µm]	Bemerkungen
-1	510,0	sehr grob
0	360,0	
1	250,0	grob
2	180,0	
3	125,0	
4	90,0	mittel
5	65,0	
6	45,0	
7	32,0	fein
8	22,0	
9	16,0	
10	11,0	sehr fein
11	8,0	
12	5,6	
13	4,0	ultrafein
14	2,8	
15	2,0	

Tabelle 8.1 ASTM-Korngrößenkennzahlen und mittlerer Korndurchmesser.

Dabei ist *n* definiert als die Anzahl von Körnern pro 645 mm^2 (1 Quadratzoll) einer Gefügeaufnahme mit 100-facher Vergrößerung. Das Bild 1.1 im Kapitel 1 zeigt eine Aufnahme mit dieser Vergrößerung. Durch Auszählen der sichtbaren Körner und Ermittlung der Kreisfläche der Gefügeaufnahme lässt sich mit Hilfe der Gleichung 8.2 die Korngrößenkennzahl G bestimmen.

Da ein großer Anteil der Körner von den Rändern geschnitten wird und daher nicht komplett einfließt, wird sich ein Fehler ergeben. Korrekturen für diese Probleme werden in Literaturstelle 8.1 diskutiert.

Tabelle 8.1 zeigt eine Zusammenstellung der ASTM-Korngrößenkennzahl G und den entsprechenden mittleren Korndurchmesser in Mikrometer (1µm). Die rechte äußere Spalte enthält generelle Richtlinien für die Beurteilung der Korngröße.

Die sehr groben Körner finden sich nur in großen Ingots (Rohblöcken, Rohabgüssen) oder Stählen, die sehr lange nahe ihrem Schmelzpunkt gehalten werden. Die feinsten Korngrößen treten nur in Stählen auf, die speziellen Behandlungen zur Beschränkung des Kornwachstums unterzogen wurden. Einige dieser Verfahren werden später diskutiert.

8.2 Kornwachstum

Wenn Austenit hoch erhitzt wird oder lange auf Temperatur gehalten wird, wächst der mittlere Korndurchmesser. Dieser Prozess vollzieht sich, indem kleine Körner weiter schrumpfen, bis sie verschwunden sind und größere Körner dadurch wachsen. Im Endeffekt entsteht ein Gefüge mit größerem mittlerem Korndurchmesser. Das

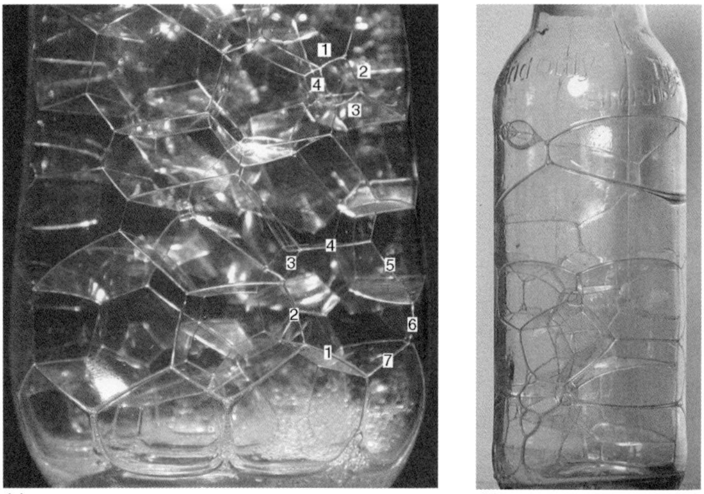

(a) (b)

Bild 8.1 Körner aus Seifenblasen (a) und Bierschaum (b) als Modelle für Körner von Metallen.

Kornwachstum wird verursacht von den Oberflächenspannungen der Trennflächen Austenit-Austenit.

Diesen Prozess kann man veranschaulichen durch die Seifenblasenkörner in Bild 8.1(a), deren Wachstum nach dem gleichen Mechanismus erfolgt. Bild 8.2 zeigt eine Analyse des Kräftegleichgewichts an einem kurzen Stück Korngrenze, das aus einem großen und einem kleinen Korn ausgeschnitten wurde. Die Größe und Richtung der Kraft, die aus der Oberflächenspannung resultiert, ist durch die mit „T“ bezeichneten Pfeile dargestellt. Sie wirkt an beiden Enden des Korngrenzensegments, wie im Bild dargestellt (die Korngrenze verhält sich wie ein Stück gespanntes Gummi, daher muss ein Segment daraus an beiden Enden wirkende Kräfte aufweisen).

Die Kraft infolge der Oberflächenspannung wirkt stets in der Ebene der Korngrenze. Daher führt der geringere Krümmungsradius des großen Korns dazu, dass die T-Kraft stärker in vertikale Richtung weist (Bild 8.2). Der mit T_h bezeichnete Pfeil ist die horizontale Komponente der Kraft. Das ist der in horizontale Richtung wirkende Anteil der Kraft aus der Oberflächenspannung. Zu beachten ist, dass es zwei solcher Kräfte gibt, die an jedem Ende des Kurvenstücks nach rechts wirken.

Bewegungen der Korngrenzen durch diese Kräfte sind bei den Seifenblasen nicht festzustellen, da sie zu langsam sind, um sichtbar zu werden. Das deutet darauf hin, dass die Kraft $2T_h$ nicht ausreicht, um das Korngrenzensegment nach rechts zu verschieben. Der Grund dafür liegt darin, dass sich eine Druckdifferenz über die Korngrenze hinweg entwickelt, und damit eine Kraft, die mit diesen Kräften im Gleichgewicht steht.

Der Luftdruck auf der konkaven (inneren) Seite der Korngrenze sei P_{cc} (cc von „concave“), der auf der konvexen (äußeren) Seite P_{cv} (cv von „convex“). Der Luftdruck auf der konkaven Seite der Korngrenze steigt soweit über den der konvexen Seite an, bis eine Größe erreicht ist, die das Gleichgewicht herstellt mit der nach rechts wirkenden Kraft $2T_h$ infolge der Oberflächenspannung. Dieser Druckanstieg ist vergleichbar mit dem Luftdruck, der zum Aufblasen eines Ballons führt. Er ist höher auf der konkaven Seite des Ballons, also innen.

Druck ist definiert als Kraft pro Fläche. Daher führt die Druckdifferenz P_{cc}-P_{cv} zu einer Kraft pro Fläche, die nach links wirkt. Sie stellt sich so ein, dass die Kraft nach rechts infolge der Oberflächenspannung kompensiert wird. Deshalb ist der Druck auf der konkaven Seite einer gekrümmten Korngrenze immer höher. Im Falle der Seifenblasenkörner führt der erhöhte Innendruck dazu, dass Luftmoleküle durch die Seifenblasenwand auf die konvexe Seite diffundieren, wo ein niedrigerer Druck herrscht. Daher bewegen sich die Korngrenzen der Seifenblasen immer langsam in Richtung der konkaven Seite – in dem Maße, wie sich Luftmoleküle zur konvexen Seite hin bewegen.

Bei kleineren Körnern ist die Kraft $2T_h$ größer. Das bedeutet, dass die kleineren Körner schneller schrumpfen – infolge der größeren Druckdifferenz über ihre Korngrenzen hinweg. Sehr große Körner sind nahezu konvex. Sie neigen immer dazu, durch Kornwachstum ihre Nachbarn aufzuzehren. Man beachte, dass die Fläche 2 in dem beschrifteten siebenflächigen Korn in Bild 8.1(a) konkav ist gegenüber dem auf der linken Seite benachbarten fünfflächigen Korn. Daher hat die Korngrenze 2 die Tendenz, in das fünfflächige Korn hineinzuwachsen. Dabei wird dieses Korn kleiner, und das größere siebenflächige Korn wächst weiter. Das vierflächige, beschriftete Korn rechts oben in Bild 8.1(a) illustriert die konkave Geometrie, die kleinere Körner schrumpfen lässt.

Die gleichen Vorgänge laufen beim Kornwachstum von Austenit ab. Es ist et-

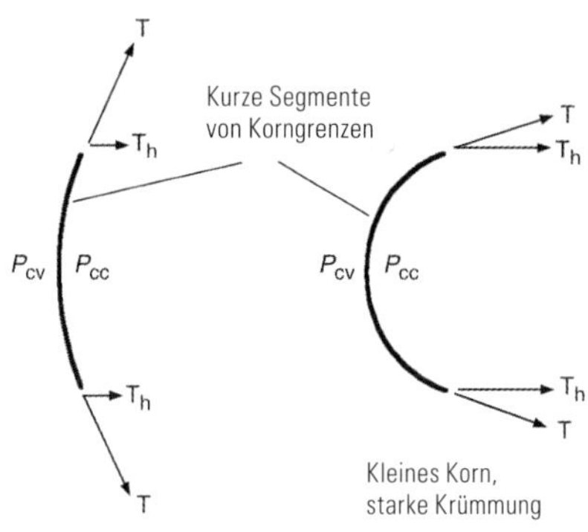

Bild 8.2 Aus der Oberflächenspannung resultierende Kräfte wirken auf Segmente von Korngrenzen und führen zu Druckdifferenzen über die Korngrenzen hinweg.

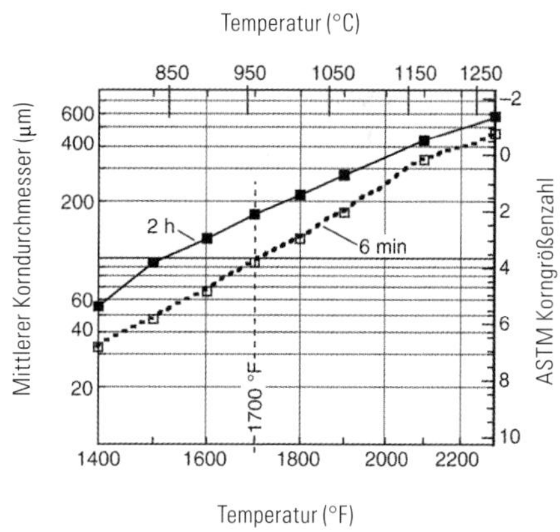

Bild 8.3 Mittlere Korndurchmesser (bzw. ASTM-Korngröße) als Funktion der Austenitisierungstemperatur von 1060er Stahl bei Austenitisierungszeiten von 6 Minuten und 2 Stunden.
Quelle: Literaturstelle 8.2

was ungewöhnlich, von Druck innerhalb von Festkörpern zu reden, aber die Analogie trifft voll zu. Die höheren Drücke auf den konkaven Seiten der Austenitkorngrenzen veranlassen die Eisenatome dazu, sich über die Korngrenzen hinwegzubewegen – von der konkaven auf die konvexe Seite. Dabei lassen sie große Körner auf Kosten der kleinen wachsen.

Diese Bewegung der Eisenatome vollzieht sich durch Sprünge ähnlich der Diffusion von Fremdatomen, wie in Kapitel 7 beschrieben. Wie die Diffusion ist auch das Kornwachstum sehr stark von der Temperatur abhängig und läuft bei höherer Temperatur schneller ab, da die thermische Energie größere Schwingungen der Atome ermöglicht. Das Austenitkornwachstum ist auch stark abhängig von der Austenitisierungstemperatur. Daher ist es wichtig, nie bei Temperaturen zu austenitisieren, die höher liegen als die Werte, die zur Homogenisierung des Austenits notwendig sind.

Bild 8.3 zeigt Daten zur Austenitkorngröße eines 1060er Stahls, der bei unterschiedlichen Austenitisierungstemperaturen jeweils sechs Minuten und zwei Stunden gehalten wurde. Man beachte, dass bei dem sechs Minuten gehaltenen Stahl die Temperaturerhöhung von 760 auf 930°C fast eine Verdreifachung der Korngröße zur Folge hat, nämlich von 33 auf 94 µm.

Wie die meisten geschwindigkeits- und zeitabhängigen metallurgischen Prozesse ist auch das Kornwachstum empfindlicher gegenüber der Temperatur als gegenüber der Zeit. Erhöht man zum Beispiel die Haltezeit beim Austenitisieren bei 930°C von sechs Minuten auf 120 Minuten, also um den Faktor 20, erhöht sich die Korngröße von 94 auf 174 µm, also nur um den Faktor 1,85.

8.3 Kornneubildung durch Phasenumwandlung

Zur Vereinfachung betrachten wir zunächst einen perlitischen Stahl. Bei Raumtemperatur hat dieser Perlit eine bestimmte mittlere Korngröße. Wird er über A_{c1} erhitzt, beginnt die Bildung von Austenitkörnern. Die neuen Austenitkörner entstehen an den ehemaligen Perlitkorngrenzen, wie schematisch in Bild 8.4 veranschaulicht. Nach kurzer Zeit werden alle alten Perlitkörner ersetzt durch ein neues Gefüge aus Austenitkörnern. Die neuen Austenitkörner sind in dem Moment am kleinsten, an dem aller Perlit aufgezehrt ist, und bevor merkliches Kornwachstum eintritt wegen steigender Temperaturen und fortlaufender Zeit.

Zwei Faktoren beeinflussen die Bildung von kleinstmöglichem anfänglichem Austenitkorn:

- Schnellere Aufheizgeschwindigkeiten erhöhen die Umwandlungsgeschwindigkeit von Perlit zu Austenit und führen dazu, dass die Entstehungsorte der Austenitkörner näher beisammen liegen, und das führt zu kleinen Korndurchmessern.
- Kleineres perlitisches Ausgangskorn führt zu kleineren Austenitkörnern.

Kühlt man den Austenit unter A_{r1} ab, entsteht ein neues Perlitgefüge. Dabei bestimmen genau die gleichen Faktoren – Umwandlungsgeschwindigkeit und Größe des alten Ausgangskorns – die Korngröße im neuen Gefüge. Durch einfaches Aufheizen und Abkühlen um die Umwandlungstemperatur herum bringt man drei unterschiedliche Gefüge ins Spiel

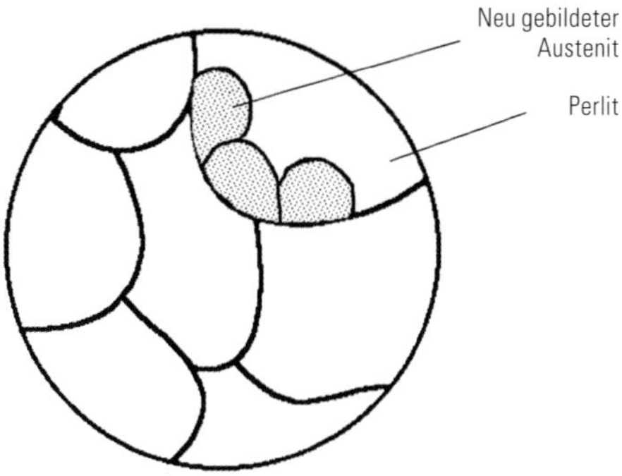

Bild 8.4 Die Bildung von drei neuen Austenitkörnern an einer ehemaligen Perlitkorngrenze.

(ursprünglicher Perlit, Austenit, neuer Perlit).

Wenn man hypoeutektoide Stähle betrachtet, so gelten die gleichen Prinzipien, nur muss man hier zur vollständigen Austenitisierung die A_{c3}-Temperatur überschreiten. Eine einfache Methode, das Korn eines ferritisch-perlitischen Stahls zu verfeinern, besteht darin, ihn in das Austenitgebiet hinein zu erwärmen, dort die maximale Temperatur so niedrig wie möglich zu halten (bei möglichst kurzen Haltezeiten), und dann so schnell wie möglich auf Raumtemperatur abzukühlen, ohne dabei Bainit zu erzeugen (es sei denn, Bainitbildung ist erwünscht). Da sich eine kleine Anfangskorngröße günstig auf die Endkorngröße auswirkt, führt wiederholtes Anwenden dieses Zyklus zu feinem Korn.

	ASTM-Korngröße	
Stahl	**Ausgangszustand**	**Nach 3 Zyklen**
1045 (C-Stahl, 0,45% C)	9,0	14
1086 (C-Stahl, 0,86% C)	11,0	15
5150 (Cr-legiert, 0,5% C)	8,5	14

Tabelle 8.2 ASTM-Korngrößen von Austenit vor und nach der Wärmebehandlung in drei Zyklen.

Will man durch die Wärmebehandlung Martensit erzeugen, so profitiert die Zähigkeit ebenfalls durch Einstellen eines feinkörnigen Austenits, denn es ergibt sich eine feinere Latten- oder Plattenstruktur im Martensit. Wieder gelten die gleichen Regeln. Schnelles Aufheizen und wiederholte Aufheiz- und Abkühlbehandlungen führen zu feineren Martensitgefügen.

Grange (Literaturstelle 8.3) hat den günstigen Einfluss von feinkörnigem Austenit auf die mechanischen Eigenschaften des Stahls 8640 (deutsche Werkstoffnummer 1.6546) gezeigt. Es wurden Korngrößen im ultrafeinen Bereich (ASTM-Nummern 13 bis 15) eingestellt durch einen Prozess mit vier Zyklen, bei dem der Stahl im Bleibad austenitisiert und zehn Sekunden gehalten wurde, dann abgekühlt und nach Kaltverformung wieder dem Zyklus unterworfen wurde.

Es wurde auch eine Serie ähnlicher Experimente an drei Stählen durchgeführt, um die Wirksamkeit einer rein thermischen Behandlung zu ermitteln. Dabei wurde keine Kaltverformung eingesetzt. Die Stähle wurden im Salzbad erhitzt. Zu Anfang wurden sie 15 Minuten bei 900°C austenitisiert und im rasch bewegten Ölbad abgeschreckt. Dann wurden die Stähle drei thermischen Zyklen unterworfen, die jeweils aus einer vier Minuten dauernden Austenitisierung bei 790°C im Salzbad mit anschließendem Abschrecken im rasch bewegten Ölbad bestanden.

Die Korngrößen wurden nach der gleichen Methode bestimmt, die Grange (Literaturstelle 8.3) beschrieben hat. Die ASTM-Zahlen vor und nach der zyklischen Wärmebehandlung sind in der Tabelle 8.2

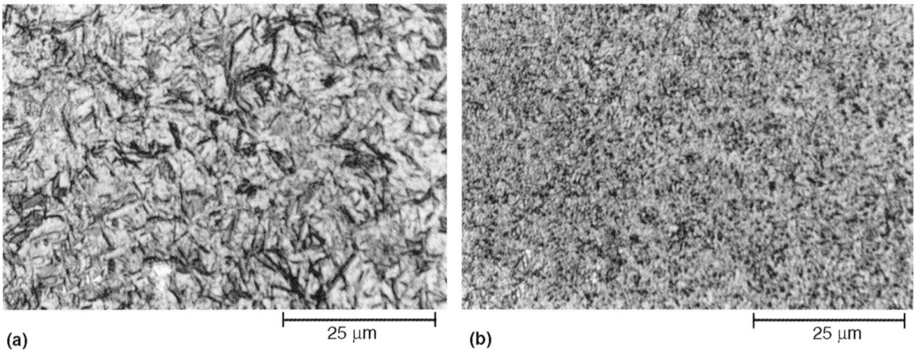

Bild 8.5 Zyklische Wärmebehandlung führt zu feineren Martensitstrukturen bei einem 1086er Stahl.
(a) Probe ohne zyklische Wärmebehandlung (Korngröße: ASTM No. 11).
(b) Probe nach zyklischer Wärmebehandlung (Korngröße: ASTM No. 15). Originalvergrößerung 800-fach.

dargestellt. Sie zeigen, dass ultrafeines Korn erzeugt wurde.

Bild 8.5 gibt die Gefügeaufnahmen des Martensits des Stahls 1086 wieder, für den Ausgangszustand und für den Zustand nach der zyklischen Wärmebehandlung. Die Zusammensetzung des Stahls sollte eine Mischung aus Latten- und Plattenmartensit erwarten lassen. In dem grobkörnigeren Ausgangszustand (Bild 8.5(a)) sieht man dunkle Platten in einer Matrix aus Lattenmartensit. Wird durch zyklische Wärmebehandlung ein feinerer Austenit erzeugt (Bild 8.5(b)), ist die resultierende martensitische Struktur auch feiner, und die Platten sind nicht einfach zu erkennen.

8.4 Kornneubildung durch Rekristallisation

Wird ein Metall plastisch verformt, so erzeugt das Fließen des Werkstoffs Defekte in der Kristallstruktur. Diese Defekte heißen *Versetzungen*. Es handelt sich dabei um mit Atomen besetzte Ebenen, die gegenüber ihrer alten Position in der Einheitszelle vor der Verformung verschoben sind. Dadurch erhöht sich an den Orten der Defekte die Energie des Kristalls. Das wiederum bedeutet, dass in den Kristallen Energie in Form von Defekten gespeichert wird, während der Werkstoff zum plastischen Fließen gebracht wird. Mehr Fließen führt zu höherer Fehlerdichte und höherer gespeicherter Energie.

Wird ein Metall durch Schmieden oder Walzen plastisch verformt, dann richten sich die Körner nach der Fließrichtung des Werkstoffs aus und nehmen eine längliche Form an. Bild 8.6(a) zeigt gelängte Körner in einem 1010er Stahl nach 90-prozentigem Kaltwalzen. Die Bezeichnung „90-prozentiges Kaltwalzen“ bedeutet, dass der Querschnitt des Metalls durch mechanische Deformation bei Raumtemperatur um 90% verringert wurde. Beim Walzen verringert sich die Breite der Bramme nur wenig, daher ist eine 90-prozentige Querschnittsreduktion gleichbedeutend mit einer 90-prozentigen Dickenabnahme.

Diese ausgelängten Körner besitzen eine hohe Versetzungsdichte. Beim Erhitzen bildet sich ein neues Gefüge mit gerin-

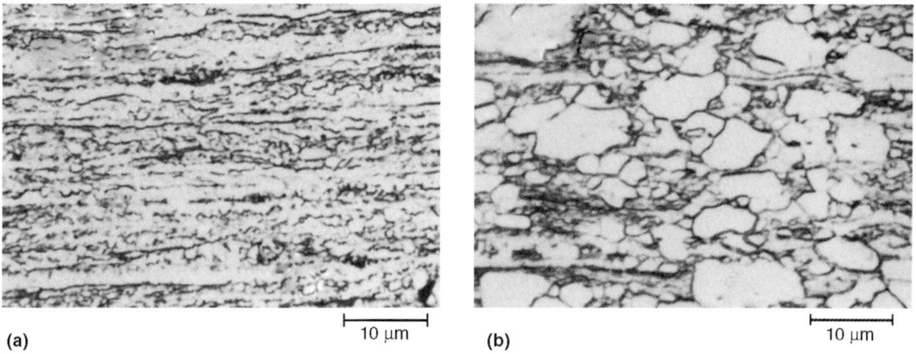

Bild 8.6 Die Rekristallisation schreitet proportional zur Zeit fort, wie hier am Beispiel eines 1010er Stahls nach 90% Kaltwalzen und Glühen bei 550°C.
(a) nach 2 min zu 10% rekristallisiert, (b) nach 15 min zu 80% rekristallisiert. Quelle: Literaturstelle 8.4

gerer Versetzungsdichte, da die Wärmebehandlung den Atomen in den Körnern erlaubt, sich in den angestrebten niedrigeren Energiezustand zu begeben. Bild 8.6(b) zeigt das neue Gefüge nach 80% Neubildung, während Bild 8.6(a) das neue Gefüge nach etwa 10% Neubildung zeigt. Die Bildung eines solchen neuen Gefüges mit Körnern von geringer Fehlstellendichte heißt *Rekristallisation.* Die neuen Körner sind alle individuelle Kristalle, und der Name weist auf den Gedanken hin, dass sich eine alte Kristallkonfiguration (die verformten Körner) in eine neue Konfiguration umwandelt.

Bei Metallen wie Stahl ist es möglich, neue Kornkonfigurationen nach zwei unterschiedlichen Methoden zu erzeugen: durch Aufheizen mit Phasenumwandlung, oder durch Umformung und Aufheizung zur Herbeiführung von Rekristallisation. Die erste Methode funktioniert bei Stahl wegen der Änderung der Kristallstruktur im Eisen von kubisch-raumzentriert (krz) nach kubisch-flächenzentriert (kfz) bei der Austenitisierungstemperatur. In Kupferlegierungen und Aluminiumlegierungen existiert normalerweise keine Übergangstemperatur des Typs A, denn diese Metalle behalten ihre kfz-Struktur von der Raumtemperatur bis zum Schmelzpunkt bei. Daher stellt die Rekristallisation bei diesen Metallen die einzige Möglichkeit der Kornneubildung dar.

Damit Rekristallisation eintritt, muss das kaltverformte Metall auf eine Temperatur gebracht werden, die man die *Rekristallisationstemperatur* nennt. Die Rekristallisationstemperatur hängt von der Höhe der vorausgegangenen Kaltverformung ab. Ein höheres Maß an Kaltverformung erhöht die Fehlstellendichte und erniedrigt die Rekristallisationstemperatur.

Allerdings hört der Temperaturabfall jenseits von etwa 50% Kaltverformung auf, wie in Bild 8.7 gezeigt wird. Das liegt daran, dass die Zunahme an Fehlstellendichte einen Maximalwert erreicht bei Verformungen, die größer als etwa 50% sind. Wenn man von der Rekristallisationstemperatur einer bestimmten Legierung spricht, geht man daher in der Regel davon aus, dass die Kaltverformung 50% oder mehr beträgt.

Eine weitere Überlegung gilt der für eine Rekristallisation nötigen Zeit. Die Rekristallisation vollzieht sich schneller bei erhöhter Temperatur. Daten, wie sie in Bild 8.7 angegeben sind, gelten normalerweise für die 1h-Rekristallisationstemperatur. Sie ist definiert als die Temperatur, bei der die Rekristallisation nach etwa einer Stunde vollständig abgelaufen ist.

Eine wichtige praktische Frage, die sich stellt, wenn man eine Rekristallisation bewirken will, ist: Wie hoch muss die Kaltverformung sein, damit eine Rekristallisation eintritt? Gemäß Bild 8.7 genügt bei Stählen mit niedrigem Kohlenstoffgehalt zur Rekristallisation bereits eine fünfprozentige Kaltverformung. Dabei ist jedoch die Temperatur signifikant höher als bei Zuständen mit höherer Kaltverformung. Generell ist unter der Rekristallisationstemperatur bei Stählen diejenige Temperatur zu verstehen, bei der die Rekristallisation innerhalb einer Stunde vollständig abläuft, und zwar nach einer vorausgegangenen Kaltverformung von 50% oder mehr.

Wenn man Austenit schmiedet, hat der Stahl naturgemäß eine erhöhte Temperatur. Da die Verformung beim Schmieden rasch erfolgt, können sich Fehler im verformten Austenit ansammeln und bereits während der Querschnittsreduzierung beim Schmieden eine Rekristallisation hervorrufen. Das gilt auch für das Warmwalzen. Diese Art der Rekristallisation nennt man oft *dynamische Rekristallisation* im Gegensatz zur *statischen Rekristallisation*, die eintritt, nachdem das plastische Fließen aufgehört hat.

Während der dynamischen Rekristallisation tritt keine Kaltverfestigung auf, da die neu rekristallisierten Körner eine geringe Fehlstellendichte aufweisen. Daher

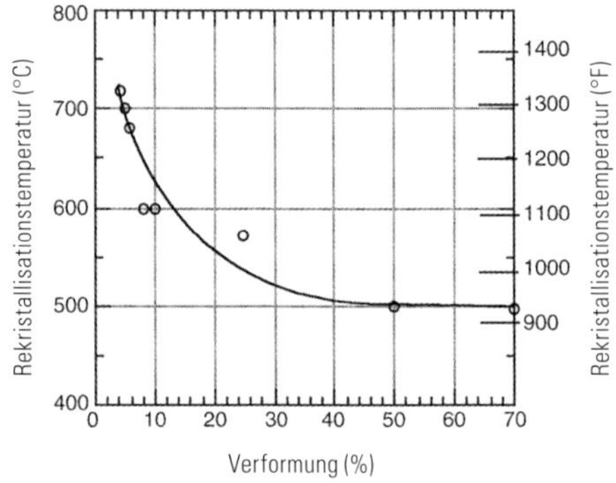

Bild 8.7 Die Rekristallisationstemperatur von niedriggekohlten Stählen als Funktion der vorhergegangenen Kaltverformung. Quelle: Literaturstelle 8.5

bleibt der Werkstoff weich und verformbar. Das ist zum überwiegenden Teil auf die dynamische Rekristallisation zurückzuführen. Außerdem ermöglicht die dynamische Rekristallisation während der Warmformgebung die Entstehung neuer Gefüge aus Austenitkörnern bei jedem Durchgang der Verformung. Damit wird übermäßiges Kornwachstum bei den hohen Temperaturen (1200°C), bei denen Schmieden und Walzen von Austenit normalerweise stattfinden, vermieden.

Die Rekristallisationstemperatur eines Werkstoffs hängt von seiner Schmelztemperatur ab. Zum Beispiel schmilzt Zinn bei niedriger Temperatur, nämlich 232°C. Legierungen wie zum Beispiel Weichlot (gewöhnlich eine Zinn-Blei- oder Zinn-Silber-Legierung) können bereits bei Raumtemperatur rekristallisieren.

Rekristallisationseffekte kann man veranschaulichen, indem man einen dicken Kupferdraht vor- und zurückbiegt. Er wird an der Biegestelle härter und bricht dort schließlich. Ein Stück Draht von einer Rolle Weichlot hingegen kann man fast unendlich oft biegen, ohne dass der Draht härter wird oder bricht. Das Weichlot rekristallisiert bei Raumtemperatur und bildet dabei neue Körner ohne Fehlstellen. Der Draht bleibt deshalb weich, während das Kupfer seine alte Kornstruktur beibehält. Es wird zunehmend härter und spröder – mit zunehmender Fehlstellendichte infolge der Biegeverformung.

8.5 Einfluss von Legierungselementen

Bild 8.8 zeigt einen Ausschnitt aus dem Periodensystem der Elemente in der Umgebung des Eisens. Mit aufgeführt sind verschiedene Elemente, die manchmal Stählen zusätzlich zu den vier Hauptlegierungselementen Mangan, Chrom, Molybdän und Nickel hinzugefügt werden. Einige dieser Elemente sind reaktionsfreudiger als andere. Solche reaktiven Elemente gehen mit Kohlenstoff, Stickstoff, Sauerstoff und Schwefel Verbindungen ein und erzeugen so Karbide, Nitride, Oxide und Sulfide.

Zusätzlich zum Kohlenstoff enthalten Stähle immer niedrige Gehalte an Stickstoff, Sauerstoff und Schwefel. Daher ist es normal, wenn im Stahl Karbide, Nitride, Oxide und Sulfide vorhanden sind. Dabei handelt es sich um chemische Verbindungen, die hohe Schmelzpunkte haben und dabei sehr hart und spröde sind.

Wie bereits früher diskutiert, ist Zementit ein hartes, sprödes Eisenkarbid mit der chemischen Formel Fe_3C. Im Stahl liegt der Zementit jedoch in einer normalerweise nicht spröden Form vor, da die Teilchen sehr klein sind und von duktilem Ferrit umgeben sind. Das trifft zu für Zementit in Perlit (zur Erinnerung: Perlit enthält nur etwa 11% Zementit in Form sehr dünner Platten), und es trifft auch zu für die sehr kleinen Zementitpartikel in hypereutektoi-

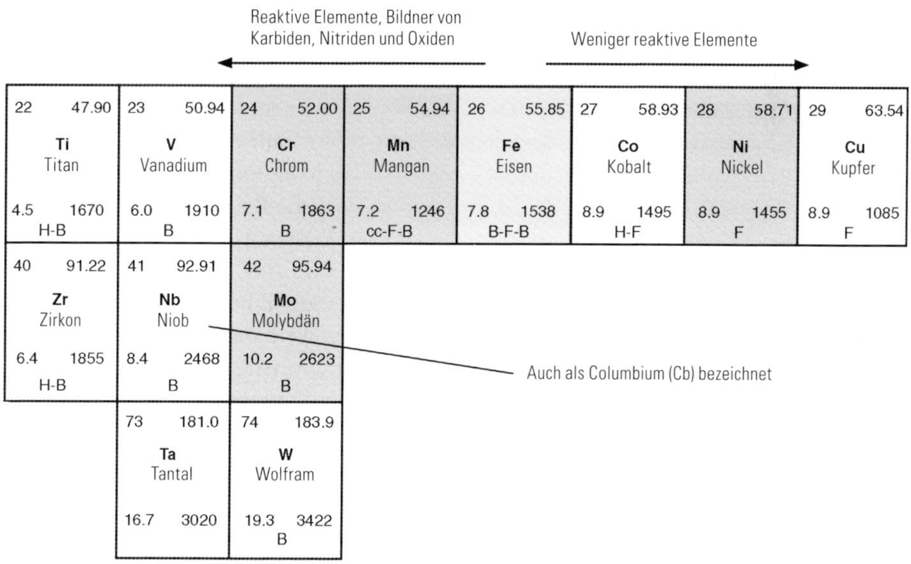

Bild 8.8 Allgemeine Reaktionsfreudigkeit von wichtigen Elementen in Metallen.

> ***Nano-Stahl***
> *In der Welt der Wissenschaft ist das neue Modewort „Nanowerkstoffe" stellvertretend für möglicherweise aufregende neue Materialien geworden. Die Plattenabstände in einem in Luft abgekühlten Stahl 52100 betragen etwa 0,075 µm, also 75 Nanometer (nm). Die Plattendicke des Zementits entspricht gerade einmal 11% dieser Dicke, sie sind also nur etwa 8 nm stark. Die Lamellenabstände von Perlit in gezogenen perlitischen Drähten, die für Stahlseile verwendet werden, werden durch den Ziehprozess verkleinert. Für maximale Ziehverformung werden bei Zementitplatten Dicken von etwa 1 nm erreicht. Perlit ist also ein Beispiel für ein Nanomaterial, das schon lange im Gebrauch war, bevor das Modewort auftauchte.*

den Stählen, so wie es in Bild 6.4 am Beispiel des Kugellagerstahls 52100 gezeigt wurde.

Die Pfeile oben im Bild 8.8 zeigen, dass die Elemente, die links vom Eisen stehen, tendenziell chemisch aktiver (reaktiver) sind, während die Elemente, die rechts stehen, dies weniger sind. Von den vier hauptsächlichen Legierungselementen bilden Chrom und Molybdän Karbide und legen sich vorzugsweise an die Zementitbestandteile des Stahls an. Mangan steht in der Tendenz genau zwischen diesen Gruppen. Die Elemente auf der linken Seite - Titan, Zirkon, Vanadium, Niob, Tantal und Wolfram - bilden äußerst stabile Karbide. Abgesehen von Kohlenstoff hat Tantalkarbid den höchsten bekannten Schmelzpunkt, nämlich 4000°C.

Es gibt noch drei weitere wichtige reaktionsfreudige Elemente in Stahl: Silizium, Aluminium und Bor. Die Stahlherstellung selbst führt zu kleinen Gehalten an Silizium und Aluminium in allen Stählen, und Bor wird manchmal zugesetzt.

Die Oxide, Nitride und Sulfide, die von all diesen reaktionsfreudigen Elementen gebildet werden, liegen meist als kleine Partikel vor und heißen *Einschlüsse*. Diese Einschlüsse liegen meist nur in sehr geringen Volumenanteilen vor und sind manchmal sehr nachteilig für die Zähigkeit, wie in Kapitel 6 am Beispiel der Sulfideinschlüsse dargelegt wurde. In anderen Fällen können jedoch Einschlüsse auch positive Einflüsse haben - vor allem, wenn man ihre Auswirkung auf das Kornwachstum im Austenit betrachtet.

Der Zusatz von Legierungselementen kann die Geschwindigkeit des Kornwachstums im Austenit deutlich herabsetzen. Die Legierungselemente bewirken das durch zwei Effekte: Korngrenzenbehinderung durch Partikel (die sogenannte *Partikelhemmung*) und durch gelöste Elemente.

8.6 Korngrenzenbehinderung durch Partikel

Um zu verstehen, wie die Bedeutung der Partikelhemmung entdeckt wurde, ist es nützlich, sich mit der Methode der Stahlherstellung beziehungsweise der Gussblock-Herstellung zu befassen. Bis vor etwa 25 Jahren ließ man in den USA geschmolzenen Stahl in individuellen großen Ingots (Gussblöcken) erstarren. Heute wird Stahl hauptsächlich im kontinuierlichen Guss hergestellt. Man spricht dabei häufig von

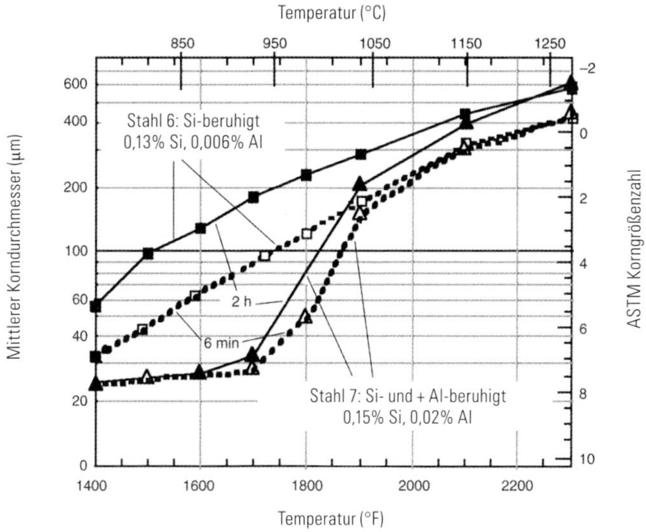

Bild 8.9 Mittlere Korngröße des Austenits in Abhängigkeit von der Temperatur für zwei 1060er Stähle nach 6 Minuten bzw. 2 Stunden Austenitisieren. Das Kornwachstum wird in dem aluminiumberuhigten Stahl unterdrückt. Quelle: Literaturstelle 8.2

Strangguss, denn die Fertigungsstraße für diese Art der Stahlproduktion nennt man Strang.

Der Sauerstoffgehalt war in dem geschmolzenen Stahl normalerweise so hoch, dass beim Abkühlen in der Kokille der Sauerstoff mit dem Kohlenstoff im Stahl reagierte und Blasen aus Kohlenmonoxid (CO) erzeugte. Das heiße Gas kochte hoch aus der Oberfläche des Stahls und führte dort zu einer Art Feuerwerk.

Diese Ingots nannte man „Rimming Ingots", also Randzoneningots, denn sie hatten eine weiche Außenschicht aus Ferrit. Solche Ingots waren nur für unlegierte kohlenstoffarme Stähle brauchbar, die zufällig einen Großteil der Stahlproduktion ausmachten. Sie fanden nämlich Anwendung als Blechwerkstoffe für Automobilkarosserien und Gerätegehäuse.

Um bei der Herstellung von legierten Stählen die Oxidation der Legierungselemente zu vermeiden, mussten die Sauerstoffgehalte im Ingot so stark herabgesetzt werden, dass das Hochkochen von CO nicht mehr auftrat. Diese Ingots nennt man „beruhigte Ingots" (engl. „killed ingots"). Zur Reduzierung des Sauerstoffgehalts wurden dem beruhigt vergossenen Ingot kleine Mengen von Silizium und/oder Aluminium hinzugefügt. Diese reaktionsfreudigen Elemente binden den Sauerstoff in Form von Siliziumoxid und Aluminiumoxid. Dadurch wurde der im Stahl gelöste Sauerstoff verringert und das Hochkochen des CO unterdrückt.

In der ersten Hälfte des 20. Jahrhunderts entdeckte man, dass aluminiumberuhigte Stähle viel resistenter gegen Kornwachstum waren als siliziumberuhigte. Die Werte für das Kornwachstum in Bild 8.3 wurden an einem siliziumberuhigten 1060er Stahl ermittelt. Diese Daten sind erneut in Bild 8.9 zu sehen, hier im Vergleich

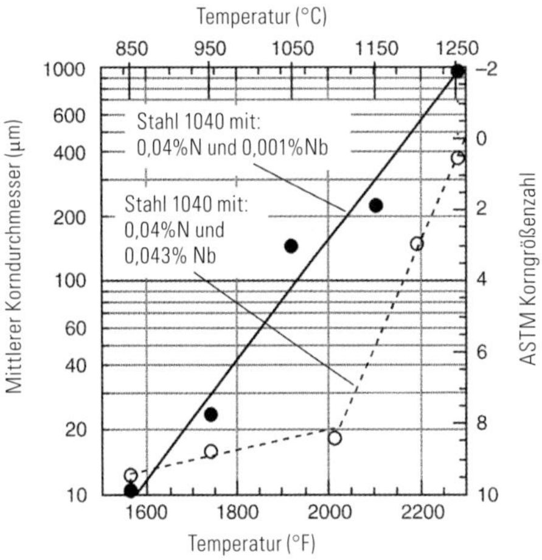

Bild 8.10 Das bei 1 Stunde Haltezeit auftretende Kornwachstum von 1040er Stahl wird durch Hinzulegieren sehr kleiner Mengen Niob unterdrückt. Quelle: Literaturstelle 8.6

zum Kornwachstum eines (Al+Si)-beruhigten Stahls 1060. Zu sehen ist eine erhebliche Reduzierung des Kornwachstums durch erhöhte Beigabe von Aluminium, ausgehend von nur 0,006% (Stahl Nr. 6) auf 0,02% (Stahl Nr. 7). Alle modernen Stranggussstähle sind aluminiumberuhigt, man nennt sie manchmal AK-Stähle („aluminium-killed"). In der deutschen Fachsprache verwendet man die Buchstaben-Kürzel R (beruhigt vergossen) und FF (voll beruhigt).

Viele Jahrzehnte lang war nicht bekannt, was diese dramatischen Unterschiede in der Korngröße bewirkte. Schließlich wurde in den 1960er Jahren gezeigt, dass der Effekt auf der Bildung sehr kleiner Partikel aus Aluminiumnitrid (AlN) beruht, die sich beim Abkühlen des Stahls ausbilden. Die kleinen Teilchen üben auf die sich bewegenden Korngrenzen eine Hemmwirkung aus, die Partikelhemmung.

Die kleinen Partikel aus AlN haben Größen von etwa 0,01 µm. Man braucht ein Elektronenmikroskop, um sie zu sehen. Beim Aufheizen wachsen sie, und wenn ihre Größe einen kritischen Wert übersteigt, können sie die Austenitkorngrenzen nicht länger festhalten. Bei Stahl Nr. 7 im Bild 8.9 wurde die kritische Größe bei einer Temperatur von 930°C erreicht. Oberhalb dieser Temperatur tritt beschleunigtes Kornwachstum ein, bis die Korngröße schließlich die Größe erreicht, die sich auch im Stahl ohne Partikel einstellt.

Aus Experimenten weiß man, dass die Partikelhemmung wie folgt optimiert werden kann:

1. Minimierung der Partikelgröße.
2. Auswahl von Partikeln, die erst bei höheren Temperaturen größer werden oder sich auflösen.
3. Maximierung des Volumenanteils der Partikel.

Allgemein gilt, dass ein Partikel umso weniger zum Wachsen neigt, je höher sein Schmelzpunkt liegt. Die reaktionsfreudigen Elemente in Bild 8.8 sind ideal geeignet, solche Partikel zu bilden. Da die Metalle mit den höchsten Schmelzpunkten, wie Niob (in den USA auch Kolumbium genannt), Tantal und Wolfram, auch die Karbide mit den höchsten Schmelzpunkten bilden, sind sie stabil gegen Wachstum bis zu hohen Temperaturen.

Bild 8.10 zeigt Messwerte, die die Wirksamkeit von kleinen Zugaben von Niob auf das Korngrößenwachstum eines 1040er Stahls veranschaulichen. Man beachte, dass der Startpunkt für das beschleunigte Kornwachstum sich von 930°C für die Aluminiumnitridpartikel aus Bild 8.9 auf etwas über 1100°C verschoben hat. Niob reagiert mit dem Kohlenstoff und dem Stickstoff im Stahl und bildet sogenannte Niobkarbonitride. Wie Bild 8.10 zeigt, sind diese Partikel in der Lage, die Austenitkorngrenzen bis zu Temperaturen von 1100°C festzusetzen.

Die Entdeckung, dass Partikelhemmung das Kornwachstum behindert, spielte eine wichtige Rolle bei der Entwicklung einer neuen Klasse von Stählen. Das sind Baustähle, die man hochfeste niedriglegierte Stähle nennt (HSLA von „high-strength low-alloy"). Dabei handelt es sich um Stähle mit niedrigem Kohlenstoffgehalt, die nicht wärmebehandelt werden. Der Kohlenstoffgehalt liegt bei etwa 0,15 bis 0,25%. Angesichts dieses geringen Gehalts erreichen sie im warmgewalzten Zustand hohe Festigkeiten mit Zugfestigkeitswerten zwischen 415 und 700 MPa (60 bis 100 ksi). Die Kornverfeinerung wird mit der Zugabe von einem oder mehreren der reaktionsfreudigen Metalle Niob, Vanadium, Titan oder Aluminium erreicht. Da diese Zugaben alle nur sehr gering sind (es werden Gehalte zwischen 0,04 und 0,1% erreicht), nennt man diese Stähle manchmal *mikrolegierte Stähle.*

Die kleinen Teilchen reduzieren das Wachstum der Austenitkörner und erhöhen auch die Rekristallisationstemperatur des Austenit. Diese Kombination erlaubt dem Stahlwerk, einen feinkörnigen Ferrit mit dem Verfahren des Controlled Rolling, dem kontrollierten Walzen, zu erzeugen. Bei diesem Prozess wird zunächst feinkörniger Austenit hergestellt. Dann wird der Stahl bei einer relativ niedrigen Temperatur gewalzt – mit den höchstmöglichen Umformgraden, die gerade nicht zur Rekristallisation des Austenits führen. Die verbleibende Struktur mit hoher Versetzungsdichte führt beim Abkühlen unter A_{r1} zu sehr feinkörnigem Ferrit. Die resultierenden ferritisch-perlitischen oder auch ferritisch-bainitischen Stähle besitzen allesamt ein feinkörniges Gefüge und eine höhere Festigkeit und Zähigkeit im Vergleich zu einfachen Baustählen mit Kohlenstoff.

8.7 Korngrenzenhemmung durch gelöste Elemente

Jedes Element, das in einer Phase gelöst ist, so wie Kohlenstoff im kfz-Eisen oder Stickstoff im krz-Eisen, bezeichnet man als „in Lösung". Wenn Legierungselemente wie Chrom, Nickel und Molybdän in Eisen gelöst werden, sind sie zu groß, um in die Lücken zwischen den Eisenatomen zu gehen. Sie müssen stattdessen die Eisenatome an deren bevorzugten Plätzen im krz- oder kfz-Gitter ersetzen.

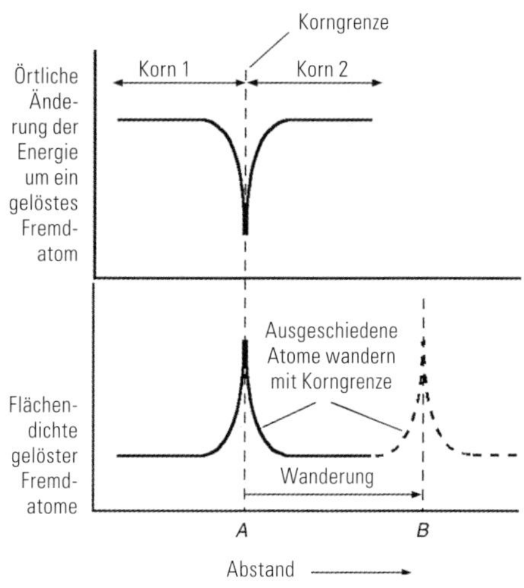

Bild 8.11 Segregation gelöster Atome zu den Korngrenzen und die daraus resultierende Sogwirkung.

Diese Legierungselemente besitzen auch nicht die richtige Größe, um einfach so in die Plätze des Eisens zu passen. Daher führen sie zu einer lokalen Erhöhung der Energie, indem sie ihre Nachbarn wegdrücken oder heranziehen. Wenn jedoch ein in Lösung gegangenes Legierungsatom an einer Korngrenze sitzt, dann wird die Energie drastisch verringert, indem sich das Atom auf eine Korngrenze begibt.

Der Grund dafür ist, dass Korngrenzen die Orte sind, an denen auch die Eisenatome über die Grenze hinweg nicht so richtig zueinander passen. Daher gibt es an den Korngrenzen mehr Raum als an anderen Stellen. Die Lösungsatome passen dort besser in den Verbund mit geringerer Störwirkung als anderswo.

Daher fällt die lokalisierte Energiezunahme um das in Lösung befindliche Atom geringer aus, wenn es auf eine Korngrenze geht, wie schematisch in Bild 8.11 oben gezeigt ist. Genau wegen dieser Energieabsenkung wird sich das in Lösung gegangene Atom bevorzugt an der Korngrenze anlagern. Trägt man die planare Konzentration der gelösten Atome (Anzahl der gelösten Atome pro Fläche parallel zur einer Korngrenze) über dem Abstand auf (Bild 8.11), so findet man die höchste Konzentration von Lösungsatomen auf der Korngrenze. Das ist in Bild 8.11 unten zu sehen. Dieses Phänomen heißt *Korngrenzenanreicherung*. Sie ist am größten für die Atome, die schlecht auf die leeren Gitterstellen passen.

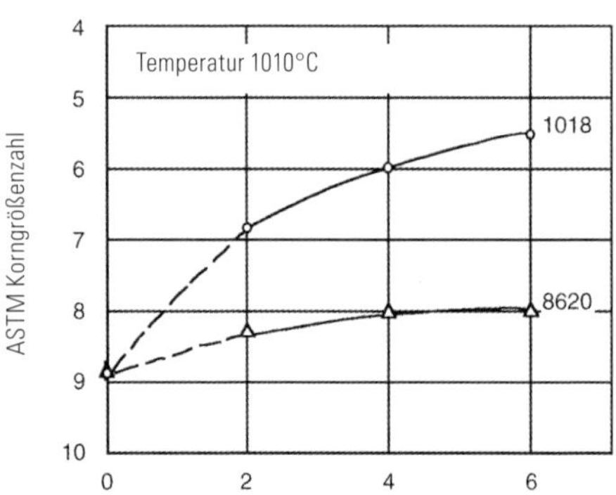

Bild 8.12 Das Kornwachstum bei einem unlegierten 1018er Kohlenstoffstahl im Vergleich zu einem dreifach legierten Stahl 8620 bei 1010°C. Die Legierungselemente üben auf die Korngrenzen einen Sogeffekt aus und behindern so das Kornwachstum. Quelle: Literaturstelle 8.7

Betrachten wir nun, was passiert, wenn eine Korngrenze, die mit Atomen belegt ist, sich zu bewegen versucht. Die unten in Bild 8.11 skizzierte Darstellung zeigt: Wenn eine Korngrenze sich von A nach B bewegt, müssen die Atome, die die Korngrenzen belegen, mitwandern.

Diese Atome können sich von A nach B jedoch nur durch Diffusion bewegen. Da sie außerdem zu groß sind, um in die Lücken zwischen den Eisenatomen sowohl des krz-Gitters als auch des kfz-Gitters zu passen, haben sie sehr kleine Diffusionskoeffizienten (vgl. Bild 7.6 mit Bild 7.5). Daher muss die sich bewegende Korngrenze diese Atome mit sich ziehen. Die gelösten Atome üben damit eine Hemmkraft auf die Korngrenze aus und verlangsamen die Bewegung. Dieser Effekt ist als *Korngrenzenbehinderung* bekannt.

Die vier Hauptlegierungselemente Mangan, Chrom, Molybdän und Nickel bilden keine feinen Partikel, die für eine starke Partikelhemmung so effektiv sind wie Niob, Titan, Vanadium und Aluminium. Sie bewirken allerdings eine Korngrenzenbehinderung durch gelöste Elemente und können dadurch das Kornwachstum verlangsamen.

Der Effekt der Behinderung durch gelöste Stoffe in legierten Stählen ist in Bild 8.12 dargestellt. Die Messwerte zeigen, dass das Kornwachstum in einem Stahl 8620 (entspricht 1.6523, 20 NiCrMo 2-2) signifikant kleiner ist als in einem 1018er Stahl. 8620 ist ein dreifach legierter Stahl mit kleinen Gehalten an Chrom, Molybdän und Nickel (Tabelle 6.3) und wird normalerweise für Anwendungen eingesetzt, die eine Aufkohlung erfordern. Um die Aufkohlzeiten zu verkürzen und Energiekosten einzusparen, will man bei so hohen Temperaturen wie möglich aufkohlen.

Ein Problem dabei ist bei einfachen C-Stählen wie dem 1018er ein exzessives Kornwachstum im Austenit. Die in Bild 8.12 dargestellten Daten zeigen, dass die Kornwachstumsgeschwindigkeit des 8620 geringer ist als die des 1018, so dass man davon ausgehen kann, dass kein exzessives Kornwachstum beim Austenit während der Aufkohlung auftritt.

Die Kernaussagen in Kapitel 8:

1. Die Körner in Stahl sind dreidimensionale Gebilde und lassen sich durch Seifenblasen veranschaulichen. In ähnlicher Weise kann man sie durch die Blasen veranschaulichen, die sich in einer Bierflasche bilden, wenn man diese rasch leert.
2. Die Korngröße wird beschrieben durch die *ASTM-Korngrößenkennzahl.* Große Zahlen wie 10 bezeichnen kleine Körner, und kleine Zahlen wie 2 bezeichnen große Körner.
3. Wenn man Austenit auf höhere Temperaturen aufheizt, wächst die Korngröße; dieser Prozess heißt *Kornwachstum.* Kornwachstum tritt ein, wenn die Oberflächenspannungen in den Korngrenzen dazu führen, dass kleine Körner schrumpfen und größere wachsen. Auch dies lässt sich mit dem Seifenblasen-Modell veranschaulichen durch die Betrachtung des Schaumblasenwachstums in einer Bierflasche nach rascher Entleerung. Das Kornwachstum beschleunigt sich sehr stark, wenn man die Temperatur erhöht, und weniger stark, wenn man nur die Zeit länger hält bei konstanter Temperatur.
4. Die Zähigkeitseigenschaften von Stahl werden günstiger, wenn die Korngröße kleiner wird. Aus diesem Grund ist es wichtig, Wärmebehandlungen bei so niedrigen Temperaturen wie möglich durchzuführen, um das Kornwachstum im Austenit klein zu halten.
5. Die Korngröße bei Stahl lässt sich erheblich reduzieren durch zyklische Wärmebehandlungen, bei denen die Temperatur zwischen Werten oberhalb A_{c3} (und/oder A_{c1}) und unterhalb A_{r1} pendelt. Bei jeder Aufheizphase wird ein komplett neues austenitisches Gefüge gebildet, und bei jeder Abkühlphase ein neues Gefüge aus Ferrit/Perlit. Die Reduzierung der Korngröße wird noch verbessert durch Anwendung schneller Aufheiz- und Abkühlparameter, zum Beispiel durch Salzbadabschreckung. Es ist auch günstig, die Höchsttemperatur so niedrig wie möglich zu halten. Man kann so leicht Ultrafeinkorn im Stahl erzeugen.
6. Ein neues Gefüge kann auch mit Hilfe der *Rekristallisation* erzeugt werden. Der Stahl muss dazu ziemlich stark kaltverformt und anschließend erhitzt

werden. Die Verformung erzeugt Versetzungen (mit Atomen besetzte Ebenen, die gegenüber ihrer Position mit geringer Energie verschoben wurden) in den Körnern und damit einen energetisch höheren Zustand. Anschließende Wärmebehandlung bewirkt dann ein neues Gefüge mit ausgeheilten Fehlstellen, da diese ein tieferes Energieniveau besitzen. Die neuen spannungslosen Körner bilden sich bei einer Temperatur, die man *Rekristallisationstemperatur* nennt. Diese hängt bei Stahl ab von der Höhe der vorher eingebrachten Kaltverformung.

7. Schmiedet man Austenit bei hoher Temperatur, so tritt Rekristallisation oft unter der Verformung ein. Der Werkstoff wird im Schmiedewerkzeug einem Verformungsprozess mit dynamischer Rekristallisation unterworfen. Die durch Kaltverformung in die Körner eines Metalls eingebrachten *Versetzungen* führen dazu, dass die Körner härter, fester und spröder werden. Die neuen, unverspannten Körner nach der Rekristallisation sind weicher und duktil. Damit führt die dynamische Rekristallisation dazu, dass man Austenit hochgradig verformen kann, ohne dass er spröde wird. Zugleich wird das Korn verfeinert (die Korngröße reduziert).
8. Legierungselemente im Stahl lassen sich aufteilen in die chemisch reaktionsfreudigen Elemente links vom Eisen im Periodensystem der Elemente und die wenig reaktiven Elemente rechts vom Eisen im Periodensystem. Die reaktiven Elemente bilden Verbindungen, die im Stahl als diskrete Partikel auftreten. Diese Elemente reagieren mit dem Kohlenstoff, dem Stickstoff, dem Sauerstoff und dem Schwefel im Stahl und bilden dabei Karbide, Nitride, Oxide und Sulfide, die man als *Einschlüsse* bezeichnet.
9. Das Hinzufügen von Legierungselementen kann zu dramatischen Verringerungen des Kornwachstums im Austenit führen. Diese Reduzierung erfolgt durch unterschiedliche Effekte (Partikelbehinderung, Korngrenzenbehinderung durch gelöste Elemente) für die reaktiven beziehungsweise die nicht reaktiven Elemente.
10. Wenn die durch die reaktiven Elemente geformten Partikel sehr klein sind, dann reduzieren sie das Kornwachstum im Austenit (durch Partikelbehinderung) so lange, bis die Temperatur hoch genug ist, um sie zum Schmelzen zu bringen oder sie wachsen zu lassen (Vergröberung). Das Hinzufügen kleiner Mengen (zum Beispiel 0,04%) der reaktiven Elemente ist sehr effektiv bei der Reduzierung des Kornwachstums und zugleich die Basis für die relativ neuen hochfesten niedriglegierten (HSLA) Stähle.
11. Durch den Vorgang der *Korngrenzenbehinderung* durch gelöste, wenig reaktionsfreudige Elemente, zum Beispiel die normalen Legierungselemente Nickel, Mangan, Chrom und Molybdän, lässt sich das Kornwachstum reduzieren. Diese Legierungselemente lagern sich an die Korngrenzen des Austenits an, wo sie eingefangen werden und mit der Bewegung der Korngrenzen mitgezogen werden, wodurch diese Bewegung verlangsamt wird.

KAPITEL 9
Härtbarkeit von Stahl

Das Thema dieses Kapitels, Härtbarkeit, wird oft verwechselt mit Härte. Eine Absicht dieses Kapitels ist es daher, die Unterscheidung zwischen diesen beiden Konzepten deutlich herauszuarbeiten. Im Allgemeinen umfasst das Härten eines Stahls (zum Beispiel eines runden Stabs) folgende drei Schritte:

1. *Austenitisieren:* Der Stahl wird aufgeheizt, bis er austenitisch wird (meist zu 100%, aber nicht immer). Die Austenitisierungstemperaturen ändern sich in Abhängigkeit vom Kohlenstoffgehalt des Stahls und sind näherungsweise im Bild 4.23 angegeben. Die Austenitisierung wird eingehender in Kapitel 11 diskutiert.
2. *Abschrecken:* Der heiße Stahl wird schnell abgekühlt durch Eintauchen in Wasser oder Öl. Abschreckmethoden werden ausführlicher in Kapitel 12 diskutiert.
3. *Anlassen:* Der Stahl wird mäßig erhitzt, um die Sprödigkeit abzubauen. Das Anlassen wird in Kapitel 10 näher beleuchtet.

Der Stahl ist nach dem zweiten Schritt gehärtet, aber der Anlassvorgang wurde mit in die Liste aufgenommen, da er buchstäblich immer bei der Wärmebehandlung von Stählen durchgeführt wird.

Um den Stahlstab vollständig zu härten, muss sich der Austenit an jedem Punkt von der Oberfläche bis in den Kern des Stabs in Martensit umwandeln. Betrachten wir noch einmal die Gefüge der abgeschreckten Stähle in den Bilden 4.19 und 4.20. Wie im Kapitel 3 dargelegt, haben sich Perlit und Bainit an den alten Austenitkorngrenzen gebildet. Der Grund dafür ist, dass die Temperatur des Austenits nicht schnell genug unter die M_S-Temperatur gefallen ist, um ihre Bildung zu vermeiden.

Wenn sich Perlit und Bainit im Austenit gebildet haben, kann sich das durch diese Phasen eingenommene Volumen nicht in Martensit umwandeln. Zur vollständigen Umwandlung des Austenits in Martensit muss die Abkühlgeschwindigkeit beim Abschrecken oberhalb eines kritischen Werts liegen, und zwar überall im Austenit.

Betrachten wir nun, wie die Temperatur in einem Rundstab abfällt, der in Wasser abgeschreckt wird: Der Temperaturabfall wird am Rand am schnellsten sein und in der Mitte am langsamsten. Somit ist es möglich, dass die äußeren Zonen des Stabs voll martensitisch werden, in der Mitte jedoch Perlit und Bainit mit Martensit gemischt vorliegen. In diesem Fall wird die Härte des Stabs in der Mittelzone geringer sein.

Dieses Verhalten ist im Bild 9.1 am Beispiel eines 1060er Stahls dargestellt. Das

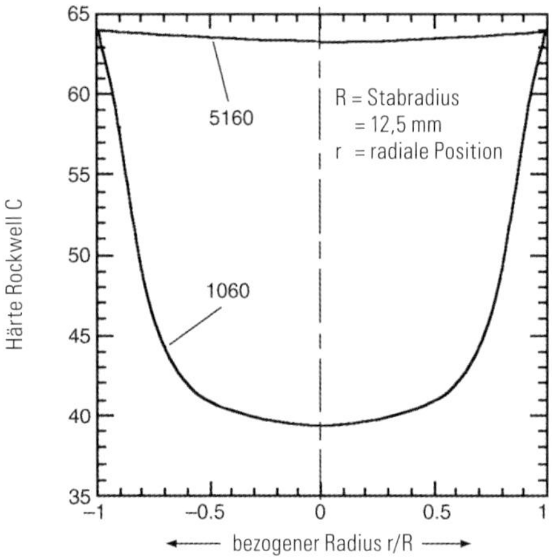

Bild 9.1 Rockwellhärte HRC über dem Radius für Stäbe aus Stahl 5160 mit Durchmessern von 25 mm (1 in.) nach Ölabschreckung.

Bild zeigt den Härteverlauf eines in Öl abgeschreckten, 25 mm dicken Stabs in Abhängigkeit vom Abstand von der Stabmitte (bei r=0) zur Oberfläche (bei r=12,5mm oder r/R=1, wobei r eine beliebige Stelle bezeichnet und R der Radius des Stabs ist).

Betrachten wir nun einen Stahl 5160 (die deutsche Entsprechung ist 1.7137 oder 60MnCrB3). Die Tabellen 6.1 und 6.3 zeigen, dass der hauptsächliche Unterschied in den Zusammensetzungen von 1060 und 5160 darin besteht, dass der Stahl 5160 einen Chromgehalt von 0,8% aufweist. Das Bild 9.1 zeigt, dass die Abschreckhärte unter der Oberfläche des Stabs nicht nennenswert abfällt. Dieser Stab ist also voll durchgehärtet.

Der 5160 ist bis ins Innere des Stabs martensitisch, während der 1060 im Inneren Perlit und Bainit aufweist, und dadurch einen Härteabfall. Beide Stäbe wurden mit der gleichen Abkühlgeschwindigkeit behandelt. Das bedeutet, dass der Chromgehalt im 5160 die Bildung von Perlit und Bainit erschwert haben muss.

Die Ergebnisse weisen noch auf einen anderen wichtigen Punkt im Zusammenhang mit dem Einfluss der Legierungselemente hin: An der Oberfläche sind beide Stähle voll martensitisch, und beide Stäbe weisen die gleichen Werte der Härte auf. Das bedeutet, dass die Zugabe von Chrom beim 5160 die Härte des frischen Martensits nicht ändert.

Bild 4.13 zeigt die Härte von frischem Martensit in Abhängigkeit vom Kohlenstoffgehalt im Stahl. Diese Kurve gilt gleichermaßen für einfache Kohlenstoffstähle und legierte Stähle. Daraus folgt, dass Legieren die Härte des Martensits nicht beeinflusst. Daher sind legierte Stähle nicht härter, weil möglicherweise die Legierungselemente den Martensit härter machen.

Wenn im abgeschreckten Zustand legierte Stähle härter als reine Kohlenstoffstähle sind (bei gleichem Kohlenstoffgehalt), so liegt das daran, dass die Legierungselemente die Bildung des weicheren Perlits und Bainits unterdrücken. Die Zugabe von Chrom hat die *Härtbarkeit* des Stahls verbessert, wie aus dem Vergleich der Härteverläufe von 1060 und 5160 in Bild 9.1 zu entnehmen ist.

Härtbarkeit ist also ein Maß dafür, wie tief unter der Oberfläche ein abgeschreckter Stahl noch voll martensitisch wird. *Härte* dagegen ist ein Maß für den Widerstand, den ein Stahl gegenüber einer Spitze eines Eindringkörpers leistet, der unter einer bestimmten Last auf die Oberfläche wirkt.

Aus den vorigen Überlegungen sollte klar sein, dass zur Verbesserung der Härtbarkeit eines Stahls die Bildung von solchen

Gefügebestandteilen verlangsamt werden muss, die sich aus dem Austenit vor dem Martensit bilden können und dessen Bildung unterdrücken können. Diese Bestandteile können alle diejenigen sein, die im Bild 4.23 bei Temperaturen oberhalb der M_S-Temperatur vorliegen, nämlich Ferrit, Perlit oder Bainit.

Zwei praktische Methoden haben sich entwickelt, um die Geschwindigkeit der Ausbildung dieser Bestandteile zu charakterisieren: die *isothermische Umwandlung* und die *kontinuierliche Umwandlung*. Zu jeder dieser Methoden gehören spezielle Schaubilder, die man isothermisches oder kontinuierliches ZTU-Diagramm (Zeit-Temperatur-Umwandlung) nennt.

9.1 Isothermische ZTU-Diagramme

Wie schon im Kapitel 4 erläutert wurde, verwendet man für die isothermischen ZTU-Diagramme (I-ZTU) dünne Proben, die man von der Austenitisierungstemperatur abschreckt – und zwar auf die jeweils interessierende Temperatur. Dann lässt man die Umwandlung des Austenits isothermisch ablaufen, also bei dieser Temperatur.

Anhand des Bilds 9.2 wird erklärt, wie ein isothermisches ZTU-Diagramm ermittelt wird. Nach Abschrecken der Probe auf die nun gehaltene Temperatur beginnt der Austenit, sich nach und nach umzuwandeln in eines der drei Zerfallsprodukte.

Betrachten wir einen perlitischen Stahl, zum Beispiel den Stahl A aus Bild 9.2. Nachdem die Probe auf die Temperatur T_{Nase} abgeschreckt wurde, und zwar in der Zeit „1" in dem Diagramm, fängt der Austenit an, Perlit zu bilden. Dieser Punkt heißt P_S, *Perlitstartpunkt*.

Nach der Zeit 3 hat sich der Austenit komplett in Perlit umgewandelt, daher heißt dieser Punkt P_f, *Perlitendpunkt* (f für „finish"). Punkt 2, der nicht immer in den I-ZTU vermerkt ist, bezeichnet den Zeitpunkt, bei dem 50% des Austenits umgewandelt sind.

Die experimentelle Bestimmung dieser Zeiten wird oft mit Hilfe eines sogenannten Dilatometers durchgeführt. Das Dilatometer misst die Längenänderung der Probe während der Haltezeit. Austenit hat von allen drei Zerfallsprodukten das kleinste Volumen pro Atom. Daher fängt die Probe am

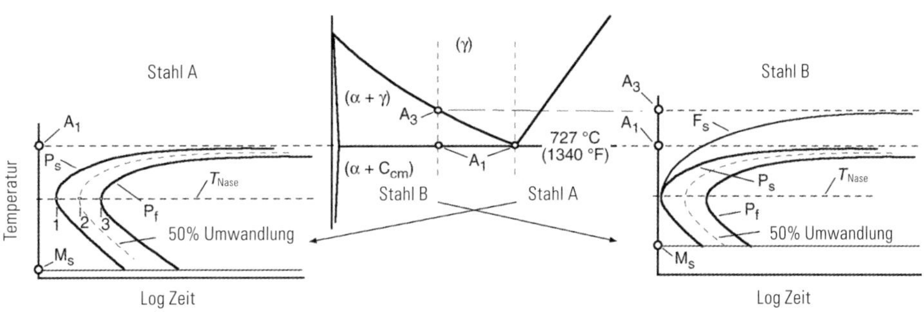

Bild 9.2 Mitte: Eisenkohlenstoffdiagramm mit den Kohlenstoffgehalten der beiden Stähle A und B. Die entsprechenden isothermischen Umwandlungsdiagramme der beiden Stähle sind links und rechts zu sehen.

Punkt P_S an, sich zu längen. Sie hört am Punkt P_f mit der Verlängerung auf.

Durch Abschrecken auf unterschiedliche Temperaturen lassen sich die Punkte P_S und P_f für einen ganzen Temperaturbereich ermitteln. Trägt man nun die Zeiten der Punkte P_s und P_f im logarithmischen Maßstab als x-Achse eines Diagramms auf und die Temperatur auf der y-Achse, so erhält man das I-ZTU.

Man beachte, dass die P_s-Kurve in Bild 9.2 ein Zeitminimum bei der Temperatur T_{Nase} aufweist. Diesen Punkt nennt man aus offensichtlichen Gründen *Perlitnase*. Wenn die Zeiten für T_{Nase} kleiner sind als einige Sekunden, dann hat der Stahl eine geringe Härtbarkeit, denn es ist sehr schwierig, das Innere des Stabs schnell genug abzukühlen, um eine Perlitbildung zu vermeiden.

Perlit kann sich nur bilden, wenn der Austenit unter A_1 abgekühlt wird. So liegt es nahe, dass Perlit sich umso schneller bildet, je mehr Austenit unter A_1 abgekühlt wurde. Das I-ZTU zeigt am Beispiel des perlitischen Stahls A, dass dies in der Anfangsphase auch so ist. Wird der Stahl jedoch bis unter die T_{Nase}-Temperatur abgekühlt, so dauert die Perlitbildung länger, obwohl die Unterkühlung des Austenits unter A_1 ansteigt.

Der Grund dafür liegt in der Diffusion: Um Perlit zu bilden, müssen sich die Atome des Kohlenstoffs aus ihrer gleichverteilten Anordnung im Austenit in die spezielle Anordnung bei Perlit neu ordnen. Wie im Kapitel 3 diskutiert und in Bild 3.7 und Bild 3.8 dargestellt, besteht Perlit aus Anordnungen von Platten aus Ferrit (mit einem Kohlenstoffgehalt von C=0,02%) und Zementit (Kohlenstoffgehalt C=6,67%).

Der Mechanismus, nach dem sich die Umverteilung des Kohlenstoffs aus den gleichmäßigen 0,77% des Austenits in die Plattenanordnung mit 0,02/6,67% vollzieht, ist Diffusion. Diese Diffusion ist jedoch, wie in Kapitel 7 dargelegt wurde, sehr empfindlich hinsichtlich der Temperatur. Der schnelle Abfall des Diffusionskoeffizienten des Kohlenstoffs bei der fallenden Temperatur gewinnt schließlich die Oberhand und verschiebt die Perlitbildung zur späteren Zeit, wenn die Temperatur unter T_{Nase} abfällt.

Die I-ZTU-Diagramme zeigen stets die A_1-Temperaturen und A_3 oder A_{cm} an der Temperaturachse (außer für perlitische Stähle, wo man nur A_1 braucht). Stahl B ist ein hypoeutektoider Stahl, da seine Zusammensetzung unterhalb des eutektoidischen Punkts (Perlitpunkt) von 0,77% C liegt. Hypoeutektoide Stähle weisen A_3-Werte auf, die oberhalb der Perlittemperatur A_1 liegen, und zwar je höher, umso weniger Kohlenstoff enthalten ist. Daher haben diese Stähle im I-ZTU einen Temperaturbereich zwischen A_3 und A_1, wie in Bild 9.2 für den Stahl B rechts im Diagramm eingezeichnet ist. Schaut man in das Phasendiagramm in der Mitte von Bild 9.2, so wird klar, dass sich in diesem Temperaturbereich nur Ferrit (α) aus dem Austenit (γ) bilden kann.

Im I-ZTU-Diagramm ist eine Linie eingezeichnet, die mit F_S indiziert ist. Das ist die *Ferritstartlinie*. Sie bezeichnet die Zeiten, bei denen die Ferritbildung aus dem Austenit beginnt. Diese Linie geht nie über die A_3-Linie hinaus, da sich kein Ferrit oberhalb von A_3 bilden kann. Ferrit kann sich jedoch unterhalb von A_1 bilden. Die Kurven im Bild 9.2 zeigen, dass er in diesem Beispiel bei Temperaturen auftreten kann, die bis fast hinunter auf die Perlitnasen-Temperatur reichen. Nach Bild 4.23

fällt bei hypoeutektoiden Stählen die niedrigste Temperatur, bei der sich Ferrit bilden kann, nach unten ab, wenn der Kohlenstoffgehalt vom Wert 0,77% C beim Perlitpunkt absinkt.

Die realen I-ZTU-Diagramme von drei unlegierten AISI-Kohlenstoffstählen aus Literaturstelle 9.2 sind in Bild 9.3 dargestellt. Diese Diagramme illustrieren einige wichtige Punkte. Erstens zeigen nur die wenigsten veröffentlichten Diagramme die Kurven für F_S, P_S oder B_S (die Startpunkte für Ferrit, Perlit und Bainit), und auch nicht, wo sich Perlit und Bainit bildet. Sie enthalten die Bezeichnungen A, F und Z für Austenit, Ferrit und Zementit (oder Karbid).

Das Dilatometer, mit dem die Positionen der Linien in diesen Diagrammen ermittelt wurden, kann nicht zwischen den Zerfallsprodukten des Austenits unterscheiden. So bleibt es dem Betrachter überlassen, zu entscheiden, ob eine gegebene Linie eine F_S-Linie, eine P_S-Linie oder eine B_S-Linie ist.

Bei unlegierten Kohlenstoffstählen kann man mit Hilfe der in Bild 4.23 enthaltenen Informationen eine gute Abschätzung treffen. So entnimmt man diesem Bild zum Beispiel, dass in einem 1080er Stahl die Perlitbildung von A_1 ausgehend bis herunter zu etwa 550°C auftritt, und darunter Bainit bis zur M_1-Temperatur. Daher ist in dem I-ZTU-Diagramm des 1080er Stahls (in Bild 9.3 unten) die Startkurve für Temperaturen von A_1 bis herunter auf etwa 550°C P_S zuzuordnen. Für Temperaturen darunter wäre es bis herunter zur M_S-Temperatur die Kurve für B_S.

Drei wichtige Effekte treten auf, wenn man den Kohlenstoffgehalt in unlegierten Kohlenstoffstählen erhöht. Das ist im Bild 9.3 dargestellt. Erstens verschieben sich die Kurven mit steigendem Kohlenstoffgehalt nach rechts, also zu längeren Zeiten hin. Man beachte, dass die Zeit bis zum Errei-

Anmerkung zur Bezeichnung

In den Diagrammen von ASM International wird die A_3-Temperatur mit A_f bezeichnet und die A_1-Temperatur mit A_s. Diese Bezeichnungsweise wurde 1961 von R.A. Grange vorgeschlagen, in Analogie zur M_s- und M_f-Nomenklatur (Literaturstelle 9.3). Sie wird in den verschiedenen ASM-Publikationen verwendet, aber praktisch niemand sonst hat diese Bezeichnungen übernommen. Sie werden auch hier nicht verwendet, außer bei kopierten ASM-Diagrammen. Andrews (Literaturstelle 6.4) hat nachgewiesen, dass A_f=A_3 und A_s=A_1 gilt.

Es ist nicht ungewöhnlich, dass man bei isothermischen und kontinuierlichen Umwandlungsschaubildern die Bezeichnungen A_{c1} und A_{c3} statt A_1 und A_3 findet. Das macht man so, da die A_1- und A_3-Temperaturen bei Aufheizversuchen mit sehr niedrigen Aufheizraten ermittelt wurden. Insofern sind die erhaltenen Werte lediglich Annäherungen für A_1 und A_3, daher die korrekte Bezeichnung mit dem Subskript „c" (Kapitel 3). Viele Autoren benutzen die Schreibweise A_{e1} und A_{e3}, aber, wie schon in Kapitel 3 bemerkt, versteht sich hier in diesem Buch das „e" [für engl. equivalent, Gleichgewicht] von selbst, so dass A_{e1}=A_1 und A_{e3}=A_3.

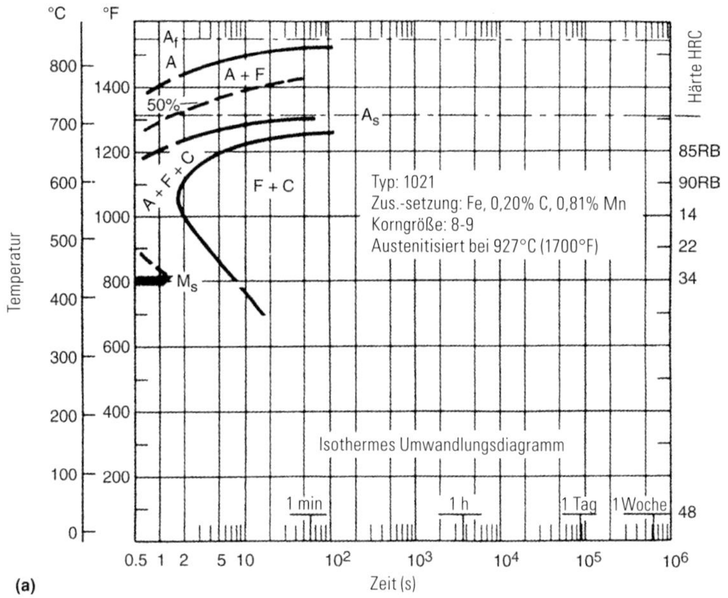

(a)

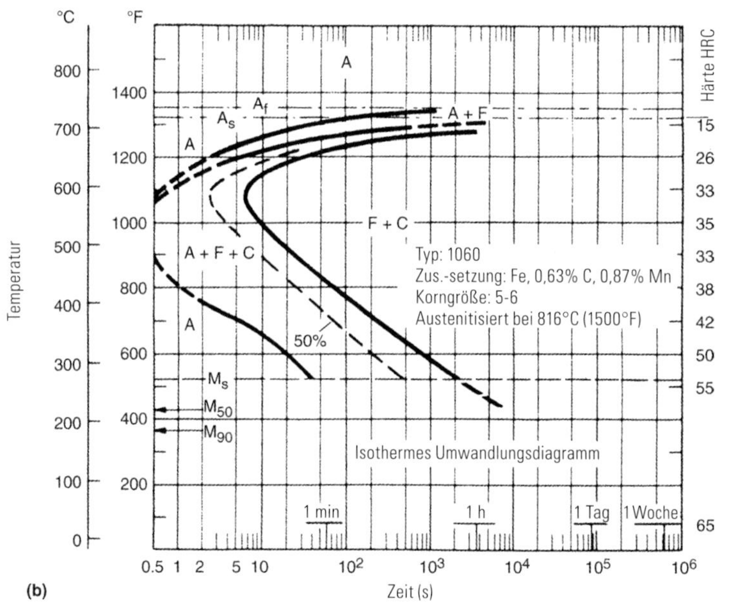

(b)

Bild 9.3 Isothermische Umwandlungsdiagramme der unlegierten Kohlenstoffstähle 1021, 1060 und 1080 zur Veranschaulichung der Auswirkung steigender Kohlenstoffgehalte. Quelle: Literaturstelle 9.2

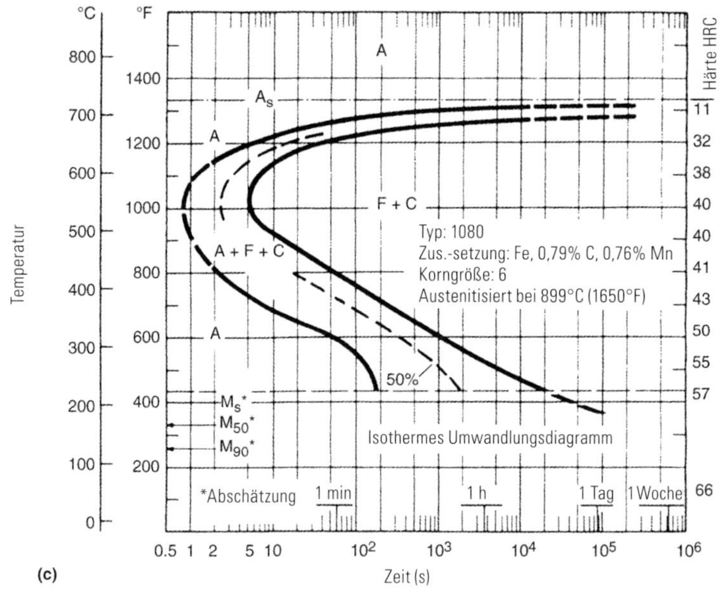

(c)

zu Bild 9.3

chen der Startkurve von unter 0,5 Sekunden für die beiden niedergekohlten Stähle 1021 und 1060 anwächst auf 0,8 Sekunden für den 1080er Stahl. Die Verschiebung der Startkurven zu längeren Zeit bei gleichzeitigem Anstieg des Kohlenstoffgehalts bedeutet, dass die Härtbarkeit von unlegierten Kohlenstoffstählen mit wachsendem Kohlenstoffgehalt zunimmt. Zumindest gilt das bis zum Perlitpunkt mit 0,77% C.

Das Diagramm für den Stahl 1060 illustriert, weshalb in Bild 9.2 die Härte unter der Oberfläche so schnell abfällt: Um in diesem Stahl Perlitbildung zu verhindern und 100% Martensit einzustellen, muss man gemäß Bild 9.3 die Temperatur innerhalb von etwa 0,3 Sekunden auf unter 540°C bringen. Nur in Bereichen der abgeschreckten Oberfläche kann die Temperatur schnell genug abfallen und die Perlitbildung verhindert werden.

Zweitens fällt die M_S-Temperatur, wenn der Kohlenstoffgehalt ansteigt, wie in den Bildern 4.17 und 4.23 gezeigt wird. Den I-ZTU-Darstellungen in Bild 9.3 kann dieses Verhalten entnommen werden, denn die M_S-Werte sind an der Temperaturachse angegeben. Auch die M_{50}- und die M_{90}-Temperaturen sind angegeben. Bei diesen Temperaturen liegen 50% beziehungsweise 90% Martensit vor.

Drittens nimmt die Größe des A+F-Gebiets ab, wenn der Kohlenstoffgehalt ansteigt. Beim Stahl 1080 ist es ganz verschwunden, wo A_3 mit A_1 zusammenfällt. Dieser Effekt ist auch anhand des hypothetischen I-ZTU-Schaubilds erklärt. Die Diagramme in Bild 9.2 zeigen ebenso den ersten und den zweiten Effekt.

Um die Härtbarkeit zu steigern, muss man die diversen Startkurven, die in den I-ZTU-Schaubildern auftreten, zu längeren

Zeiten hin zwingen. Physikalisch bedeutet das, dass man die Bildung der drei Zerfallsprodukte Ferrit, Perlit und Bainit im Austenit erschweren muss. Es gibt prinzipiell zwei Wege, das zu erreichen: durch Erhöhen der Korngröße und durch Hinzulegieren von Elementen.

9.1.1 Auswirkung der Korngröße auf die Härtbarkeit

Es wurde früher schon darauf hingewiesen, dass die Zerfallsprodukte sich buchstäblich immer auf den Austenitkorngrenzen zu bilden beginnen. Die Gesamtfläche der Korngrenzen hängt von der Anzahl der Körner in einem gegebenen Volumen ab. Ein gröberes Gefüge hat eine kleinere Fläche von Korngrenzen bezogen auf eine Volumeneinheit und verschiebt die Startkurven zu längeren Zeiten, was eine verbesserte Härtbarkeit nach sich zieht.

Daher hängen die Positionen der Kurven im I-ZTU-Schaubild von der Austenitkorngröße ab. Aus diesem Grund werden, wie in Bild 9.3 ersichtlich, bei veröffentlichten I-ZTU-Diagrammen die Korngrößen mit angegeben.

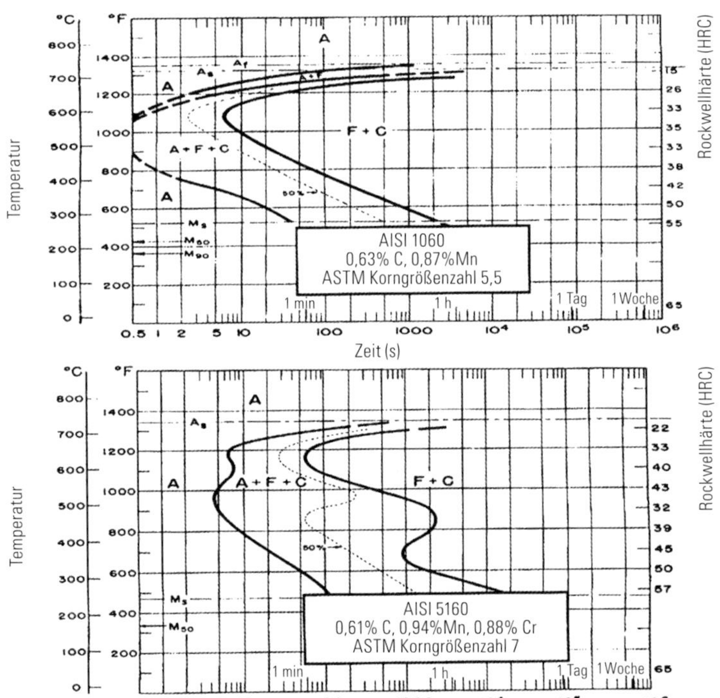

Bild 9.4 Isothermische Umwandlungsschaubilder der Stähle 1060 und 5160. Das Legieren mit Cr (Stahl 5160) verschiebt den Beginn der Umwandlung zu größeren Zeiten.

9.1.2 Auswirkung von Legierungselementen auf die Härtbarkeit

Wie in Kapitel 8 bereits diskutiert wurde, bilden die reaktiven Legierungselemente wie Chrom und Molybdän Karbide. Demzufolge gehen diese Elemente bevorzugt in den Zementitanteil (Karbid) des Perlits oder des Bainits, wenn sie entstehen. Wenn sich ein gegebenes Volumen Austenit in einem unlegierten Kohlenstoffstahl in Perlit oder in Bainit umwandelt, müssen sich die Atome aus ihrer Gleichverteilung in dem ursprünglichen Austenitvolumen neu anordnen. In dem umgebildeten Volumen darf dann praktisch kein Kohlenstoff (nur 0,02%) im Ferrit auftreten, und im Zementit müssen 6,67% vorhanden sein. Diese Neuordnung geschieht durch Diffusion. In ähnlicher Weise müssen sich bei Umwandlung in Legierungen die Atome des Chroms und des Mangans von ihrer Gleichverteilung im Austenit neu ordnen, und zwar zu größeren Gehalten in den sich bildenden Karbiden und in kleineren Gehalten in dem sich bildenden Ferrit.

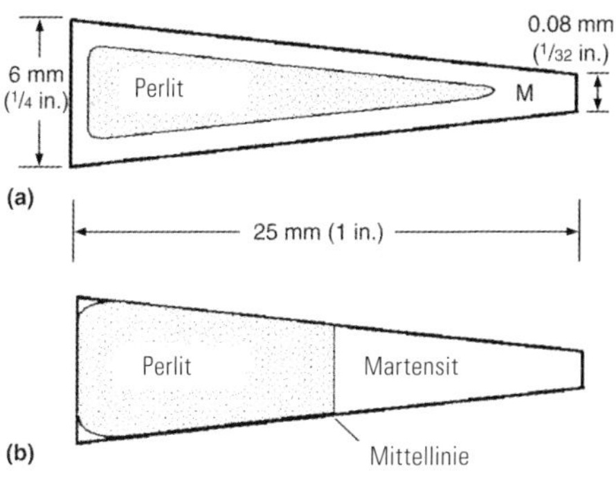

Bild 9.5 Zwei mögliche Martensit-Perlit-Verteilungen in abgeschreckten Klingen: (a) erwartete Martensitverteilung (M), (b) reale Verteilung.

Allerdings ist die Neuordnung durch Diffusion für die Legierungselemente ungleich schwieriger als für den Kohlenstoff. Das liegt an ihren deutlich kleineren Diffusionskoeffizienten, siehe Tabelle 7.1. Durch ihre Anwesenheit ist deshalb die Ausbildung von Perlit und Bainit deutlich erschwert, und die P_S-Kurve und auch die B_S-Kurve werden im I-ZTU-Diagramm nach rechts zu längeren Zeiten hin verschoben. Alle Zusätze von Elementen, mit Ausnahme des Kobalts, verschieben die Kurven für den Beginn der Ferritbildung, der Perlitbildung und der Bainitbildung zu längeren Zeiten hin.

Der Grund dafür, dass wenig reaktionsfreudige Elemente wie zum Beispiel Nickel die Bildungsgeschwindigkeit für Perlit und Bainit erniedrigen, liegt in ihrer Auswirkung auf das Phasendiagramm. Eine einfache Erklärung dafür zu geben, ist schwierig. Man kann jedoch davon ausgehen, dass praktisch jede Zugabe von Legierungselementen die Bildung von Zerfallsprodukten des sich abkühlenden Austenits verlangsamt.

Bild 9.4 zeigt einen Vergleich der I-ZTU-Diagramme der Stähle 1060 und 5160. Aus den Tabellen 6.1 und 6.3 ist zu entnehmen, dass 5160 im wesentlichen ein 1060er Stahl mit zusätzlich 0,8% Cr ist. Bild 9.4 zeigt, dass die Zugabe dieser geringen Menge an Chrom einen signifikanten Einfluss auf die Lage der Startkurven im I-ZTU-Schaubild hat. Obwohl die Korngröße des 5160er Stahls sogar kleiner ist als bei 1060, ist die Perlitnase im Schaubild beim 5160er Stahl ungefähr um fünf Sekunden gegenüber nur 0,5 Sekunden beim 1060er verschoben.

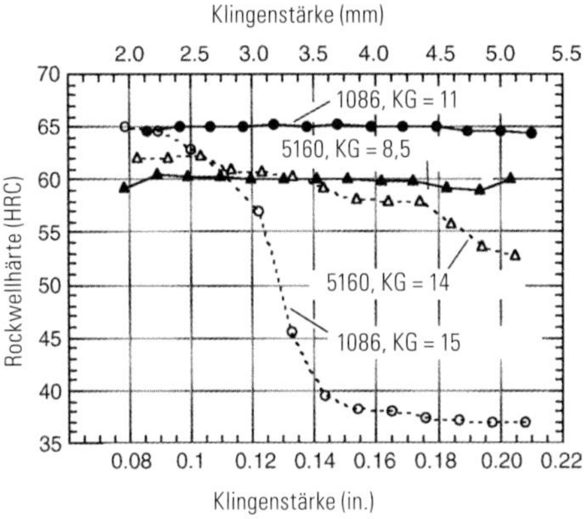

Bild 9.6 Abhängigkeit der Härte Rockwell C von der Klingendicke mit der Korngröße (KG) als Parameter.

9.1.3 Demonstration der Härtbarkeit

Ein einfaches und sehr anschauliches Experiment zeigt die Abhängigkeit der Härtbarkeit von der Korngröße sowie von der Zusammensetzung. Zwei Stähle, 1086 und 5160, wurden keilförmig ausgeschmiedet ähnlich einer Messerklinge, siehe Bild 9.5. Die 25 mm breiten Klingen variierten in der Dicke von 6 mm bis auf 0,03 mm. Von jedem Stahl wurden solche Proben mit feinem Korn und mit grobem Korn hergestellt, und zwar durch Anwendung der zyklischen Wärmebehandlung (in Kapitel 8 diskutiert) mit dem Ziel, die in Tabelle 8.2 aufgeführten Korngrößen zu erreichen. Die Stähle wurden in lebhaft bewegtem Öl bei Raumtemperatur abgeschreckt, halbiert, poliert, geätzt und mikroskopisch untersucht.

Drei der Proben waren zu 100% martensitisch, nämlich beide Proben aus 5160, die feinkörnige und die grobkörnige, und auch die grobkörnige aus 1086. Die Probe aus 1086er Stahl mit dem feinen Korn zeigte noch eine Mischung aus Martensit und feinem Perlit, mit einer interessanten Verteilung des Martensits: Da anzunehmen ist, dass die Abkühlgeschwindigkeit an der Oberfläche am höchsten ist, sollte man erwarten, dass sich der Martensit zuerst an der Oberfläche bildet, wie in Bild 9.5(a) eingezeichnet ist. Es zeigte sich jedoch, dass er sich an dem dünnen Ende bildet, mit einer geringen Menge an den Ecken der anderen Seite, wie in Bild 9.5(b) gezeigt.

Bei dieser abgeschrägten Messerklingengeometrie ist die Abkühlgeschwindigkeit in der Mitte (bei Dicken bis zu 6 mm) fast die gleiche wie an der Oberfläche. Ein solches Verhalten ist für dünne Proben zu erwarten und wird erklärt durch das Phänomen der Wärmeabfuhr an dünnen Grenzschichten.

Die Proben wurden weiter untersucht, indem auf den Querschnittsflächen entlang der Mittellinie – ausgehend von der Spitze bis zum Rücken – Messungen der Rockwell-Härte C (HRC) in Abständen von 0,06 mm durchgeführt wurden. Die Ergebnisse dieser Härtemessungen sind im Bild 9.6 über der Klingendicke aufgetragen. Wegen der zu erwartenden Randeffekte wurde auf Härtemessungen bei Dicken unter 2 mm verzichtet. Durch Mikrohärtemessungen konnte jedoch bestätigt werden, dass die Härtewerte konstant blieben für Klingendicken von 2 mm bis herunter zu den dünnsten Stellen der Klinge, an denen die Dicke nur noch etwa 0,8 mm betrug.

Die Ergebnisse für den Stahl 1086 zeigen eindrucksvoll den Einfluss der Korngröße. In der Probe aus 1086 mit grobem Korn (Korngrößenzahl 11) ist das Gefüge an allen Stellen voll martensitisch (65 HRC). In der durch zyklische Wärmebehandlung auf feines Korn (Größe 15) einge-

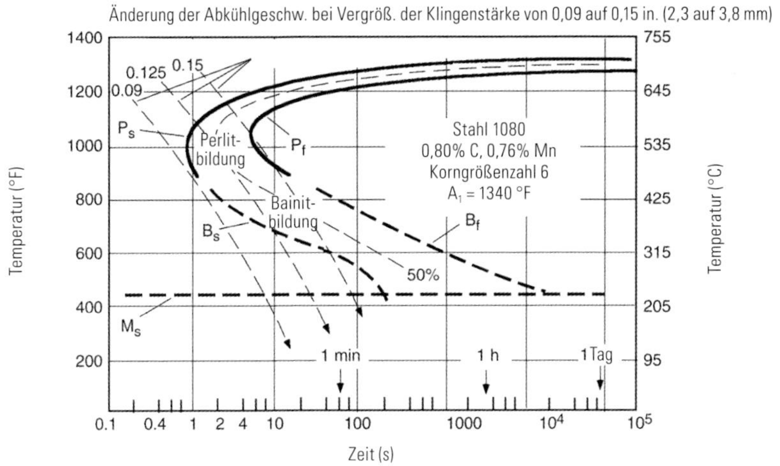

Bild 9.7 Mit Hilfe des Isothermen Umwandlungsschaubilds des Stahls 1080 aus Bild 9.3 erklären sich die Gefügeänderungen in der Klinge aus 1086. Durch Verfolgen der Linien für die Abkühlungskurven bei gegebener Dicke ist die Vorhersage der auftretenden Gefügebestandteile möglich.

stellten Probe aus 1086 bildet sich 100% Martensit nur bis zu Klingendicken von etwa 2 mm. Bei Dicken von mehr als 4 mm weist die Klinge gar keinen Martensit auf, sondern besteht ganz aus Bainit oder Perlit. Demgegenüber ist der Stahl 5160 viel weniger durch die Korngröße beeinflusst. Es scheint also, als ob bei Dicken größer als etwa vier Millimeter ein geringer Verlust an Martensit infolge der kleineren Korngröße auftritt.

Bild 9.6 zeigt, weshalb niedrig legierte Stähle für wärmebehandelte industrielle Bauteile so beliebt sind. Feinkörnige Gefüge braucht man wegen des Zähigkeitsgewinns, und die verbesserte Härtbarkeit der legierten Stähle erlaubt eine tiefere Einhärtung, als es bei feinkörnigen unlegierten Kohlenstoffstählen möglich wäre.

Das I-ZTU-Diagramm des 1080er Stahls aus Bild 9.3 wird in Bild 9.7 erneut dargestellt. Anhand dieses Bildes kann man eine detaillierte Erklärung der Martensitbildung geben. Nehmen wir an, die Kurven in dem Schaubild geben einen feinkörnigen 1086er Stahl mit der Korngrößenkennzahl 15 wieder. Theoretische Abkühlkurven sind in dem Diagramm gestrichelt wiedergegeben, und zwar an Positionen, die Klingendicken von 2, 3 und 4 mm entsprechen.

Da die Position für 2 mm Dicke die größte Dicke ist, bei der 100% Martensit auftritt, muss diese Abkühlkurve gerade an der Perlitnase (der P_s-Kurve) vorbeilaufen. Und da bei 4 mm die kleinste Dicke vorliegt, an der in der Messerklinge kein Martensit auftritt, muss die entsprechende Abkühlkurve knapp rechts vorbei an der Nase der P_f-Kurve laufen. Da außerdem die Dicke von 3 mm einem Härtewert entspricht, der gleich 50% der Differenz zwischen der Härte des voll martensitischen Gefüges und des martensitfreien Gefüges ist (die Mitte zwischen 65 HRC und 38 HRC in Bild 9.6), sollte die entsprechende Abkühlkurve durch die Nase der Linie der 50%-Umwandlung gehen.

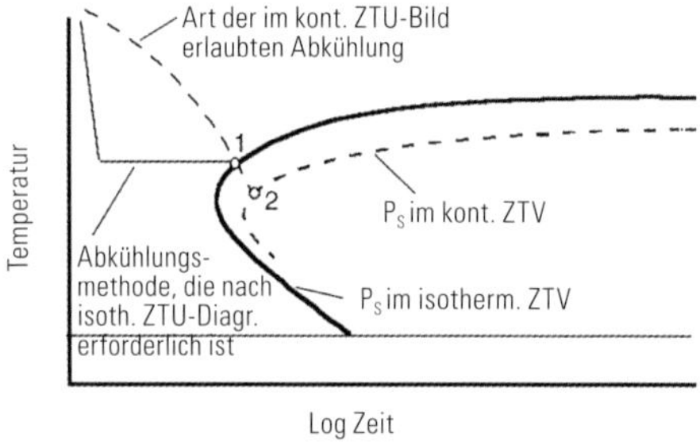

Bild 9.8 Unterschiede in der Art der Führung des Abkühlvorgangs ergeben Unterschiede zwischen der isothermischen Umwandlung (IU) und der kontinuierlichen Umwandlung (KU).

9.2 Kontinuierliche ZTU-Schaubilder

Die im letzten Abschnitt diskutierte Analyse auf der Grundlage der isothermischen ZTU-Schaubilder gemäß Bild 9.7 erklärt die grundlegenden Ideen hinter den unterschiedlichen Ausbildungen von Martensit in den Klingen aus 1086er Stahl, aber sie kann nur einen qualitativen Anhaltspunkt bilden. Das liegt daran, dass I-ZTU-Bilder nur für isothermisch abgekühlte Stähle Gültigkeit besitzen. Mit anderen Worten, sie gelten nur für Stähle, die so schnell abgekühlt werden, dass sie bei der betrachteten Temperatur vollständig austenitisch bleiben, und zwar so lange, bis das erste Zerfallsprodukt des Austenits auftritt (Ferrit, Perlit oder Bainit).

Bild 9.8 zeigt eine schematische Darstellung der P_S-Kurve des Stahls 1080. Es ist eine Abkühlkurve eingezeichnet, die für die Anwendung eines isothermischen ZTU-Schaubilds maßgeblich wäre. Sie zeigt einen sehr starken Abfall in der Temperatur, gefolgt von einer Haltezeit auf konstanter Temperatur. Bei dem Experiment mit den Klingen war dies nicht der Fall, was an einer Kombination aus Probengröße und Langsamkeit der Ölabschreckung lag. Bei diesem Experiment lag eher ein Abkühlverhalten gemäß der gestrichelten Linie in Bild 9.8 vor.

Aus Experimenten weiß man, dass beim Abkühlen einer Probe entlang einer kontinuierlichen Abkühlkurve, wie sie zum Beispiel der gestrichelten Linie in Bild 9.8 entspricht, die Perlitbildung nicht beim Punkt 1 einsetzt. Sie tritt stattdessen verzögert ein und beginnt erst bei Punkt 2. Daher liegt die P_S-Kurve in einem kontinuierlichen ZTU-Diagramm (K-ZTU-Diagramm) nicht an der gleichen Position wie beim isothermischen ZTU-Schaubild.

Die Kurven im K-ZTU-Diagramm sind nach rechts und nach unten verschoben. Das bedeutet, dass die eben auf der Basis des Bilds 9.7 diskutierte Erklärung nur eine Näherung sein kann, da die in dieses I-ZTU-Diagramm eingetragenen Abkühlkurven eigentlich in ein K-ZTU-Schaubild eingetragen werden müssten.

Wenn man nicht mit sehr dünnen Proben und sehr schnellen Abkühlbedingungen arbeitet, sollte man besser die K-ZTU-Diagramme statt der I-ZTU-Diagramme benutzen. Beispiele solcher K-ZTU-Diagramme sind in Bild 9.9 aufgeführt, und zwar für zwei Stähle, die beide etwa 0,4% Kohlenstoff enthalten. In die K-ZTU-Diagramme sind bereits Abkühlkurven eingetragen. Diese Abkühlkurven in Bild 9.9 sind die geneigt verlaufenden Linien mit Brüchen wie ¼ oder ½ als Kennzeichnung.

Die Formen dieser Abkühlkurven hängen von der Art der Abkühlung ab und variieren im Allgemeinen je nach Herkunft

Stahl SAE 5140
Zusammensetzung: 0,42% C, 0,87% Mn, 0,25% Si, 0,89% Cr
Korngröße: 8, austenitisiert bei 845°C (1550°F) (unterbrochene Jominy-Methode)

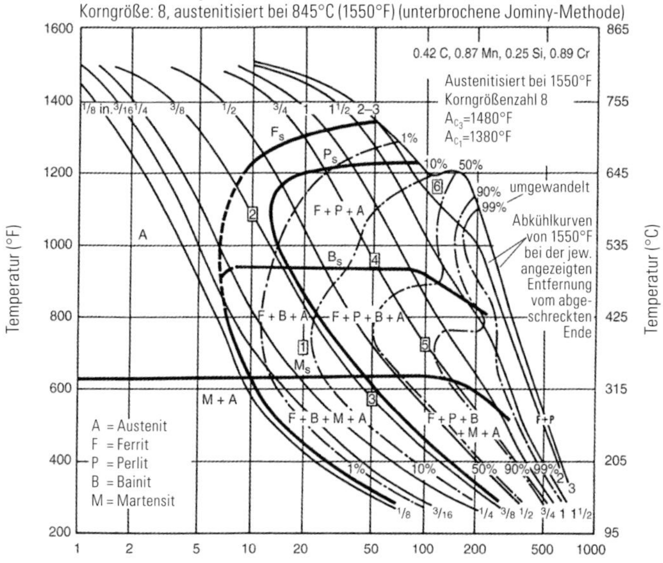

(a)

Stahl 1036
Zusammensetzung: 0,37% C, 1,45% Mn, 0,25% Si
Korngröße 7, austenitisiert bei 845°C (1550°F)

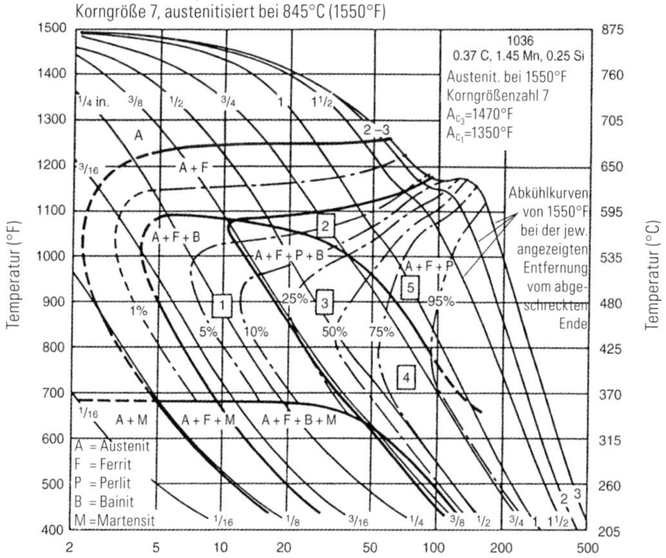

(b)

Bild 9.9 Kontinuierliche Umwandlungskurven für Stähle 1036 und 5140, beide mit etwa 0,4% C. 1550°F entspricht 843°C. Quelle: Literaturstelle 9.2

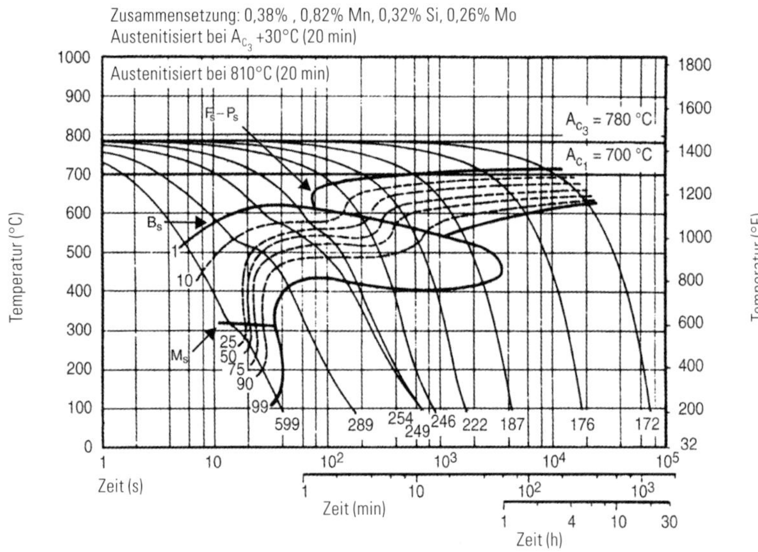

Bild 9.10 Eine oft gezeigte alternative Darstellung für kontinuierliche Umwandlungskurven. Quelle: Literaturstelle 9.2

des K-ZTU-Schaubilds. Die Abkühlkurven in Bild 9.9 gelten für Proben, die nach der Jominy-Methode abgekühlt wurden. Diese Methode wird im nächsten Abschnitt behandelt. Die Bruchzahlen an den Kurven stehen für die Abstände von der abgeschreckten Stirnfläche der Jominy-Proben in Bruchteilen von Zoll.

Zu beachten ist, dass in dem Diagramm für den Stahl 5140 die Kurven F_S, P_S, B_S und M_S eingezeichnet sind. Wenn man die beiden Diagramme in Bild 9.9 vergleicht, kann man die gleichen Kurven für den Stahl 1036 identifizieren. Obwohl der 1036er Stahl erheblich mehr Mangan aufweist als die meisten anderen unlegierten Kohlenstoffstähle, so ist doch die Härtbarkeit signifikant geringer als die des Stahls 5140. Die Nase der F_S-Kurve liegt beim 1036 bei nur zwei Sekunden im Vergleich zu etwa sieben Sekunden beim 5140.

Die Diagramme zeigen auch gestrichelte Linien mit Prozentwerten als Beschriftung. Diese Linien sind grobe Abschätzungen für die prozentualen Anteile der unterschiedlichen Gefügebestandteile, die sich in dem Stahl nach Abkühlung entlang einer solchen Kurve einstellen. 60% bedeutet also, dass 60% des Austenits in den Gefügebestandteil X zerfallen sind, je nachdem, in welchem Gebiet man ist.

Betrachten wir zum Beispiel die Kurve mit der Beschriftung ¾ im Diagramm für 5140. Diese Abkühlkurve schneidet die 1%-Linie knapp unterhalb der P_S-Linie bei etwa 30 Sekunden auf der Zeitachse. Diese Abkühlkurve schneidet die F_S-Kurve bei 20 Sekunden. Das bedeutet, dass der Stahl anfängt, Perlit zu bilden, nachdem sich leicht weniger als 1% Ferrit gebildet hat.

Die Abkühlkurve schneidet die B_S-Linie etwa in der Mitte zwischen den (gestri-

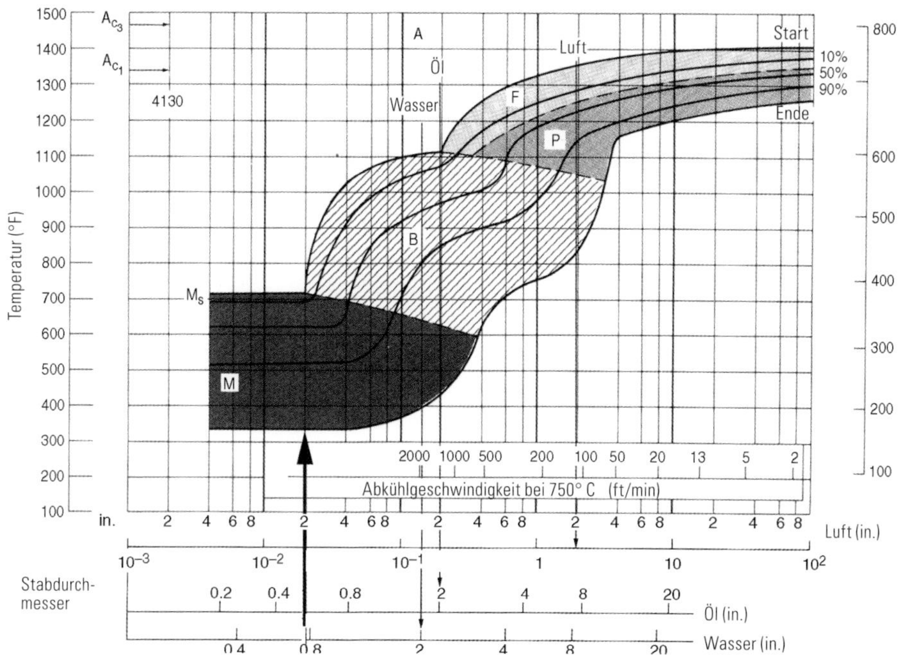

Bild 9.11 Eine alternative Form eines kontinuierlichen Umwandlungsschaubilds. Man kann die Gefüge im Inneren unterschiedlich dicker Stäbe in Abhängigkeit von unterschiedlichen Abschreckbedingungen, z.B. Luft, Öl oder Wasser, ablesen. Quelle: Literaturstelle 9.4

chelten) Kurven für „10% umgewandelt“ und „50% umgewandelt“. Das heißt, die Bainitbildung beginnt ungefähr, nachdem sich (50-10)/2 = 20[%] Perlit gebildet hat. Die M_S-Linie wird knapp hinter der 90%-Linie geschnitten, so dass sich noch etwa 9% Martensit bildet.

Zusammengefasst lässt sich sagen, dass ein Stahl, der entlang dieser Abkühlkurve gefahren wird, eine Mischung aus mindestens 1% Ferrit, 20% Perlit und 9% Martensit darstellt. Der Rest ist Bainit. Mit der gleichen Logik lässt sich folgern, dass ein Stahl, der entlang der 3/8-Linie gefahren wird, annähernd aus mindestens 3% Ferrit besteht. Es wird kein Perlit vorhanden sein, aber mindestens 20% Bainit. Der Rest ist Martensit.

Für die K-ZTU-Diagramme gibt es wesentlich mehr Darstellungen als für I-ZTU-Diagramme. Zur Verdeutlichung dieses Sachverhalts ist in Bild 9.10 eine andere Form der Darstellung eines K-ZTU-Diagramms für einen Stahl mit 0,38% C (Zusammensetzung oben rechts im Schaubild) dargestellt. Die Abkühlkurven in diesem Diagramm entsprechen nicht den Positionen auf der Jominy-Probe, sondern Stellen auf der Probe, die genau zur Erstellung dieses Diagramms gewählt wurden. Die Zahl am Ende jeder Kurve unten ist die bei Raumtemperatur gemessene

Stähle	Seiten	Art der Diagramme
aus USA	3–51	I-ZTU
aus UK	53–113	I-ZTU
aus Deutschland	115–161	I-ZTU und K-ZTU
aus Frankreich	163–220	I-ZTU und K-ZTU
molybdänlegierte Stähle	243–296	K-ZTU (W.W. Cias, Climax Molybdenum Co.)
vanadiumlegierte Stähle	297–369	K-ZTU (M. Atkins, Atlas CT Diagrams, American Society for Metals, 1980)
britische Baustähle	373–452	K-ZTU (M. Atkins, Atlas CT Diagrams, American Society for Metals, 1980)
andere Stähle	453–520	I-ZTU
zusätzliche Stähle	521–607	K-ZTU altes ASM-Buch von 1977 (Lit. 9.5)

I-ZTU: isothermische ZTU-Schaubilder, K-ZTU: kontinuierliche ZTU-Schaubilder, CT: entspricht K-ZTU

Tabelle 9.1 Zusammenfassung von Umwandlungsdiagrammen, die in Literaturstelle 9.2 enthalten sind.

Härte nach dem Diamantpyramidenverfahren (Vickershärte).

Die gestrichelten Linien stehen für die ungefähren prozentualen Anteile des bereits umgewandelten Austenits. Im ursprünglichen Diagramm waren die Startkurven nicht angegeben, aber nach Auswertung der Originaldaten wurden sie hier eingefügt. Es gibt keine Unterscheidung zwischen dem Start des Ferrits und des Perlits, daher ist die obere Startkurve eine kombinierte F_S-P_S-Kurve.

Es gibt noch eine dritte Art des K-ZTU-Diagramms, die in Literaturstelle 9.2 ohne Erklärung aufgeführt ist. Diese Diagramme wurden von der British Steel Corporation erstellt. Ein Beispiel für einen Stahl 4130 (deutsche Entsprechung 1.7218/ 1.7220, 25CrMo4) ist in Bild 9.11 dargestellt.

Mit diesem Diagramm ist es möglich, die Gefüge zu bestimmen, die sich nur im Inneren von unterschiedlich dicken Rundstäben einstellen, und zwar für die drei unterschiedlichen Abkühlmethoden Wasser, Öl und Luft. Um die Anwendung dieses Diagramms zu erläutern, betrachten wir drei Rundstäbe von je 50 mm (2 in.) Durchmesser. An den Stellen „2 in.“ für jedes Abkühlmittel – Wasser, Öl, Luft – befinden sich an den horizontalen Achsen Pfeile. Verfolgt man die Pfeile nach oben, kann man die in der Mitte zu erwartenden Gefügebestandteile vorhersagen.

Sehen wir uns den Pfeil für Wasserabkühlung an: Er geht durch den Martensit/ Bainit-Übergang unterhalb der 90%-Umwandlungs-Linie. Daher sind im Inneren des Stahls ungefähr 93% Bainit und 7% Martensit zu erwarten. In ähnlicher Weise kann man das Gefüge im Inneren eines Stabs von 50 mm Durchmesser bei Luftabkühlung auf ungefähr 40% Ferrit, 53% Perlit und 7% Bainit abschätzen.

Bild 9.11 erlaubt auf einfache Weise die Bestimmung des maximalen Stabdurchmessers, der noch durchgehärtet werden kann, also im Inneren 100% Martensit enthält. Das wird durch den fett eingezeichneten, nach oben weisenden Pfeil angedeutet. Er zeigt den kleinsten Durchmesser an, bei dem noch kein Bainit entsteht. Für eine

Wasserabschreckung wäre dieser Durchmesser etwas kleiner als 20 mm. Für eine Ölabschreckung wären es nur knapp 15 mm (Anmerkung: Die beiden unteren Skalen sind für diese Ermittlung gedacht).

Das Diagramm spezifiziert auch äquivalente Abkühlraten im Inneren, nachdem die Temperatur dort auf 750°C abgefallen ist. Diese Information kann für alle Abkühlmethoden angewendet werden, wenn die Abkühlgeschwindigkeit bei 750°C bekannt ist. So liegt zum Beispiel in dem Moment, in dem das Innere einer 50 mm dicken Probe bei Wasserabkühlung noch 750°C warm ist, die Abkühlgeschwindigkeit im Inneren bei knapp unter 2000°C/min (Hinweis: In den Literaturstellen 9.1 und 9.4 sind die Abkühlgeschwindigkeiten fälschlicherweise mit ft/min angegeben).

Es gibt viele Quellen für I-ZTU- und K-ZTU-Diagramme in der Literatur. ASM International hat ein Buch mit dem Titel *Atlas of Time-Temperature Diagrams for Irons and Steels* herausgebracht, das die meisten enthält (Literaturstelle 9.2) und die kompletteste Darstellung von ZTU-Diagrammen beider Art darstellt. Tabelle 9.1 ist eine Zusammenfassung des Inhalts.

9.3 Der Jominy-Stirnabschreckversuch

Walter Jominy, Absolvent der Universität von Michigan, war in den 1930er Jahren bei dem Autohersteller Chrysler beschäftigt und entwickelte einen Test, der zur Bestimmung der Härtbarkeit von Stählen weit verbreitet ist. Der Test ist im Prinzip ein kontrollierter Wärmeübergangsversuch, bei dem ein Rundstab von 100 mm Länge mit einem Durchmesser von 25 mm auf eine Temperatur im austenitischen Bereich gebracht und dann stirnseitig an einem Ende von einem Wasserstrahl angespritzt wird. Dadurch wird der Stab ausgehend von dem

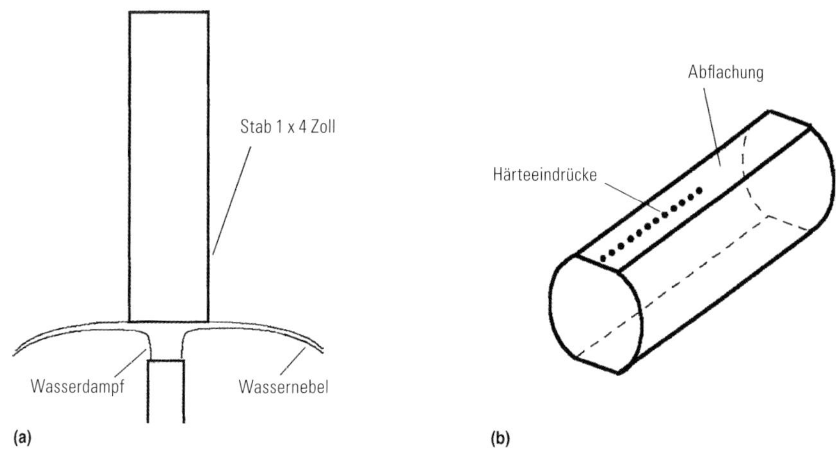

Bild 9.12 Experimentelle Anordnung des Jominy-Stirnabschreckversuchs (a). Veranschaulichung der bearbeiteten Flächen (Planflächen) sowie der Stellen, an denen Härtemessungen nach Abschrecken durchgeführt werden (b).

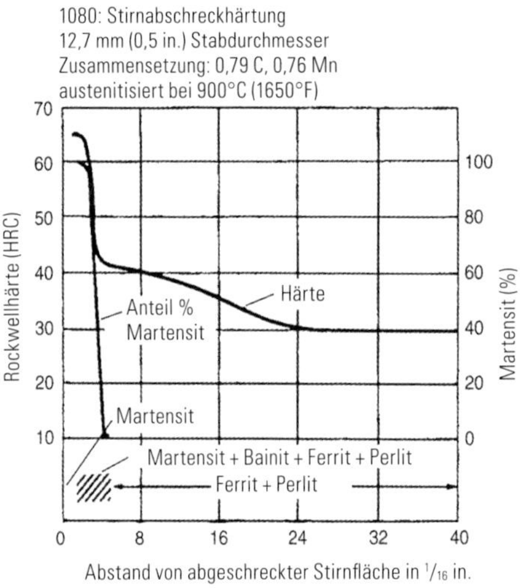

Bild 9.13 Härteprofile an Jominy-Proben aus einem 1080er Stahl. Quelle: Literaturstelle 9.1

abgeschreckten Ende abgekühlt (siehe Bild 9.12(a)).

Um Vergleichbarkeit zu gewährleisten, wird dieser Test mit einer spezifizierten Stabtemperatur (abhängig vom Kohlenstoffgehalt) und einer bestimmten Durchflussmenge an Wasser in einem bestimmten Durchmesser des Wasserstrahls durchgeführt. Nach dem Abkühlen werden kleine Anschliffe an jeweils gegenüberliegenden Stellen auf dem Stab angebracht, und zwar mit der in Bild 9.12(b) gezeigten Geometrie.

Der Stab wird dann in einem Härteprüfgerät auf HRC geprüft, wobei die Messungen in Intervallen von je 1/16 Zoll entlang der Stabachse durchgeführt werden, ausgehend vom abgeschreckten Ende bis zum entgegengesetzten Ende. Die Messungen werden beidseitig durchgeführt. Man verwendet den Mittelwert aus den Messwertpaaren zur Erstellung eines Härteprofils, wie es zum Beispiel im Bild 9.13 für den Stahl 1080 gezeigt ist.

Der Abstand längs der Stabachse wird oft die J_D-Position genannt. In den USA bedeutet $J_D = 1$ eine Position bei 1,6 mm. Man muss darauf achten, welche Einheiten verwendet werden. In Ländern außerhalb der USA wird der Abstand gewöhnlich in mm angegeben. Die Abkühlkurven, die in das K-ZTU-Diagramm in Bild 9.9 eingezeichnet sind, beziehen sich auf bestimmte J_D-Werte. So gilt die mit ¾ bezeichnete Abkühlkurve für eine Stelle, die 19 mm (¾ in.) hinter dem abgeschreckten Ende des Jominy-Stabs liegt, also $J_D = 12$.

Eine nützliche Eigenschaft, die die Jominy-Versuche sehr brauchbar macht, ist folgende: Die Abkühlraten von niedriglegierten Stählen mit unterschiedlichen chemischen Zusammensetzungen und auch unterschiedlichen Korngrößen sind im wesentlichen gleich. Das liegt daran, dass die Legierungselemente die Wärmeleitfähigkeit in diesen Stählen nicht signifikant ändern. Das gleiche gilt für die Korngröße. Demnach sind die in Bild 9.9 gezeigten Abkühlkurven für unterschiedliche Stähle die gleichen. Das einzige, was sich von Stahl zu Stahl ändern kann, ist der Anfangspunkt der Startkurven. Erhöht man die Legierungsanteile oder auch die Korngröße, dann verschieben sich diese Kurven nach rechts.

Der Jominy-Stab liefert eine Art Landkarte aller Gefüge, die in einer kontinuierlich abgekühlten Probe auftreten können. An der abgeschreckten Stirnfläche ist das Gefüge so gut wie immer 100% martensitisch. Weiter weg von dem abgeschreckten Ende fällt die Abkühlgeschwindigkeit ab. Ab einem gewissen Punkt treten dann auch nichtmartensitische Gefügebestandteile

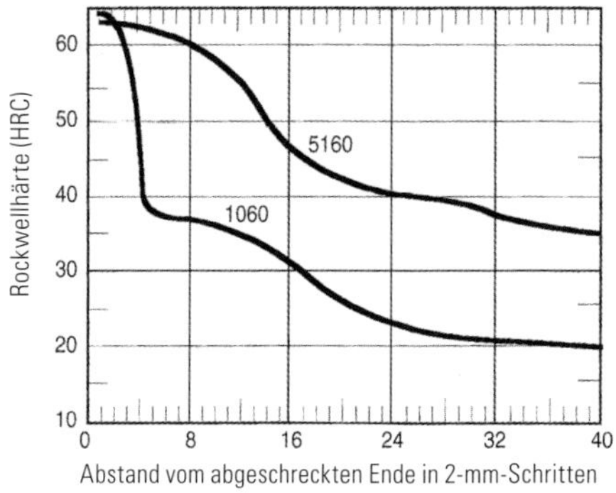

Bild 9.14 Härteprofile an Jominy-Proben aus Stählen 5160 und 1060. Quelle: Literaturstellen 9.1 und 9.5

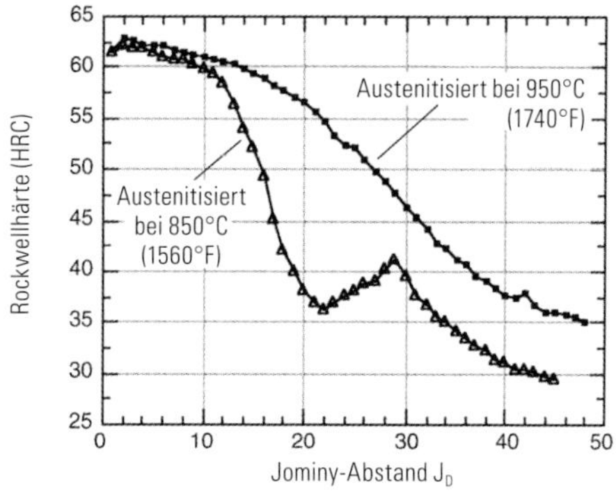

Bild 9.15 Härteprofile an Jominy-Proben aus Stahl 5160 nach Austenitisieren bei 850°C und 950°C.

auf, wie Bainit, Perlit und Ferrit. Dort beginnt auch die Härte abzufallen.

Dieser Effekt ist in Bild 9.13 dargestellt am Beispiel eines 1080er Stahls. Die Jominy-Daten werden durch die mit „Härte" indizierte Kurve repräsentiert. Die Kurve für den prozentualen Martensitanteil zeigt den Abfall des Anteils des Martensit von 100% bei etwa J_D = 3 auf 0% bei J_D = 6 (die prozentualen Martensitanteile sind auf der rechten Achse aufgetragen, die HRC-Werte auf der linken). Im Gebiet $3 \leq J_D \leq 6$ weist der Stab ein Gemisch aus Martensit, Bainit und Perlit auf, aber jenseits von J_D = 6 ist der Stab vollkommen perlitisch. Der sich fortsetzende Härteabfall im Perlit ist auf die zunehmenden Plattenabstände des Perlits bei den niedrigen Abkühlungsgeschwindigkeiten zurückzuführen. Dies stabilisiert sich bei Abständen größer als J_D = 24.

Im Bild 9.1 wurde bereits das Konzept der Härtbarkeit erläutert. Es veranschaulicht die Härteverläufe über dem Radius für die Stähle 5160 und 1060 im Vergleich. Die Jominy-Daten für diese beiden Stähle zeigen die überlegene Härtbarkeit des 5160, siehe Bild 9.14. Dort sind die Daten der zwei Stähle in den Literaturstellen 9.1 und 9.5 vergleichend eingezeichnet. Die tiefere Einhärtung des Stahls 5160 ist durch den Vergleich der Jominy-Daten offensichtlich.

Im 1060 reicht die Tiefe für ein 100-prozentiges Martensitgefüge bis zu einem Wert von J_D-Wert von ungefähr 1 bis 2, während sie beim 5160 bis zu Werten von 6 bis 7 geht. Beim 1060er Stahl ist bei J_D von ungefähr 6 kein Martensit mehr vorhanden. Die beim 5160 signifikant höhere Härte im Vergleich zu 1060 bis zu Werten von J_D=40 zeigt, dass beim 5160 trotz des großen Abstands vom abgeschreckten Ende noch etwas Martensit vorhanden ist.

Mit dem Jominy-Test kann man auch Änderungen im Härtbarkeitsverhalten erfassen, die durch leichte Änderungen bei der Wärmebehandlung verursacht wurden. Bild 9.15 zeigt Jominy-Messwerte an einem 5160er Stahl, der bei zwei unterschiedlichen Temperaturen für eine Stunde austenitisiert wurde. Die bei höherer Temperatur vorgenommene Austenitisierung führte zu einer dramatischen Zunahme der Härtbarkeit. Das könnte einerseits eine Folge von gröberem Korn bei der höheren Tem-

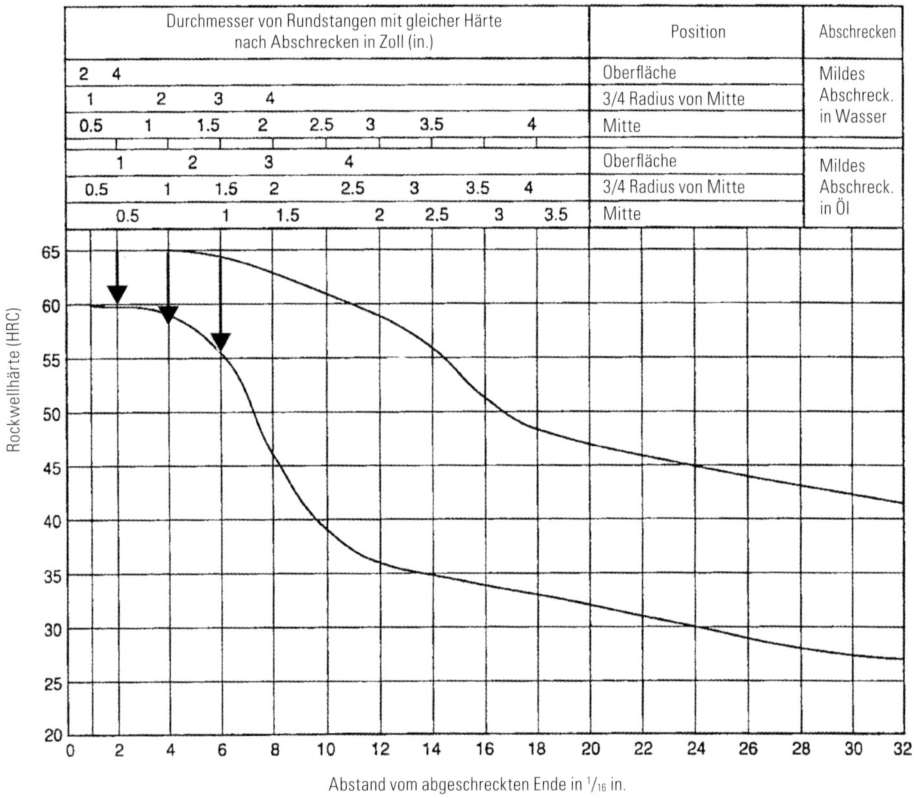

Bild 9.16 Härteprofil mit Darstellung des Härtbarkeitsstreubandes eines Stahls 5160H. Die Messungen erfolgten an äquivalenten Punkten auf den Jominy-Proben nach mildem Abschrecken in Wasser und Öl. Quelle: Literaturstelle 9.1

peratur sein, andererseits aber auch Folge einer anderen Austenitzusammensetzung bei der höheren Temperatur.

Die Korngröße wurde an beiden Stählen im Rahmen der Messgenauigkeit als gleich bestimmt, beide liegen etwa bei ASTM Nr. 10. Die Karbide im 5160 enthalten signifikante Mengen an Chrom. Anscheinend ist die Austenitisierung von einer Stunde bei 850°C nicht ausreichend, um alle Karbide aufzulösen und das Chrom in den Austenitkörnern des Stahls homogen zu verteilen. Das ist ein weiteres Beispiel dafür, welchen Einfluss die langsame Diffusion der Legierungselemente in niedrig legierten Stählen auf die Wärmebehandlung hat.

Die Jominy-Daten liefern für einen bestimmten Stahl quantitative Informationen über die Abkühlgeschwindigkeiten. Sie sind nötig, um einen bestimmten Anteil an Martensit zu erzeugen, wie zum Beispiel 50% oder 99%. Wie später im Kapitel 12 („Abschrecken“) dargelegt wird, hängt die Abkühlgeschwindigkeit innen im Stahl von den Abschreckbedingungen ab. So führt

Stab∅2R		Oberfläche (r=R)		r=½ R		Mitte r=0	
mm	in.	1060	5160	1060	5160	1060	5160
13	½	59	63	37	62	35	63
25	1	25	62	32	62	30	60
50	2	30	53	27	46	25	43
100	4	29	40	26	32	24	29

Quelle: Literaturstelle 9.2

Tabelle 9.2 Härtewerte in HRC der Stähle 1060 und 5160 nach Ölabschreckung.

Ölabschreckung zu geringeren Abkühlgeschwindigkeiten als Wasserabschreckung. Die Abkühlgeschwindigkeiten für die unterschiedlichen Abschreckmethoden wurden analysiert, und die Jominy-Daten können für die unterschiedlichen Abschreckmedien herangezogen werden, um die Martensitanteile im Inneren sowie bei unterschiedlichen Radien eines Stabs zu bestimmen. Ist der prozentuale Martensitanteil bekannt, dann lässt sich die Härte in Abhängigkeit vom Radius für unterschiedliche Abschreckmittel bestimmen.

Diese Analyse ist ziemlich komplex und wird hier nicht behandelt. Ergebnisse aus diesen Analysen jedoch sind für die speziellen Fälle milder Abschreckung in Wasser und Öl in Literaturstelle 9.1 grafisch dargestellt. Dort ist auch für viele Stähle die zusätzliche Information wie oben in Bild 9.16 wiedergegeben. Das Bild liefert äquivalente Jominy-Abstände für drei Orte r auf dem Radius R (Mitte (r=0), r=3/4R, Oberfläche) für milde Öl- und Wasserabschreckung.

Beispiel: Ein Stab mit einem Durchmesser von 25 mm wird einer milden Ölabschreckung unterzogen. Die äquivalenten Jominy-Positionen sind durch die abwärts weisenden Pfeile bei J_D = 2,2, 4 und 6,2 für Oberfläche, ¾ R und Mitte markiert. Bei Kenntnis der äquivalenten Jominy-Abstände kann man mit Hilfe der Jominy-Daten des betreffenden Stahls die für diese Abstände zu erwartenden Härtewerte bestimmen. Beim Stab in unserem Beispiel zeigen die Jominy-Daten der unteren Kurve eine Härte von 60 HRC für die Oberfläche, 59 HRC bei der Tiefe ¾ R und 55 HRC im Inneren. In ähnlicher Weise würden, falls die Jominy-Daten der oberen Kurve entsprechen, dort entsprechend 65, 65 und 64 HRC für Oberfläche, ¾ R und Zentrum ermittelt werden.

Literaturstelle 9.1 enthält auch einfache tabellarische Zusammenstellungen von Härtewerten, die an verschiedenen Radien r an ölabgeschreckten Proben ermittelt wurden. Zur Veranschaulichung gibt die Tabelle 9.2 die Ergebnisse für die Stähle 1060 und 5160 wieder. Die Tabelle enthält die HRC-Werte für drei verschiedene Positionen – Mitte, ½ R, und Oberfläche – für die beiden Stähle nach Ölabschreckung, gemessen in vier Stäben mit verschiedenen Durchmessern.

Die Daten zeigen, dass man mit Ölabschreckung Stäbe aus 5160 mit 25 mm Durchmesser oder kleiner durchhärten kann. Beim Stahl 1060 tritt bereits bei einem Stabdurchmesser von 13 mm keine Durchhärtung mehr ein.

9.3.1 Härtbarkeitsstreubänder

Bei niedrig legierten Stählen wird die Härtbarkeit stark durch die chemische Zusammensetzung bestimmt. Es gibt stets eine gewisse Schwankungsbreite der tatsächlich vorliegenden Werte um die standardmäßigen Vorgabewerte gemäß Tabelle 6.3. Weiterhin kann eine gewisse Toleranz in den Korngrößen im Anlieferungszustand vorliegen. Variationen in der Zusammensetzung und in der Korngröße verschieben die Jominy-Kurven nach rechts oder links, wie bereits diskutiert wurde.

Um solche Variationen zu minimieren, liefern Stahlwerke Werkstoffe, für die garantiert wird, dass sie eine Jominy-Kurve aufweisen, die innerhalb eines sogenannten Härtbarkeitsstreubands liegt. Solche Stähle tragen am Ende ihrer AISI-Bezeichnung den Kennbuchstaben „H". So zeigt zum Beispiel Bild 9.16 das Härtbarkeitsstreuband des Stahls 5160H. Der Hersteller übernimmt die Gewähr dafür, dass die Jominy-Daten für seinen Werkstoff 5160H irgendwo innerhalb der beiden in dem Bild zu sehenden Kurven liegen.

Die Kernaussagen in Kapitel 9:

1. Abgeschreckte Stähle härten, da sich aus dem Austenit Martensit bildet. Die Härte des Martensits hängt vom Kohlenstoffgehalt ab. Je höher der Kohlenstoffgehalt (bis zu einem Wert von etwa 0,8% C), umso härter wird der Stahl.
2. Die Zugabe von Legierungselementen wie Molybdän, Chrom, Nickel und Mangan erhöht nicht die Härte des Martensits. Sie erhöht die *Härtbarkeit* des Stahls (das Maß für die Tiefe, bis zu der sich noch Martensit bilden kann).
3. Bildet sich eines der drei Zerfallsprodukte, die bei Abschreckung des Austenits entstehen können (Ferrit, Perlit, oder Bainit), bevor sich Martensit bildet, dann kann kein Martensit mehr entstehen, und die Härte des Stahls wird vermindert. Legierungselemente behindern die Bildung aller drei Abschreckprodukte. Daher führen sie dazu, dass sich Martensit auch bei niedrigeren Abschreckgeschwindigkeiten bilden kann.
4. Abkühlgeschwindigkeiten sind im Inneren von abgeschreckten Stäben kleiner. Da Legierungselemente die Martensitbildung auch bei langsameren Abkühlgeschwindigkeiten erlauben, vergrößern sie die Tiefe unter der Oberfläche, bei der sich noch 100% Martensit ausbildet.
5. Das Ausmaß, in dem ein Legierungselement die Härtbarkeit erhöht, wird gemessen an seiner Fähigkeit, die Bildung der drei Abschreckprodukte Ferrit, Perlit und Bainit zu unterdrücken. Isothermische Umwandlungsschaubilder (I-ZTU) geben die Zeiten wieder, die nach einer Abschreckung verstreichen, bis die Bildung von Ferrit (die F_S-Kurve), Perlit (die P_S-Kurve) und Bainit (die B_S-Kurve) beginnt, und zwar in Abhängigkeit von der Temperatur, auf die abgeschreckt wurde. Je länger diese Zeiten sind, umso besser ist die Erhöhung der Härtbarkeit.
6. Die Kurven für die Startzeiten werden zu längeren Zeiten (also verbesserter Härtbarkeit) hin verschoben durch drei Faktoren: (1) Erhöhung des C-Gehalts in hypoeutektoiden Stählen, (2) Erhöhung des Anteils an Legierungselementen und (3) Erhöhung der Korngröße im Austenit. Da jedoch feines Korn für die Zähigkeitseigenschaften von entscheidender Bedeutung ist, werden Legierungselemente in feinkörnigen Stählen eingesetzt, um die durch das Feinkorn reduzierte Härtbarkeit wieder zu erhöhen.
7. Aus den isothermischen ZTU-Schaubildern folgt, dass der Stahl so schnell ab-

gekühlt werden muss, auch bis zur Mitte hin, dass die Temperatur auf den Zielwert der Abschreckung fällt, bevor eines der drei Zerfallsprodukte sich im Austenit bilden kann. Daher gelten I-ZTU-Diagramme nur für dünne Proben. Einen zweiten Typus von Abkühldiagrammen stellt das kontinuierliche ZTU-Diagramm (K-ZTU-Diagramm) dar. Es ist auch anwendbar für langsamere Abkühlung, so wie sie im Inneren von dickeren Stahlproben auftritt.

8. Ähnlich wie die I-ZTU-Kurven weisen auch die K-ZTU-Diagramme die Startkurven für Ferrit, Perlit und Bainit auf, das heißt die Kurven für den Beginn dieser Phasen. Zusätzlich sind in ihnen Abkühlkurven mit steigenden Abkühlgeschwindigkeiten als Parameter eingezeichnet. Durch die Messung der Abkühlrate eines Stahls und den Vergleich mit den passenden Abkühlkurven im Diagramm kann man für den untersuchten Stahl die Startzeiten für den Beginn der Bildung der drei Abschreckprodukte Ferrit, Perlit oder Bainit abschätzen.
9. Die meisten isothermen ZTU-Diagramme und auch viele K-ZTU-Diagramme geben die Startkurven ohne eine Beschriftung wieder, welches Zerfallsprodukt der Abschreckung sich bildet. Für die I-ZTU von unlegierten Kohlenstoffstählen kann man mit Hilfe der in Bild 4.23 enthaltenen Informationen eine gute Abschätzung der Temperaturbereiche für die Startkurven von Ferrit, Perlit oder Bainit treffen.
10. Die I-ZTU-Diagramme identifizieren die Zeiten, zu denen die Abschreckprodukte ihre Bildung beendet haben, also die Zeiten, zu denen der gesamte ursprüngliche Austenit in die Bestandteile Ferrit, Perlit und Bainit beziehungsweise in Kombinationen dieser Bestandteile zerfallen ist. Diese Linien werden oft mit einem Subskript „f" bezeichnet, so zum Beispiel P_f für das Ende der Perlitbildung und B_f für das Ende der Bainitbildung. Zusätzlich ist üblicherweise bei I-ZTU-Diagrammen eine gestrichelte Linie für die Zeiten eingetragen, zu denen sich 50% des Austenits in eines oder mehrere der Zerfallsprodukte umgewandelt haben.
11. Die K-ZTU-Diagramme weisen eine ganze Reihe solcher gestrichelter Linien auf. Diese stehen für den Anteil, in den sich der Austenit umgewandelt hat.
12. Es gibt eine andere Form des K-ZTU-Diagramms, bei dem der Fortschritt der Umwandlung nur im Inneren von Probestäben mit bekanntem Durchmesser beschrieben wird.
13. Der Stirnabschreckversuch nach Jominy ist ein Test, bei dem die Härte in Abständen von 1,6 mm – ausgehend von dem abgeschreckten Ende – unter kontrollierten Wärmeabfuhrbedingungen ermittelt wird. Am abgeschreckten Ende bildet sich Martensit. Dort, wo die Abkühlgeschwindigkeit geringer wird, bilden sich zunehmend die Endprodukte der Abschreckung, nämlich Bainit, Perlit und Ferrit. Die Reihenfolge ihres Auftretens hängt von der Zusammensetzung des Stahls ab.
    Der Test liefert ein qualitatives Maß für die Härtbarkeit eines Stahls. Hoch härtbare Stähle sind auch noch in größeren Entfernungen vom abgeschreckten Stabende zu 100% martensitisch und bleiben dementsprechend auch zu größeren Abständen hin härter.

14. Der Stirnabschreckversuch nach Jominy liefert nützliche Informationen zum Einfluss der Austenitisierungsbedingungen auf die Härtbarkeit. So zeigt sich zum Beispiel ein dramatischer Effekt einer Erhöhung der Austenitisierungstemperatur von 850°C auf 950°C beim Stahl 5160. Dieser Effekt geht auf die langsame Homogenisierung des Chroms im Austenit nach Auflösung der hochchromhaltigen Karbide zurück. Die langsame Homogenisierung liegt an dem niedrigen Diffusionskoeffizienten von Chrom in Austenit.
15. Es ist möglich, anhand von Jominy-Daten theoretische Vorhersagen der Härte von Stäben in verschiedenen Tiefen unter der Oberfläche zu treffen, und zwar für unterschiedliche Abschreckbedingungen, so zum Beispiel Wasserabschreckung (eine sehr schnelle Abschreckmethode) oder Ölabschreckung, eine mildere Form des Abschreckens. Ein Anwendungsbeispiel dafür ist die Bestimmung des maximalen Stabdurchmessers, der noch voll durchgehärtet werden kann (100% Martensit).
16. Wenn ein Stahl am Ende seines AISI-Codes (American Iron and Steel Institute) ein „H" stehen hat, so wie zum Beispiel 5160H, dann heißt das, dass das Stahlwerk eine Zusammensetzung und Korngröße für den Stahl garantiert, und dass die Jominy-Daten innerhalb des Härtbarkeitsstreubands (H-Bands) liegen, das für diesen Stahl veröffentlicht wurde.

KAPITEL 10
Anlassen

Die Wichtigkeit des Anlassens lässt sich mit Hilfe eines einfachen Experiments demonstrieren. Das Experiment wird an zwei kurzen Stücken Rundstahl von 3 mm Durchmesser durchgeführt. Der verwendete Stahl ist entweder ein 1095 oder W1-Werkzeugstahl, die beide im Wesentlichen die gleiche Zusammensetzung haben.

Zwei etwa 2,5 cm lange Abschnitte aus den Mitten der Stäbe werden mit einem Propanbrenner für etwa 20 Sekunden bis zu einer orangen Glühfarbe erhitzt und danach sofort in einem Eimer Wasser abgeschreckt. Die Temperatur reicht zur Bildung von Austenit in einem kurzen Stück aus, und das Abschrecken wandelt diesen in ein Gefüge aus Martensit + Restaustenit um.

Man spannt nun einen der beiden Stäbe so in einen Schraubstock, dass die verfärbten Bereiche etwa 15 mm aus den Spannbacken ragen. Dann schlägt man kräftig mit einem Hammer dagegen. Der Stab wird in der Mitte des erhitzten Bereiches spröde brechen, so wie ein Stück Glas.

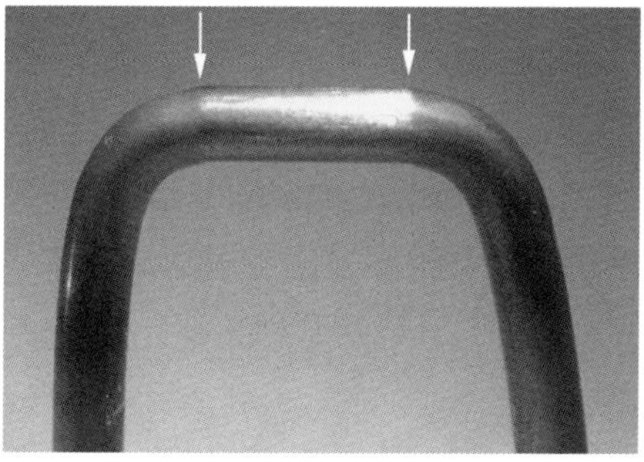

Bild 10.1 Gebogener Bohrerstab mit 3 mm Durchmesser nach Abschrecken und Anlassen.

Die verfärbte Stelle des anderen Stabs wird mit feinem Sandpapier geschliffen und poliert. Anschließend erhitzt man sie vorsichtig mit dem Brenner, bis sich eine tiefblaue Farbe einstellt. Dann kann man den Stab im Schraubstock von Hand oder mit einer Zange in die im Bild 10.1 gezeigte Form biegen. Das ist die Auswirkung des Anlassens.

In der erhitzten Zone hat sich Martensit gebildet, und wenn man sorgfältig den Anfang der Biegung betrachtet, kann man die Grenzen zwischen den martensitischen und nichtmartensitischen Bereichen sehen, wie es die Pfeile in Bild 10.1 andeuten. Die nichtmartensitischen Bereiche haben das eingeformte Gefüge (mit kugeligen Karbiden) des Anlieferungszustands, so wie in Bild 4.24 gezeigt. Dieses Gefüge ist weich, und der Materialfluss innerhalb dieses Gefüges beim Biegen führt zu einer Oberflächenverformung, die an den harten martensitischen Bereichen aufhört und damit die Übergangsgrenze erkennen lässt.

Ist die Anlasstemperatur hoch genug, dann wird der Stab nicht an der martensitischen Stelle brechen, selbst wenn man diese Stelle durch kräftige Hammerschläge im

Farbe	Temperatur °C
Strohgelb	220
Gelbbraun	240
Braunrot	255
Violett	280
Dunkelblau	290
Hellblau	315

Tabelle 10.1 Anlassfarben.

Schraubstock um 90° abbiegt. Wenn sie zu heiß ist, dann wird die martensitische Stelle zu weich.

Wenn man die polierte Stelle des Stabs erhitzt, bildet sich eine Oxidschicht darauf. In Abhängigkeit von der Dicke dieser Oxidschicht erscheinen unterschiedliche Farben. Das ist eine Folge der Interferenz des Lichts. Das bedeutet, das Licht wird doppelt reflektiert, einmal an der Metalloberfläche und einmal an der Oberfläche der Oxidschicht. Die Dicke der Oxidschicht hängt von der Temperatur des Stahls ab, und eine ganze Reihe von unterschiedlichen Farben tritt im Bereich der relativ niedrigen Temperaturen der Anlassbehandlungen auf. Die den entsprechenden Temperaturen zugeordneten Farben nennt man Anlassfarben. Tabelle 10.1 listet Temperaturen und Farben auf. Die Korrelation der Temperaturen mit Farben wird schon seit Jahrtausenden von Schmieden benutzt, die Stähle anlassen.

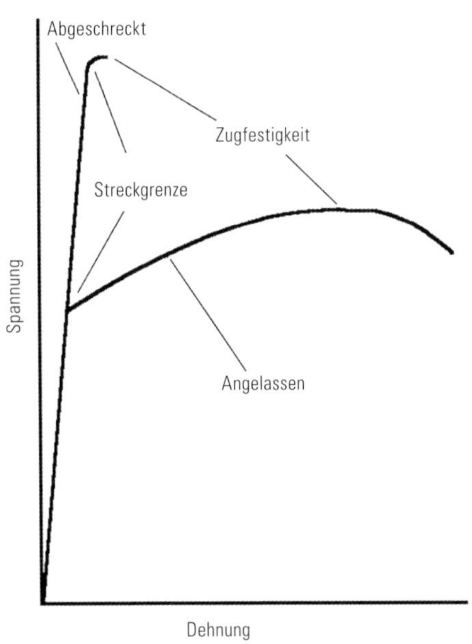

Bild 10.2 Die Auswirkung des Anlassens auf den Zusammenhang Spannung-Dehnung.

Das Experiment zeigt, dass der Stahl im abgeschreckten Zustand für die meisten Anwendungen viel zu spröde ist – außer für Fälle, die extreme Härte erfordern, ohne dass Biegebeanspruchung auftritt, zum Beispiel für Feilen. In der Praxis sind normalerweise alle Stähle angelassen.

Bild 10.2 zeigt die Änderung des Spannungs-Dehnungs-Verhaltens eines Stahls durch die Anlassbehandlung. Auf Kosten der hohen Festigkeit erfolgt ein Gewinn an Duktilität und Zähigkeit. Bild 10.3 zeigt gemessene reale Werte eines in Öl abgeschreckten Stahls 4340 in verschiedenen Anlasszuständen. Sowohl die Zugfestigkeit als auch die Streckgrenze fallen, wenn man die Anlasstemperatur erhöht, aber die Bruchdehnung und damit die Duktilität steigt. In der Literaturstelle 10.1 findet man ähnliche Kurven für andere Stähle, und sie zeigen die gleiche Abhängigkeit.

Beim Anlassen treten im Stahl einige Vorgänge auf, die insgesamt zu einem Verlust an Festigkeit, jedoch einem Gewinn an Duktilität und Zähigkeit führen. Als erstes werden die hohen Verspannungen im Stahl reduziert, die sich durch die Martensitbildung ergeben haben, denn dieser nimmt ja pro Atom ein größeres Volumen ein. Da-

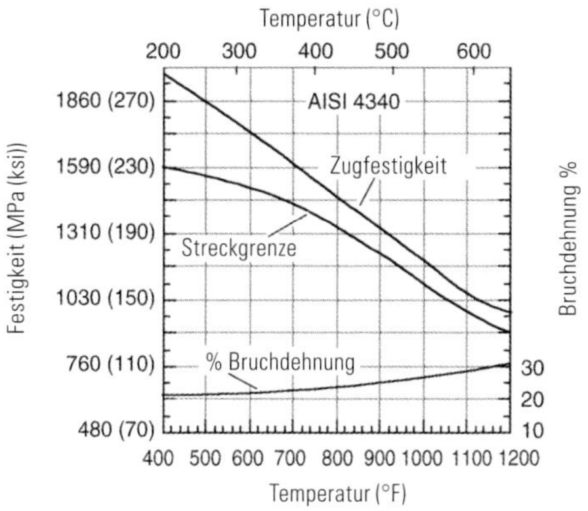

Bild 10.3 Die Änderungen der mechanischen Eigenschaften eines 4340er Stahls mit der Variation der Anlasstemperatur. Quelle: Literaturstelle 10.1

nach tritt eine Reihe von Strukturänderungen ein, die man im Allgemeinen auf die drei Anlassstufen aufteilt:

- **Stufe 1:** Es bilden sich sehr kleine Karbide im Martensit. Sie sind so klein (ungefähr 10 nm), dass man sie nur im Elektronenmikroskop sehen kann. Diese Anfangskarbide sind metastabil (das heißt, sie treten im Gleichgewichts-Phasendiagramm nicht auf). In hypoeutektoiden Stählen bildet sich Epsilon-Karbid (ε-Karbid, $Fe_{2,4}C$), in hypereutektoiden Stählen bilden sich Hägg'sches Karbid ($Fe_{2,2}C$) sowie η-Karbid (Fe_2C).
- **Stufe 2:** Aller Restaustenit zerfällt in Karbide und Ferrit. Ein prozentualer Restaustenitgehalt ist nur für hochkohlenstoffhaltige Stähle bedeutsam.
- **Stufe 3:** Die metastabilen Karbide werden ersetzt durch kleine Zementitpartikel, die stabile Karbidmodifikation*) im Stahl. Diese Stufe erfordert die höchsten Anlasstemperaturen.

Wie in Kapitel 4 dargelegt, ist die Zähigkeit ein besseres Maß für die Fähigkeit eines Stahls, Versagen zu vermeiden, als die Duktilität. Zähigkeit wird durch Schlagversuche nachgewiesen, zum Beispiel mit dem Charpy-Test. Der Izod-Test ist ein dem Charpy-Test ähnlicher Schlagversuch. Bild 10.4 zeigt das Streuband von Schlagversuchen an Stählen mit zwei unterschiedlichen Gehalten an Kohlenstoff. Diese Kurven zeigen folgende wichtige Eigenschaften von wärmebehandelten Stählen: Versprödung des angelassenen Martensits und die Auswirkung des Kohlenstoffgehalts auf die Zähigkeit.

10.1 Versprödung des angelassenen Martensits

Die zum Bruch erforderliche Schlagenergie fällt im Temperaturbereich zwischen 260°C und 340°C deutlich ab. Man nennt diesen Zähigkeitsverlust gewöhnlich *Versprödung des angelassenen Martensits* (im Englischen TME für „tempered martensite embrittlement"). Alte Bezeichnungen dafür sind „300°-Versprödung" oder Blauversprödung, da sie bei Temperaturen der Anlassfarbe „Blau" auftritt. Wegen dieses Problems werden Stähle, die man für hohe

* Streng genommen sollte man Zementit nicht als stabile Phase bezeichnen. Hält man Stahl eine lange Zeit bei 600°C, wird manchmal der Zementit durch Graphit ersetzt. Das bedeutet, dass die eigentliche stabile Phase im Eisen-Kohlenstoff-Phasendiagramm der Graphit ist und das in Kapitel 3 dargestellte Eisen-Kohlenstoff-Diagramm in Wirklichkeit kein Gleichgewichtsdiagramm ist. Da diese Graphitbildung jedoch nur selten in Stählen auftritt, ist dieser Punkt mehr oder weniger von rein akademischem Interesse.

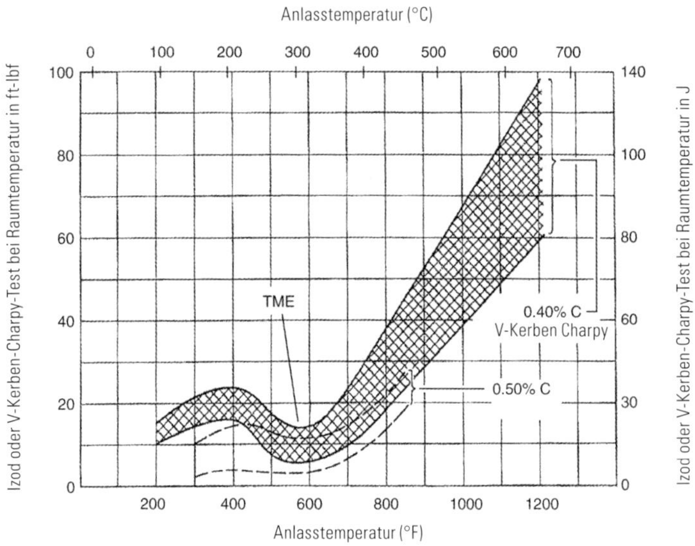

Bild 10.4 Abhängigkeit der Energieaufnahme von Kerbschlagproben von der Anlasstemperatur für Stähle mit 0,4% und 0,5% C. TME ist die Anlassversprödung („Tempered Martensit Embrittlement").
Quelle: Literaturstelle 10.2

Beanspruchung einsetzt, nur bis zu etwa 250°C angelassen. Für Anwendungen, die höhere Zähigkeit erfordern und nicht so hohe Festigkeit, lässt man den Stahl bei etwa 370°C an.

Zu beachten ist, dass man bei Anlasstemperaturen zwischen 540° und 650°C exzellente Zähigkeitswerte erhält. Natürlich fällt hier die Härte stark ab, und man könnte vermuten, dass luftabgekühlte perlitische Stähle für Anwendungen in diesem Härtebereich preiswerter wären. Allerdings sind generell Gefüge aus angelassenem Martensit immer zäher als perlitische Gefüge von gleicher Härte.

Die sogenannte *Anlassversprödung* („temper embrittlement", TE) ist eine zweite Art der Versprödung. Sie tritt beim Anlassen im höheren Temperaturbereich auf (eine alte Bezeichnung dafür ist auch *Anlasssprödigkeit*). Die Bezeichnungen sind sehr ähnlich, und man sollte die Verwechslung der Begriffe vermeiden. Anlassversprödung tritt auf, wenn man im hohen Temperaturbereich bei etwa 600°C anlässt. Sie stellt kein sehr ernstes Problem dar, denn man kann sie leicht vermeiden, indem man von der Anlasstemperatur abschreckt.

Wie aus Bild 10.4 zu sehen, kann man die Anlassversprödung nicht einfach durch eine Auftragung der Schlagenergie über der Anlasstemperatur feststellen, sondern nur durch aufwändige Schlagversuchsserien, bei denen man die Abhängigkeit der Übergangstemperatur duktil/spröde von der Anlasstemperatur bestimmt.

Es ist oft möglich herauszufinden, ob ein Stahl infolge eines dieser Versprödungsmechanismen versagt hat, indem man die Bruchfläche untersucht. Ein Korngrenzenbruch ist charakteristisch für beide Versprödungsarten. Allerdings können

Stähle mit extrem niedrigen Phosphor- und Schwefelgehalten nach 300°-Versprödung Spaltbruchoberflächen aufweisen (s. Kap. 5).

10.2 Einfluss des Kohlenstoffgehalts auf die Zähigkeit

Bild 10.4 zeigt, dass die Zunahme des Kohlenstoffgehalts von 0,4% auf 0,5% zu einem merklichen Verlust der Bruchenergie führt. Bruchenergien von weniger als 14 bis 20 J sind gefährlich gering als Sicherheit gegen Sprödbruch. So ist zum Beispiel der maximale Kohlenstoffgehalt aller im Automobilbau verwendeten Stähle nur 0,4% C, mit Ausnahme von Federn, bei denen der Kohlenstoffgehalt 0,6% beträgt (wie 1.1737, DIN-Bez. 60MnCrB3 für Blattfedern und 1.5027 entsprechend 60Si7 für Schraubenfedern), und der Lager mit etwa 1,0% C (sehr oft 1.3505 entsprechend 100Cr6). Diese Bevorzugung von Stählen mit niedrigem Kohlenstoffgehalt ist direkt verknüpft mit dem Verlust an Zähigkeit, wenn der Kohlenstoffgehalt steigt.

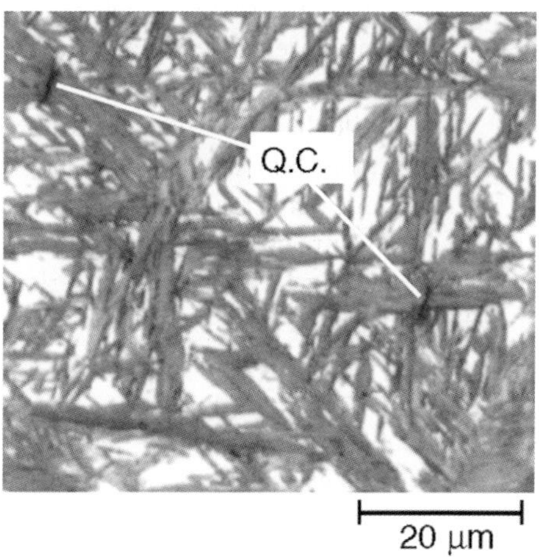

Bild 10.5 Die Beanspruchung von Martensitplatten führt zu Härterissen (QC, quench cracks).

Bild 4.13 zeigt, dass durch Steigerung des Kohlenstoffgehalts über 0,4% hinaus eigentlich nicht mehr viel an Festigkeit zu gewinnen ist. Das HRC-Härteniveau bei 0,4% ist 57 HRC, was einer Zugfestigkeit von 2210 MPa entspricht. Das reicht für die meisten Anwendungen völlig aus, auch nach dem Festigkeitsverlust durch das Anlassen. Federn müssen höhere Festigkeiten aufweisen, weil sie sicher sein müssen gegen Ermüdungsbruch.

Der Hauptgrund für die Verwendung hochkohlenstoffhaltiger Stähle ist deren verbesserter Verschleißwiderstand. Die Verschleißfestigkeit eines Stahls mit 0,8 bis 0,9% C, der durch Anlassen auf die gleiche Härte gebracht wurde wie ein Stahl mit Kohlenstoffgehalten zwischen 0,5 und 0,6% C, ist deutlich höher. Das geht auf den erhöhten Anteil an Karbiden in dem angelassenen Stahl mit hohem Kohlenstoffgehalt zurück.

Die Hersteller landwirtschaftlicher Geräte zum Beispiel verwenden Stähle mit höherem Kohlenstoffgehalt für die zahlreichen Geräte, die Verschleiß unterliegen, wenn sie durch Erde gezogen werden. Hohe Kohlenstoffgehalte sind auch günstig für die Erhöhung des Verschleißwiderstands von Messerklingen. Wie bei den meisten Anwendungen ist auch hier die bestmögliche Kombination von hoher Härte und hoher Zähigkeit erwünscht. Das ist der ewige Kampf um den besten Kompromiss, denn die beiden Eigenschaften ändern sich gegenläufig, wie in Bild 10.3 zu sehen ist.

Die Anwesenheit von Karbiden in der Martensitmatrix eines Kugellagerstahls wie 52100 (entspricht 1.3505, 100Cr6) führt zu hohem Verschleißwiderstand, da die Karbide härter sind als selbst der Martensit. Allerdings sind große Karbide sehr nachteilig für die Zähigkeit. Es ist sehr wichtig, in solchen Stählen die Karbide so klein wie möglich zu halten und dabei im Hinterkopf zu behalten, dass dennoch die Zähigkeit potenziell reduziert ist. Daher sollte man diese Stähle nicht verwenden, wo sie Zugbelastung unterliegen, was für die meisten Anwendungen als Lagerwerkstoff gegeben ist.

Ein weiteres ernstes Problem, das zur verringerten Zähigkeit von hoch kohlenstoffhaltigem Martensit beiträgt, sind Risse, die sich beim Abschrecken im Plattenmartensit bilden, zu sehen in Bild 4.15(b). Eine Vergrößerung eines Gebiets mit Härterissen („quench crack", QC) ist in Bild 10.5 zu sehen. Solche Härterisse treten oft auf, wo Martensitplatten aufeinanderstoßen. Sie führen zu einem erheblichen Zähigkeitsverlust. In allen Fällen, in denen Zähigkeit eine entscheidende Rolle spielt, stellt Lattenmartensit eine bessere Form des Martensits als Plattenmartensit dar.

10.3 Der Einfluss von Legierungselementen

Neben der Verbesserung der Härtbarkeit ist der Hauptgrund für die Zugabe von Legierungselementen die verbesserte Reaktion auf das Anlassen. Der Effekt von Legierungselementen ist verallgemeinert in Bild 10.6 und in Bild 10.7 dargestellt. Die obere Kurve in Bild 10.6 gibt die gleichen Werte der Härte von frischem Martensit wieder, die auch in Bild 4.13 wiedergegeben wurden. Diese Kurve gilt sowohl für unlegierte Kohlenstoffstähle wie auch für legierte Stähle .

Anlassen führt zu Härteabfall, und die unteren beiden Kurven beschreiben die Abhängigkeit der Härte über dem Kohlenstoffgehalt nach Anlassen bei den gleichen Anlasstemperaturen für jeweils den unlegierten Kohlenstoffstahl und den legierten Stahl. Der wichtige Unterschied ist, dass der legierte Stahl nach dem Anlassen eine höhere Härte aufweist. Das wird durch den aufwärts gerichteten Pfeil mit der Beschriftung ΔH verdeutlicht. Das Symbol Δ bezeichnet eine Änderung, H bedeutet Härte.

Die untere Kurve in Bild 10.7 zeigt, wie sich die Härte eines 1040er Stahls in Abhängigkeit von der Anlasstemperatur verringert. Die obere Kurve zeigt, wie die Zugabe von 0,24% Molybdän die Härte wieder anhebt. Wieder wird die Härteerhöhung durch das Legieren mit ΔH bezeichnet. Die Härtezunahme hängt von dem zugefügten Legierungselement sowie von der Anlasstemperatur ab.

Wie in Bild 10.8 erläutert, führen die Zugabe der vier hauptsächlichen Legie-

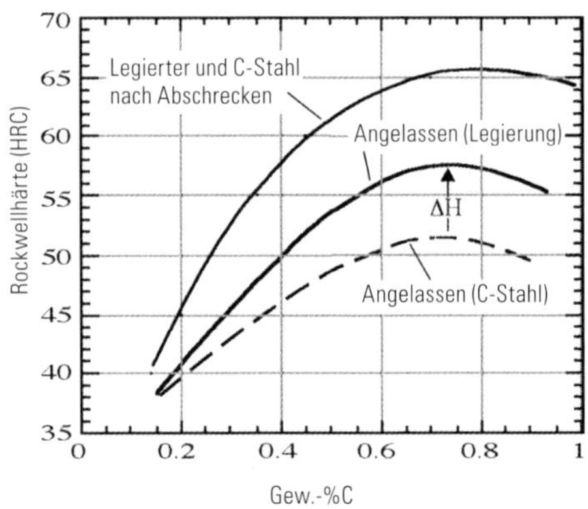

Bild 10.6 Abschreckhärten und Härten nach Anlassen von unlegierten Kohlenstoffstählen und legierten Stählen in Abhängigkeit vom Kohlenstoffgehalt. ΔH bezeichnet die Härtesteigerung von legierten und unlegierten Stählen mit gleichem Kohlenstoffgehalt.

Stahl	% C	% Mn	Legierungselement
1060	0,6	0,75	kein
5160	0,6	0,88	0,8% Cr

Tabelle 10.2 Chemische Zusammensetzung der Stähle 1060 und 5160.

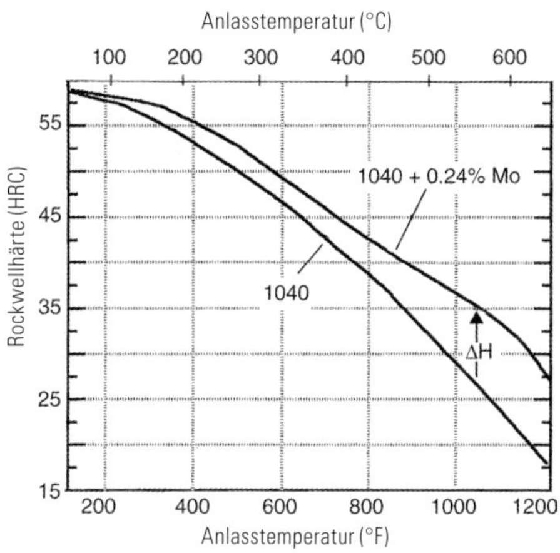

Bild 10.7 Einfluss des Zulegierens von Molybdän auf die Abhängigkeit der Härte von der Anlasstemperatur. Der durch das Legieren hervorgerufene Härteanstieg ist mit ΔH bezeichnet. Quelle: Literaturstelle 10.3

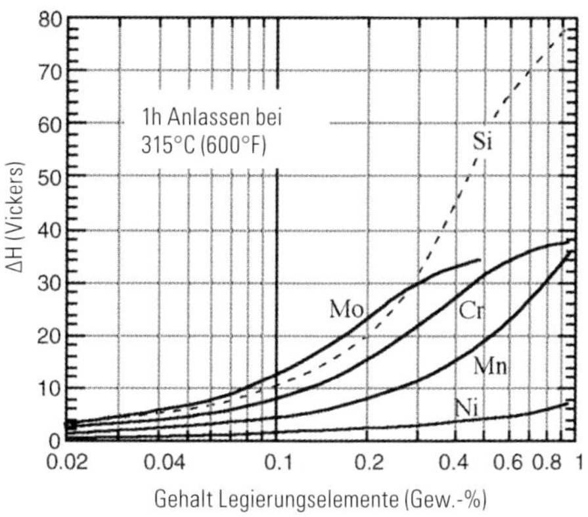

Bild 10.8 Steigerung der Härte beim Anlassen durch Silizium und die vier hauptsächlichen Legierungselemente. Quelle: Literaturstelle 10.4

rungselemente in den Stählen sowie auch die stets darin enthaltenen kleinen Mengen an Silizium zu einem Härtezuwachs ΔH. Die Größe des Härte-Inkrements ΔH eines jeden Elements hängt von der Anlasstemperatur ab. Bild 10.8 gibt die beobachteten allgemeinen Trends wieder.

Der Hauptgrund für diesen Zuwachs an Härte ist, dass sehr kleine Karbide zur Härte beitragen, aber dieser Beitrag fällt wieder ab, wenn die Karbidgröße ansteigt. Wie in Kapitel 8 erklärt, wandern die reaktionsfreudigen Legierungselemente in die Zementitkomponente des Stahls. Das ändert die Zusammensetzung der Karbide von Fe_3C nach $(Fe{+}X)_3C$, was oft als M_3C geschrieben wird. X steht dabei für eines der reaktionsfreudigen Elemente wie Chrom und Molybdän.

Bei höheren Anlasstemperaturen wächst die durchschnittliche Karbidpartikelgröße an, wenn größere Teilchen kleinere ersetzen. Allerdings ist dieser Vergrößerungseffekt diffusionsgesteuert, und das Legierungselement X kann bei weitem nicht so schnell diffundieren wie der Kohlenstoff. Aus diesem Grund bleiben die Karbide mit Legierungselementen, die sich in niedrig legierten Stählen ausbilden, und zwar $M_{2,4}C$ genau wie M_3C, auch bei höheren Anlasstemperaturen kleiner und tragen so zu erhöhter Härte nach dem Anlassen bei.

Um die positiven Auswirkungen in angelassenen legierten Stählen näher zu beleuchten, betrachten wir zwei Stähle mit 0,6% Kohlenstoff, wie sie in Tabelle 10.2 charakterisiert sind. Die Stähle wurden bei den vier Temperaturen, die in Bild 10.9 angegeben sind, abgeschreckt und angelassen (jeweils eine Stunde). Bei einem vorgegebenen Wert der Brucheinschnürung Z ist der

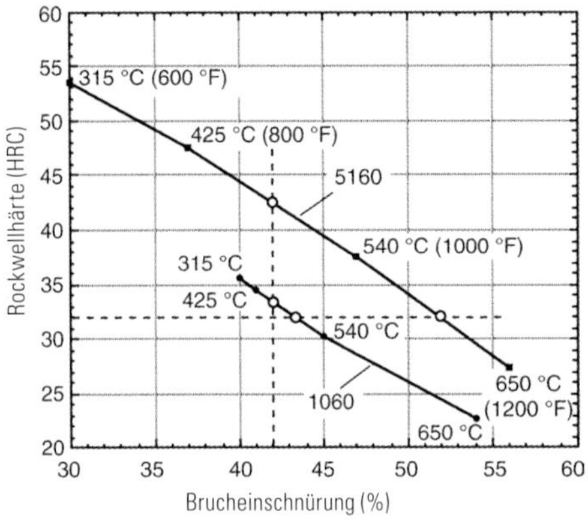

Bild 10.9 Die Rockwell-Härten fallen bei Zunahme der Brucheinschnürung (Duktilitätsmaß) bei den Stählen 1060 und 5160 nach Anlassen über 1 Stunde bei den im Diagramm eingetragenen Temperaturen. Die gestrichelt gezeichnete Vertikale dient zum Vergleich der Effekte des Legierens bei gleicher Duktilität. Die gestrichelt gezeichnete horizontale Linie vergleicht die Auswirkungen des Legierens bei gleicher Härte. Quelle: Literaturstelle 10.5

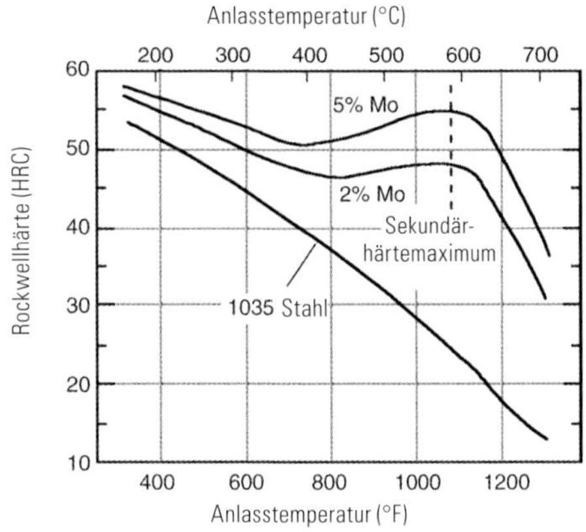

Bild 10.10 Beim Stahl 1035 prägt sich bei Zugabe von größeren Mengen Molybdän ein Sekundärhärtemaximum aus. Quelle: Literaturstelle 10.3

niedrig legierte AISI-Stahl härter (fester). Bei einem Wert der Brucheinschnürung von Z=42% zum Beispiel, angedeutet durch die vertikale gestrichelte Linie, hat der Stahl 5160 eine Härte von 43 HRC im Vergleich zu 34 HRC des Stahls 1060 (die zugehörigen Zugfestigkeiten sind 1393 beziehungsweise 1048 MPa).

Eine andere Betrachtungsweise ist, dass bei einem vorgegebenen Härtewert der niedrig legierte Stahl die höhere Duktilität aufweist. Bei 32 HRC (horizontale gestrichelte Linie) beträgt die Brucheinschnürung für den Stahl 5160 Z=52%, im Vergleich dazu 43% für den Stahl 1060.

In Kapitel 8 wurde herausgestellt, dass die reaktionsfreudigen Elemente die Tendenz zur Karbidbildung aufweisen, was zu zwei wichtigen Resultaten führt:

(1) In Stählen, die Zementit enthalten, wandern die reaktionsfreudigen Legierungselemente in den Zementit und ändern dessen Zusammensetzung von Fe_3C nach M_3C , wobei M für „Fe+Legierungselement" steht.

(2) Zementit ist ein Eisenkarbid und heißt auch natürliches Karbid. In ähnlicher Weise bilden auch die Legierungselemente natürliche Karbide. Sie besitzen andere Kristallstrukturen, andere Schmelzpunkte und andere Härten als das Zementitkarbid M_3C. Zum Beispiel sind $Cr_{23}C_6$ und Mo_2C die natürlichen Karbide von Chrom und Molybdän. Die Härte und der Schmelzpunkt der natürlichen Karbide der reaktiven Metalle sind höher als die Werte des Zementitkarbids. Die höhere Schmelztemperatur ist ein Indiz für die geringere Beweglichkeit der Atome. Das bedeutet: Wenn sich solche Karbide beim Anlassen bilden, unterliegen sie nicht so stark der Partikelvergröberung und führen zu höherer Festigkeit (Härte) bei höheren Anlasstemperaturen.

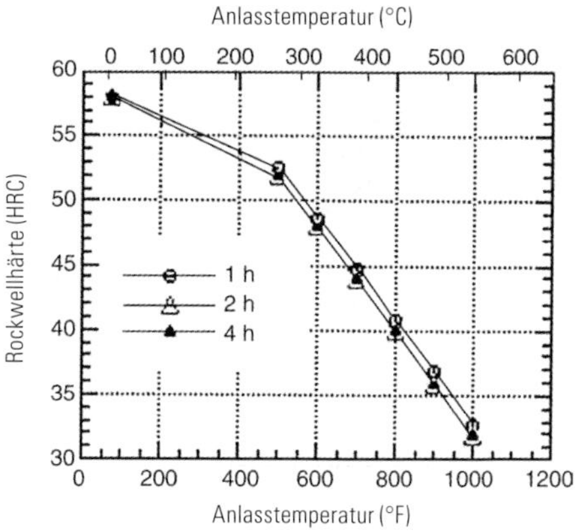

Bild 10.11 Voraussage der Härte HRC für unterschiedliche Anlasstemperaturen am Beispiel eines Stahls 1045.

Fügt man einem Stahl hinreichend große Mengen der reaktionsfreudigen Elemente hinzu, zum Beispiel Molybdän oder Chrom, dann bilden sich beim Anlassen deren reine (natürliche) Karbide in erheblicher Menge aus, was zu deutlichen Festigkeitssteigerungen im angelassenen Zustand führt. Das ist in Bild 10.10 für den Einfluss von Molybdän gezeigt. Wie man sieht, steigt die Festigkeit beim Anlassen bei höheren Temperaturen noch an, wenn sich die reinen Metallkarbide ausbilden. Diese Festigkeitssteigerung wird manchmal auch als vierte Anlassstufe bezeichnet, oder als *Sekundärhärtemaximum*. Eine solche Hochtemperaturfestigkeit ist sehr wichtig für Werkzeugstähle.

Bisher wurde die Haltezeit bei Anlasstemperatur nicht behandelt. Wenn man eine Anlasstemperatur lange hält, fällt die Härte ab. Dieser Härteabfall ist jedoch ziemlich langsam und wird bei Anlasskurven meist nicht gezeigt. Die Anlasszeit beträgt üblicherweise eine Stunde. Es gibt einige sehr intensive Forschungsarbeiten über die Auswirkungen von Legierungselementen, Anlasstemperaturen und Haltezeiten auf die Härte (siehe auch Literaturstellen 10.6 und 10.7). Aus diesen Arbeiten wurde ein Korrelationsparameter ermittelt, der es erlaubt, die Anlasskurve für jeden AISI-Stahl zu berechnen.

Die Anlasskurven für den Stahl 1045 in Bild 10.11 wurden mit Hilfe dieser Methoden berechnet. Die Kurven geben die Abhängigkeit der Härte sowohl von der Temperatur als auch von der Haltezeit wieder. Man sieht, dass im Vergleich zum Temperatureinfluss die Variation der Zeit von einer bis vier Stunden vernachlässigbar ist.

Die Kernaussagen in Kapitel 10:

1. Die meisten Stähle werden angelassen, da ihre Zähigkeitseigenschaften im abgeschreckten Zustand normalerweise sehr schlecht sind. Anlassen (Erwärmen auf eine niedrige Temperatur für etwa eine Stunde) erhöht Zähigkeit und Duktilität erheblich, um den Preis einer niedrigeren Zugfestigkeit und Fließspannung.
2. Während des Anlassens beginnt der Martensit, in Ferrit und Karbide zu zerfallen. Bei den niedrigsten Anlasstemperaturen (1. Anlassstufe) bilden sich sehr feine metastabile Karbide, meist Epsilon-Karbid ($Fe_{2,4}C$), die bei höherer Temperatur (Anlassstufe 3) ersetzt werden durch die normalen Karbide (Zementit, Fe_3C). Bei Temperaturen dazwischen, in der 2. Anlassstufe, wird Restaustenit abgebaut, sofern er vorhanden war.
3. Die am besten geeignete Methode zur Charakterisierung der Zähigkeit be-

steht in der Durchführung von Kerbschlagversuchen, zum Beispiel Charpy-Tests oder Izod-Tests. Solche Tests zeigen, dass die Zähigkeit nach Anlassen auf gefährlich niedrige Werte abfällt, wenn der Kohlenstoffgehalt 0,4% übersteigt.

4. Stähle mit höherem Kohlenstoffgehalt finden weitgefächerte Anwendung wegen ihres deutlich höheren Verschleißwiderstands. Dieser Verschleißwiderstand geht auf die Anwesenheit von Karbiden zurück, die härter sind als Martensit. Die Karbide begünstigen Sprödigkeit. Man kann diesen Effekt jedoch dadurch reduzieren, dass man die Karbidgröße sehr klein hält. Unlegierte Kohlenstoffstähle haben gute Verschleißbeständigkeit, da sie in der 1. Anlassstufe sehr feine Karbide ausbilden. Solche Stähle finden vielfach Anwendung bei Schneidwerkzeugen und bei Pflügen. Wälzlagerstähle und auch Werkzeugstähle werden so wärmebehandelt, dass sie sehr feinkörnige Karbidverteilungen aufweisen. Obwohl sie sehr fein sind, etwa 1 µm, liegt die Größe doch wesentlich über der der Karbide, die in der 1. Anlassstufe gebildet werden.
5. Beim Anlassen können im Stahl zwei Versprödungsmechanismen auftreten. Der erste heißt *Versprödung des angelassenen Martensits* (*Blauversprödung*) und tritt auf, wenn im Bereich zwischen 260° und 340°C angelassen wird. Dieser Anlassbereich ist zu meiden. Der zweite Mechanismus, die *Anlassversprödung*, tritt zwischen 540° und 650°C auf. Man kann die Anlassversprödung leicht vermeiden, indem man von der Anlasstemperatur abschreckt.
6. Die Festigkeit eines abgeschreckten Stahls sinkt beim Anlassen. Die feinkörnigen Karbidverteilungen, die sich in der 1. Anlassstufe ausbilden, ergeben einen festigkeitssteigernden Effekt, der dem normalen Abfall der Festigkeit entgegenwirkt. Steigt die Anlasstemperatur, wachsen die feinen Karbide (Vergröberung) und reduzieren dadurch ihre festigkeitssteigernde Wirkung. Die Zugabe von reaktionsfreudigen Legierungselementen, die aggressive Karbidbildner sind, wie zum Beispiel Chrom und Molybdän, hat zur Folge, dass die Karbide sich nur langsam vergröbern. Das führt zu höherer Festigkeit (Härte) nach dem Anlassen. Die Verringerung der Geschwindigkeit der Karbidvergröberung ist eine Folge der geringen Diffusionskoeffizienten der Legierungselemente in Austenit. Sie sind daher nur schwer aus den Karbiden zu entfernen, und damit bleiben die Karbide auch bei höheren Temperaturen kleiner.
7. Ein Hauptvorteil der niedriglegierten Stähle gegenüber unlegierten Kohlenstoffstählen ist das verbesserte Ansprechverhalten auf Anlassen. Diese Verbesserung äußert sich als Härtesteigerung (oder Festigkeitsanstieg) bei gleicher Duktilität. Die Zugabe von 0,8% Cr macht aus dem 1060er Stahl den niedriglegierten Stahl 5160 (1.1737). Die geringe Chromzugabe führt zu einer Reduzierung der Vergröberung der kleinen Karbide, die sich in Anlassstufe 1 gebildet haben.
8. Die Karbide, die sich in den niedriglegierten Stählen der Tabelle 6.3 bilden, sind das Epsilon-Karbid und Zementitkarbide, die die Legierungselemente einschließen und die Karbide ändern

von $Fe_{2,4}C$ zu $M_{2,4}C$ oder Fe_3C zu M_3C, wobei gilt M=Fe+X (X=Cr und/oder Mo). In hochlegierten Stählen, wie zum Beispiel Werkzeugstählen, werden karbidbildende Elemente wie Molybdän in höheren Mengen hinzulegiert, die dann beim Anlassen natürliche Karbide für dieses Element bilden und sich von $M_{2,4}C$ und M_3C unterscheiden. Diese natürlichen Karbide, wie zum Beispiel $Cr_{23}C_6$ oder Mo_2C, setzen bis zu hohen Temperaturen der Vergröberung Widerstand entgegen. Bei Anlasstemperaturen knapp oberhalb der Rotglut bei ungefähr 500°C können oft Festigkeiten erreicht werden, die sogar höher sind als die abgeschreckter Zustände.

9. Festigkeit und Härte verringern sich durch das Anlassen bei Steigerung der Temperatur oder der Haltezeit. Für niedriglegierte Stähle ist der Einfluss der Anlasstemperatur bedeutend größer als der der Zeit. Aus diesem Grund liefern viele Anlassschaubilder eine Darstellung der Härte über der Anlasstemperatur ohne Angaben zur Anlassdauer. In solchen Fällen kann man von einer Anlassdauer von einer Stunde ausgehen.

KAPITEL 11
Austenitisierung

Der erste Schritt beim Härten von Stahl ist die Aufheizung des Werkstoffs auf eine Temperatur, die hoch genug ist, damit sich Austenit bildet. Aus diesem kann sich dann beim Abschrecken Martensit bilden. Bei einigen Stählen ist es erwünscht oder auch wichtig, dass bei dieser Austenitisierung Karbide anwesend sind. Das nennt man dann Zwei-Phasen-Austenitisierung. Da die Anwesenheit von Karbiden einige weitreichende Änderungen bewirkt, werden bei der folgenden Diskussion Ein-Phasen-Austenitisierung und Zwei-Phasen-Austenitisierung getrennt behandelt.

11.1 Ein-Phasen-Austenitisierung

Unlegierte und niedriglegierte Stähle werden normalerweise bei Temperaturen austenitisiert, die reinen Austenit als einzige Phase erzeugen. Das bedeutet, dass der Stahl über A_3 oder A_{cm} hinaus erwärmt werden muss. Der Temperaturbereich für die unlegierten Kohlenstoffstähle ist Bild 4.22 zu entnehmen, und in der Literaturstelle 11.13 findet sich eine Zusammenstellung der empfohlenen Temperaturen für alle Stähle im Einzelnen. Der Sinn der Austenitisierung besteht darin, Austenit zu erzeugen, der eine homogene Verteilung des Kohlenstoffs sowie aller anderen Legierungselemente sicherstellt.

Bei Raumtemperatur besteht Stahl im Allgemeinen aus Ferrit und Zementit. In hypoeutektoiden Stählen liegt der Zementit normalerweise als Perlit vor, und in hypereutektoiden Stählen entweder als Perlit oder als Mischung von Perlit- und Zementitteilchen. In unlegierten Kohlenstoffstählen ist der Ferrit im Wesentlichen reines Eisen (Fe+0,02% oder weniger C), und in hypoeutektoiden Stählen ist normalerweise der gesamte Kohlenstoff im Perlit.

Homogenisierung des Kohlenstoffs bedeutet also, dass man den Stahl auf eine Temperatur aufheizen muss, die so hoch ist und die so lange gehalten wird, dass der Kohlenstoff aus dem Perlit bis ins Zentrum der größten ferritischen Bereiche gelangen kann (siehe Bild 11.3). Da bei Raumtemperatur auch Legierungselemente in unterschiedlichen Gehalten im Ferrit und Zementit enthalten sein können, gilt das gleiche für die Homogenisierung der Legierungselemente während der Austenitisierung.

Durch einfaches Erhöhen der Temperatur kann man diesen Prozess beschleunigen. Es ist jedoch wichtig, nicht so hoch zu erhitzen, dass exzessives Kornwachstum im Austenit auftritt, denn Grobkorn führt zu Verlust an Zähigkeit. Die Austenitisierungstemperatur und die Haltezeit sollten so gewählt werden, dass man zwei Faktoren kontrollieren kann: die Homogenisierung

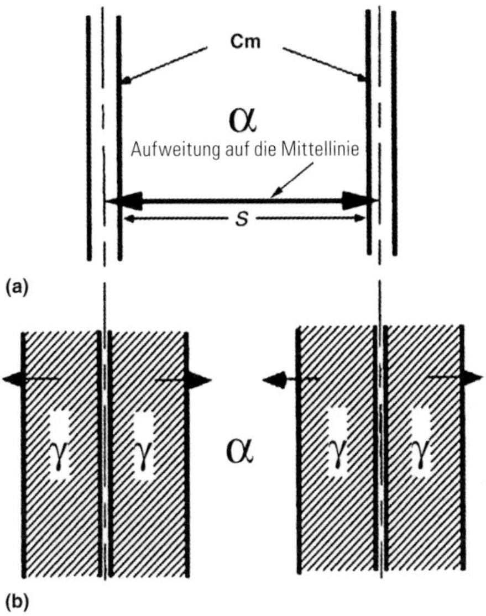

Bild 11.1 (a) Perlit mit dem Perlitplattenabstand S, (b) Austenit (γ) bildet sich bei Temperaturen von A_{c_1} und darüber.

des Kohlenstoffs und der Legierungselemente sowie die Minimierung der Austenitkorngröße.

11.1.1 Homogenisierung

Homogenisierung des Kohlenstoffs und der Legierungselemente geschieht durch den Prozess der Diffusion, der in Kapitel 7 behandelt wurde. Betrachten wir zunächst die Homogenisierung des Kohlenstoffs. Die Homogenisierung eines Gemischs aus Ferrit und Zementit zu Austenit erfolgt in einem zweistufigen Prozess, der zunächst für die Austenitisierung von Perlit beschrieben wird.

Bild 11.1(a) zeigt eine Ferritplatte (α) in Perlit zwischen zwei Zementitplatten (Cm). Im ersten Schritt bildet sich Austenit an der Grenze α/Cm, wenn man auf A_{C_1} erwärmt, wie in Bild 11.1(b) zu sehen ist. Der Austenit wächst sowohl in die Ferritplatte hinein als auch in die Zementitplatten. Nach und nach zehrt der Austenit den Ferrit und Zementit auf. Damit ist der erste Schritt vollzogen.

Zu diesem Zeitpunkt ist der Kohlenstoffgehalt im Austenit nicht homogen. Er ist in der Mitte der ursprünglichen Zementitplatten am höchsten und in der Mitte der ehemaligen Ferritplatten am niedrigsten. Erst im zweiten Schritt wird der Kohlenstoffgehalt des neu gebildeten Austenits durch den Prozess der Diffusion homogenisiert.

Bei Schritt 1 tritt im Ferrit ebenfalls Diffusion auf, aber eine Analyse zeigt, dass sowohl Schritt 1 als auch Schritt 2 nur von der Kohlenstoffdiffusion im Austenit bestimmt werden. Die Zeit, die eine Mischung aus Ferrit und Zementit zur Homogenisierung braucht, kann näherungsweise als die Zeit berechnet werden, die die Kohlenstoffatome brauchen, um im Austenit den erforderlichen Weg zurückzulegen. In Bild 11.1 ist der erforderliche Weg der halbe Abstand zwischen den Platten, nämlich S/2, da der Kohlenstoff sowohl von rechts als auch von links in die Ferritplatten diffundiert.

Kennt man den Diffusionskoeffizienten D des Kohlenstoffs in Austenit, dann kann man mit Hilfe der Gleichung 7.1 ausrechnen, wie lange ein Kohlenstoffatom für die Diffusion über eine beliebige Strecke d braucht. Für die Werte der Kohlenstoffdiffusion D liegen sehr genaue Messungen vor. Eine gute Näherung für die meisten Stähle ist $D=0{,}12*\exp[-16000/(T+273)]\,cm^2/s$, wobei T die Temperatur in °C ist.

Mit dieser Information ist es möglich, Diagramme wie in Bild 11.2 zu erstellen.

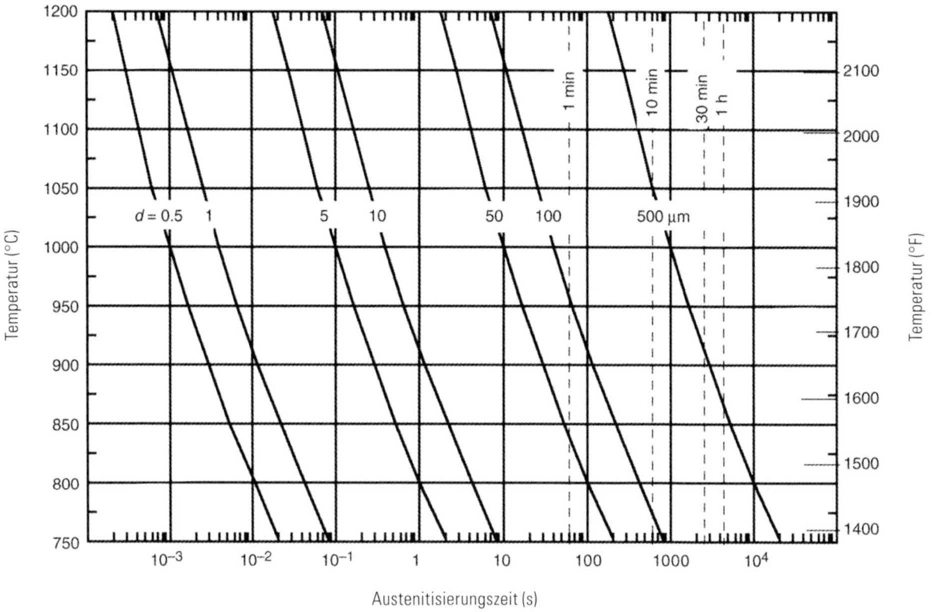

Bild 11.2 Temperaturabhängigkeit der Zeit, die ein C-Atom braucht, um durch Diffusion die Distanzen d = 0,5; 1; 5; 10; 50; 100 und 500 µm in Austenit zurückzulegen.

Sie zeigen, welche Zeiten ein Kohlenstoffatom für die Überwindung einer Strecke von d=0,5 bis 500 µm in Abhängigkeit von steigender Temperatur braucht. Die mit 5 bezeichnete Linie zum Beispiel zeigt, dass ein Kohlenstoffatom bei 800°C eine Sekunde braucht, um 5 µm durch Diffusion zurückzulegen. Bei 1000°C dauert die Diffusion des Kohlenstoffatoms für die gleiche Strecke nur 0,1 Sekunden.

Der Plattenabstand S in Perlit ist in der Regel kleiner als 1 µm, womit der Diffusionsabstand für die Homogenisierung d=S/2, also weniger als 0,5 µm ist. Bei der für Stähle empfohlenen Austenitisierungstemperatur von 820 bis 840°C kann man dem Bild 11.2 entnehmen, dass der Perlit homogenen Austenit in weniger als 10 Millisekunden (0,01 s) bilden wird.

Nun betrachten wir einen typischen ferritisch-perlitischen Stahl, der austenitisiert werden soll, wie in Bild 11.3 gezeigt. Im Wesentlichen ist der gesamte Kohlenstoff in diesem Stahl in den perlitischen Regionen anzutreffen (Bezeichnung P). Die Betrachtungen von vorhin zeigen, dass diese perlitischen Regionen homogenen Austenit innerhalb von Millisekunden nach Erreichen der A_{C_1}-Temperatur bilden.

Der frisch gebildete Austenit in den ehemaligen Perlitgebieten hat den gleichen Kohlenstoffgehalt wie der ehemalige Perlit, nämlich etwa 0,77% C. Damit komplett homogener Austenit erreicht wird, muss dieser Kohlenstoff umverteilt werden auf die Mitten der umgebenden ferritischen Bereiche, über eine maximale Strecke z in Bild 11.3, oder rund die halbe Ferritkorngrenze.

Wie zuvor geht die Homogenisierung in zwei Schritten vor sich:
(1) Der in den ehemaligen Perlitgebieten gebildete Austenit wandert in die Ferritkörner hinein, indem die Austenit-Ferrit-Grenzflächen migrieren.
(2) Dieser neu gebildete Austenit hat in der Mitte der ehemaligen Ferritkörner weniger Kohlenstoff und mehr davon am Rand.

Der zweite Schritt ist die Homogenisierung dieses Gradienten im Kohlenstoffgehalt durch Diffusion. Wie im Falle des Perlits wird der gesamte Homogenisierungsprozess gesteuert vom Diffusionskoeffizienten des Kohlenstoffs im Austenit. Auch diese Zeit kann gemäß Bild 11.2 abgeschätzt werden. Nehmen wir an, die Ferritkorngröße sei relativ groß, vielleicht 100 µm. Das führt zu einer Diffusionsdistanz d von 50 µm. Bei typischen Austenitisierungstemperaturen wird die Zeit zur Komplettierung der Homogenisierung zu einer Minute vorausberechnet. Für eine eher typische Ferritkorngröße von 20 µm wird für die Homogenisierung eine Zeit von weniger als zehn Sekunden berechnet.

Hypereutektoide Stähle werden vom Hersteller im eingeformten Zustand geliefert, mit Partikeln von Zementit in einer ferritischen Matrix. Wenn diese Stähle austenitisiert werden, dann vollzieht sich die Homogenisierung dergestalt, dass sich um die Karbide herum kugelförmige Austenitgebiete bilden, die in den umgebenden Ferrit hineinwachsen.

Auch hier vollzieht sich der Prozess in zwei Stufen: Erstens der Umwandlung des umgebenden Ferrits in Austenit, wenn sich diese kugelförmigen Gebilde ausbreiten. Zweitens folgt dann die Homogenisierung des frisch gebildeten Austenits durch Diffusion des Kohlenstoffs in die Zentren der

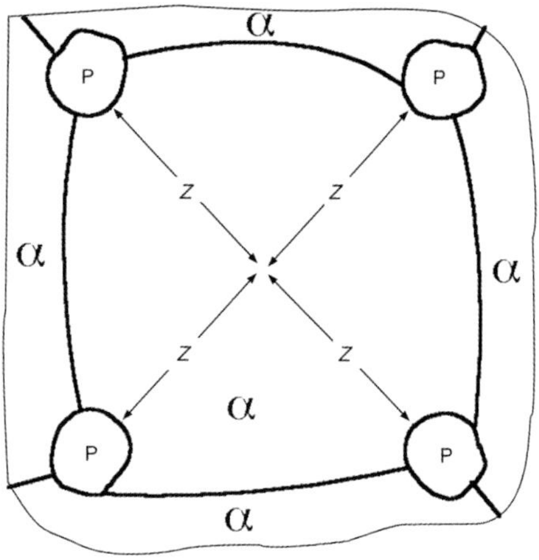

Bild 11.3 Ferritkorn (α) mit Perlit (P) an den Ecken des Korns. Die maximale Entfernung, die ein Kohlenstoffatom für völlige Homogenisierung durch Umverteilung zurücklegen muss, ist z.

Ferritgebiete, ausgehend von den Positionen der aufgelösten Zementitpartikel. Auch hier kann man die Austenitisierungszeiten aus Bild 11.2 entnehmen. Da der Abstand der kugeligen Zementitpartikel in hypereutektoiden Stählen normalerweise geringer als 5 µm ist, sind die Zeiten für das Erreichen homogener Kohlenstoffverteilungen als sehr klein einzuschätzen, etwa in der Größenordnung von einigen Sekunden, nachdem die Austenitisierungstemperatur erreicht ist.

Es ist wichtig, im Gedächtnis zu behalten, dass diese Rechnungen für die Homogenisierung gelten, nachdem der Stahl seine empfohlene Austenitisierungstemperatur erreicht hat. Legt man ein Stück Stahl in einen Ofen, der sich auf der gewünschten Austenitisierungstemperatur befindet, wird es einige Zeit dauern, bis das Innere des Stahlstücks diese Temperatur auch erreicht hat. Eine allgemeine Faustregel be-

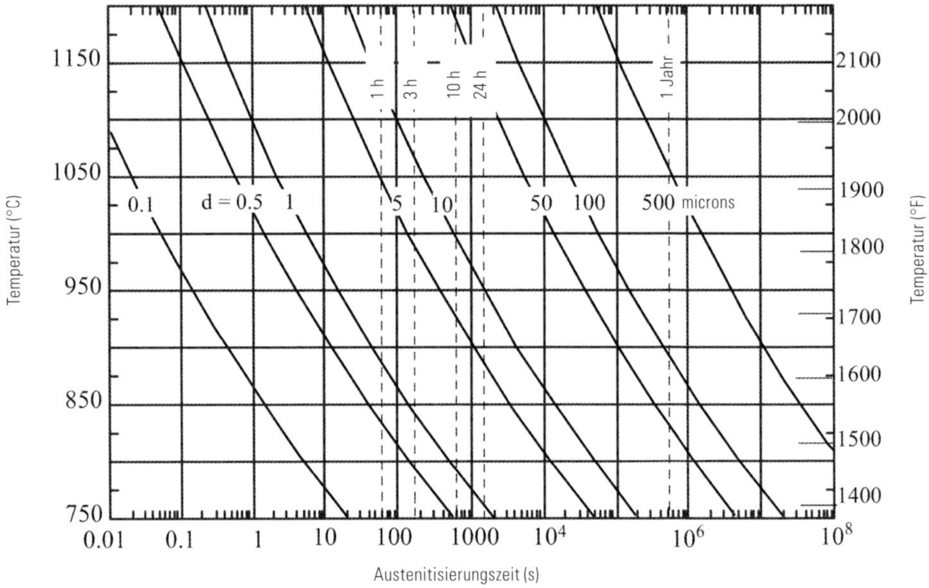

Bild 11.4 Temperaturabhängigkeit der Zeit, die ein Cr-Atom braucht, um durch Diffusion die Distanzen d = 0,1; 0,5; 1; 5; 10; 50; 100 und 500 μm in Austenit zurückzulegen.

sagt, dass die Zeit für eine durchgreifende Erwärmung etwa eine Stunde pro 25 mm Dicke ist.

Wenn man mit propangasbetriebenen Essen mit erheblichem Gasstrom arbeitet, wie es manche Klingenschmiede heute tun, kann die Zeit bis zum Erreichen der Austenitisierungstemperatur erheblich vermindert sein. In ähnlicher Weise wird auch bei Austenitisierung im Salzbad die Aufheizzeit bis zum Austenitisieren verkürzt, denn das flüssige Salz überträgt die Wärme viel schneller als Gase.

Drei Methoden, extrem kurze Aufheizzeiten zu erreichen, sind Erhitzen in der Flamme, induktive Aufheizung und Laseraufheizung. Wie in Bild 11.2 gezeigt, stellen selbst solche ultraschnellen Aufheizraten für die Homogenisierung des Kohlenstoffs im Austenit kein Problem dar, solange das Gefüge des Stahls feinkörnig ist. Allerdings ist die Austenithomogenisierung in legierten Stählen komplizierter.

Wie in Kapitel 7 herausgestellt, besitzen die Legierungselemente im Austenit Diffusionskoeffizienten, die tausendfach kleiner sind als die des Kohlenstoffs. Daher erfolgt die Homogenisierung von Legierungselementen während der Austenitisierung viel langsamer als die Homogenisierung des Kohlenstoffs.

Betrachten wir beispielsweise das Legierungselement Chrom: Die Diffusionswege des Chroms sind in Bild 11.4 dargestellt. Den Werten liegen Messungen von Diffusionskoeffizienten in Austenit zugrunde. Sie wurden mit Hilfe der Gleichung 7.1 ermittelt. Die Diffusionszeiten für Chrom sind viel länger als für Kohlenstoff. So benötigt Chrom bei einer Temperatur von 850°C für einen Diffusionsweg von 1 µm fünf Stunden statt nur 0,02 Sekunden wie Kohlenstoff.

Luftabgekühlter Perlit hat gewöhnlich einen Plattenabstand S von weniger als 0,2 µm, was einem Diffusionsweg von 0,1 µm entspricht. Aus Bild 11.4 kann man abschätzen, dass der Stahl 5160 bei der für ihn empfohlenen Austenitisierungstemperatur von 830°C innerhalb von etwa fünf Minuten homogenisiert sein sollte. Ist jedoch das Chrom in den Karbiden in größeren Abständen als im Perlit verteilt, so wie in den eingeformten Zuständen, können die Homogenisierungszeiten erheblich länger sein.

Wird zum Beispiel ein eingeformter Stahl 5160 oder 52100 mit Karbidabständen von 1 µm bei 840°C austenitisiert, dann folgt aus Bild 11.4, dass die Homogenisierung etwa 100 Minuten dauert. Dieser Effekt kann auch die dramatische Steigerung der Härtbarkeit bei einem Stahl 5160 erklären, wenn man dessen Austenitisierungstemperatur von 840° auf 950°C erhöht (Bild 9.15).

Ein weiteres Beispiel für die langsame Homogenisierung der Legierungselemente wurde schon in Kapitel 10 herausgearbeitet. Bei Legierungen, die Karbide enthalten, ist der erste Schritt der Homogenisierung die Auflösung der Karbide in dem Austenit, der sich in deren Umgebung bildet. Die Geschwindigkeit, mit der sich dieser Schritt vollzieht, wird durch die niedrigen Diffusionskoeffizienten der Legierungselemente, die die Karbide bilden, erheblich herabgesetzt.

In der ersten Anlassstufe bleiben die $M_{2,4}C$-Epsilon-Karbide kleiner als die $Fe_{2,4}C$-Epsilon-Karbide in unlegierten Kohlenstoffstählen. Das führt zu einer höheren Festigkeit bei einer gegebenen Anlasstemperatur, wie anhand eines mit Molybdän legierten Stahls in Bild 10.7 und für einen chromlegierten Stahl in Bild 10.9 gezeigt wurde.

11.1.2 Wachstum des Austenitkorns

Die Grundzüge des Kornwachstums wurden in Kapitel 8 diskutiert. Wie in Bild 8.3 veranschaulicht, wächst die Korngröße des Austenits sehr schnell, wenn man die Austenitisierungstemperatur erhöht. Das Bild zeigt auch, dass im Allgemeinen das Korn schneller bei Temperaturerhöhung wächst als bei Erhöhung der Haltezeit.

Bei normalen Aufheizgeschwindigkeiten entstehen die neuen Austenitkörner an den Grenzflächen zwischen Ferrit und Zementit. Ihre nachfolgende Wachstumsgeschwindigkeit wird durch die Kohlenstoffdiffusion in den Austenit hinein gesteuert. Erhitzt man jedoch sehr rasch auf Temperaturen oberhalb von 910°C, können neue Austenitkörner direkt an ehemaligen Ferrit-Ferrit-Korngrenzen entstehen, und zwar mit der gleichen Zusammensetzung wie der Ferrit, so dass keine Kohlenstoffdiffusion erforderlich ist.

Zum Verständnis, warum schnelle Aufheizzeiten und hohe Temperaturen erforderlich sind, muss man sich vergegenwärtigen, dass die Ferritkomponente bei Raumtemperatur nahezu reines Eisen ist. Bild 3.5 zeigt, dass Ferrit etwa 0,02% C enthält. Wenn man ihn auf Temperaturen oberhalb von A_3 bei etwa 910°C erhitzt, dann kann er sich direkt in Austenit umwandeln, ohne dass eine vorherige Zusammensetzungsänderung erforderlich wäre.

Man muss jedoch schnell aufheizen, sonst wandelt er sich in Austenit um, der von Austenitgebieten stammt, die sich zuerst an den Zementit-Ferrit-Grenzflächen gebildet haben und dann in den restlichen Ferrit hineinwachsen.

Wie in Kapitel 8 dargelegt, wird der zuerst gebildete Austenit geringe Korngrößen aufweisen und mit Erhöhung der Temperatur schnell wachsen. Wie gezeigt, kann man die kleine Korngröße erhalten, indem man den Kunstgriff mit der rasch alternierenden zyklischen Wärmebehandlung anwendet.

In Kapitel 8 wurde auch dargelegt, dass die Zugabe von Legierungselementen das Wachstum des Austenitkorns beschränken kann. Dafür sind zwei Mechanismen verantwortlich: die Bildung kleiner Partikel (Bilder 8.9 und 8.10) und die Korngrenzensegregation (Bild 8.12).

11.2 Zwei-Phasen-Austenitisierung

Stähle mit höherer Verschleißfestigkeit besitzen normalerweise ein Gefüge aus einer angelassenen Martensitmatrix mit eingelagerten Karbiden. Das bedeutet natürlich, dass diese Karbide beim Austenitisieren anwesend sein mussten, damit sie nach der Umwandlung des Austenits in Martensit beim Abschrecken noch vorhanden sind. Gute Beispiele dafür sind Wälzlagerstähle, Werkzeugstähle und Gussstähle sowie duktiles Gusseisen.

Viele Werkzeugstähle und duktile Gusseisen können nicht im reinen Austenitgebiet wärmebehandelt werden. Der Grund dafür wird ersichtlich, wenn man das vollständige Eisen-Kohlenstoff-Phasendiagramm betrachtet (Bild 11.5). Die in Kapitel 3 gezeigten Diagramme sind nur kleine Ausschnitte aus den vollständigen

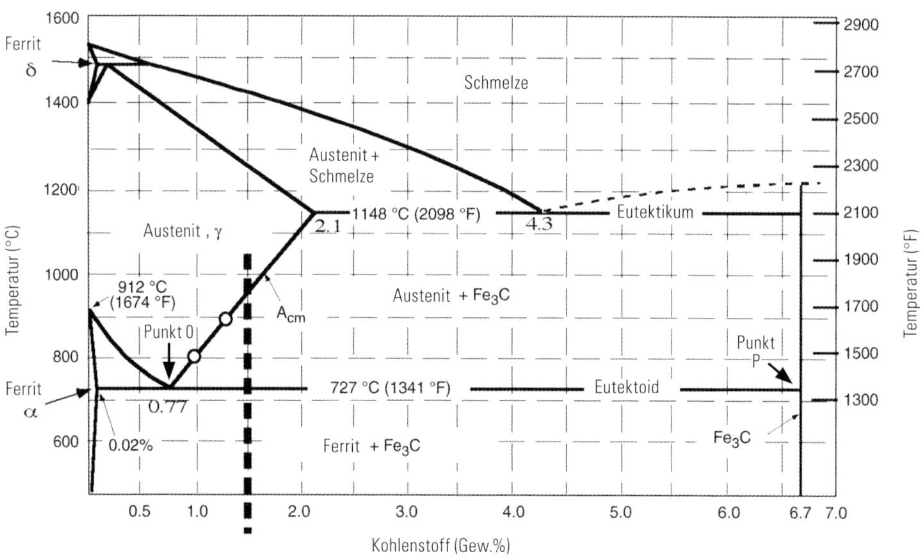

Bild 11.5 Das vollständige Eisen-Kohlenstoff-Phasendiagramm.

Schaubildern und zeigen nicht den Bereich der Schmelze bei sehr hohen Temperaturen.

In der ersten Diskussion von Phasendiagrammen im Kapitel 2 wurde das System Salz-Wasser zur Erklärung der Kernaussagen benutzt. Bild 2.2 zeigt, wie der Gefrierpunkt von Salzlösungen in Wasser abgesenkt wird, wenn die Menge an gelöstem Salz in der Flüssigkeit ansteigt. Dieser Abfall erfolgt jedoch nur bis zu einem gewissen Punkt, dem eutektischen Punkt, der bei der eutektischen Temperatur von -49,8°C liegt. Die entsprechende eutektische Zusammensetzung entspricht einem Salzgehalt von 30%.

Bild 11.5 zeigt, dass die gleichen Dinge auch im Stahl passieren. Auch hier fällt die Erstarrungstemperatur auf eine eutektische Temperatur von 1148°C bei einer Zusammensetzung von 4,3 Gewichtsprozent C in dem flüssigen Stahl. Die meisten Gusseisenwerkstoffe haben Kohlenstoffgehalte zwischen 2,1% C und 4,3% C und können mit dem Diagramm „reines Eisen – Kohlenstoff“ in Bild 11.5 modelliert werden. Dazu eine Anmerkung: Reale Gusseisenwerkstoffe enthalten auch erhebliche Mengen an Silizium. Der Effekt dieses Zusatzes auf das Phasendiagramm von Gusswerkstoffen wird im Kapitel 16 erklärt.

Das Diagramm zeigt, dass eine Eisen-Kohlenstofflegierung im Bereich des Gusseisens (zwischen 2,1% und 4,3% Kohlenstoffgehalt) bei Temperaturen oberhalb von 1148°C anfängt zu schmelzen und zu einer Mischung von flüssigem Stahl und Zementit wird. Bei Temperaturen unterhalb von 1148°C enthalten diese Legierungen immer eine gewisse Menge Zementit (Fe_3C) im Austenit. Im Diagramm kann man erkennen, dass es für Kohlenstoffgehalte oberhalb von 2,1% nicht die Möglichkeit gibt, dass sich reiner, 100-prozentiger Austenit bildet. Daher kann man die meisten Gusseisen nicht so wärmebehandeln, dass sie einphasigen Austenit bilden. Sie schmelzen auf, bevor der Zementit sich vollständig im Austenit lösen kann. Das gleiche gilt auch für viele Werkzeugstähle. Deshalb hat deren Wärmebehandlung immer mit Zwei-Phasen-Austenititsierung zu tun.

Das trifft nicht für Stähle mit Kohlenstoffgehalten unter 2,1% zu. Betrachten wir die Legierung Fe+1,5% C, die im Bild 11.5 durch die vertikale gestrichelte Linie gekennzeichnet ist: Wird diese Legierung oberhalb der zugehörigen A_{cm}-Temperatur austenitisiert, also bei Temperaturen oberhalb von etwa 960°C, dann stellt sich einphasiger Austenit ein. Führen wir uns nun vor Augen, was passiert, wenn dieser Stahl bei einer der unteren Temperaturen austenitisiert wird, zum Beispiel bei 800°C oder 900°C. In beiden Fällen enthält der Stahl Zementit im Austenit – ein Beispiel für eine Zwei-Phasen-Austenitisierung.

Es gibt einen hauptsächlichen Unterschied zwischen der Austenitisierung in einer Phase oder in zwei Phasen. Zum Verständnis dieses Hauptunterschieds ist es hilfreich, sich noch einmal die Diskussion über den Stahl 1095 anzusehen, dessen Gefüge im Bild 3.5 unten zu sehen ist. Nach Aufheizen auf 760°C befindet sich die Legierung im Zweiphasengebiet von Austenit und Zementit (γ+Cm) des Diagramms, dort wo der kleine Kreis sich befindet. Gemäß dem Phasendiagramm wird jede Legierung mit Zusammensetzungen zwischen den Punkten O und P bei 760°C aus einer Mischung von zwei Phasen bestehen, nämlich Austenit und Zementit. Das Dia-

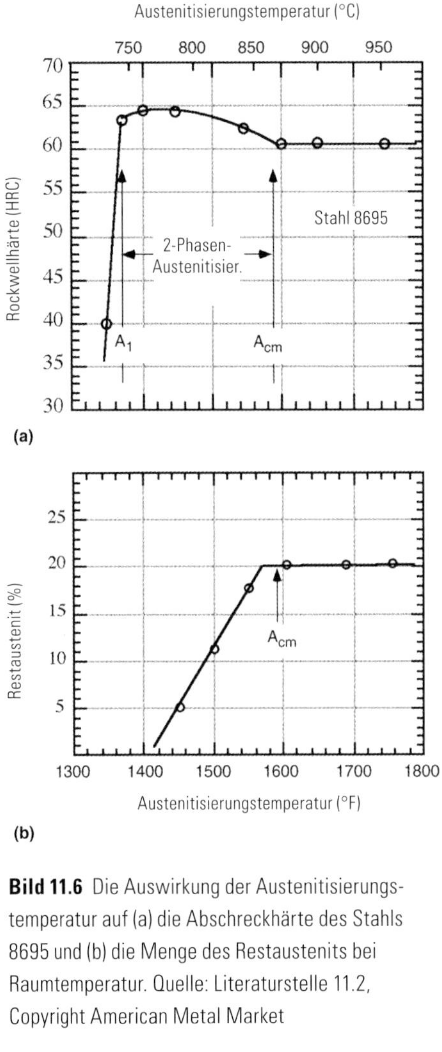

Bild 11.6 Die Auswirkung der Austenitisierungstemperatur auf (a) die Abschreckhärte des Stahls 8695 und (b) die Menge des Restaustenits bei Raumtemperatur. Quelle: Literaturstelle 11.2, Copyright American Metal Market

gramm gibt darüber hinaus die Zusammensetzungen dieser beiden Phasen an.

Die Austenitzusammensetzung ist gegeben durch den Schnittpunkt der horizontalen Linie bei 760°C mit der A_{cm}-Linie am Punkt 0. Diese Zusammensetzung hat einen niedrigeren Kohlenstoffgehalt als die 0,95% der Legierung, denn nicht aller Kohlenstoff befindet sich im Austenit. Einiges davon ist nämlich in den Zementitteilchen.

Kehren wir nun zu der Legierung mit 1,5% C zurück, die durch die vertikale gestrichelte Linie in Bild 11.5 dargestellt ist. Dem erweiterten Phasendiagramm zufolge ist die Zusammensetzung des Austenits, der sich bei 800°C oder 900°C bildet, durch die beiden offenen Kreise gegeben, die auf der A_{cm}-Linie für diese Temperaturen liegen. Also ändert sich der Kohlenstoffgehalt im Austenitanteil des Stahls mit der Temperatur. Er liegt für 800°C bei 1% C und für 900°C bei 1,3% C.

Das bedeutet, dass der Kohlenstoffgehalt im Austenit bei der Austenitisierung im zweiphasigen Bereich durch die Austenitisierungstemperatur kontrolliert wird.

Das ist ein sehr wichtiges Ergebnis, das man unbedingt verstehen muss, wenn man Legierungen wie den Wälzlagerstahl 52100 wärmebehandelt. Das wird im Folgenden diskutiert.

Bild 4.18 zeigt die Menge an Restaustenit, die in einem abgeschreckten Stahl vorliegt, in Abhängigkeit vom Gehalt an Kohlenstoff im Austenit. In hypoeutektoiden Stählen mit Kohlenstoffgehalten kleiner als 0,77% C ist im Allgemeinen die Menge an Restaustenit klein genug, um nicht ins Gewicht zu fallen. In hypereutektoiden Stählen jedoch ist die Menge an Restaustenit groß genug, um deutliche Auswirkung auf Festigkeit und Anlassverhalten zu haben.

Die Auswirkung auf die Härte (Festigkeit) ist durch die Messwerte in Bild 4.13 charakterisiert. Hier fällt die Härte bei Kohlenstoffgehalten oberhalb von 0,8% infolge des Restaustenitgehalts ab. Da bei hypereutektoiden Stählen Austenitisierung im Zweiphasengebiet eintreten kann, hat

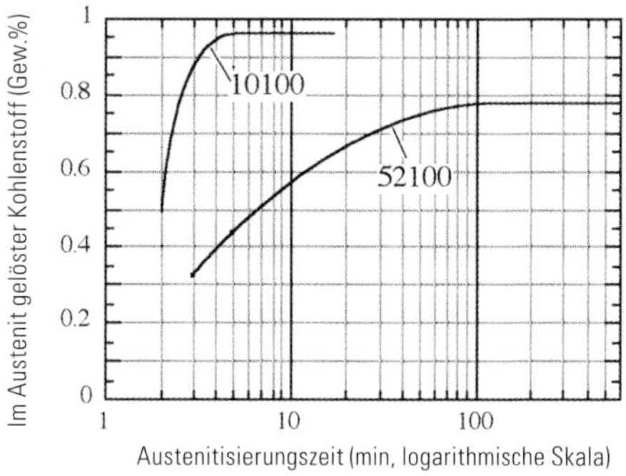

Bild 11.7 Anstieg des Gewichtsanteils an Kohlenstoff im Austenit bei 845°C (1550°F). Werte entnommen aus Literaturstelle 11.3.

die Austenitisierungstemperatur einen Effekt auf die Menge des Restaustenits und damit auf die Härte des Stahls im abgeschreckten Zustand.

Ein solcher Effekt ist sehr schön dargestellt in den Daten des Stahls 8695 in Bild 11.6. Der Stahl 8620 – deutsche Variante 1.6523 (20 NiCrMo 2-2) – wird oft aufgekohlt eingesetzt, und der 8695 stellt eine typische Variante nach Aufkohlen dar. Bild 11.6(a) zeigt die anfangs befremdliche Situation, dass bei diesem Stahl mit Erhöhung der Austenitisierungstemperatur von 760° auf 870°C die Härte im abgeschreckten Zustand abfällt.

Die A_1- und die A_{cm}-Temperaturen sind im Bild 11.6(a) eingetragen. Zwischen diesen beiden Werten muss eine Austenitisierung im zweiphasigen Gebiet erfolgen. Das bedeutet, dass die Menge an Kohlenstoff im Austenit zwischen diesen beiden Temperaturen ansteigen muss (also beim Anstieg von A_1 auf A_{cm}). Der Anstieg des Kohlenstoffgehalts führt zu einer Zunahme des Restaustenitgehalts, wie in Bild 11.6(b) zu sehen ist. Das wiederum ist der Grund für den Härteabfall im abgeschreckten Zustand.

Geht man beim Austenitisieren über die A_{cm}-Temperatur, dann hat der Austenit einen konstanten C-Gehalt, der dem Nominalgehalt der Legierung, nämlich 0,95% C im vorliegenden Fall, entspricht. Die Härte bleibt konstant, da die Menge des Restaustenits nicht mehr von der Austenitisierungstemperatur abhängt.

Wälzlagerstähle wie zum Beispiel der 52100 werden mit Absicht unterhalb von A_{cm} austenitisiert, um in dem später entstehenden Martensit Anordnungen von Zementit zu erzeugen. Das ist dem Verschleißwiderstand förderlich. Die für diesen Stahl empfohlene Austenitisierungstemperatur liegt bei 845°C. Bild 6.4 zeigt ein passendes Phasendiagramm. Daraus ist zu entnehmen, dass bei dieser Austenitisierungstemperatur der Kohlenstoffgehalt im Austenit bei 0,78% C liegt. Somit ist nur ein kleiner Gehalt an Restaustenit nach Abschrecken zu erwarten. Zusätzlich besteht dann der Martensit aus einem Gemisch aus Latten- und Plattenmartensit. Würde man diesen Stahl bei etwa 950°C austenitisieren, dann würde er einphasig werden und den spröderen Plattenmartensit bei erhöhtem Restaustenitgehalt erzeugen. Bild 4.18 sagt vorher, dass die Menge Restaustenit von etwa 8% auf 15% ansteigen würde.

Es gibt Daten für den Stahl 52100 (Literaturstelle 11.4), die sehr anschaulich den Effekt des Legierungselements Chrom auf das Phasendiagramm und die Geschwindigkeit der Austenitisierung zeigen. Bild 11.7 zeigt für den Stahl 52100 und für den entsprechenden unlegierten Kohlenstoffstahl 10100 (mit dem gleichen Kohlenstoffgehalt) die C-Gehalte im Austenit als Funktion der Haltezeit.

Die Zulegierung von Chrom beim 52100 bewirkt zwei Dinge: Erstens reduziert es die Auflösungsgeschwindigkeit des Zementits. Im unlegierten 10100 sind die Karbide nach etwa fünf Minuten aufgelöst, während es 100 Minuten dauert, bis die Karbide im 52100 durch den Lösungsprozess auf ihre Endgröße abgenommen haben. Zweitens erhöht die Zugabe von Chrom die A_{cm}-Temperatur, so dass die Austenitisierung beim 52100 im zweiphasigen Gebiet (Austenit-Zementit) vonstatten geht (Bild 6.3).

Im 52100 ist der Kohlenstoffgehalt im Austenit auf den Wert auf der A_{cm}-Linie gefallen (0,78% C), während beim 10100 die Austenitisierung im reinen Austenitgebiet stattfindet (Ein-Phasen-Austenitisierung). Der Kohlenstoffgehalt entspricht dem Wert des Werkstoffs (anscheinend hatte dieser jedoch nur einen Kohlenstoffgehalt von 0,95%). Anmerkung: Streng genommen müsste ein ternäres isothermisches Diagramm genommen werden, um A_{cm}-Werte von legierten Stählen zu ermitteln, aber Bild 6.3 ist eine gute Näherung.

Die Kernaussagen in Kapitel 11:

1. Bei Raumtemperatur bestehen die meisten Stähle aus einer Mischung von Ferrit und Zementit, wobei der Zementit entweder in Form feiner Platten im Perlit vorliegt oder als diskrete kleine Partikel. Sowohl die Kohlenstoffatome als auch die Atome der Legierungselemente liegen in Ferrit und Zementit in anderen Zusammensetzungen vor. So enthält zum Beispiel Zementit 6,7% C im Vergleich zu nur 0,02% C in Ferrit – ein himmelweiter Unterschied. Für die karbidbildenden Legierungselemente wie zum Beispiel Chrom und Molybdän sind die Unterschiede in Zementit und Ferrit weniger ausgeprägt als beim Kohlenstoff, können aber durchaus beträchtlich sein. Wenn man Stähle zum Austenitisieren erwärmt, dann erhält der frische Austenit eine stark ungleichförmige Kohlenstoff- und Elementverteilung. Es ist wünschenswert, diese Verteilung im Austenit vor dem Abschrecken zu homogenisieren. Daher ist die Homogenisierung des frisch gebildeten Austenits ein wichtiger Prozessschritt bei der Austenitisierung im Rahmen einer Wärmebehandlung. Die Homogenisierung soll für den Kohlenstoff und die Legierungselemente gleichermaßen erfolgen.
2. Zwei wichtige Prozesse treten beim Austenitisieren von Stahl auf: (1) Homogenisierung der Zusammensetzung des frisch gebildeten Austenits hinsichtlich seiner Gehalte an Kohlenstoff und Legierungselementen, und (2) Kornwachstum der frisch gebildeten Austenitkörner. Durch Erhöhen der Austenitisierungstemperatur beschleunigt man den Homogenisierungsprozess, aber auch das Kornwachstum. Da feines Korn wegen der verbesserten Zähigkeitseigenschaften wünschenswert ist, wählt man die Austenitisierungstemperatur so, dass zwischen diesen beiden Prozessen ein Kompromiss erfolgt. Literaturstelle 11.1 gibt die empfohlenen Austenitisierungstemperaturen für das Standard-Härteverfahren fast aller kommerziell erhältlichen Stahllegierungen an.
3. Die Homogenisierung wird kontrolliert durch die Diffusionsrate des Kohlen-

stoffs und der Legierungselemente in Austenit. Während der Homogenisierung müssen diese von den Mittelpunkten der Zementitbereiche bis in die Mittelpunkte der Ferritbereiche wandern. Die Zeit zur Homogenisierung hängt von zwei Faktoren ab: dem Diffusionskoeffizienten D des betreffenden Atoms und der Strecke d, über die dieses Atom diffundieren muss. Beide Faktoren wirken sich stark aus. Eine Temperaturerhöhung erhöht auch D stark und verringert die Zeit für die Homogenisierung. Erhöht man d, den Abstand der Mittelpunkte der Zementitgebiete und der größten Ferritgebiete, so steigt die Zeit bis zur Homogenisierung schnell an.

4. Austenitisiert man Stahl, der Perlit und Ferrit enthält, vollzieht sich die Homogenisierung in zwei Stufen. Erstens wandelt sich der Perlit in homogenen Austenit mit dem gleichen Kohlenstoffgehalt wie Perlit um, nämlich 0,77% C. Zweitens wandelt sich der Ferrit, der die ehemaligen Perlitgebiete umgibt, in Austenit um und wird durch Halten auf Temperatur homogenisiert.
   Der erste Schritt erfolgt innerhalb von Sekunden, nachdem die Austenitisierungstemperatur erreicht wurde, denn der Plattenabstand im Perlit ist immer sehr klein (weniger als 1 µm). Dadurch sind die Diffusionswege sehr kurz. Die zweite Stufe dauert länger, denn die Diffusionswege sind nun durch die Ferritkorngröße definiert. Es treten Diffusionswege auf, die 10 oder 100 mal länger sind als im Perlit. Aber selbst bei grobem Ferritkorn sind die Homogenisierungszeiten für Kohlenstoff für die zweite Stufe immer noch kurz. Sie liegen in der Größenordnung von Minuten.
5. Da die Diffusionskoeffizienten der Legierungselemente um einige tausend Male kleiner sind als bei Kohlenstoff, können die Homogenisierungszeiten für Legierungselemente bei den normalen Austenitisierungstemperaturen sehr lang sein. Bei chromlegierten Werkstoffen ist luftabgekühlter Perlit (der sehr feine Platten besitzt) innerhalb von Minuten homogenisiert, aber die Homogenisierung bis in die Mitte der Ferritkörner in der zweiten Prozessstufe (bei normalen Austenitisierungstemperaturen) liegt im Bereich von vielen Stunden. Durch Erhöhung der Austenitisierungstemperatur kann man die Homogenisierung beschleunigen und dramatische Verbesserungen der Härtbarkeit bei legierten Stählen erreichen. Allerdings stellt bei diesen höheren Temperaturen das Kornwachstum ein Problem dar.
6. Das Kornwachstum muss bei der Austenitisierung minimiert werden. Es wird durch Erhöhung der Austenitisierungstemperatur und der Haltezeit begünstigt. Der Effekt der Temperatur ist dabei viel stärker ausgeprägt. Das Kornwachstum wird unterdrückt durch Zugabe von Legierungselementen, die höhere Austenitisierungstemperaturen erlauben als bei unlegierten Kohlenstoffstählen. Ultrafeines Austenitgefüge kann erreicht werden, indem man zyklische Wärmebehandlungen durchführt, wie in Kapitel 8 diskutiert.
7. Bei den meisten Stählen wird die Austenitisierung bei Temperaturen durchgeführt, die eine Ein-Phasen-Austenitisierung nach sich ziehen. Bei hoch koh-

lenstoffhaltigen, verschleißbeständigen Stählen wendet man die Austenitisierung im Zweiphasengebiet an. In diesen Fällen verbleiben Zementitteilchen im Austenit, so dass nach Abschrecken ein Gefüge aus Zementit in einer martensitischen Matrix entsteht. Die Karbide verbessern die Verschleißbeständigkeit, da sie härter sind als Martensit. Ein Beispiel für die Zwei-Phasen-Austenitisierung ist der Wälzlagerstahl 52100.

8. Eine Zwei-Phasen-Austenitisierung ist anspruchsvoll, denn der Kohlenstoffgehalt des Austenits wird durch die Austenitisierungstemperatur kontrolliert. Da die Austenitisierung unterhalb der A_{cm}-Temperatur des Stahls erfolgt, wird der Kohlenstoffgehalt im Austenit bestimmt durch die Lage der A_{cm}-Linie bei der gewählten Temperatur. Bei einem Stahl mit 1,5% C zum Beispiel führt die Erhöhung der Austenitisierungstemperatur von 800 auf 900°C zu einer Erhöhung des Kohlenstoffgehalts des Austenits von 1,0% auf 1,3%.
9. Eine Zwei-Phasen-Austenitisierung wird bei hoch kohlenstoffhaltigen Stählen, bei Werkzeugstählen und Gusseisen durchgeführt. Bei höheren Kohlenstoffgehalten können beim Abschrecken deutliche Mengen an Restaustenit zurückbleiben, was zu reduzierter Härte und Festigkeit führt. Bei Erhöhung der Temperatur in der Zwei-Phasen-Austenitisierung steigt der Kohlenstoffgehalt im Austenit. Das kann wegen des erhöhten Anteils an Restaustenit zu Einbußen bei der Härte im abgeschreckten Zustand führen.

KAPITEL 12
Abschrecken

Der Abschreckprozess spielt eine wichtige Rolle bei der Herstellung von Geräten aus gehärtetem Stahl, seit die alten Schmiede seinerzeit den Trick mit dem Härten von aufgekohlten Eisenklingen entdeckten. Das war etwa 1200 v. Chr. (Literaturstelle 12.1). Wenn man historische Quellen über die Methoden der Härtung von Stahl liest, kann man nur beeindruckt sein von der großen Bedeutung, die man den Abschreckmedien beimaß, und von der großen Vielfalt der empfohlenen Abschreckmittel.

Im Jahr 1923 hat Roberts-Austen (Literaturstelle 12.2) einen kurzen historischen Abriss über Abschreckmittel geschrieben. Er bemerkt hierzu: „Der Glaube an die Wirksamkeit merkwürdiger Geheimrezepte und Lösungen zum Härten von Stahl hätte im dritten Jahrhundert vor Christus nicht fester sein können als im 16. Jahrhundert nach Christus" Er zitiert ein Rezept aus einem Buch aus dem Jahre 1531: „Nimm Schnecken und frisches Wasser aus einem Rotfärbebad, aus dem dann in den ersten zwei Monaten des Herbstes Wasser genommen wird bei Regen, dann koche es mit den Schnecken, erhitze das Eisen auf Rotglut und schrecke es darin ab, da wird es hart wie Stahl."

C.S. Smith hat ein Buch mit dem Titel *Sources for the History of the Science of Steel* veröffentlicht (Literaturstelle 12.3), das die Wichtigkeit verdeutlicht, die man dem Abschreckmittel beimaß. Eine Anleitung aus dem Jahre 1532 mit dem Titel *Eisen und Stahl* liefert einige Rezepte für das Härten von Stahl, und eines davon lautet so: „Nimm die Stängel und die Blätter von Eisenkraut, zerstoße sie und presse den Saft durch ein Tuch. Gieße ihn in ein Glasgefäß und stelle es beiseite. Wenn man ein Stück Eisen härten will, gib in gleicher Menge den Urin eines Mannes dazu und etwas Saft aus den kleinen Würmern, die man unter der Bezeichnung Engerlinge kennt."

Eine Diskussion von Wertime (Literaturstelle 12.4) zeigt, dass es den weitverbreiteten Glauben gab, dass spezielle Wassersorten sehr wichtig waren: „Der immer zuverlässige Plinius beschreibt, dass die römischen Stahlwerker sorgfältig die Wassersorten unterschiedlicher Flüsse für den Zweck der Abschreckung unterschieden, und diese Tradition setzte sich in Westeuropa zweitausend Jahre fort und bestand auch in Asien. In England wurde das Wasser des Flusses Derwent, in Frankreich das Wasser der Fure hoch geschätzt."

All diese Geschichten zeigen auf, dass das Härten von Stahl in den alten Zeiten meist eine Kunst war und man, wie C.S. Smith herausstellt, die Bedeutung des Anlassens oft nicht verstanden hatte. Einige der Rezepturen erzielten wahrscheinlich durch verzögerte Abkühlung eine Art Anlasseffekt. Neuere Fortschritte bei der Bewertung der Abschreckwirkung von Wasser zeigen, dass es dabei auf eine Reihe von Zusätzen ankommt, was die früher gemachten Unterscheidungen gut erklären könnte.

12.1 Spezielle Abschreckmethoden

Wenn man ein Thermoelement in ein Stück Stahl einbaut, kann man während des Abschreckens den Temperatur-Zeit-Verlauf messen. Eine grafische Darstellung eines solchen Temperatur-Zeit-Verlaufs nennt man *Abkühlkurve*. Zeichnet man solche Abkühlkurven in ein kontinuierliches ZTU-Diagramm (K-ZTU-Diagramm) dieses Stahls ein, so kann man eine vernünftige Abschätzung vornehmen, was die zu erwartenden Zerfallsprodukte des Austenits (Perlit, Ferrit, Bainit oder Martensit) betrifft, die sich beim Abschrecken bilden.

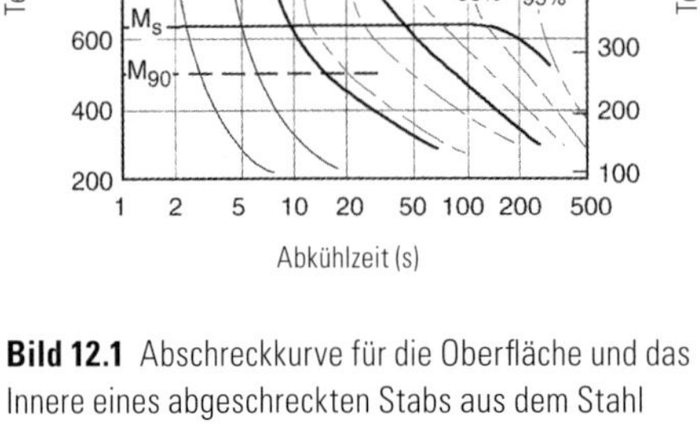

Bild 12.1 Abschreckkurve für die Oberfläche und das Innere eines abgeschreckten Stabs aus dem Stahl 5140, überlagert mit den Kurven der kontinuierlichen Umwandlung.

Außer bei dünnen Querschnitten, wie zum Beispiel Messerklingen, wird sich die Oberfläche schneller abkühlen als das Innere des Stahls. Bild 12.1 zeigt die Abkühlkurven an der Oberfläche und im Inneren eines rasch abgekühlten Stahls 5140, eingezeichnet in sein K-ZTU-Diagramm. Dies wurde zuvor schon einmal in Bild 9.9(a) diskutiert. Da sowohl die Oberfläche als auch das Innere des Stahls unter die M_{90}-Linie gefallen sind, ohne die Linien für den Start der Ferritbildung (F_s) oder der Perlitbildung P_s oder der Bainitbildung B_s im K-ZTU-Diagramm geschnitten zu haben, ist für den Stab ein durchgehendes 100-prozentiges Martensitgefüge zu erwarten. Gewöhnlich nimmt man die M_{90}-Temperatur als sinnvolle Näherung für die Martensit-Endtemperatur M_f.

12.1.1 Warmbadhärten (Martempering)

Ein großes Problem beim raschen Abschrecken von Stahl stellen Verzug und Härterisse im Werkstück dar. Aus Experimenten kennt man die beiden Hauptursachen dafür: (1) Ungleichmäßige Temperaturverteilung im Werkstück, wenn dessen Temperatur den Bereich M_s bis M_f durchläuft, und (2) eine zu schnelle Abkühlung beim Durchlaufen des Temperaturbereichs M_s bis M_f.

Kern (Lit. 12.5) behauptet, dass Wasserabschreckung von Stählen mit einem Kohlenstoffgehalt über 0,38% zu Härterissen führt, wenn das Werkstück keine einfache Form besitzt, wie zum Beispiel ein Rundling ohne Löcher. Er empfiehlt für höhere Kohlenstoffgehalte eine langsamere Ölabschreckung, was auch der industriellen Praxis entspricht.

Verzug beim Abschrecken ist hauptsächlich auf den ersten Grund, hohe Temperaturgradienten, zurückzuführen (Literaturstelle 12.6). Für das in Bild 12.1 gezeigte Beispiel sollte man extreme Temperaturgradienten erwarten, denn wenn die Oberfläche die M_{90}-Temperatur erreicht, ist das Innere noch auf einer Temperatur von etwa 730°C, was um 470°C heißer ist als M_{90}.

Beide Probleme können in ihrer Auswirkung deutlich vermindert werden, wenn man eine spezielle Abschreckmethode anwendet, die erstmalig in den 1940er Jahren vorgestellt wurde (Literaturstelle 12.7). Diese Methode nennt man normalerweise *Warmbadhärten*, manchmal auch *Warmbadabschrecken.*

Die Warmbadhärtung wird normalerweise durchgeführt, indem man in einem Bad aus geschmolzenem Salz abschreckt,

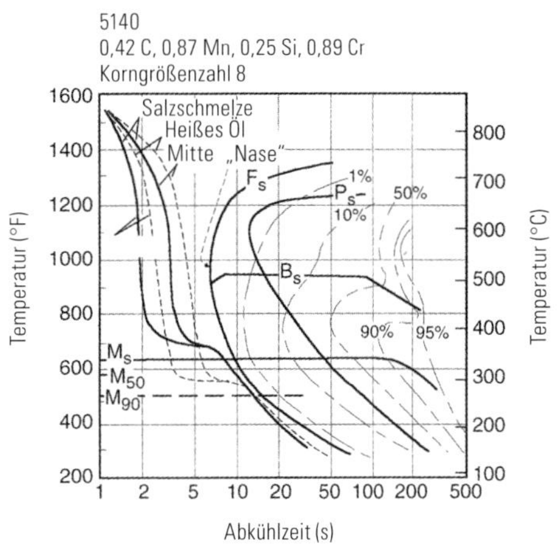

Bild 12.2 Abschreckkurve für die Oberfläche und das Innere eines im Warmbad gehärteten Stabs aus dem Stahl 5140, überlagert mit den Kurven der kontinuierlichen Umwandlung. Die ausgezogenen Linien gelten für Bäder aus Salzschmelze, die gestrichelten Linien für heiße Ölabschreckbäder.

das auf einer Temperatur knapp oberhalb der M_s-Temperatur gehalten wird. Das Werkstück wird gerade lange genug in dem Salz gehalten, bis Durchwärmung und Temperaturausgleich erfolgt sind. Dann wird es an der Luft abgekühlt.

Bild 12.2 zeigt mögliche Abkühlkurven, die in das K-ZTU-Diagramm des Stahls 5140 eingezeichnet sind. Dieser Prozess erzielt sowohl eine gleichförmige Temperaturverteilung in dem Werkstück als auch eine langsamere Abkühlung beim Durchgang durch den kritischen Temperaturbereich zwischen M_s und M_f, in dem sich aus dem Austenit Martensit bildet.

Eine Schwierigkeit beim Warmbadhärten besteht darin, dass der Stahl eine ziemlich hohe Härtbarkeit haben muss. Das wiederum bedeutet, dass die Nase im K-ZTU-Diagramm weit genug rechts liegen muss. Denn nur so kann das Innere so schnell abkühlen, dass die Nase vermieden wird. Außer für sehr dünne Werkstücke (Messerklingen) ist die Warmbadhärtung für unlegierte Kohlenstoffstähle und einige niedriglegierte Stähle schwierig.

In der Literaturstelle 12.8 (dort auf Seite 104) ist eine exzellente Erörterung des Warmbadhärtens zu finden. Außerdem findet man dort eine Reihe von Empfehlungen für Salzbad-Temperaturen und Salzbad-Zusammensetzungen sowie Hinweise zu maximalen Querschnitten für unlegierte Kohlenstoffstähle und einige niedriglegierte AISI-Stähle.

Das Warmbadhärten ist auch mit heißen Ölen, die speziell dafür geeignet sind, durchführbar. Diese Öle können höhere Temperaturen als die normalen Härteöle verkraften. Die gestrichelten Abkühlkurven in Bild 12.2 entsprechen der Abkühlung in einem solchen Warmbad-Härteöl.

Experimentell wurde bestätigt (siehe Literaturstelle 12.6), dass eine signifikante Reduzierung des Verzugs erreicht wird, obwohl die Temperatur des heißen Öls unterhalb der M_s-Temperatur liegt. Die Literaturstelle 12.8 enthält eine gute Diskussion der Vor- und Nachteile bei der Verwendung von Salz und Öl beim Warmbadhärten.

12.1.2 Bainitisieren (Austempern, Zwischenstufenvergüten)

Das Gefüge, das heutzutage unter dem Namen *Bainit* geführt wird, wurde zuerst von Bain und Davenport in den frühen 1930er Jahren bei Experimenten zum isothermischen Abschrecken entdeckt, also dem Abschrecken auf eine definierte Temperatur mit anschließendem Halten auf dieser Temperatur. In Bild 4.23 ist zu sehen, dass Bainit in zwei Formen existiert, als sogenannter *oberer Bainit* und *unterer Bainit.* Er bildet sich beim isothermischen Halten auf Temperaturen zwischen leicht oberhalb und leicht unterhalb der M_s-Temperatur.

Um Stähle zu 100 Prozent bainitisch einzustellen, muss man den Stahl schnell genug auf Temperaturen oberhalb von M_s abschrecken, um die Bildung von Perlit oder Ferrit zu unterdrücken, und dann so lange auf dieser Temperatur halten, bis der gesamte Austenit in Bainit umgewandelt ist.

Für unlegierte Kohlenstoffstähle bedeutet das, dass das Werkstück extrem schnell abzukühlen ist, wie in Bild 12.3 am Beispiel eines 1080er Stahls gezeigt wird (unter Benutzung des isothermischen ZTU-Diagramms in Bild 9.3). In diesem Beispiel muss das Werkstoffinnere in nur einer Sekunde auf unter 540°C abkühlen. Dadurch

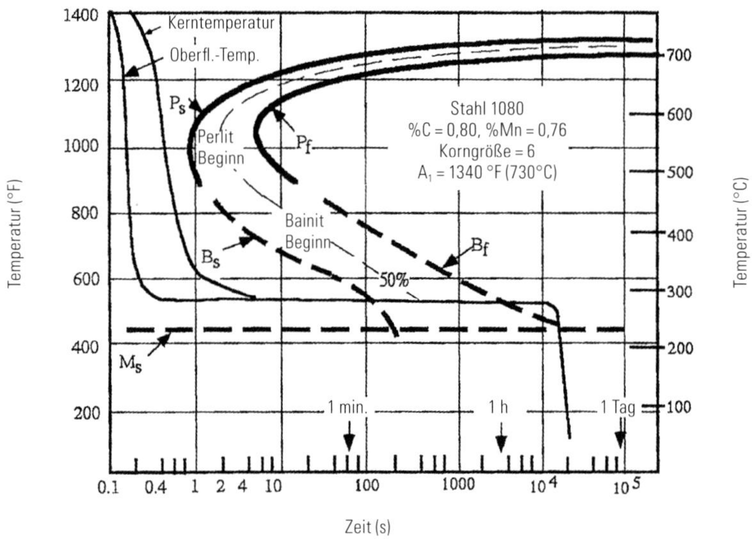

Bild 12.3 Abschreckkurve für die Oberfläche und das Innere eines bainitisierten Stabs aus dem Stahl 1080, überlagert mit den Kurven der kontinuierlichen Umwandlung.

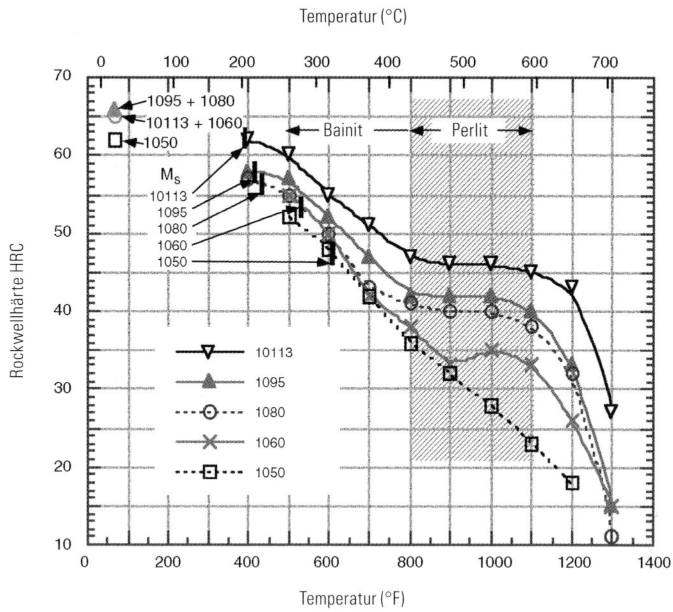

Bild 12.4 Härte von unlegierten Kohlenstoffstählen nach isothermer Abschreckbehandlung. Alle Stähle weisen einen Mangangehalt von 0,8 bis 0,9% auf, außer den Sorten 1095 und 10113, die beide einen Mangangehalt von 0,3% besitzen. Quelle: Literaturstelle 12.9

wird klar, dass nur ziemlich dünne Werkstücke aus 1080 erfolgreich bainitisiert werden können.

Wie in Bild 9.4 beschrieben, verschieben Legierungselemente den Beginn der Perlitbildung zu längeren Zeiten. Daher lassen sich niedriglegierte Stähle in dickeren Abmessungen bainitisieren. Ein Problem beim *Bainitisieren* von legierten Stählen besteht darin, dass die Kurven für das Ende der Bainitbildung zu längeren Zeiten verschoben sind. In manchen Fällen führt das zu völlig unwirtschaftlichen Haltezeiten, bis die Umwandlung von Austenit zu Bainit vollzogen ist.

Kurz nachdem man entdeckt hatte, dass vollständig bainitische Stähle durch die Abfolge von Abschrecken und isothermischer Umwandlung hergestellt werden konnten, fanden Forscher heraus, dass solche Stähle hinsichtlich Duktilität und Zähigkeit den abgeschreckten und angelassenen martensitischen Stählen bei gleicher Härte überlegen waren. Die frühen Arbeiten dazu behandeln die Härte von Stählen, die komplett bei isothermischer Temperaturführung umgewandelt wurden. Sie sind in Bild 12.4 zusammengestellt. Die Härte des frisch abgeschreckten Martensits bei Raumtemperatur ist oben links im Bild zu finden, und die Werte entsprechen dem, was man aus den in Bild 4.13 dargestellten Daten erwartet.

Die Kurven zeigen einen signifikanten Härteanstieg, wenn sich bei fallender Temperatur Bainit bildet. Das zeigt auch, dass unterer Bainit härter ist als oberer Bainit. Die M_s-Temperaturen der Stähle sind durch

Stahl	HRC (Martensit)	HRC max. (Bainit)
10113	65	62
1095	66	58
1080	66	57
1060	65	53
1050	62	48

Tabelle 12.1 Vergleich der Härten von frischem Martensit und maximaler Bainithärte.

die kurzen senkrechten Linien an jeder Kurve markiert. Die härtesten voll bainitischen Gefüge, die sich bei den M_s-Temperaturen einstellen (an den vertikalen kurzen Balken) sind allerdings nicht so hart wie der jeweilige frische Martensit der einzelnen Stähle. Zum besseren Verständnis ist in Tabelle 12.1 ein Vergleich dieser Härten dargestellt.

Die Kurven in Bild 12.4 zeigen auch, dass die Härte von voll perlitischen Stählen vom Gehalt an Kohlenstoff abhängt. Bei höheren Kohlenstoffgehalten wachsen die Zementitplatten im Perlit im Verhältnis schnell an und tragen so mehr zur Gesamthärte bei.

Die Vorteile von bainitisierten unlegierten Kohlenstoffstählen zeigt das Balkendiagramm in Bild 12.5. Hier werden die Duktilität (gemessen durch die Einschnürung Z) und die Schlagzähigkeit von bainitischen Stählen (offene Balken) mit abgeschreckten und angelassenen Zustanden (ausgefüllte Balken) bei den unterschiedlichen Härteniveaus miteinander verglichen.

Im Härtebereich zwischen 45 und 50 HRC haben bainitische Stähle deutlich bessere Duktilitätseigenschaften und Schlagzähigkeiten. Diese Verbesserung der mechanischen Eigenschaften setzt sich auch zu den höheren Härtebereichen fort, die noch durch Bainitisieren erreicht werden können. Das ist auf drastische Weise in Bild 12.6 demonstriert. Die bainitischen Stäbe

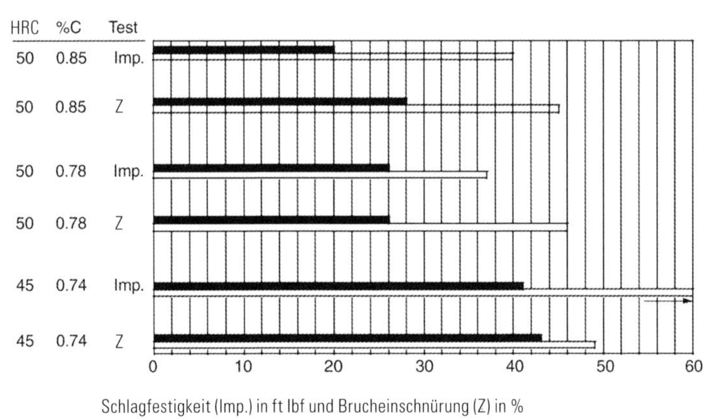

Bild 12.5 Schlagarbeit und Brucheinschnürung von bainitisierten Stählen (offene Balken) im Vergleich mit Werten von abgeschreckten und angelassenen Stählen (ausgefüllte Balken). Die Kohlenstoffgehalte liegen bei 0,74%, 0,78% und 0,85%. Die Schlagversuche wurden an ungekerbten Charpy-Proben aus 7 mm starken Stäben durchgeführt. Quelle: Literaturstelle 12.10

Bild 12.6 Stäbe mit 3 mm Durchmesser aus Stahl mit 1%C und 0,4% Mn bei einer Härte 58 HRC, die unter gleichen Bedingungen gebogen wurden. Quelle: Literaturstelle 12.11

auf der linken Seite konnten um fast 180° gebogen werden, ohne dass sie brachen, während die abgeschreckten und angelassenen Stäbe bei der gleichen Härte von 58 HRC bei nur geringer Verbiegung brachen.

Aus der Frühzeit der industriellen Anwendung von bainitischen unlegierten Kohlenstoffstählen stammen Richtlinien für die größten Durchmesser, die noch erfolgreich bainitisiert werden konnten. Diese Daten sind in der Tabelle 12.2 zusammengestellt. Unlegierte Kohlenstoffstähle werden mit hohem und mit niedrigem Mangangehalt geliefert. Die Tabelle zeigt, dass die Verbesserung der Härtbarkeit von manganlegierten Stählen zu größeren Durchmessern führt. Die letzte Spalte wurde hinzugefügt mit Hilfe von Wärmeübergangsberechnungen, um die Blechdicken abzuschätzen, die die gleichen Abkühlgeschwindigkeiten im Inneren aufweisen (bei Ölabschreckung) wie Rundstäbe.

Bainitisieren sollte eine attraktive Methode zum Härten von Messerstählen sein, denn die dünne Geometrie bringt schon zwangsläufig schnelle Abkühlgeschwindigkeiten mit sich, vor allem im Bereich der Schneide. Die letzte Spalte in Tabelle 12.2 liefert einen Anhalt für die maximale Klingenstärke von unlegierten Kohlenstoff-

%C	% Mn	Max. HRC	Max. Durchmesser		Max. Blechdicke	
			mm	in.	mm	in
0,95–1,05	0,30–0,50	57–60	3,76	0,148	3,00	0,118
0,95–1,95	0,60–0,90	57–60	4,75	0,187	3,81	0,150
0,80–0,90	0,30–0,50	55–58	3,96	0,156	3,18	0,125
0,80–0,90	0,60–0,90	55–58	5,54	0,218	4,42	0,174
0,60–0,70	0,60–0,90	53–56	4,75	0,187	3,81	0,150
0,60–0,70	0,90–1,20	53–56	7,14	0,281	5,72	0,225
0,60–0,70	1,60–2,00	53–56	15,90	0,625	12,70	0,500
1,00 +(0,40-0,60) Cr	0,40–0,60	57–60	7,92	0,312	6,35	0,250

Tabelle 12.2 Maximale Querschnittsgrößen für das Bainitisieren. Quelle: Literaturstelle 12.10

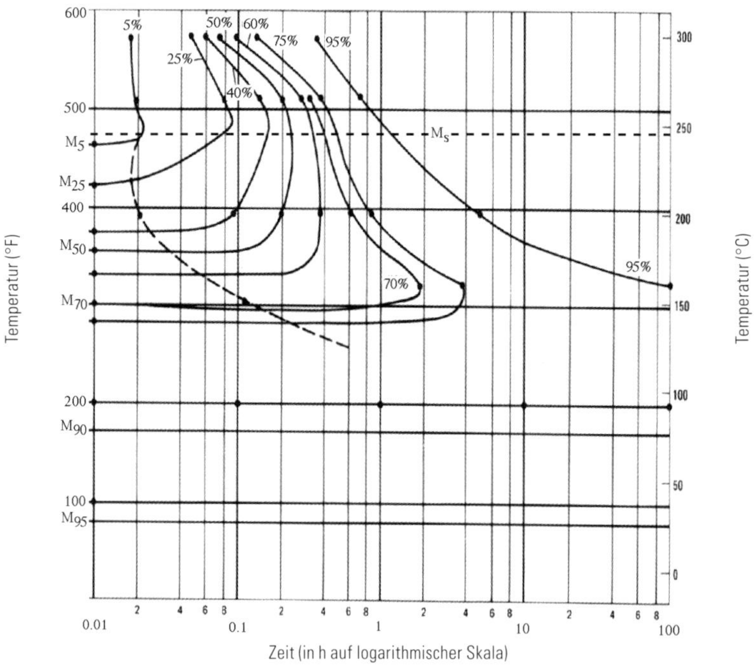

Bild 12.7 Isothermisches Umwandlungsschaubild eines Stahls 1075 mit 0,75%C und 0,5% Mn mit den Zeiten für Umwandlung in unteren Bainit bei Temperaturen knapp oberhalb M_s und Zeiten für eine kombinierte Umwandlung in Martensit und Bainit bei Temperaturen knapp unter M_s. Quelle: Literaturstelle 12.16

stählen, die noch erfolgreich bainitisch gehärtet werden können.

Zusätzlich zu den Verbesserungen in Duktilität und Zähigkeit, die durch das Bainitisieren erreicht werden, hat diese Methode die gleichen Vorteile hinsichtlich der Minimierung des Verzugs wie das Warmbadhärten. Es gibt auch Hinweise darauf, dass bainitische Gefüge oft besseren Verschleißwiderstand aufweisen als abgeschreckte und angelassene Stähle auf dem gleichen Niveau der Härte (Literaturstelle 12.12).

Bainitisieren führt nicht immer zu einer Verbesserung der Zähigkeit im Vergleich zu abgeschreckten und angelassenen Zuständen. Eine Auswertung der Literatur zeigt, dass Warmbadhärten nur im oberen Bereich der Härte eine Verbesserung der Zähigkeit erreicht. Die Grenzhärte dafür liegt etwa bei 40 HRC. Unter diesem Härtewert weisen abgeschreckte und angelassene Zustände Zähigkeiten auf, die genauso gut oder besser sind als die im Warmbad gehärteten Zustände (Literaturstellen 12.13 und 12.14).

Bainitisierungsmethoden können auch dafür benutzt werden, Mischgefüge aus Bainit und Martensit zu erzeugen. Es gibt einige Erfahrungen aus der Industrie mit solchen Mischgefügen. Diese zeigen, dass sie im Vergleich zu abgeschreckten und angelassenen Stählen auf dem gleichen Härteniveau auch exzellente Duktilitäts- und

Konventionelles Bainitisieren (KB)

Schritt 1	Schritt 2
Abschrecken auf (M_S+ΔT) und Halten, bis 100% Bainit vorliegt	Luft- oder Ölabschreckung (Probe besteht zu 100% aus frischem Bainit)

Einstellung der Zielhärte:

a) auf gewünschte Härte anlassen

b) Härte über ΔT einstellen. Höhere Werte führen zu weicherem Bainit, oft oberer Bainit, kleine Werte führen zu härtestem Bainit, dem unteren Bainit.

Modifizierte Bainitisierung, Methode 1 (MB 1)

Schritt 1	Schritt 2	Schritt 3
Abschrecken auf (M_S−$ΔT_1$) und kurz Halten	Hochfahren auf (M_S+$ΔT_2$) und bis zur vollständigen Umwandlung des Restaustenits in Bainit	Luft- oder Ölabschreckung, die Probe besteht aus angelassenem Martensit und frischem unteren Bainit

Einstellung der Zielhärte:

a) $ΔT_1$ aus Schritt 1 erhöhen, um das Verhältnis Martensit/Bainit zu erhöhen (und damit die Härte)

b) $ΔT_2$ aus Schritt 2 erhöhen, um weicheren Bainit zu erhalten und die Härte abzusenken

c) Anlassen des frischen Bainits bei Temperaturen oberhalb seiner Bildungstemperatur, um die Härte abzusenken

Modifizierte Bainitisierung, Methode 2 (MB 2)

Schritt 1	Schritt 2
Abschrecken auf (M_S±ΔT) und Halten, bis gewünschter Gehalt an Bainit vorliegt Anmerkung: Ist gleich dem Martempern (Warmbadhärten), wenn der Gehalt an Bainit 0% ist und ΔT klein ist	Luft- oder Ölabschreckung. Probe besteht aus Martensit und frischem Bainit. Für positive Werte von ΔT ist der Martensit frisch, für negative Werte von ΔT ist er teilweise angelassen. ΔT bestimmt auch den Typ des Bainits (unterer oder oberer Bainit) und damit die Zielhärte

Einstellung der Zielhärte:

a) auf gewünschte Härte anlassen

b) Haltezeit in Schritt 1 reduzieren, um das Verhältnis Martensit/Bainit zu erhöhen und damit die Härte vor dem Anlassen zu erhöhen

c) ΔT in Schritt 1 ändern um die Härte des Bainits einzustellen. Für niedrigere Härten ΔT erhöhen und für höhere Härtewerte erniedrigen, notfalls in den negativen Temperaturbereich

Tabelle 12.3 Drei Methoden des Bainitisierens.

Zähigkeitseigenschaften aufweisen (Literaturstelle 12.15).

Als Hilfe zum Verständnis solcher unkonventionellen Bainitisierungsverfahren ist in Bild 12.7 das isothermische ZTU-Diagramm eines 1075er Stahls für Temperaturen in der Nähe der M_s-Temperatur dargestellt. Es ist auch in Literaturstelle 12.9 zu finden. Das Diagramm zeigt die Zeiten, die nötig sind, um Austenit in den jeweils angegebenen Prozentsätzen umzuwandeln. Die Interpretation für Temperaturen oberhalb von M_s ist einfach: Führt man zum Beispiel die Wärmebehandlung bei 260°C durch, wandelt sich der Austenit in unteren Bainit um. Dabei ist die Umwandlungsgeschwindigkeit etwa wie folgt: fünfprozentige Umwandlung nach 0,02 Stunden (72 Sekunden) und 95-prozentige Umwandlung nach 0,8 Stunden (48 Minuten).

Unterhalb der M_s-Temperatur ist die Interpretation etwas schwieriger. Betrachten wir einen Stahl, der bei der M_{25}-Temperatur von etwa 220°C gehalten wird. Nach einigen Millisekunden enthält dieser Stahl 25% Martensit (denn das ist ja die Bedeutung der Temperatur M_{25}). Die nach unten weggehende gestrichelte Linie markiert die Punkte, bei denen die restlichen 75% Austenit anfangen, sich in unteren Bainit umzuwandeln, was in diesem Fall etwa nach 0,02 Stunden (72 Sekunden) eintritt.

Zieht man durch den Punkt M_{25} eine horizontale Linie, so schneidet diese die 50%-Kurve bei etwa 0,25 h (15 min). An diesem Punkt sind 50% des Austenits umgewandelt, und der Stahl besteht aus 25% Martensit (der dann 15 Minuten lang angelassen wurde), 25% unterem Bainit und 50% Restaustenit.

Die 95%-Umwandlungslinie wird nach etwa drei Stunden überschritten. Der Stahl würde dann zu 25% aus angelassenem Martensit bestehen, zu 70% aus unterem Bainit und zu 5% aus Restaustenit. So liefert dieses Diagramm Informationen über die kombinierte Umwandlung von Martensit und unterem Bainit bei Temperaturen unterhalb der M_s-Temperatur. Das Diagramm lässt auch erkennen, dass unterhalb der M_{75}-Temperatur kein unterer Bainit entsteht, auch nicht bei sehr langen Haltezeiten.

Vor dem Hintergrund dieser Informationen wollen wir nun zwei Arten von modifizierten Bainitisierungsverfahren betrachten. Beide führen zu Stählen mit Mischgefügen aus Bainit und Martensit. Tabelle 12.3 zeigt die auf das Austenitisieren folgenden Schritte bei den Bainitisierungsverfahren.

Konventionelles Bainitisieren (KB) ist ein zweistufiger Prozess, wie der Tabelle zu entnehmen ist. Er führt zu 100% Bainit im Gefüge. Der Ausdruck ΔT ist eine übliche wissenschaftliche Schreibweise, die einen Temperaturbereich spezifiziert. Nehmen wir als Beispiel den Stahl aus Bild 12.7, der bei 260°C bainitisiert wurde. Der Wert für ΔT wäre dann 15°C, weil die Temperatur M_s für diesen Stahl 245°C ist (ΔT=260-245°C=15°C). Für die konventionelle Bainitisierung (KB) würde die Endhärte durch die zwei Methoden kontrolliert, die unterhalb des ersten Kastens in Tabelle 12.3 aufgeführt sind.

Bei der ersten Methode des modifizierten Bainitisierens der Tabelle 12.3 wird das Mischungsverhältnis von Martensit und Bainit im Schritt 1 durch den Abstand der Badtemperatur unter M_s eingestellt. Das definiert den Martensitanteil, der am Ende des Prozesses vorliegt. Da der Stahl nur kurz auf dieser Temperatur gehalten wird, bildet sich bei diesem Schritt nur wenig oder gar kein Bainit.

Bainit wird in Schritt 2 nach dem „Hochschrecken" von (M_s+kleines ΔT_2) gebildet. Es ist zu beachten, dass der Martensit in diesem Stahl im angelassenen Zustand vorliegt, und zwar angelassen bei der Temperatur von Schritt 2 (M_s+kleines ΔT_2). Drei Möglichkeiten, die Endhärte einzustellen, sind unterhalb des mittleren Kastens in Tabelle 12.3 aufgeführt.

Ein beispielhaftes Experiment, mit dem nach der modifizierten Methode 1 ein Gefüge von 50% Martensit und 50% unterem Bainit in einem 5140er Stahl eingestellt werden kann, kann mit Hilfe des Bilds 12.2 durchgeführt werden. Nach dem Austenitisieren muss das Werkstück innerhalb von etwa sechs Sekunden auf eine Temperatur von 300°C (das ist die M_{50}-Temperatur) abgeschreckt werden, so dass die Werkstückmitte unter die Temperatur der Umwandlungsnase fällt. Wenn das Innere auf 300°C abgekühlt ist, muss man den Stahl auf etwa

340°C hochfahren und mindestens 500 Sekunden halten, bevor man ihn in Luft oder Öl abschreckt. Das Werkstück sollte dann aus 50% frischem unteren Bainit und 50% Martensit bestehen, der 500 Sekunden lang bei 340°C angelassen ist.

Bei der zweiten Modifikation des Bainitisierens in Tabelle 12.3 wird das Mischungsverhältnis von Martensit zu Bainit in Stufe 1 eingestellt, indem man den Prozentsatz an Bainit festlegt, der zum Schluss der Behandlung im Stahl vorliegen soll. In diesem Fall kann die Badtemperatur oberhalb von M_s (positive ΔT-Werte) oder auch unterhalb von M_s (negative ΔT-Werte) eingestellt werden. Bei negativen Werten von ΔT wird der in Schritt 1 gebildete Martensit angelassen. Martensit, der in Stufe 2 gebildet wird, ist dagegen frisch.

Wieder kann man das kontinuierliche ZTU-Diagramm in Bild 12.2 benutzen, um zu verdeutlichen, wie man einen Prozess nach der Modifikation 2 auslegen würde, um 50% unteren Bainit in einem Stahl 5140 zu erzeugen. Nach dem Austenitisieren würde man den Stahl in Salz auf 340°C abschrecken. Zeichnet man in Bild 12.2 bei 340°C eine horizontale Linie, so sieht man, dass die Linie der 50%-Umwandlung bei etwa 60 Sekunden geschnitten wird. Daher ist das Werkstück bei 340°C für 60 Sekunden zu halten und dann in Öl auf Raumtemperatur abzuschrecken. Dann sollte das Gefüge aus 50% frischem Bainit und 50% frischem Martensit bestehen.

Diese Variationsmöglichkeiten beim Bainitisieren eröffnen dem Klingenschmied weitreichende Möglichkeiten, Messer unterschiedlicher Zähigkeiten und Härten herzustellen. Wie bereits erwähnt, ist ein Gefüge aus 100% Bainit nicht so hart wie ein voll martensitisches Gefüge. Durch das Einstellen von gemischten Gefügen kann man Härtewerte einstellen, die über den Grenzen für 100% Bainit liegen (vgl. Tabelle 12.2). Beispiele aus der industriellen Praxis zeigen, dass solche Stähle ausgezeichnete Zähigkeitseigenschaften aufweisen (Literaturstelle 12.17).

Ein interessanter Stahl, der sich für bainitisierte Messerklingen eignet, ist der Stahl 52100 (deutsche Entsprechung 1.3505, 100Cr6). Die kleinen Karbide, die er enthält und die für seine normalen Einsatzzwecke hervorragende Verschleißbeständigkeit liefern, machen ihn auch als Klingenwerkstoff sehr geeignet. Er wird manchmal bainitisiert, um Verzug in Lagerringen zu minimieren.

In der Literatur gibt es eine Studie, in der nach der modifizierten Methode 2 in Stahl 52100 gemischte Gefüge aus Martensit und Bainit eingestellt wurden. In diesem Fall war ΔT=0 gesetzt (Literaturstelle 12.18). Bild 12.8 zeigt die Härtewerte und die Schlagenergien des 52100 als Funktion

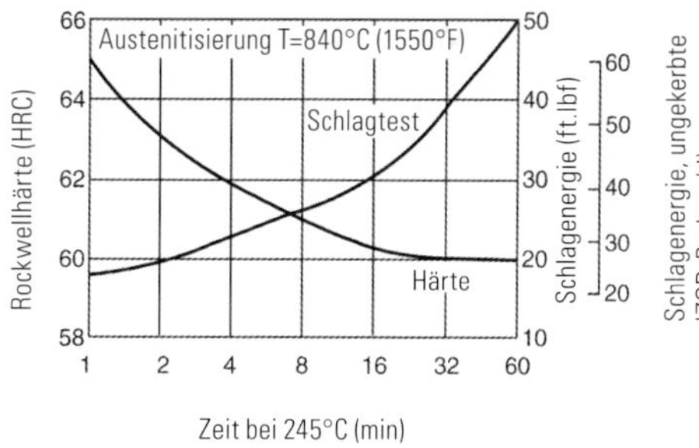

Bild 12.8 Härte und Schlagzähigkeit eines Stahls 52100 in Abhängigkeit von der Haltezeit bei M_s vor dem Abschrecken. Der prozentuale Anteil an Bainit wächst von 0 auf 100%, während sich die Zeit von 1 Minute auf 60 Minuten erhöht.
Copyright: American Metal Market

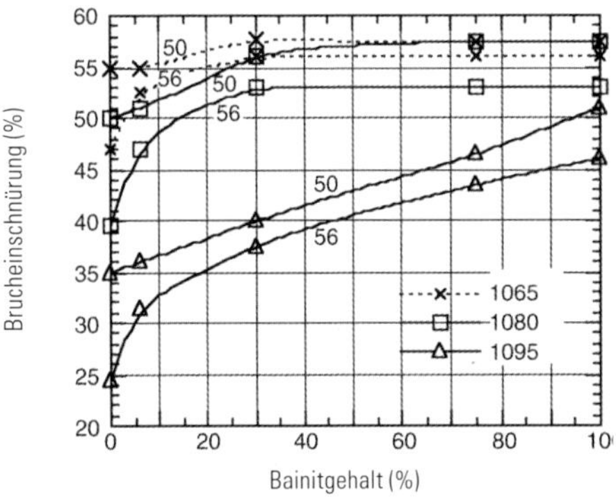

Bild 12.9 Die Auswirkung der Erhöhung des Bainitgehalts neben dem Martensit auf die Duktilität bei konstanten Härtewerten bei unlegierten Kohlenstoffstählen. Quelle: Literaturstelle 12.7

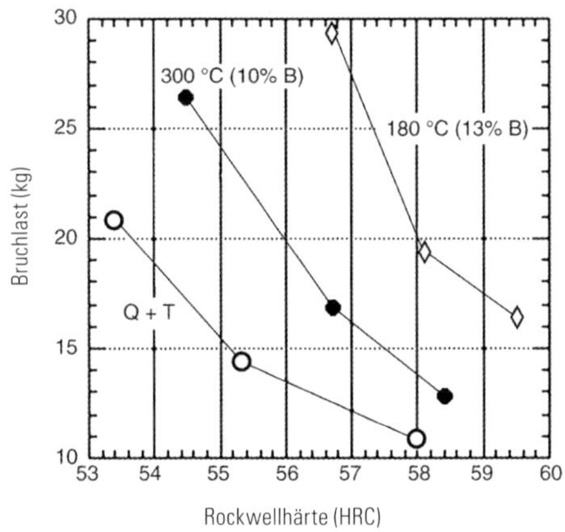

Bild 12.10 Vergleich der Bruchfestigkeiten unter Biegebeanspruchung für einen abgeschreckten und angelassenen (Q+T) Stahl mit den Werten zweier Stähle mit 0,9% C und gemischten Gefügen aus Martensit und Bainit.

der Haltezeit auf Stufe 1. Bei den kürzesten Zeiten war der Stahl zu 100% martensitisch, bei den längsten Zeiten zu 100% Bainit. Die positiven Auswirkungen von Bainit auf die Zähigkeit lassen vermuten, dass die bainitisierten Proben in dieser Hinsicht Proben aus angelassenem Martensit bei gleicher Härte überlegen sind.

Es sind nur sehr wenige Studien zur Auswirkung von gemischten Strukturen auf die Zähigkeit im Vergleich von bainitisierten mit abgeschreckten und angelassenen Stählen gleicher Härte durchgeführt worden. Es gibt eine Arbeit, in der der Effekt des relativen Bainitgehalts von drei bainitisierten unlegierten Kohlenstoffstählen auf die Duktilität untersucht wurde (Literaturstelle 12.17). Diese Ergebnisse sind in Bild 12.9 zusammengefasst.

In dieser Arbeit wurde die modifizierte Methode 1 zur Herstellung der Gefüge aus Bainit und Martensit benutzt, und die Möglichkeiten a und b zur Einstellung der Härte. Bei Härtewerten von 50 und 56 HRC erhöht steigender Bainitgehalt die Duktilität, und noch in stärkerem Ausmaß, wenn der Kohlenstoffgehalt von 0,65% auf 0,95% anstieg. Es gibt zwei Veröffentlichungen über Stähle der Sorte 4340, die aufzeigen, dass gemischte bainitisierte Gefüge für Bainitgehalte bis etwa 30% bei Raumtemperatur höhere Zähigkeit aufweisen (Literaturstellen 12.19 und 12.20).

In einer Untersuchung an Stahl mit der Zusammensetzung 0,9% C, 1,6% Mn und 0,55% Cr (das ist nicht allzu weit vom 52100 entfernt) wurde die Zähigkeit des bainitisierten Zustands und des abgeschreckten und angelassenen martensitischen Zustands bei definierten Härtewerten verglichen. Die Ergebnisse sind in Bild 12.10 zu sehen (Literaturstelle 12.21). Die Bruchzähigkeit wurde im Biegeversuch ermittelt.

Die M_s-Temperatur dieses Stahls war 195°C. Die gemischt bainitisch-martensitischen Gefüge wurden nach der modifizierten Methode 2 eingestellt, mit sowohl positiven als auch negativen ΔT-Werten. Im ersten Fall wurden die Proben bei 300°C

(ΔT=+105°C) auf einen Bainitgehalt von 10% bainitisiert, im zweiten Fall wurden durch eine Bainitisierungstemperatur von 180°C (ΔT=-15°C) 13% Bainit eingestellt. Bei beiden Methoden wurde die Endhärte durch Anlassen erzeugt. Die drei Punkte auf jeder Kurve in Bild 12.10 stehen für Anlasstemperaturen von 200, 250 und 300°C. Gemäß Bild 12.10 scheint die Methode mit dem negativen ΔT-Wert für gegebene Härtewerte bessere Zähigkeiten zu erzeugen.

Die wahrscheinlich häufigste Anwendung des Bainitisierens findet sich im Gießereiwesen, wo duktiles Gusseisen hergestellt wird, und zwar durch Herstellung von bainitisiertem duktilem Eisen (ADI, von „Austempered Ductile Iron"). Die Standzeit von Werkstücken aus diesen ADI-Werkstoffen steht in Konkurrenz zu der von konventionellen aufgekohlten Werkstücken, wobei ADI die niedrigeren Produktionskosten und eine bessere Energieeffizienz aufweist. Der Verschleißwiderstand der bainitischen ADI-Werkstoffe ist höher als der von abgeschreckten und angelassenen Stählen. Dieser höhere Verschleißwiderstand findet keine Entsprechung bei den bainitischen Gefügen in konventionellen Stählen.

Es gibt Hinweise darauf, dass die verbesserte Verschleißbeständigkeit mit einem hohen Anteil an Restaustenit in den ADI verknüpft ist. Dieser rührt von dem hohen Gehalt an Silizium bei Gusseisen her. Siehe dazu auch das Kapitel 16 („Gussstähle"), wo die Diskussion über ADI fortgeführt wird.

	H, Schroffheit der Abschreckung (in.$^{-1}$)			
Badbewegung	**Luft**	**Öl**	**Wasser**	**Sole**
keine	0,02	0,03	1,00	2,20
moderat	...	0,40–0,60	1,50–3,00	...
heftig	...	0,60–0,80	3,00–6,00	7,50

Tabelle 12.4 Werte für den Wärmeübergangsparameter (H) für unterschiedliche Abschreckmedien.

12.2 Abkühlwirkungen von Abschreckbädern

Zu der Zeit, zu der Jominy seinen Test entwickelte, während der 1930er und 1940er Jahre, gab es sehr viele Untersuchungen über das Abschrecken in Wasser und Öl. Die Abschreckwirkung wurde charakterisiert durch einen Warmeübergangsparameter H, der in Einheiten von 1/in ausgedrückt wird. Größere Werte von H korrespondieren mit höheren Abschreckwirkungen, siehe auch Tabelle 12.4.

Die Tabelle liefert Angaben zur relativen Erhöhung der Abschreckgeschwindigkeit, wenn man das Abschreckmedium variiert von Luft über Öl zu Wasser und schließlich Sole (Salzlösung) und wenn man die Badbewegung intensiviert. Die Wärmeübergangsgeschwindigkeiten ändern sich während des Abschreckvorgangs erheblich. Die Anwendung eines einzigen H-Werts zur Beschreibung ist eine übermäßige Vereinfachung. Allerdings ist sie, wie bei den meisten Vereinfachungen, doch ziemlich hilfreich für die Praxis.

Das Abschrecken eines heißen Stücks Stahl in Wasser oder Öl erzeugt große Mengen von Dampf in der unmittelbaren Umgebung, oft *Dampfhaut* genannt. In Wasser besteht diese Schicht aus Wasserdampf, bei Öl ist es dampfförmiges Öl. Die Gegenwart dieser Dampfphase um das heiße Stahlstück führt zu sehr komplizierten Verhältnissen beim Wärmetransport während des Abschreckvorgangs. In den späteren Jahrzehnten des 20. Jahrhunderts gab es viele Untersuchungen dazu. Eine Methode, die in England zur Charakterisierung von Abschreckflüssigkeiten entwickelt worden war, wurde zum internationalen Standard ISO 9950 erhoben.

Bei diesem Test wird ein Zylinder aus einer Legierung namens Inconel 600 verwendet (im Wesentlichen die gleiche Nickelbasislegierung, die auch für die Heizelemente von haushaltsüblichen Elektroöfen Verwendung findet). Der Durchmesser ist 12,5 mm, die Länge beträgt 60 mm. Ein Thermoelement Typ K (siehe Anhang A, „Temperaturmessverfahren") wird in ein Loch eingebracht, das durchgehend bis zur Mitte gebohrt ist. Die Anzeige des Thermoelements wird während des Abschreckens aufgezeichnet. Die Anzeigewerte ergeben eine Abkühlkurve, wie zum Beispiel die in Bild 12.11 für ein Ölabschreckbad.

Die Wärmeabfuhr während des Abschreckens wird in drei Phasen unterteilt, die man üblicherweise mit A, B und C bezeichnet. Während der Phase A ist der Wärmeübergang relativ langsam, da die Wärme durch die Dampfhaut hindurch muss, die sich anfänglich um die eingetauchte Probe bildet. Die Phase B beginnt mit einer starken Erhöhung der Abkühlgeschwindigkeit, wenn das Öl oder das Wasser die Dampfhaut überwunden hat, mit dem heißen Stahl in Berührung kommt und sofort zu sieden beginnt. Die Wärme, die für den Siedevorgang benötigt wird, wird dem Stahl entzogen (Verdampfungswärme des Mediums), und diese Art der Wärmeabfuhr ist extrem effektiv. Sie wird *Wärmeübergang durch keiminduzierten Siedebeginn* genannt, daher die Beschriftung bei Phase B im Bild 12.11.

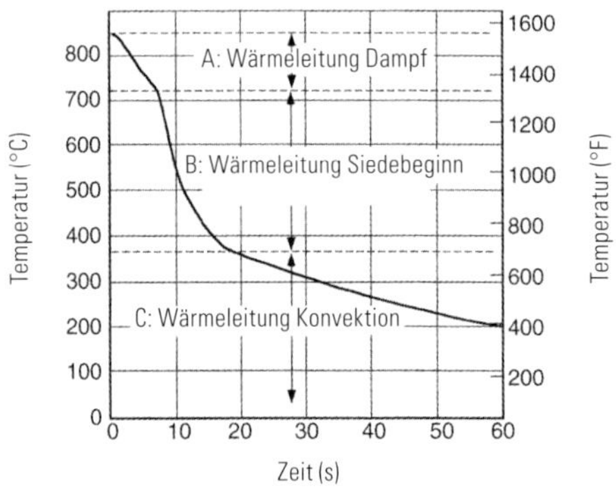

Bild 12.11 Nach ISO 9950 ermittelte Abkühlkurve für ein Ölbad.

Wenn das Sieden aufhört, wird Wärme in direktem Kontakt mit der Flüssigkeit abgeführt, die den Stahl umgibt. Dadurch wird die Flüssigkeit erwärmt, wodurch deren Dichte absinkt. Wenn diese Flüssigkeitsanteile mit geringerer Dichte an die Oberfläche steigen, lassen sie kalte Flüssigkeit nachströmen, die dann wieder in Kontakt zur Stahloberfläche kommt. Die Bewegung der Abschreckflüssigkeit nennt man *Konvektion*, daher die Bezeichnung für die Phase C in Bild 12.11.

Wenn man Abkühlintensitäten beschreibt, ist vor allem interessant, wie schnell die Temperatur fällt. Daher ist der nützlichste Parameter die Abkühlgeschwindigkeit, die in der Einheit °C/s ausgedrückt wird. Die Abkühlwirkung eines Abkühlmittels wird normalerweise beschrieben durch eine Auftragung der Abkühlgeschwindigkeit über der Temperatur im Zylinder aus Inconel. Bild 12.12 zeigt, wie solche Kurven mit den einfachen Abkühlkurven in Bild 12.11 verknüpft sind.

Um die Abkühlgeschwindigkeit bei 400°C zu erhalten, zeichnet man bei 400°C eine Tangente an die Temperaturkurve, wie im Bild gezeigt. Aus dem Steigungsdreieck

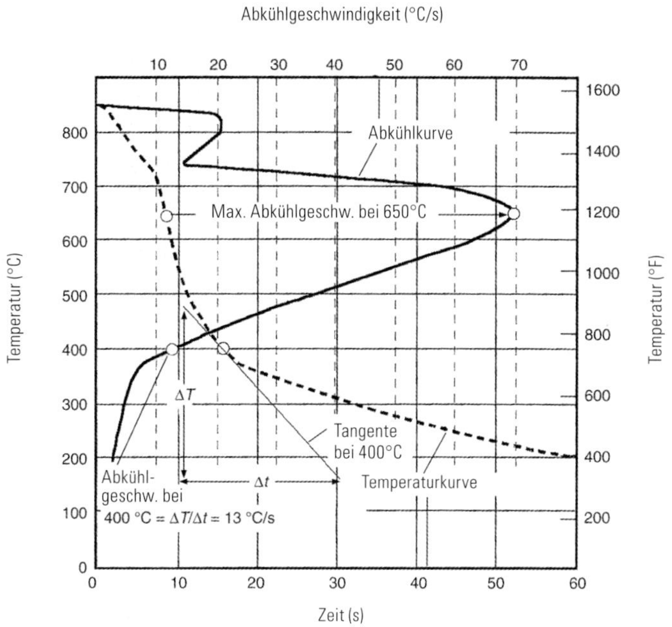

Bild 12.12 Methode zur Umwandlung der Abkühlkurve aus Bild 12.11 in eine Kurve für Abkühlgeschwindigkeiten.

an dieser Tangente (das ist die aus dem Geometrieunterricht bekannte Steigung der Kurve im Punkt T=400°C und t= t_1) bildet man das Verhältnis ΔT/Δt, mit Δt als Zeitintervall. Diese in den Einheiten °C/s ausgedrückte Größe ist die Abkühlgeschwindigkeit bei einer Temperatur von 400°C im Inneren des Inconelzylinders.

Mit Hilfe von Computerprogrammen ist es dann ein Leichtes, für jede Temperatur die entsprechende Abkühlrate zu ermitteln. Die durchgehende Linie ist die so ermittelte Kurve für die Abkühlgeschwindigkeit. Die Achse mit den Einheiten der Abkühlgeschwindigkeit (°C/s) ist im Bild oben eingezeichnet. Man beachte, dass die maximale Abkühlgeschwindigkeit 70°C/s ist. Sie tritt bei diesem Abschrecköl bei ungefähr 650°C auf.

In Literaturstelle 12.18 ist eine hervorragende Diskussion über Abschreckmittel wie Wasser, Öl und Polymere zu finden. Es wird darin aufgezeigt, wie diese Darstellungen der Abkühlgeschwindigkeiten weit gestreute Anwendung finden. Bild 12.13 ist eine Zusammenstellung von Kurven zur Abkühlgeschwindigkeit einiger gebräuchlicher Abschreckmittel. Man beachte, dass die jeweils maximale Abkühlgeschwindigkeit bei unterschiedlichen Temperaturen erreicht wird. Sie liegen zwischen hohen Werten von 285°C/s für Salzwasser und niedrigen Werten von 65°C/s für ein typisches Härteöl.

Für jedes Abschreckmittel hängt die Geschwindigkeit des Abschreckens von der Badtemperatur ab und davon, inwieweit während des Abschreckvorgangs eine Bad-

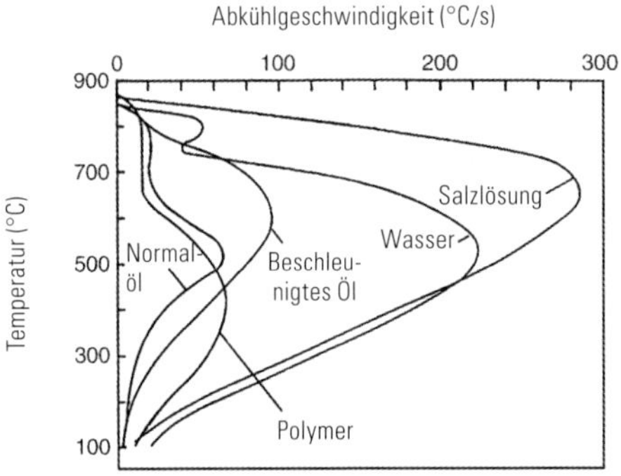

Bild 12.13 Typische Kurven der Abkühlgeschwindigkeiten unterschiedlicher Abschreckmedien bei 30°C (85°F) ohne Badbewegung.
Quelle: Literaturstelle 12.22

bewegung um das Werkstück stattfindet. Die Schroffheit der Wasserabkühlung kann durch vorherige Erwärmung des Wassers deutlich reduziert werden. Die Abkühlkurven in Literaturstelle 12.8 zeigen, dass die maximale Abkühlgeschwindigkeit in Wasser sich von 225°C/s bei 20°C reduziert auf nur 90°C/s bei einer Badtemperatur von 80°C – eine Änderung, die immerhin 60% entspricht!

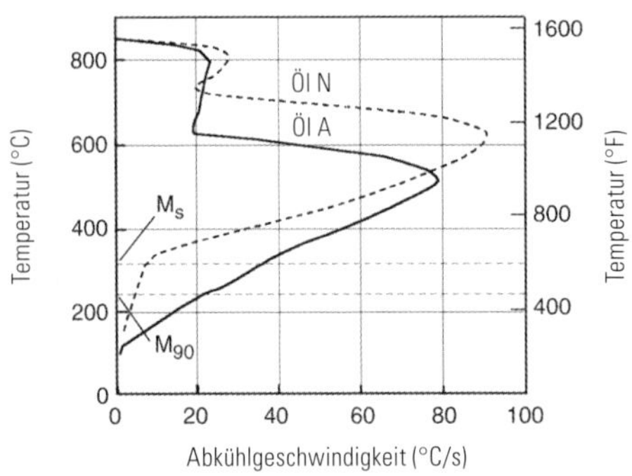

Bild 12.14 Kurven für die Abkühlgeschwindigkeit zweier unterschiedlicher Öle.
Quelle: Literaturstelle 12.24

Die Daten zur Abkühlgeschwindigkeit aus Literaturstelle 12.8 zeigen, dass heiße Öle weniger empfindlich als Wasser auf die Badtemperatur reagieren. Ändert man die Badtemperatur von 200°C auf 150°C und schließlich auf 50°C, so sieht man, dass die maximale Abkühlgeschwindigkeit von 83°C/s bei der mittleren Badtemperatur von 150°C auftritt. Bei der höheren Badtemperatur (200°C) fällt sie auf 80°C/s ab. Bei der niedrigsten Badtemperatur von 50°C ist die Abkühlgeschwindigkeit immer noch 75°C/s.

12.2.1 Abschrecköle

Es gibt drei Kategorien von Abschreckölen: normale Öle, beschleunigt abschreckende Öle und Härteöle zur Martensiterzeugung. Die beschleunigt wirkenden Öle enthalten Additive, die die Abkühlgeschwindigkeit erhöhen, wie in den Kurven in Bild 12.13 eingezeichnet. Die Härteöle sind für den Einsatz bei höheren Temperaturen ausgelegt und sind als schnelle und weniger schnelle Sorten erhältlich.

Ölbäder darf man nicht zu stark erhitzen, denn das Öl kann sich entzünden, wenn es zu heiß wird. In der Literaturstelle 12.18 ist auf Seite 80 eine Tabelle mit den Entzündungstemperaturen der drei Öltypen zu finden. Herkömmliche und beschleunigt wirkende Öle haben Zündtemperaturen von etwa 175°C – im Vergleich zu rund 300°C für Härteöle.

Die Tabelle erwähnt die Abschreckmethode GM. Das bezieht sich auf einen Test, der von General Motors entwickelt wurde und in der Vergangenheit zur Ermittlung von Abschreckgeschwindigkeiten benutzt wurde. Er wird in der Literaturstelle 12.23 im Detail beschrieben. Der Test be-

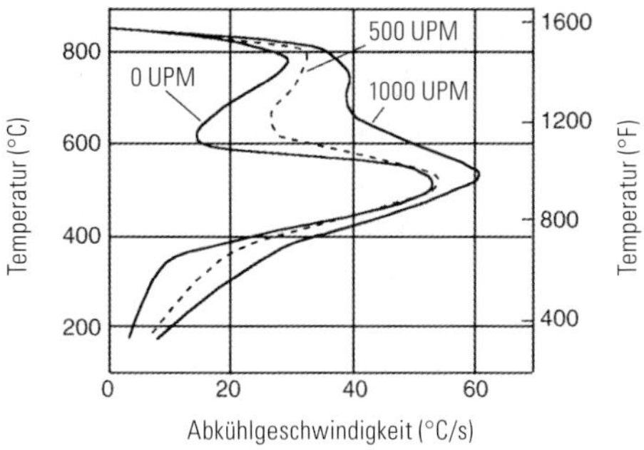

Bild 12.15 Auswirkung einer Badbewegung auf die Kurve der Abkühlgeschwindigkeit für konventionelles Abschrecköl bei 40°C (105°F).

stimmt die Zeit, in der die Temperatur des Probestücks, einer Kugel aus Nickel, auf die Temperatur für den Übergang der magnetischen Eigenschaften abfällt, die Curietemperatur bei 354°C. Die Bewertungsgröße hat die Einheit Sekunden. Kleinere Werte bedeuten schroffere Abschreckung.

Das Bild 12.14 zeigt Abkühlgeschwindigkeiten für zwei unterschiedliche Öle bei einer Badtemperatur von 40°C. Hier zeigt sich die Nützlichkeit der Kurven der Abkühlraten. Nach der Abschreckmessmethode von GM sind die Abkühlraten für beide Öle im Wesentlichen gleich, nämlich 18,1 Sekunden für Öl A und 17,6 Sekunden für Öl N (Literaturstelle 12.24). Die Abkühlkurven zeigen jedoch, dass es zwischen diesen beiden Ölen erhebliche Unterschiede gibt. Öl N hat eine schnellere Abkühlwirkung bis hinunter zu Temperaturen von 550°C. Das bedeutet, dass man es bei Stählen mit niedriger Härtbarkeit vorziehen würde, wenn man schnell genug abkühlen muss, um die Ferrit- und Perlitnasen im kontinuierlichen ZTU-Schaubild zu vermeiden.

Auf der Temperaturachse sind die M_s- und die M_{90}-Temperaturen eines 1050er Stahls eingezeichnet. Zu beachten ist, dass zwischen M_s und M_{90} die Abkühlgeschwindigkeiten bei Öl N deutlich niedriger sind. Das heißt, dass Öl N besser zur Vermeidung von Verzug und Härterissbildung geeignet ist. Und dass, obwohl Öl N eine höhere maximale Kühlwirkung hat, was normalerweise zu der Vermutung Anlass gibt, dass es tendenziell eher zu Härterissen und Verzug führen würde.

Mit solchen Kurven kann man auch die Auswirkung von Badbewegung im Abschrecköl bewerten. Bild 12.15 zeigt die Ergebnisse einer diesbezüglichen Veröffentlichung (Literaturstelle 12.22). In diesem Fall wurde die Badbewegung durch ein Flügelrad mit zwei Flügeln erzeugt. Die Bewegungsgeschwindigkeiten in Umdrehungen pro Minute (UPM) sind in dem Diagramm eingezeichnet. Die Badbewegung verschiebt einfach die Kurven hin zu höheren Abkühlgeschwindigkeiten.

12.2.2 Polymere Abschreckmedien

Diese Abschreckmedien bestehen aus Wasser mit einem Polymer, das in einer bestimmten Konzentration gelöst ist. Es gibt unterschiedliche Arten von speziell für Abschreckbäder entwickelten Polymeren. Das am weitesten verbreitete heißt *Polyalkylenglykol* (PAG), siehe Literaturstelle 12.8.

Die Abkühlwirkung von Polymermedien liegt etwa in der Mitte zwischen Öl und Wasser. Wie in Bild 12.16 zu sehen ist, nimmt die Abschreckwirkung von PAG im Wasser überproportional ab, wenn man die Konzentration von 10% über 20% auf 30% steigert. Alle Abschreckbäder hatten dabei eine Temperatur von 40°C.

Ein beim Abschrecken mit Wasser häufig auftretendes Problem ist, dass die Ab-

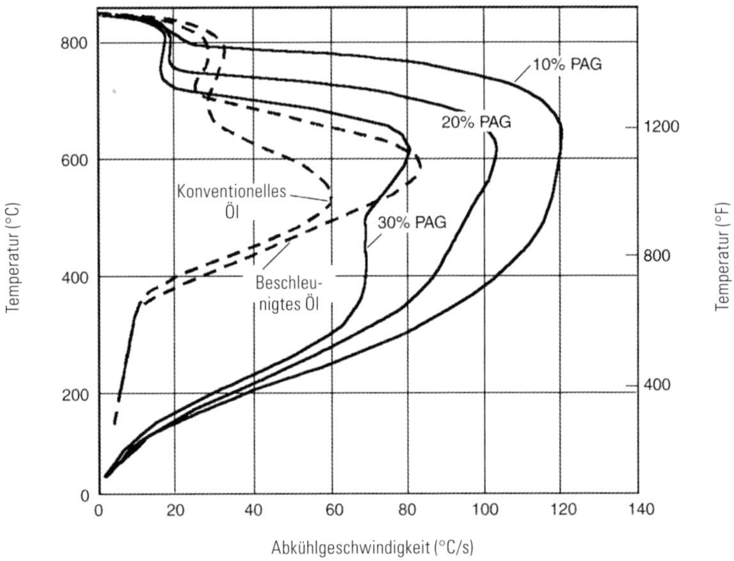

Bild 12.16 Abschreckgeschwindigkeit des polymeren Abschreckmediums Polyglykol (PAG) im Vergleich zu Ölabschreckung. Quelle: Literaturstelle 12.25

kühlgeschwindigkeit nicht gleichförmig ist, was zu weichen Stellen auf der Stahloberfläche führt. Die Zugabe einer kleinen Menge Polymer reicht aus, um einen gleichförmigeren Kontakt zwischen Abkühlmedium und Stahloberfläche während der frühen Phasen der Abkühlung zu gewährleisten. Diese gleichmäßigere Abkühlung wird nur mit geringen Einbußen bei der Abkühlgeschwindigkeit erkauft. Zudem haben die abgeschreckten Werkstücke eine viel sauberere Oberfläche als bei Ölabschreckung. Zu beachten ist allerdings, dass Polymerabschreckung in dem üblichen Bereich M_s-M_f im Gegensatz zur Ölabschreckung ein höheres Risiko für die Bildung von Härterissen birgt.

Sowohl für Öl- als auch für Polymerbäder stellt die Alterung des Bads ein Problem dar. Das Eintauchen von sehr heißen Stahlteilen kann zur Oxidation von flüssigen Komponenten führen, und die kontinuierliche Entnahme der Stahlstücke trägt zu selektiver Verringerung von bestimmten flüssigen Komponenten bei. Das nennt man „Drag-out"-Effekt, zu Deutsch etwa „Austrag". Eine hervorragende Erörterung der Wartung von Abschreckbädern findet man in Literaturstelle 12.23.

Interessanterweise hat man herausgefunden, dass bei Ölbädern die Abkühlwirkung mit fortschreitender Oxidation ansteigt. Zudem kann sich in Ölbädern die Wirkung durch Wasseraufnahme drastisch ändern. Da bei Polymerbädern die Abschreckwirkung stark von der Konzentration des Polymers in der wässrigen Lösung abhängt, ist die Gewährleistung konstanter Bedingungen schwierig. Eine Methode zur Überwachung der Polymerkonzentration mit Hilfe des Brechungsindex ist in Literaturstelle 12.23 beschrieben.

12.2.3 Salzbadabschreckung

Salzbäder, die aus Mischungen von geschmolzenen Salzen bestehen, können sowohl für das Abschrecken als auch für das Austenitisieren bei der Wärmebehandlung benutzt werden. Die für hohe Temperaturen tauglichen Salzbäder, die man zur Austenitisierung verwendet, sind entweder Mischungen von Kalium- und Natriumnitrat (KNO_3-$NaNO_3$) oder von Kalium-Lithium-Natrium-Chloriden (KCl-LiCl-NaCl). Die für das Warmbadhärten und für das Bainitisieren benutzten Salzmischungen für niedrigere Temperaturbereiche sind Mischungen von Nitrat- und Nitritsalzen von Kalium und Natrium. Die Salze werden von den Herstellern unter Angabe der empfohlenen Temperaturbereiche der Wärmebehandlung geliefert.

Die Vorteile einer Austenitisierung im Salzbad liegen unter anderem in der sehr schnellen Aufheizung, der gleichförmigen Temperaturverteilung und der Vermeidung von Oberflächenoxidation und Randentkohlung (siehe dazu auch Literaturstelle 12.23, Seite 309).

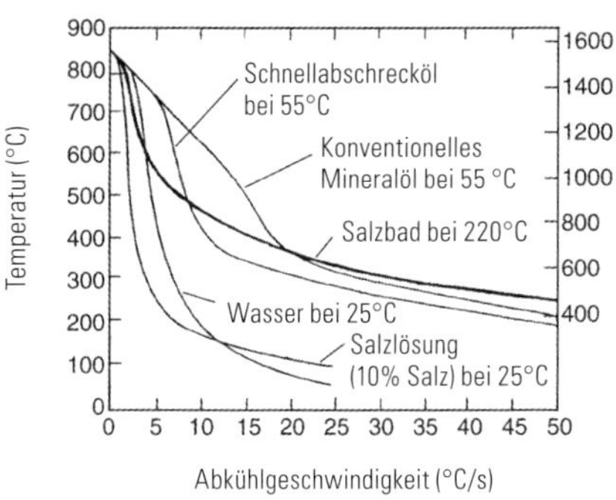

Bild 12.17 Temperatur einer Probe aus rostfreiem Stahl bei Abschreckung in unterschiedlichen Medien. Quelle: Literaturstelle 12.26

Die Salzbadabschreckung wird angewandt, wenn das Ziel eine sehr rasche Abschreckung auf erhöhte Temperaturen für eine anschließende Warmbadhärtung oder Bainitisierung ist. Werkzeugstähle werden manchmal vor dem eigentlichen Endabschrecken in Salzschmelze auf Temperaturen um 500 bis 600°C abgeschreckt, um eine Verzunderung (Oxidation), Verzug und Härterisse zu vermeiden. Diese Abschreckung auf hohe Temperaturen wird manchmal *gebrochenes Härten* genannt.

Beim Eintauchen von heißem Stahl in flüssiges Salz bildet sich keine so ausgeprägte Dampfhaut wie bei Wasser, Öl oder Polymerlösungen. Das führt zu einer rascheren Abkühlung am Anfang des Prozesses. Allerdings befindet sich das Salz auf höherer Temperatur, und daher sind die Abkühlgeschwindigkeiten bei längeren Zeiten geringer als für die anderen Härtemittel, die sich auf niedrigerer Temperatur befinden.

Das ist im Bild 12.17 am Beispiel einer Sonde aus rostfreiem Stahl gezeigt, die in einem Salzbad bei 200°C abgeschreckt wird. Das Bild zeigt, dass das Salz die Probe schneller auf Temperaturen von 600°C abkühlt als ein Wasserbad bei 25°C. Zudem kühlt das Salzbad schneller auf 490°C herunter als das Schnellabschrecköl bei 55°C.

Für das Warmbadhärten von Stählen mit geringer Härtbarkeit braucht man anfangs eine sehr schnelle Abkühlrate. Für solche Anwendungen hat sich gezeigt, dass eine Erhöhung der Abschreckwirkung von Salzbädern durch kontrollierte Zugabe kleiner Mengen an Wasser zum flüssigem Salz erzielt werden kann (siehe Literaturstelle 12.23, Seite 313). Zusätzlich sind weitere Überblicke über Salzbadhärtung in den Literaturstellen 12.26 und 12.27 zu finden.

Geschmolzene Metalle sind eine ideale Flüssigkeit für ein schnell wirkendes Abschreckbad. Das liegt an der sehr hohen thermischen Leitfähigkeit von Metallen und daran, dass sich keine Dampfhaut bildet. Geschmolzenes Blei reagiert nicht mit Stahl, und sein Schmelzpunkt liegt bei 327°C. Es kann mit Wismut legiert werden, das auch nicht mit Stahl reagiert. Das führt zu einem Eutektikum mit dem Schmelzpunkt bei der eutektischen Temperatur von 125°C. Diese Bäder werden normalerweise zur Vermeidung von Oberflächenoxidation durch eine Schicht von Graphitpulver abgedeckt. Man muss sie mit großer Vorsicht verwenden und unbedingt vermeiden, dass die Dämpfe eingeatmet werden, da sie ein extremes Gesundheitsrisiko darstellen!

Die Kernaussagen in Kapitel 12:

1. Der Wärmeübergang beim Abschreckprozess wird kompliziert durch *Dampfhautbildung* um das eingetauchte Werkstück, denn Wärmeübergang durch Gase vollzieht sich relativ langsam. Bei einem Abschreckbad kann man durch zwei Hauptfaktoren die Abschreckgeschwindigkeit erhöhen: *verstärkte Badbewegung* und *Absenkung der Badtemperatur.*
2. Eine relativ neue Methode zur Charakterisierung der Abkühlgeschwindigkeiten unterschiedlicher flüssiger Abschreckmedien hat sich in der industriellen Anwendung etabliert (ISO 9950).
3. Zur Durchhärtung von Stählen muss das Innere so schnell abkühlen, dass die Temperatur unter der Umwandlungsnase im für diesen Stahl geltenden kontinuierlichen ZTU-Diagramm liegt. Bei Stählen mit geringer Härtbarkeit ist ein sehr schneller Abkühlvorgang nötig. Sole und Wasser bewirken die schnellste Abkühlung. Allerdings können bei Kohlenstoffgehalten oberhalb von etwa 0,4% C solche Abschreckungen zu Härterissen und Verzug führen.
4. Härterisse und Verzug sind in erster Linie auf große Temperaturgradienten im Werkstück während der Martensitbildung zurückzuführen. Ein Weg, um diese Probleme zu umgehen, ist eine hinreichend langsame Abkühlung in dem Temperaturbereich M_s–M_f. Die Wunscheigenschaft des Abschreckmittels ist, dass es das Werkstück sehr rasch von den Austenitisierungstemperaturen bis knapp oberhalb von M_s abkühlt, und dann langsam weiter bis auf Raumtemperatur. Für Stähle mit Kohlenstoffgehalten über 0,4% C stellt die Ölabschreckung den besten Kompromiss dar.
5. *Warmbadhärten* ist eine Methode, die das Risiko der Härterissbildung und des Verzugs minimiert. Der Abschreckvorgang wird bei Temperaturen knapp oberhalb von M_s unterbrochen, so dass sich der Temperaturgradient im Werkstück abbauen kann, bevor die Martensitbildung beginnt. Das Warmbadhärten geschieht normalerweise durch Abfangen in heißen Salzbädern.
6. Abschrecköle gibt es in drei Kategorien: normale Öle, beschleunigt arbeitende Öle und Warmbadhärteöle. Zur Herstellung der letzten beiden Sorten benötigt man spezielle Additive. Die beschleunigt arbeitenden Öle haben eine signifikant höhere maximale Abkühl-

rate, jedoch immer noch eine relativ kleine Abkühlgeschwindigkeit im Bereich M_s–M_f. Die Warmbadhärteöle können bei höheren Temperaturen eingesetzt werden und wirken effektiv beim Warmbadhärten von einigen speziellen Stählen, obwohl der Temperaturausgleich knapp unter M_s erfolgt.

7. *Polymer-Abschreckmittel* ergeben eine mittlere Abkühlgeschwindigkeit im Vergleich zu Wasser und Öl. Diese Bäder sind Lösungen von Polymeren in Wasser. Je höher die Polymerkonzentration im Wasser ist, umso mehr senkt sich die Abkühlgeschwindigkeit ab. Das Reinigen des Werkstücks nach dem Abschrecken ist wesentlich einfacher als nach Ölbadabschreckung, aber die Aufrechterhaltung einer konstanten Polymerkonzentration über lange Gebrauchsdauern ist schwierig.
8. *Salzschmelzen* als Abschreckmittel sind sehr nützlich in speziellen Temperaturbereichen, die von dem verwendeten Salztyp vorgegeben sind. Sie bewirken extrem schnelle anfängliche Abkühlgeschwindigkeiten. Infolge ihrer erhöhten Temperatur sind die Abkühlgeschwindigkeiten zu längeren Zeiten hin aber kleiner. Zusätzlich zu der Anwendung beim Abschrecken werden Salzbäder auch zur Austenitisierung und zum Glühen eingesetzt. Zudem bieten sie Schutz vor Oxidation.
9. *Bainitisieren* ist eine Abschreckmethode, die dazu dienen soll, in Stählen Bainit zu bilden. Gewöhnlich schreckt man dazu die Stähle in heißen Salzbädern ab und hält sie danach hinreichend lang, um eine vollständige Bainitisierung zu erreichen. Die erforderlichen Haltezeiten kann man für die interessierenden Stähle den kontinuierlichen ZTU-Schaubildern entnehmen.
10. Bainitische Stähle weisen bei Härten von 40 HRC und darüber eine höhere Zähigkeit im Vergleich zu abgeschreckten und angelassenen Stählen auf. Sie empfehlen sich daher für die Anwendung bei Messerklingen. In bainitischen Stählen mit höherem Kohlenstoffgehalt kann man durchaus Härten im Bereich von annähernd 60 HRC einstellen.
11. Es gibt zwei modifizierte Methoden der Bainitisierung, die zu Mischgefügen aus Bainit und Martensit führen. Diese Methoden erzeugen Härtewerte, die oberhalb der Werte in rein bainitischen Stählen liegen. Experimente weisen darauf hin, dass auch die Zähigkeit gegenüber abgeschreckten und angelassenen (also voll martensitischen) Stählen bei gleicher Härte überlegen sein kann.

KAPITEL 13
Rostfreie Stähle

Ein großes Problem bei Stählen ist, dass sie leicht korrodieren, wenn sie feuchten Bedingungen ausgesetzt sind – insbesondere, wenn auch noch eine salzhaltige oder saure Atmosphäre vorliegt. So wird zum Beispiel ein Stück Stahl, das in einem Raum aufbewahrt wird, in dem mit Säuren gearbeitet wird, sehr schnell rosten und das charakteristische schmutzig-braune Aussehen von gewöhnlichem Eisenrost aufweisen (chemisch gesehen ist Rost eine hydrierte Variante von Eisenoxid).

Die beiden Hauptarten von rostfreien Stählen wurden beide im Jahre 1912 aufgrund ihrer ungewöhnlichen Resistenz gegen Korrosion durch Zufall entdeckt (Literaturstelle 13.1). Der austenitische rostfreie Stahl wurde in Deutschland von E. Maurer entdeckt, als er feststellte, dass bestimmte Stähle mit Gehalten an Chrom und Nickel nicht rosteten, nachdem sie in einem Raum unter Säuredämpfen gelegen hatten. Der ferritische rostfreie Stahl wurde in England von H. Brearley entdeckt, der Schwierigkeiten hatte, Waffenrohre aus einem chromhaltigen Stahl zu ätzen. Brearley benutzte als erster den Ausdruck „rostfreier Stahl" („stainless steel") für den ferritischen rostfreien Stahl, und erst später wurde der Name auch auf die austenitischen rostfreien Stähle angewandt.

Die gute Rostresistenz von rostfreien Stählen liegt an einer sehr dünnen chrom-

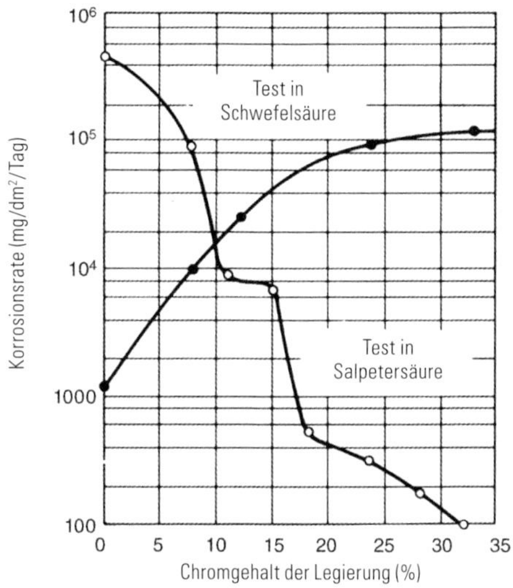

Bild 13.1 Korrosionsgeschwindigkeit von Chrom-Eisen-Legierungen in verdünnter Salpetersäure und Schwefelsäure. Quelle: Literaturstelle 13.2

reichen Oxidschicht, die sich auf der Oberfläche des Stahls bildet. Sie ist mit ungefähr 2 nm – also 0,002 µm – so dünn, dass sie durchsichtig ist. Die Oxidschicht schützt den darunter liegenden Stahl vor weiterer Reaktion mit der Umgebung. Wenn dieser Schutzfilm vorhanden ist, so sagt man, dass der Stahl *passiviert* ist, beziehungsweise in passivem Zustand vorliegt. Allgemein ist ein rostfreier Stahl passiv, wenn er in Kontakt mit einer oxidierenden wässrigen Lösung ist, nicht jedoch, wenn er sich in einer reduzierenden Lösung befindet.

Bild 13.1 zeigt die Korrosionsgeschwindigkeit von Eisen-Chrom-Legierungen als Funktion des Chromanteils (% Cr). Die Legierungen befinden sich in einer oxidierenden Säure (Salpetersäure) und in einer reduzierenden Säure (Schwefelsäure). Bei der Salpetersäure reduziert sich die Korrosionsgeschwindigkeit signifikant, wenn der Chromgehalt auf etwa 11% bis 12% steigt. Danach tritt ein Plateau auf (mit konstanter Korrosionsgeschwindigkeit) bis zu einem Gehalt von 15% Cr, und dann noch einmal ein starker Abfall bei Erhöhung des Chromgehalts auf fast 20%.

Im allgemeinen sagt man, ein Stahl sei in salpetersaurer Umgebung passiviert bei Chromgehalten von 11% bis 12% und darüber. Demzufolge gilt gewöhnlich ein Stahl als *rostfrei*, wenn er mindestens *knapp unter 12% Chrom* enthält.

Bild 13.1 zeigt weiterhin, dass die Passivierung von der Art der wässrigen Lösung abhängt, die den Stahl umgibt. Man beachte, dass in der reduzierenden Säure (schwefelsauer) der Passivierungsfilm bei steigendem Cr-Gehalt verloren geht.

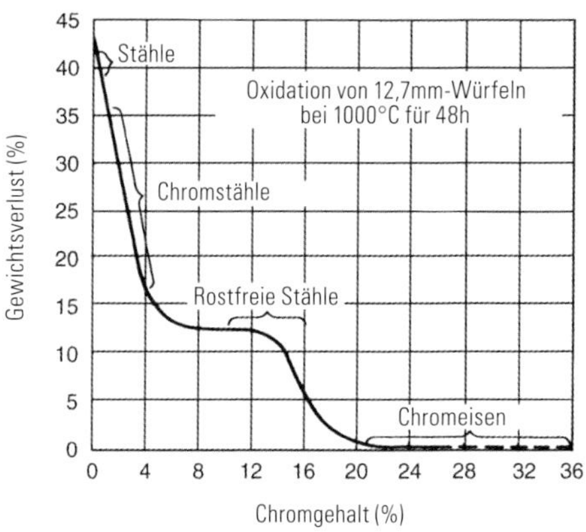

Bild 13.2 Oxidation von Chromstählen bei 1000°C. Quelle: Literaturstelle 13.3, Seite 461

Rostfreie Stähle weisen erhöhte Oxidationsresistenz bei höheren Temperaturen auf. Bild 13.2 zeigt, dass der Oxidationswiderstand (bestimmt aus dem Gewichtsverlust nach 48 Stunden in Luft bei 1000°C) ebenfalls mit wachsendem Cr-Gehalt zunimmt. Auch hier gibt es wieder zwei Bereiche der Zusammensetzung, wo die Verbesserung dramatisch ist, und dazwischen ein Plateau. Hier erstreckt sich jedoch das Plateau von 15% Cr zu kleineren Prozentwerten von Chrom (ungefähr 6%).

Im Allgemeinen kann die Passivität durch Zugabe kleiner Mengen an Molybdän oder Nickel noch gesteigert werden. Die Passivität wird verringert oder geht verloren in Anwesenheit von Chlorionen, wie zum Beispiel in Salzwasser, und in reduzierenden Umgebungen, wie bereits erwähnt.

13.1 Ferritische rostfreie Stähle

In einem ersten Ansatz kann man ferritische rostfreie Stähle als Legierungen von Eisen und Chrom betrachten, die einen Chromgehalt oberhalb von 12% aufweisen. Wie bei den normalen Stählen ist auch hier ein Phasendiagramm nützlich für das Verständnis des Aufbaus dieser Legierungen.

Bild 13.3 zeigt das Phasendiagramm der Fe+Cr-Legierungen ohne Kohlenstoff. Dieses Diagramm gibt für den Schmelzpunkt des reinen Eisens 1538°C an. Für reines Chrom liegt er bei 1863°C. Die ausgezogene Linie zwischen diesen beiden Temperaturen heißt *Liquiduslinie* (oft einfach Liquidus). Das ist gewissermaßen die Gefrierpunktlinie aller möglichen Legie-

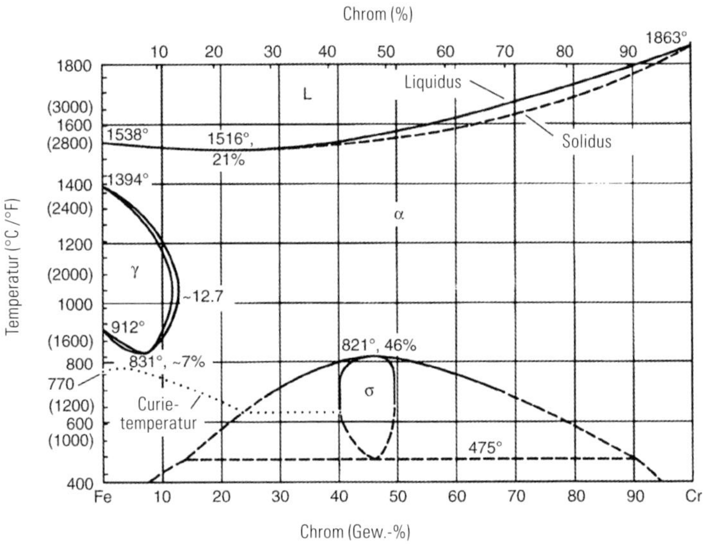

Bild 13.3 Eisen-Chrom Phasendiagramm. Quelle: Literaturstelle 13.3

rungszusammensetzungen. Das Symbol L oberhalb dieser Linie kennzeichnet das Gebiet, in dem die Legierungen alle voll flüssig sind.

Die gestrichelte Linie zwischen den beiden Schmelzpunkten der reinen Komponenten nennt man *Soliduslinie.* Sie beschreibt den Schmelzpunkt aller Legierungszusammensetzungen. Das große Gebiet unterhalb der Soliduslinie wird mit dem griechischen Buchstaben Alpha (α) bezeichnet, da alle Legierungen in diesem Gebiet ferritisch sind, also die kubisch-raumzentrierte (krz) Struktur aufweisen.

Das von einer Schleife umrahmte Gebiet am linken Rand zeigt den Bereich an, in dem in diesem Temperatur-Zusammensetzungsdiagramm Austenit (γ) existieren kann. In dem Gebiet Sigma (σ) unten in der Mitte bildet sich eine Struktur, die nicht kubisch-raumzentrierter Ferrit ist. Dort liegt eine andere Kristallstruktur vor, die sich als recht spröde erweist. Folglich muss man diese Sigma-Phase vermeiden.

Wie man bereits vermuten könnte, ist diese Komponente ein Problem bei der Wärmebehandlung von rostfreien Stählen mit hohem Chromgehalt. Es ist zu beachten, dass die Linien, die von oben ausgehend das σ umschreiben, gestrichelt sind. Bei den dort vorliegenden Kombinationen von Temperatur und Zusammensetzung bildet sich die Sigma-Phase nur bei langen Haltezeiten. Demzufolge sagt das Diagramm voraus, dass sich beim Warmschmieden einer Eisen-Chromlegierung mit einem Chromgehalt im „rostfreien" Bereich (12% bis 26%) beim Abkühlen auf Raumtemperatur keine σ-Phase bildet, wenn die Abkühlung nicht mit sehr langsamen Geschwindigkeiten erfolgt.

Im realen Leben ist es extrem schwierig, Eisenlegierungen herzustellen, die keinen Kohlenstoff enthalten. Die Zugabe auch kleinster Mengen an Kohlenstoff hat einen

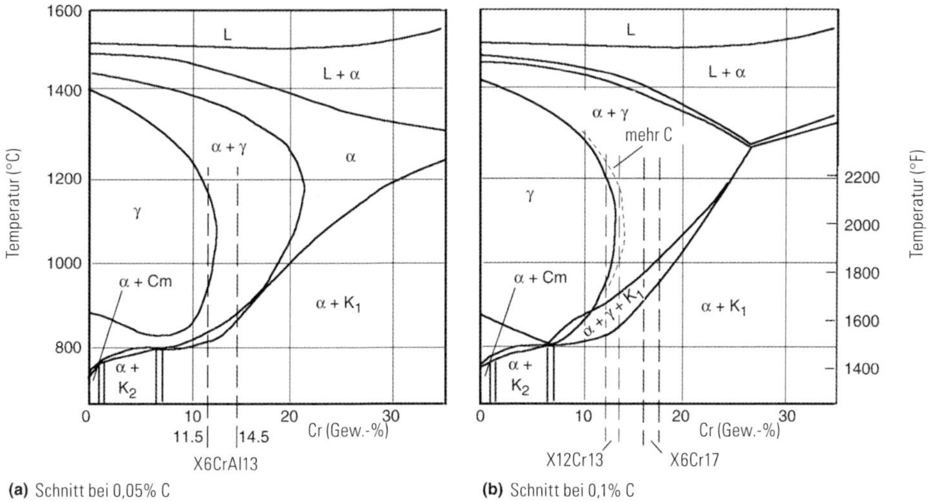

Bild 13.4 Vertikalschnitte Chrom-Eisen im ternären Cr-Fe-C-Phasendiagramm bei Kohlenstoffgehalten von (a) 0,05 und (b) 0,1 Gewichts-% C.
Quelle: Literaturstelle 13.4. Copyright: 1958 Verlag Stahleisen GmbH, Düsseldorf

starken Effekt auf die Gestalt des Chrom-Eisen-Phasendiagramms. Ist Kohlenstoff vorhanden, dann wird das Phasendiagramm zu einem ternären Diagramm Cr-Fe-C. Solche Diagramme wurden in Kapitel 6 kurz diskutiert.

Legt man einen vertikalen Schnitt durch das ternäre Cr-Fe-C-Diagramm bei einem festen Gehalt an Kohlenstoff, so erhält man ein Diagramm, das sich für einen gegen Null gehenden Kohlenstoffgehalt an das reine Chrom-Eisen-Diagramm annähert. Bild 13.4(a) zeigt einen Vertikalschnitt durch das Cr-Fe-C-Diagramm bei C=0,05%. Vergleicht man es mit Bild 13.3, so wird offensichtlich, dass die geringe Kohlenstoffzugabe zwei ausgeprägte Effekte erzeugt (die Linien für die σ-Phase wurden in Bild 13.4 weggelassen, um den Vergleich einfacher zu gestalten).

Zwei starke Änderungen treten auf: Erstens wächst die Größe des Austenit-(γ-)Gebiets signifikant. In der reinen Legierung (Bild 13.3) tritt bei nur 12,7% Cr 100% Ferrit auf. Liegen kleine Gehalte an Kohlenstoff vor, wie in Bild 13.4(a), dehnt sich das Austenitgebiet aus: 100% Ferrit werden bei der gleichen Temperatur von 1050°C nur mit einem Chromgehalt ab etwa 20 Prozent erreicht.

Der zweite Effekt steht in Zusammenhang mit der Bildung von Chromkarbiden: Das Element Chrom ist ein starker Karbidbildner. Wenn kein Eisen vorhanden ist, bildet es mit Kohlenstoff eine ganze Reihe reiner Chromkarbide, die alle andere Kristallstrukturen haben als das Eisenkarbid Zementit (Fe_3C).

Wie im Kapitel 10 dargelegt wurde, bezeichnet in legierten Stählen der Ausdruck M_3C den Zementit. M steht ansonsten für Fe+X, mit X als Platzhalter für ein zusätzliches Legierungselement. In einer Fe-Cr-Legierung wäre X gleichbedeutend mit Cr.

AISI-Nr	% C	% Cr	andere (a)	W-Nr.	DIN-Bez.
405	0,08 max	11,5-14,5	0,1-0,3 Al	1.4002	X6CrAl33
430	0,12 max	16,0-18,0		1.4021	X2Cr13
446	0,20 max	23,0-27,0		1.4749	X18CrN24

(a) Mn und Si mit etwa 1% vertreten

Tabelle 13.1 Die ferritischen rostfreien Stähle nach AISI.

Die ersten beiden reinen Chromkarbide wurden von deutschsprachigen Autoren mit K_1 und K_2 bezeichnet. Die chemischen Formeln dieser Karbide lauten: K_1=$M_{23}C_6$ und K_2=M_7C_3.

M bedeutet in Fe-Cr-C-Legierungen (wie den rostfreien Stählen) Fe+Cr . Das Karbid K_1 ist das vermutlich wichtigste Karbid in rostfreien Stählen, da es sich oft entlang der Korngrenzen bildet und dabei eine Art lokalisierter Korrosion begünstigt, die man *interkristalline Korrosion* (IK) nennt (Tabelle 13.12).

Im Grunde genommen besteht kein Unterschied in den Phasendiagrammen in Bild 13.4 bis hinunter zur Raumtemperatur. Das bedeutet, dass ferritischer rostfreier Stahl (Chromgehalt 12% und mehr) bei Raumtemperatur aus Ferrit (α) und K_1-Karbiden besteht, obwohl nur ein Kohlenstoffgehalt von 0,05% vorliegt.

Es gibt im AISI-System drei Hauptsorten von ferritischen rostfreien Stählen. Sie sind in Tabelle 13.1 aufgelistet. Zu beachten ist, dass die drei Sorten Cr-Gehalte aufweisen, die drei unterschiedlichen Stufen der

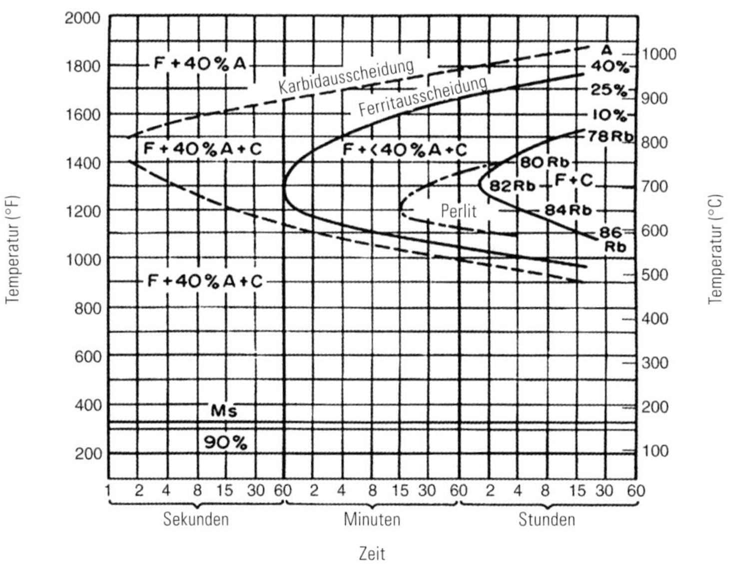

Bild 13.5 Isothermisches Umwandlungsdiagramm eines rostfreien Stahls 430 nach Austenitisierung bei 1090°C (2000°F) und 15 Minuten. Quelle: Literaturstelle 13.6

Korrosionsbeständigkeit (Bild 13.1) entsprechen. Man achte auch darauf, dass der maximale Kohlenstoffgehalt ansteigt, wenn der Chromgehalt steigt. Der Bereich des Chromgehalts für AISI 405 ist auf dem Vertikalschnitt bei 0,05% C in Bild 13.4(a) eingetragen, und der des AISI 430 in dem Vertikalschnitt bei 0,1% C in Bild 13.4(b).

AISI 430 ist der am weitesten verbreitete ferritische rostfreie Stahl. Bei normalen Schmiedetemperaturen (etwa 1040 bis 1140°C) besteht dieser Stahl aus einer Mischung aus Ferrit und Austenit (α+γ). Beim Abkühlen besteht die Möglichkeit der Martensitbildung aus dem Austenit.

Im Kapitel 9 wurde gezeigt, dass hohe Chromgehalte die Härtbarkeit steigern. Daher können zur Vermeidung von Martensit beim 430er Stahl die Abkühlzeiten sehr lang sein. Die Abkühlraten, die anzuwenden sind, um Martensit zu vermeiden, können aus dem isothermen ZTU-Diagramm des 430er Stahls abgeschätzt werden. Dieses Diagramm ist in Bild 13.5 dargestellt.

Der Stahl wurde bei 1090°C austenitisiert. Bild 13.4(b) lässt vermuten, dass der Stahl bei dieser Temperatur eine Mischung aus Austenit und Ferrit (α+γ) ist. Aus Bild 13.5 kann man ablesen, dass der austenitisierte Stahl 60% Ferrit und 40% Austenit enthält. Das Diagramm zeigt, dass man den Stahl in weniger als einer Sekunde auf unter 760°C abkühlen muss, um die Ausscheidung von K_1-Karbiden zu unterdrücken. Die Ferritnase auf der Umwandlungskurve liegt bei rund 700°C, und die Umwandlung beginnt bei 60 Sekunden und ist erst nach knapp unter zwei Stunden abgeschlossen.

Wenn dieser rostfreie Stahl auf vollständigen Ferrit geglüht werden soll, dann

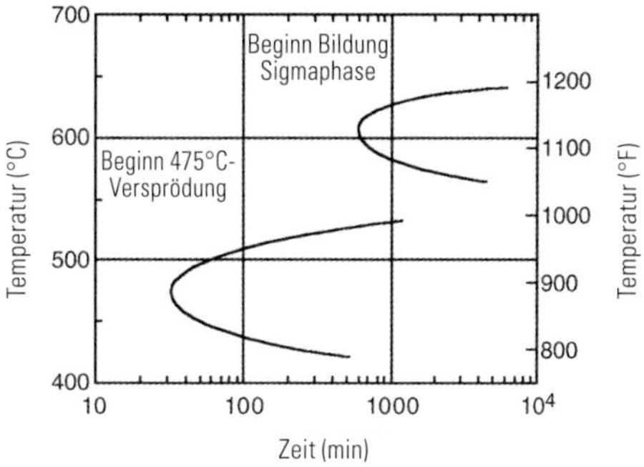

Bild 13.6 Isothermisches Umwandlungsdiagramm mit den Startzeiten für die Bildung der Sigmaphase und der 475°-Versprödung in ferritischem rostfreiem Stahl.

muss man ihn bei 760°C mindestens zwei Stunden halten. Das Diagramm zeigt, dass die Härtewerte der vollständig ferritischen Struktur zwischen 78 HRB für eine Glühung bei 815°C und 86 HRB für eine Glühung bei 590°C variieren. Abschrecken von der Austenitisierungstemperatur erzielt eine Härte von 101 HRB.

Ferritische Stähle neigen zu Problemen mit Versprödung, wenn sie bei niedrigen Temperaturen gehalten werden. Die Versprödung ist auf zwei unterschiedliche Mechanismen zurückzuführen. Einer hängt zusammen mit der Bildung der Sigmaphase (σ-Phase), siehe Bild 13.3. Der andere Mechanismus ist die Bildung von Ferrit mit einem sehr hohen Chromgehalt. Diesen zweiten Mechanismus nennt man *475°C-Versprödung*, da diese bei Stählen auftritt, die zwischen 400 und 540°C gehalten werden.

Bild 13.6 zeigt ein schematisches isothermisches ZTU-Diagramm zur Erläuterung dieser Versprödungsmechanismen. Diese Probleme wirken sich mit zunehmendem Chromgehalt des rostfreien Stahls stärker aus. Die Kurven sind repräsentativ

Name	%Cr	%Mo	%Ni	Max.%C	Max.% Ni
18-2 (a)	18,0	2,0	...	0,025	0,025
26-1 (a)	26,0	1,0	0,1	0,005	0,015
29-4-2	29,0	4,0	2,0	0,010	0,020

(a) Niedrige Gehalte an Titan und/oder Niob zum Stabilisieren

Tabelle 13.2 Beispiele superferritischer rostfreier Stähle.

für Legierungen, die etwa 25% und mehr Chrom enthalten (höhere Cr-Gehalte verschieben die Kurven nach links). Wegen dieser Versprödung wird oft empfohlen, dass ferritische rostfreie Stähle nach der Glühbehandlung beschleunigt abzukühlen sind. In Literaturstelle 12.7 findet man auf Seite 759 eine kurze und sehr gute Diskussion der Glühpraxis für ferritische rostfreie Stähle im AISI-System.

Es gibt noch eine relativ neue Gruppe von ferritischen rostfreien Stählen, die man *Superferrite* nennt. Sie wurden Mitte des 20. Jahrhunderts entwickelt. Diese Stähle besitzen eine verbesserte Korrosionsbeständigkeit. Tabelle 13.2 zeigt die Zusammensetzungen von drei Stählen aus dieser Gruppe.

Die verbesserte Korrosionsresistenz wird erreicht durch Zugabe von Molybdän und manchmal auch Nickel, sowie durch die sehr niedrigen Gehalte an Kohlenstoff und Stickstoff. Die niedrigen Gehalte an Kohlenstoff und Nickel werden durch spezielle Behandlungsmethoden eingestellt. Deshalb sind diese Stähle teurer als die normalen ferritischen Stähle. In der Literaturstelle 13.1 findet sich eine exzellente Abhandlung über ihre Korrosionsresistenz im Vergleich zu anderen rostfreien Stählen und auch speziellen Nickelbasislegierungen wie Inconel und Hastelloy.

13.2 Martensitische rostfreie Stähle

Wie der Name schon nahelegt, lassen sich martensitische rostfreie Stähle so wärmebehandeln, dass sie martensitisch werden. Alle martensitischen rostfreien Stähle, die durch AISI normiert sind, haben Nummern in der 400er Reihe. Tabelle 13.3 listet die Zusammensetzungen von fünf bekannteren rostfreien martensitischen Stählen nach AISI auf.

Das Härten dieser Stähle vollzieht sich im Grunde wie bei den unlegierten Kohlenstoffstählen und niedriglegierten Stählen. Es ist eine Abfolge von drei Schritten: Austenitisieren, Abschrecken, Anlassen. Im Allgemeinen müssen diese Vorgänge jedoch langsamer ablaufen. Dafür sind zwei Faktoren verantwortlich: (1) Die Karbide lösen sich wegen ihres höheren Chrom-Gehalts viel langsamer im Austenit auf als die Zementitkarbide. (2) Die thermische Leitfähigkeit ist viel geringer.

Faktor 1 bewirkt, dass die Haltezeiten bei der Austenitisierung länger sein müssen, um die Auflösung der Karbide im Austenit zu ermöglichen. Faktor 2 bewirkt, dass die Temperaturgradienten wesentlich höher sind, was zu Rissen und Verzug bereits beim Aufheizen führen kann. Daher wird oft empfohlen, komplexe Bauteile einer zwischengeschalteten Aufwärmung bei niedrigeren Temperaturen zu unterziehen, um Temperaturschwankungen auszugleichen. Bei der Abkühlung wird Salzbadhärtung empfohlen.

Genau wie bei den unlegierten Kohlenstoffstählen und den legierten Stählen steigt die Härte des Martensits, wenn der Kohlenstoffgehalt zunimmt. Tabelle 13.4 zeigt ungefähre Richtwerte für die Abhän-

AISI-Nr.	% C	% Cr	Andere (a)	W-Nr. nach DIN	DIN-Kurzbez.
410	0,15	11,5-13,0	---	1.4006	X10Cr13
431	0,20	15,0-17,0	1,25-2,50 Ni	1.4057	X20CrNi17 2
440A	0,65-0,75	16,0-18,0	0,75 Mo	1.4110	X55CrMo14
440B	0,75-0,95	16,0-18,0	0,75 Mo	1.4112	X90CrMoV18
440C	0,95-1,20	16,0-18,0	0,75 Mo	1.4125	X105CrMo17

(a) Alle Stähle enthalten 1% Mn und 1% Si

Tabelle 13.3 Zusammensetzung einiger rostfreier martensitischer Stähle.

gigkeit der Abschreckhärte vom Kohlenstoffgehalt bei martensitischen rostfreien Stählen nach AISI.

Die Wärmebehandlung solcher Stähle wird durch eine Reihe von Faktoren erschwert. Das wird im nächsten Abschnitt behandelt, der sich mit der Optimierung von Legierungszusammensetzungen und Wärmebehandlung für Schneidwaren beschäftigt.

Einige Empfehlungen für die Wärmebehandlung von martensitischen rostfreien Stählen nach AISI findet man in der Literaturstelle 13.6. Als Beispiel betrachten wir den Stahl AISI 410 (X10Cr13). Die Legierungsbandbreite dieses Stahls ist ebenfalls im Vertikalschnitt bei 0,1% C in Bild 13.4 (b) eingezeichnet. Der erhöhte Kohlenstoffgehalt im 410er Stahl (bis zu 0,15%) führt dazu, dass das Austenitgebiet (γ-Gebiet) sich zu höheren Kohlenstoffgehalten hin ausdehnt. Das wird durch die gestrichelten und mit „mehr Kohlenstoff" bezeichneten Linien angedeutet.

Kohlenstoffgehalt % C	Abschreckhärte HRC
0,06-0,14	38-49
0,20-0,40	44-54
0,65-1,20	56-61

Tabelle 13.4 Abschreckhärten martensitischer Stähle nach AISI.

Die Bandbreite für den Kohlenstoffgehalt des Stahls AISI 410 ist im Diagramm gezeigt. Man sieht, dass die 410er Stähle alle in einem schmalen Temperaturbereich zwischen etwa 1000 bis 1200°C vollständig austenitisch sein sollten. Wird der Stahl auch nur leicht oberhalb oder unterhalb dieses Bereichs austenitisiert, wird er kleine Mengen von Ferrit enthalten, die die Härte des abgeschreckten Zustands reduzieren.

Anmerkung: In Bild 11.5 ist der Ferrit, der sich in Eisen-Kohlenstofflegierungen bei etwa 1450°C bildet, als *Delta-Ferrit* (δ-Ferrit) bezeichnet. Ferrit, der sich unterhalb von 912°C bildet, heißt *Alpha-Ferrit* (α-Ferrit). Der δ-Ferrit entsteht also bei hohen Temperaturen, der α-Ferrit bei niedrigen Temperaturen. Beide Formen des Ferrits stellen jedoch die gleiche kubisch-raumzentrierte Phase dar.

Zur Vermeidung von Verwirrung wird in ternären Diagrammen manchmal auch der bei hohen Temperaturen vorliegende Ferrit als α-Ferrit und nicht als δ-Ferrit bezeichnet, wie zum Beispiel im Bild 13.4. Wie in Literaturstelle 13.6 an Gefügeaufnahmen verdeutlicht, findet man im Walzzustand dieses Stahls häufig δ-Ferrit-Einschlüsse.

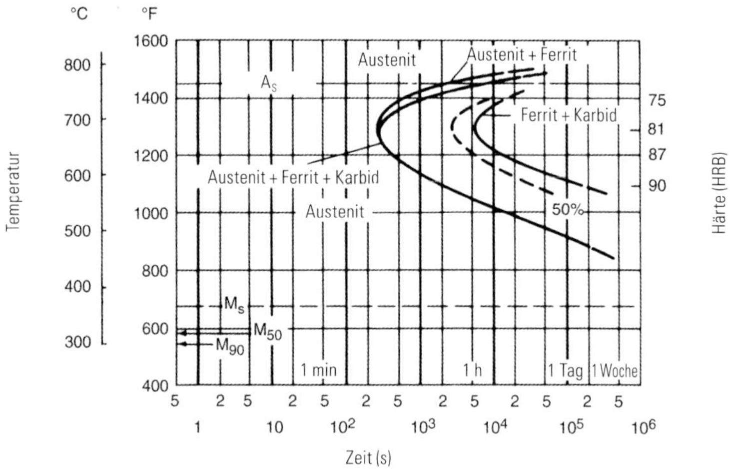

Bild 13.7 Isothermisches Umwandlungsschaubild eines rostfreien Stahls 410 mit 0,11%C und 12,2%Cr, austenitisiert bei 982°C (1800°F). Quelle: Literaturstelle 13.4, S. 6-11

Wie bei ferritischen rostfreien Stählen führt der hohe Chromgehalt in martensitischen Stählen zu besseren Härtbarkeitsbedingungen. Bild 13.7 zeigt ein isothermes ZTU-Diagramm eines Stahls 410, der bei 982°C austenitisiert wurde. Man sieht, dass sowohl die Lage der Umwandlungskurven als auch die Härtewerte von Proben, die zwischen 540 und 760°C vollständig umgewandelt wurden, dem entsprechenden isothermen Diagramm des 430er Stahls (Bild 13.5) sehr ähnlich sind. Der hauptsächliche Unterschied besteht darin, dass nach dem Austenitisieren der Stahl 410 gemäß Bild 13.7 zu 100% austenitisch ist, während der 430er Stahl in Bild 13.5 nur zu 40% aus Austenit besteht.

Obwohl gemäß dem isothermen ZTU-Schaubild martensitische rostfreie Stähle auch bei Luftabkühlung vollständig martensitisch werden, wird allgemein eine Ölabschreckung empfohlen, um die Korrosionsresistenz zu optimieren. Das Abschrecken minimiert die Ausscheidung von K_1-Karbiden beim Abkühlen, die die Korrosion begünstigen (Hinweis: Die Startlinie für den Ausscheidungsbeginn der K_1-Karbide ist in Bild 13.5 dargestellt, nicht jedoch in Bild 13.7).

Die Korrosionsbeständigkeit der martensitischen rostfreien Stähle ist im Allgemeinen geringer als die der ferritischen und austenitischen rostfreien Stähle. Das ist bedingt durch den höheren Kohlenstoffgehalt, der bei martensitischen rostfreien Stählen vorliegt. Die höheren Kohlenstoffgehalte reduzieren die Menge des Chroms, die sich im Austenit lösen kann. Zudem begünstigt ein höherer Kohlenstoffgehalt die Möglichkeit, dass sich bei niedrigen Temperaturen K_1-Karbide bilden, die sich als kleine Partikel ausscheiden.

Erinnern wir uns noch einmal daran, dass das K_1-Karbid die chemische Formel $(Cr,Fe)_{23}C_6$ hat und demzufolge einen großen Anteil an Chrom enthält. Wenn sich ein kleines Teilchen aus K_1 in einer ferritischen oder austenitischen Matrix bildet,

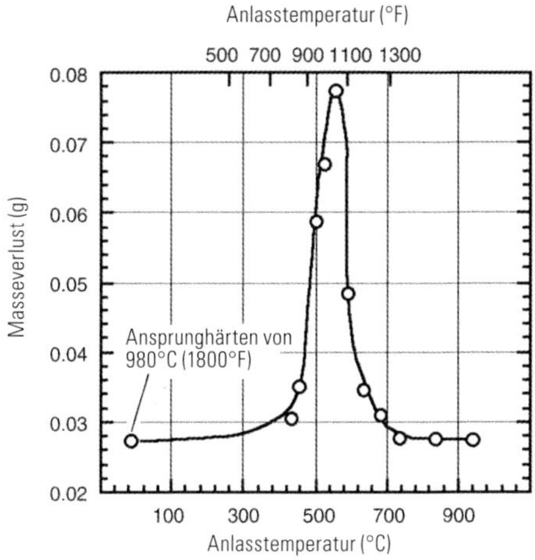

Bild 13.8 Interkristalline Korrosion, hervorgerufen durch Sensibilisierung eines 410er Stahls beim Anlassen. Korrosionstest: 14 Tage in 20-prozentigem Salzsprühnebel. Quelle: Literaturstelle 13.7. Copyright: NACE International 1953

wird das Chrom, das sich nun im Karbid befindet, der Matrix in der unmittelbaren Umgebung des Teilchens entzogen. Wenn die Abreicherung dazu führt, dass der Chromgehalt in der umgebenden Matrix deutlich unter 12% absinkt, werden die Stähle anfällig für Korrosion. Man sagt, die Stähle seien *sensibilisiert*.

Da die Karbide sich vorzugsweise an den Korngrenzen der Matrix bilden, findet der korrosive Angriff an diesen Korngrenzen statt. Aus diesem Grund nennt man diese Art der Korrosion interkristalline Korrosion (IK). Die Sensibilisierung stellt sich bei Wärmebehandlungen im niedrigen Temperaturbereich ein, wenn zum Beispiel beim Anlassen K_1-Partikel beginnen, sich in so großen Mengen auszuscheiden, dass interkristalline Korrosion auftritt.

Bild 13.8 zeigt Daten zur Korrosion eines rostfreien 410er Stahls. Zu sehen ist die Verringerung der Korrosionsfestigkeit durch unterschiedliche Anlassbehandlungen. Der Stahl wurde im Bereich zwischen 400 und 700°C sensibilisiert.

Die martensitischen rostfreien Stähle werden normalerweise angelassen, um die Zähigkeitseigenschaften zu verbessern, genau wie bei den unlegierten und niedriglegierten Kohlenstoffstählen. Die Variationen der Härte beim Anlassen der unterschiedlichen martensitischen Stähle nach AISI sind in Literaturstelle 13.6 dargestellt.

Bild 13.9 gibt einen Überblick über die Daten und zeigt die Anlasshärten von Stählen mit 12% Chrom und Kohlenstoffgehalten zwischen 0,055 und 0,14%. Die höheren Härtewerte in dem gezeigten Streuband sind den höheren Kohlenstoffgehalten zuzuordnen. Es sind nur sehr geringe Här-

AISI-Nr.	W-Nr. nach DIN	DIN-Kurzbez.	Izod-Energie J	Izod-Energie ft * lbf
410	1.4006	X10Cr13	122	90
431	1.4057	X20CrNi17 2	68	50
440A	1.4110	X55CrMo14	20	15
440B	1.4112	X90CrMoV18	7	5
440C	1.4125	X105CrMo17	7	5

Quelle: Literaturstelle 13.2

Tabelle 13.5 Izod-Energie für den geglühten Zustand martensitischer rostfreier Stähle.

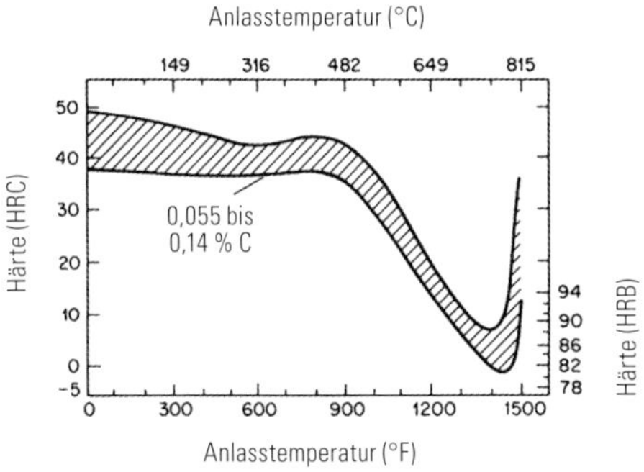

Bild 13.9 Anlasskurven eines rostfreien Stahls mit 12% Cr. Anlassdauer: 2h.
Quelle: Literaturstelle 13.4, S. 20

teabfälle zu verzeichnen, bis die Temperatur etwa 480°C übersteigt. Der große Härteabfall jenseits dieser Temperatur ist nachweislich auf die Ausscheidung von K_1-Karbidpartikeln zurückzuführen.

Wie bei unlegierten und niedriglegierten Kohlenstoffstählen ist es normalerweise nötig, martensitische rostfreie Stähle zur Verbesserung der Zähigkeit anzulassen. In der Literaturstelle 13.4 (Seiten 20-21) sind Messwerte von Izod-Schlagversuchen dargestellt, die an einem Stahl 410 (X10Cr13) nach Anlassen bei unterschiedlichen Temperaturen ermittelt wurden. Aus den Daten ist zu entnehmen, dass die Zähigkeit nach dem Anlassen bis zu Temperaturen von etwa 260°C ansteigt. Oberhalb von 260°C fällt die Zähigkeit (Schlagenergie) auf einen Minimalwert bei 480°C und steigt dann oberhalb von Anlasstemperaturen von etwa 540°C stark an.

Der Spitzenwert des Zähigkeitsverlustes bei 480°C ist auf die 475°C-Versprödung zurückzuführen, die bereits bei den ferritischen rostfreien Stählen diskutiert wurde (Bild 13.6). Hervorgerufen wird sie durch die Bildung von ausgeschiedenen chromreichen Karbiden. Demzufolge tritt das Problem bei diesen rostfreien Stählen verstärkt bei höheren Chromgehalten auf.

In der Tabelle 13.5 sind Versuchsergebnisse aus Izod-Schlagversuchen für die fünf martensitischen rostfreien Stähle nach AISI im geglühten Zustand zusammengestellt. Diese Daten zeigen, dass selbst im weichgeglühten Zustand die martensitischen rostfreien Stähle der 440er Reihe (Werkstoffgruppe 1.41xx) mangelhafte Zähigkeitseigenschaften aufweisen. Das kommt größtenteils von den großen Karbidteilchen, die bei diesen Stählen mit dem höheren Kohlenstoffgehalt vorliegen.

13.2.1 Optimierung der martensitischen rostfreien Stähle für Messer

Zur Herstellung einer Messerklinge mit optimalen Eigenschaften sind Stähle mit hohen Härtewerten und feinen Karbidverteilungen wünschenswert. So kann der Verschleiß verringert und leichte Schärfbarkeit gewährleistet werden, in Kombination mit einem hinreichend hohen Cr-Gehalt für die Korrosionsfestigkeit. Es gibt zwei grundlegende Anforderungen:

1. Die abzuschreckende austenitische Phase erfordert Kohlenstoffgehalte von etwa 0,6% oder mehr, damit Rockwell-C-Härtewerte im Bereich von 63 bis 64 erreichbar sind.

2. Die abzuschreckende austenitische Phase muss Chromgehalte von 12% oder mehr aufweisen, um einen vernünftigen Korrosionsschutz zu gewährleisten.

Bei Zusammensetzung und Austenitisierungstemperaturen muss man verschie-

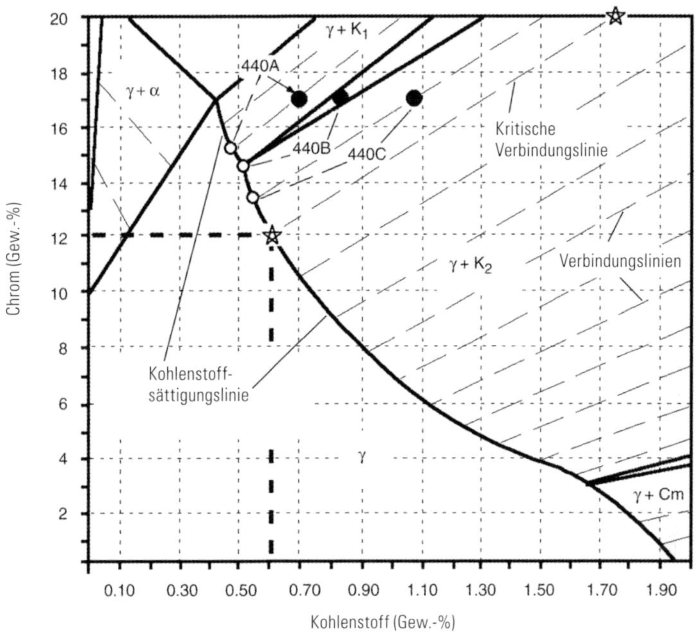

Bild 13.10 Isothermischer Schnitt im ternären Fe-Cr-C-Phasendiagramm bei 1100°C (2010°F). Quelle: Literaturstelle 13.8

dene Kompromisse eingehen. Zum Verständnis hilft eine Interpretation der isothermischen Schnitte im ternären Fe-Cr-C-Zustandsdiagramm. Im Kapitel 3 wurde aufgezeigt, dass das binäre Eisen-Kohlenstoff-Phasendiagramm eine Art Landkarte darstellt, bei der die Temperatur an der vertikalen Achse und die Zusammensetzung an der horizontalen Achse aufgetragen sind. Die unterschiedlichen Gebiete in diesem Phasendiagramm entsprechen den Wertekombinationen aus Zusammensetzung und Temperatur, bei denen die unterschiedlichen Phasen der Eisen-Kohlenstoff-Legierungen existieren.

Ternäre Zustandsdiagramme sind den binären Diagrammen in der Hinsicht ähnlich, dass auch hier die Temperatur an der vertikalen Achse aufgetragen ist. Die Zusammensetzung kann nun jedoch nicht an einer einzigen Linie aufgetragen werden, sondern ist stattdessen auf einer Ebene, der Zusammensetzungsebene, aufgetragen. Die Temperatur ist auf der Höhenachse senkrecht zu dieser Ebene aufgetragen.

Die Zusammensetzungsebene für ein ternäres Fe-Cr-C-Zustandsdiagramm ist in Bild 13.10 dargestellt. Der Kohlenstoffgehalt ist entlang der horizontalen Achse aufgetragen, der Chromgehalt an der vertikalen Achse der Zusammensetzungsebene.

Betrachten wir als Beispiel den Stahl 440C. Gemäß Tabelle 13.3 ist die mittlere Zusammensetzung für diese Fe-Cr-C-Legierung 17% Cr und 1,075% C. Ein schwarzer Punkt mit der Bezeichnung 440C ist auf der Zusammensetzungsebene eingetragen. Dieser Punkt definiert die Zu-

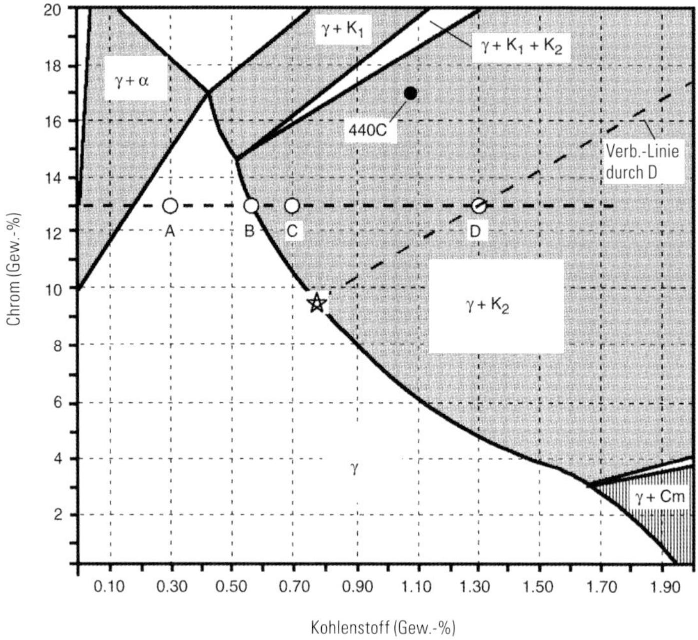

Bild 13.11 Die wichtigen Gebiete in dem isothermischen Schnitt bei 1100°C (2010°F) nach Bild 13.10.

sammensetzung des Stahls 440C im ternären Diagramm.

Trägt man die Zusammensetzung in einer Ebene auf und die Temperatur auf verschiedenen Abständen über der Ebene, so erhält man das ternäre Diagramm als dreidimensionales Schaubild. Diese komplexen dreidimensionalen Diagramme benutzt man, indem man Schnitte hindurchlegt, entweder horizontal oder vertikal. Die Diagramme in Bild 13.4 sind vertikale Schnitte durch das ternäre Fe-Cr-C-Schaubild für feste Werte des Kohlenstoffgehalts, nämlich bei 0,05% im Teilbild (a) und 0,1% in Teilbild (b). Somit sehen diese vertikalen Schnitte aus wie binäre Phasendiagramme mit der Temperatur an der vertikalen Achse und dem Chromgehalt an der horizontalen Achse.

Bild 13.10 ist ein horizontaler Schnitt durch das ternäre Fe-Cr-C-Diagramm. Man nennt das einen *isothermischen Schnitt*, da er bei einer festen Temperatur vorgenommen ist (was der Definition von isothermisch entspricht). Wie in der Bildbeschreibung zu lesen, handelt es sich bei Bild 13.10 um den isothermischen Schnitt bei 1100°C. Es zeigt die Zusammensetzungen (% Cr und % C) der unterschiedlichen Phasen auf, die bei 1100°C existieren können.

Bild 13.11 dient zum Verständnis von Bild 13.10. Das große weiße Gebiet ist mit γ bezeichnet, was Austenit bedeutet. Alle Zusammensetzungen, die in Bild 13.11 in das weiße Gebiet fallen, sind bei 1100°C zu 100% austenitisch. Die schattierten Gebiete in Bild 13.11 zeigen die Gebiete der Zusam-

Legierung	Kohlenstoffgehalt in %	Chromgehalt in %
A	13,0	0,30
B	13,0	0,58
C	13,0	0,70
D	13,0	1,30

Tabelle 13.6 Die vier in Bild 13.11 betrachteten Legierungen.

mensetzung auf, in denen im Austenit bei 1100°C eine zweite Phase auftreten kann. So fällt die Zusammensetzung des Stahls 440C in das Gebiet, das mit $\gamma+K_2$ indiziert ist. Daher kann man voraussagen, dass der Stahl 440C beim Erhitzen auf 1100°C aus Austenit mit Teilchen des Karbids vom Typ K_2 besteht. Nach dem Abschrecken weist dann der aus dem Austenit entstehende Martensit verteilte Karbidteilchen des Typs K_2 auf.

Hinweis: Man sollte Bild 13.11 nur als gute Näherung für die Wärmebehandlung kommerziell erhältlicher Stahllegierungen betrachten. So zeigen zum Beispiel Experimente an einer Legierung aus 14% Cr und 0,7% C (siehe Literaturstelle 13.11), dass die Karbide, die bei 1100°C auftreten, eine Mischung von K_1 und K_2 sind, wobei K_1 dominiert.

Die Wärmebehandlung martensitischer rostfreier Stähle enthält oft eine zweiphasige Austenitisierung (siehe Kapitel 11). Zum Verständnis der komplizierten Verhältnisse, die dadurch entstehen, betrachten wir die vier Legierungen A bis D gemäß Tabelle 13.6. Alle diese Legierungen enthalten 13% Chrom, also leicht mehr, als für die Rostfreiheit notwendig ist. Die Zusammensetzungen sind im Bild 13.11 verzeichnet. Legierung A liegt im Austenit (γ)-Gebiet und ist damit bei 1100°C zu 100% austenitisch mit einer Zusammensetzung von 13% Cr und 0,3% C.

Im Bild 13.10 ist die rechte Begrenzungslinie des Austenitgebiets mit *Kohlenstoffsättigungslinie* bezeichnet. Legierung B liegt mit 0,58% C genau auf dieser Linie. Diese Kohlenstoffsättigungslinie ist enorm wichtig. Sie ist der A_{cm}-Linie im binären Eisen-Kohlenstoff-Phasendiagramm ähnlich und markiert den maximalen Kohlenstoffgehalt, den der Austenit aufweisen kann. Weitere Zugabe von Kohlenstoff führt zu der Bildung von Karbidteilchen.

Legierung C mit 0,7%C liegt im Zweiphasengebiet Austenit + Karbid ($\gamma+K_2$). Die Legierung besteht aus Austenit mit darin verteilten Karbiden des Typs K_2. Das Diagramm bietet die Möglichkeit, die Menge an Karbid im Austenit zu bestimmen. Je weiter die Zusammensetzung der Legierung rechts von der Sättigungslinie liegt, umso größer ist der Volumenanteil des Karbids K_2. Demzufolge lässt die Legierung D erwarten, dass sich wesentlich mehr Karbidpartikel darin befinden als in Legierung C, da sie weiter nach rechts von der Sättigungslinie entfernt liegt.

Die Zusammensetzung des Austenits, der sich im Falle der Legierungen A und B bei 1100°C bildet, entspricht der Nennzusammensetzung gemäß Tabelle 13.6. Das ist jedoch nicht der Fall für die Legierungen C und D, denn sie enthalten bei 1100°C Karbide K_2. Diese Karbide sind reich an Kohlenstoff und Chrom. Deshalb verarmt der Austenit an beiden Elementen gegenüber der Nennzusammensetzung.

Die Zusammensetzung des Austenits der Legierungen C und D kann aus den isothermischen Phasendiagrammen bestimmt werden. Man achte auf die in Bild 13.10 eingezeichneten, geneigt verlaufenden und ge-

AISI-Nr.	W-Nr. nach DIN	DIN-Kurzbez.	Nenngehalte an C/Cr in %	Gehalte im Austenit C/Cr in %
440A	1.4110	X55CrMo14	0,70/17,0	0,48/15,1
440B	1.4112	X90CrMoV18	0,85/17,0	0,52/14,6
440C	1.4125	X105CrMo17	1,07/17,0	0,56/13,6

Tabelle 13.7 Nennzusammensetzungen und Austenit-Zusammensetzungen bei 1100°C.

strichelten „Verbindungslinien", die Konoden. Das vollständige isothermische Diagramm enthält noch viel mehr solcher nahezu parallel verlaufender Linien.

In Bild 13.11 sieht man die Verbindungslinie, die durch den Ort der Legierung D verläuft. Die Zusammensetzung des Austenits der Legierung D findet man am Schnittpunkt dieser Verbindungslinie mit der Sättigungslinie. Er ist durch einen Stern markiert. Obwohl die Legierung eine Nennzusammensetzung von 13% Cr und 1,3% C hat, enthält der bei 1100°C existierende Austenit nur etwa 9,5% Cr und 0,78% C. Demzufolge weist der durch Abschrecken dieses Austenits entstehende Martensit nur eine geringe Korrosionsbeständigkeit auf, da der Chromgehalt deutlich unter dem Minimum von 12% liegt, das Rostfreiheit gewährleistet.

Vor diesem Hintergrund ist es möglich, die Nachteile der rostfreien Stähle der

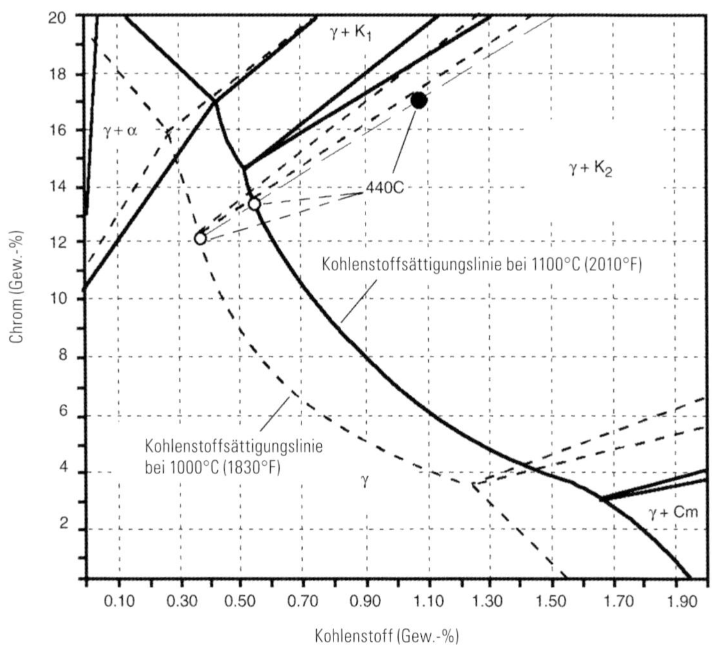

Bild 13.12 Verschiebung der Linien bei Reduzierung der Temperatur von 1100°C auf 1000°C (Literaturstelle 13.8).

400er Gruppe (1.41xx) für Messeranwendungen aufzuzeigen. Die drei Legierungen 440A (1.4110), 440B (1.4112) und 440C (1.4125) sind in Bild 13.10 eingetragen. Ein durchgehender Pfeil markiert jeweils die durchschnittliche Zusammensetzung. Ein gestrichelter Pfeil weist auf die Zusammensetzung des Austenits hin, der bei 1100°C vorliegt. Diese Werte sind in Tabelle 13.7 zusammengestellt.

Bei allen drei Legierungen senkt sich der Chromgehalt im Austenit gegenüber dem Nenngehalt von 17% ab, liegt jedoch noch über den 12%, die für eine gute Passivierung gefordert sind. Zu beachten ist jedoch, dass die Kohlenstoffgehalte im Austenit jeweils ein wenig unter dem Wert von 0,6% C liegen, den man braucht, um Härtewerte von 63-64 HRC zu erreichen. Zudem weist die Legierung mit dem höchsten Gehalt an Kohlenstoff, 440C (1.4125), große Primärkarbide auf, die bei der Erstarrung des Werkstoffs entstanden sind (mehr dazu später in Kapitel 15). In der Literaturstelle 13.6 findet man auf Seite 777 eine Reihe von Gefügeaufnahmen von 440C, die die relativ großen Primärkarbide in diesem rostfreien Stahl zeigen.

Bild 13.12 veranschaulicht, welchen Effekt die Absenkung der Austenitisierungstemperatur auf die Zusammensetzung und die Menge an Karbiden hat. Im Bild ist die Lageveränderung der Kohlenstoffsättigungslinie für den Fall aufgetragen, dass die Austenitisierungstemperatur von 1100°C auf 1000°C abgesenkt wurde. Die Nominalzusammensetzung in diesen überlagerten Diagrammen für den Stahl 440C bleibt gleich. Man sieht jedoch, dass sich die Anteile von Kohlenstoff und Chrom im Austenit von 0,56% C / 13,6% Cr auf 0,39% C / 12,1% Cr ändern.

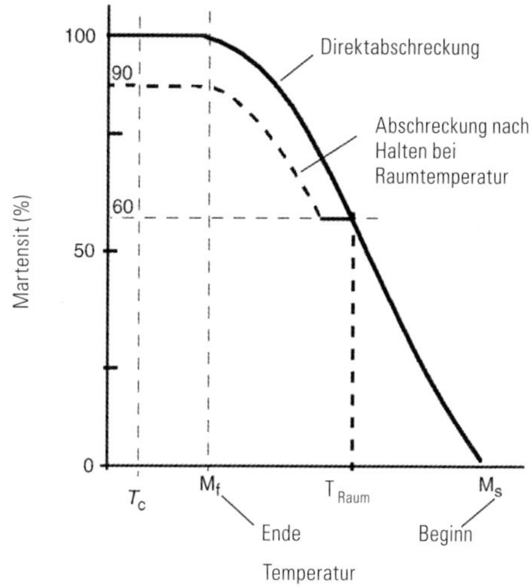

Bild 13.13 Stabilisierung des Austenits durch einen Abschreckprozess in zwei Stufen.

Literaturstelle 13.6 empfiehlt für 440C als Bereich der Austenitisierungstemperatur 1010 bis 1065°C. Weiterhin steht dort die Empfehlung, zur Einstellung höchster Korrosionsresistenz und Festigkeit die Austenitisierung an der Obergrenze des Temperaturbereichs durchzuführen. Vor dem Hintergrund der vorangegangenen Diskussion wird klar warum: Höhere Austenitisierungstemperaturen steigern sowohl den Kohlenstoffgehalt im Austenit als auch den Chromgehalt.

Um Messerklingen aus rostfreien Stählen herzustellen, die auf Ansprunghärten von 63 bis 64 HRC gebracht werden können, muss man in der Lage sein, Austenit mit mehr als 0,6% C und Chromgehalte oberhalb von 12% einzustellen. Diese Zusammensetzung ist in Bild 13.10 durch einen Stern markiert. Er liegt zufälligerweise auf der Sättigungslinie des Kohlenstoffs bei einer Temperatur von 1100°C.

Stahl	%C	%Cr	%Si	%Mn
Sandvik 12C27	0,60	13,50	0,40	0,40
Uddeholm AEB-L	0,65	12,80	0,40	0,65

Tabelle 13.8 Optimale Stähle für Messer mit rostfreien Klingen.

Wenn der Kohlenstoffgehalt von 0,6% auf 1,3% erhöht wird und der Chromanteil bei 13% bleibt, wie anhand der Legierung D in Bild 13.11 gezeigt, dann zeigen die Verbindungslinien durch die resultierende Zusammensetzung, dass der entstehende Austenit einen Martensit hoher Härte erwarten lässt (mit etwa 0,78% C). Das Bild zeigt aber auch, dass der Chromgehalt auf etwa 9,5% fallen wird, was deutlich unter den 12% liegt, die für eine Passivierung erforderlich sind (die durch den Stern gekennzeichnete Legierung in Bild 13.11).

Erhöht man den Kohlenstoffgehalt und den Chromgehalt entlang der in Bild 13.10 durch die beiden Sterne führenden Verbindungslinie, dann erfüllt die Austenit-Zusammensetzung die Bedingung von 0,6% C und 12% Cr. Diese Verbindungslinie heißt kritische Verbindungslinie.

In Legierungen mit Nennzusammensetzungen, die durch diese Linie beschrieben werden, enthält der Austenit Karbide vom Typ K_2. Der Volumenanteil der Karbide hängt davon ab, wie weit die Nennzusammensetzung nach rechts vom unteren Stern auf der Sättigungslinie entfernt ist. Die Zusammensetzungen der 440er Reihe liegen deutlich oberhalb der Kohlenstoffsättigungslinie. Es gibt jedoch auch kommerziell erhältliche Stähle, deren Zusammensetzungen sehr nahe an der kritischen Verbindungslinie liegen. Zwei dieser Stähle sind in Tabelle 13.8 aufgeführt.

Die Lagepunkte der Zusammensetzung der in Tabelle 13.8 aufgeführten Stähle liegen knapp oberhalb der kritischen Verbindungslinie. Die Lage der Kohlenstoffsättigungslinien in den Bildern 13.11 und 13.12 ist – wenn überhaupt – bestenfalls eine gute Näherung für reale verfügbare Legierungen. Wenn man eine Wärmebehandlung für spezielle Stähle sucht, ist man am besten beraten, wenn man den technischen Daten des Herstellers folgt.

Aus den vorherigen Diskussionen sollte klar geworden sein, dass die Austenitisierungstemperaturen und die Haltezeiten wichtige Variablen bei der Wärmebehandlung sind. Zusätzlich sind die Abschrecktemperatur sowie die Abschreckgeschwindigkeit von Bedeutung, da diese Legierungen zu Restaustenitbildung neigen.

In Kapitel 10 wurde gezeigt, dass bei einer zweiphasigen Austenitisierung die Austenitisierungstemperatur den Kohlenstoffgehalt im Austenit bestimmt. Dadurch kann die Menge an Restaustenit nach Abschrecken variieren. Auch wenn der Kohlenstoffgehalt im Austenit steigt, was zu erhöhter Härte des Martensits führt, kann die Härte im abgeschreckten Werkstück abfallen, da mit steigendem Kohlenstoffgehalt im Austenit auch der Restaustenitgehalt steigt.

Bei Stählen, die zur Bildung von Restaustenit neigen, wie hypereutektoide niedriglegierte Stähle, Werkzeugstähle und eben diese rostfreien Stähle, kann ein wichtiger Effekt eintreten: die *Stabilisierung*. Die Stabilisierung kann man über die Kurven erklären, die in Bild 13.13 dargestellt sind. Die obere, voll ausgezogene Kurve kann mit Hinweis auf Bild 4.16 erklärt werden. Diese Kurve mit der Bezeichnung

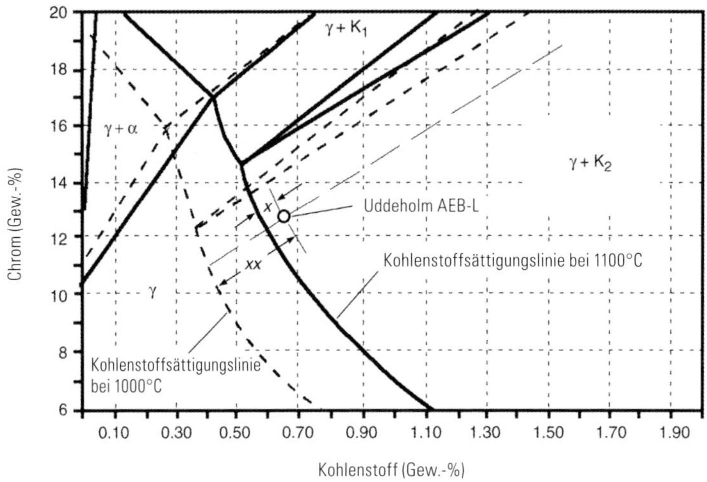

Bild 13.14 Isothermische Schnitte im Fe-Cr-C-Diagramm bei 1000 und 1100°C (1830 und 2010°F).

„direkte Abschreckung" gibt die Menge an Martensit an, die sich in einem Stahl ausbildet, der direkt auf unterschiedliche Temperaturen im Bereich zwischen der Martensitstart- und Martensitendtemperatur (M_s bzw. M_f) abgeschreckt wird.

Die Kurve zeigt, dass dieser Stahl nach Abschrecken auf Raumtemperatur T_R 40% Restaustenit enthalten wird. Die gestrichelte Kurve zeigt den Anteil an Martensit, der sich im Stahl ausbildet, wenn er in zwei Stufen abgeschreckt wird: (1) Abschrecken auf Raumtemperatur, und (2) Halten auf Raumtemperatur über eine gewisse Zeit mit anschließender Abschreckung in einem kalten Abschreckbad.

Der gestrichelten Linie zufolge bildet sich in dem Stahl bei kalter Abschreckung nach einem Halten bei Raumtemperatur deutlich weniger Martensit als bei direkter Abschreckung ohne Halten bei Raumtemperatur. Ein direktes Abschrecken auf die kalte Temperatur T_c führt bei diesem Stahl zu keinem Restaustenit. Nach der Unterbrechung der Abschreckung bei Raumtemperatur jedoch verbleiben 10% Restaustenit. Die Verzögerung bei Raumtemperatur hat den Austenit *stabilisiert.*

Stähle werden normalerweise immer in zwei Stufen auf die kalte Temperatur abgeschreckt, da direktes Abschrecken eine Rissbildung begünstigt. Zudem treten (außer bei Eiswasser mit gelöstem Salz) bei kalten Abschreckmitteln wie zum Beispiel flüssigem Stickstoff vermehrt Probleme mit Dampfhaut auf. Zur Minimierung des Restaustenits muss die Verweilzeit auf Raumtemperatur vor der weiteren Abschreckung so kurz wie möglich gehalten werden. Zudem wird der Stabilisierungseffekt noch erhöht, wenn sich das Werkstück beim Halten bei Raumtemperatur noch leicht erwärmt.

Bei hoch legierten Stählen gibt es noch weitere Effekte, die auf die Stabilisierung zurückzuführen sind. Diese werden in einer Studie über den Sandvik-Stahl 12C27 (Literaturstelle 13.9) aufgezeigt. Eine Serie von Wärmebehandlungen wurde durchgeführt, in denen der Restaustenitgehalt als Funktion der Haltezeit beim Austenitisieren ermittelt wurde. Dabei wurden vier Abkühlraten mit fallender Abkühlwirkung eingesetzt: (1) Wasser, (2) Druckluft und Wasser, (3) Druckluft und Öl und (4) reine Druckluftabschreckung.

In allen vier Fällen nahm der Restaustenitgehalt bei Steigerung der Haltedauer beim Austenitisieren von vier auf zehn Minuten stetig zu. Je länger die Haltezeiten sind, umso mehr Karbide gehen in Lösung und erhöhen dadurch den Kohlenstoff- und Chromgehalt im Austenit. Zudem wird der Bereich M_s-M_f verkleinert.

Noch viel wichtiger ist, dass für jede Haltezeit der Gehalt an Restaustenit anstieg, wenn die Abkühlgeschwindigkeit abnahm. Bei einer Haltezeit von acht Minuten zum Beispiel stieg er für die vier Abkühlgeschwindigkeiten von 7,5% über 10% und 14,3% auf 15,5%. Dieser Anstieg ist eine Folge der Stabilisierung, da der Austenit langsamer durch den Temperaturbereich von 300°C bis Raumtemperatur geführt wird. Was die Abkühlmethoden betrifft, die mit Druckluft arbeiteten, so wurden die Stähle zuerst durch Druckluft auf 200°C abgekühlt und danach in Wasser (Fall 2) oder Öl (Fall 3) auf Raumtemperatur abgeschreckt.

Diese Ergebnisse zeigen ganz klar, dass die Menge an Restaustenit, die sich in diesem rostfreien Stahl bildet, von der Abkühlgeschwindigkeit im unteren Temperaturbereich gesteuert wird. Es gibt demzufolge zwei Gründe, diese rostfreien Stähle regulär abzuschrecken statt per Luftabkühlung: (1) Zur Unterdrückung des Restaustenits, wie hier erörtert wurde. (2) Um bei der Abkühlung die Ausscheidung der K_1-Karbide zu unterdrücken und damit den Korrosionswiderstand zu erhöhen.

13.2.2 Wärmebehandlung am Beispiel des Stahls AEB-L

Um einige der wichtigen Umstände bei der Wärmebehandlung von rostfreien Stählen zu erläutern, werden nun einige vom Autor durchgeführte Experimente an dem Stahl Uddeholm AEB-L (Blech 0,7mm Stärke) vorgestellt. Die Zusammensetzung dieser Legierung ist im kombinierten Diagramm (Bild 13.14) der isothermen Schnitte des ternären Systems Fe-Cr-C bei 1000°C und 1100°C dargestellt. Bei beiden Temperaturen liegt die Legierungszusammensetzung in dem Gebiet mit Austenit und K_2-Karbiden. Eine zweiphasige Austenitisierung sollte für beide Temperaturen beim Abschrecken zu Martensit+Karbid führen.

Man beachte, dass der Abstand x der Nennzusammensetzung zur Kohlenstoffsättigungslinie bei 1100°C kleiner ist als bei 1000°C. Dieser Abstand ist mit xx gekennzeichnet. Daher wird bei Abschrecken von der niedrigeren Austenitisierungstempera-

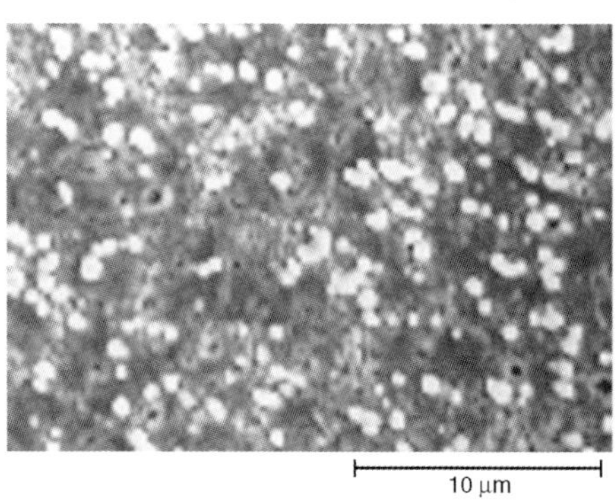

Bild 13.15 SEM-Gefügeaufnahme mit K_2-Karbiden (weiße Partikel).

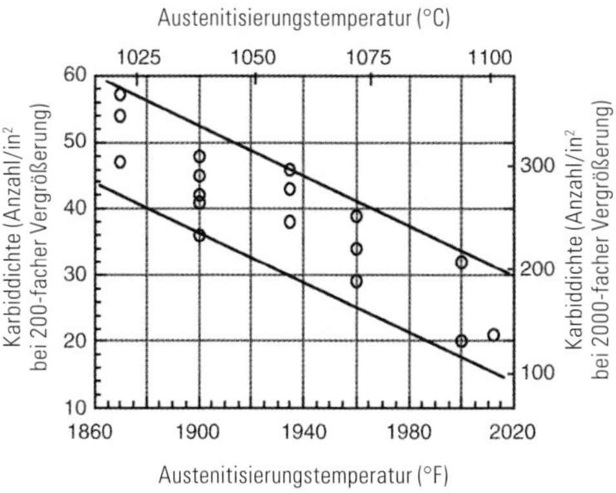

Bild 13.16 Karbidpartikeldichte als Funktion der Austenitisierungstemperatur.

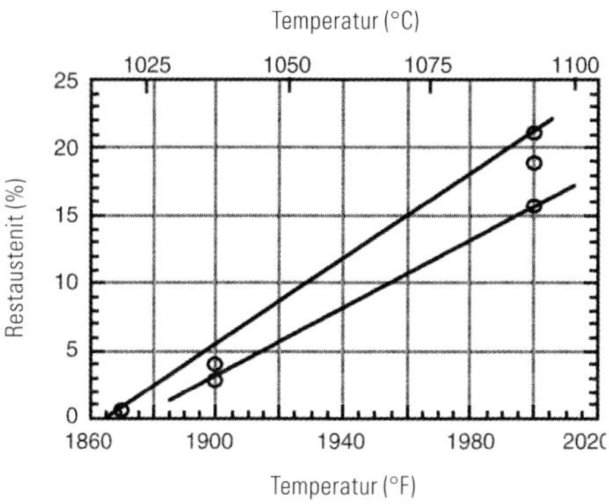

Bild 13.17 Abhängigkeit des prozentualen Restaustenitgehalts von der Austenitisierungstemperatur für Abschreckung auf Raumtemperatur.

tur ein höherer Gehalt an ausgeschiedenen Karbiden erwartet.

Streifen dieser Legierung wurden in einem widerstandsbeheizten Ofen in einer Inertgasatmosphäre (Heliumgas) vier Minuten austenitisiert und dann in Druckluft innerhalb von 70 Sekunden auf 90°C heruntergekühlt. Danach folgte eine Wasserabschreckung. Metallographische Proben wurden im Rasterelektronenmikroskop untersucht.

Bild 13.15 ist ein typisches Gefügebild einer Karbidverteilung in der Martensitmatrix. Der Durchmesser der Karbide beträgt durchschnittlich etwa 0,6 µm, was etwas kleiner ist als die in Stählen der 440er Serie gefundenen Sekundärkarbide. Es wurden keine Primärkarbide gefunden. Die Abwesenheit grober Primärkarbide erlaubt einen feineren Schneidenabzug ohne Karbidausbrüche, was mit höherer Wahrscheinlichkeit bei den groben Primärkarbiden des 440C auftreten wird.

Die Karbiddichte wurde ermittelt über die Anzahl der Karbide pro Quadratzoll auf Gefügebildern mit 2000-facher Vergrößerung. Die Ergebnisse sind in Bild 13.16 dargestellt. Wie nach der vorhergehenden Diskussion des Bilds 13.14 zu erwarten ist, steigt die Karbiddichte an, wenn die Austenitisierungstemperatur abfällt.

Der Restaustenitgehalt wurde an den abgeschreckten Proben mit standardmäßigen röntgenographischen Methoden ermittelt. Die Ergebnisse sind in Bild 13.17 dargestellt. Bei den höheren Austenitisierungstemperaturen traten signifikant höhere Gehalte an Restaustenit auf. Wie bei den isothermen Diagrammen in Bild 13.14 zu sehen ist, führt die höhere Austenitisierungstemperatur von 1100°C zu höherem Kohlenstoffgehalt und Chromgehalt im Austenit (die Punkte, an denen die Verbindungslinie die Kohlenstoffsättigungslinie schneidet). Das wiederum verschiebt den Bereich M_s-M_f nach unten, wodurch bei einem Abschrecken auf Raumtemperatur mehr Restaustenit zurückbleibt.

Zum Studium des Einflusses von Kaltabschrecken bei Temperaturen von -60°C und -96° C wurden Mischungen aus flüssigem Stickstoff und Isopentan (2-Methyl-Butan) verwendet. In Proben, die sowohl

Austenitisie-rungstemp. °C	°F	Auf Raumtemp. abgeschreckt	Nach 3 Tagen auf -96 °C ab gekühlt
1090	2000	21,1 % RA	10,2 % RA
1040	1900	4,3 % RA	4,3 % RA
1090	2000	19,0 % RA	19,0 % RA (a)

(a) Probe angelassen 30 min bei 195 °C (380 °F)

Tabelle 13.9 Restaustenitanteil bei verschiedenen Stabilisierungsexperimenten.

von 1090°C als auch von 1040°C auf -96°C abgeschreckt wurden, betrug der Restaustenitgehalt 0,0%, bei Abschrecken auf -60°C noch ungefähr 0,4%. Die letztere Temperatur ist die empfohlene Kaltabschrecktemperatur (Literaturstelle 13.10).

Da das Stahlband so dünn war, mussten die Härtewerte mit einem Mikrohärteprüfgerät ermittelt werden. Danach wurden die Härtewerte aus Messungen mit der Diamantpyramide in HRC-Werte umgerechnet. Es stellte sich heraus, dass die Härte hauptsächlich vom vorliegenden Restaustenitgehalt abhing. Proben, die von 1040°C oder 1090°C auf -96°C abgeschreckt wurden und keinen Restaustenit mehr enthielten, wiesen Härtewerte von ungefähr 63,5 HRC auf. Proben, die auf Raumtemperatur abgeschreckt worden waren und die den in Bild 13.17 dargestellten Gehalt an Restaustenit aufwiesen, hatten Härten von 62 HRC und 60 HRC, wenn sie von 1040 beziehungsweise 1090°C abgeschreckt wurden. Das Anlassen dieser Proben bei 190°C, der empfohlenen maximalen Anlasstemperatur (Literaturstelle 13.12), reduzierte die Härte in beiden Stählen um etwa 1,7 HRC.

Die Ergebnisse einiger Untersuchungen zu Stabilisierungseffekten sind in der Tabelle 13.9 wiedergegeben. Eine Probe, die von 1090°C auf Raumtemperatur abgeschreckt wurde, hatte einen Restaustenitgehalt von 21,1%. Eine ähnliche Probe, die direkt auf -96°C abgeschreckt wurde, hatte 0,0% Restaustenit. Aber auch die Probe, die nach dreitätigem Halten bei Raumtemperatur auf -96°C abgekühlt wurde, enthielt 10,2% Restaustenit. Somit hat die dreitägige Haltedauer 10,2% Restaustenit stabilisiert, etwa knapp die Hälfte des Originalwerts von 21,1% RA.

Bei der Probe, die von 1040°C abgeschreckt worden war, wurde der gesamte Gehalt von 4,3% RA durch die dreitägige Haltezeit stabilisiert. Auch bei einer Probe, die bei 1090°C austenitisiert worden war (letzte Zeile der Tabelle) und vor der dreitägigen Haltezeit angelassen worden war, wurde die Gesamtmenge von 19% RA stabilisiert. Das zeigt, dass Wärme und Halten die Austenitstabilisierung begünstigen. Diese Versuchsergebnisse verdeutlichen die Wichtigkeit des sofortigen Tiefkühlens vor dem Anlassen zur maximalen Unterdrückung des Restaustenits.

Die Bestimmung des Restaustenitgehalts mit Röntgenstreuung ist eine ziemlich komplizierte Methode und keineswegs Standard. In der Literaturstelle 13.9 findet sich eine einfache Methode, die geeignet ist, den Restaustenitgehalt in den Stählen aus der Tabelle 13.8 qualitativ abzuschätzen. Damit kann man Hinweise darauf finden, ob die Austenitisierungstemperatur im gewünschten Bereich lag.

Unmittelbar nach der Abschreckung auf Raumtemperatur und vor irgendwelchen Anlassbehandlungen werden dazu Proben auf mindestens -35°C tiefgekühlt. Ihre Härte wird mit derjenigen von Proben verglichen, die nur auf Raumtemperatur abgekühlt wurden Die Tiefkühlung wird durch Abbau von Restaustenit dazu führen, dass die Härte ansteigt. Die Abschätzung der Austenitisierungsbedingungen geht nach Literaturstelle 13.12 wie folgt:

- Steigt die Härte um mehr als 1,5 HRC an, war die Austenitisierungstemperatur zu hoch (zu viel Restaustenit).
- Wenn der Härtezuwachs weniger als 0,5 HRC beträgt, war die Austenitisierungstemperatur zu niedrig.

Die Karbide vom Typ K_1 und K_2, die in den rostfreien Stählen aus Tabelle 13.8 vorliegen, sind signifikant härter als die Zementitkarbide (M_3C) von niedrig legierten Stählen. Die Tabelle 13.10 gibt einige Messungen der Knoop-Mikrohärte wieder, außerdem die Umrechnung in HRC in der rechten Spalte.

Die höhere Härte der K_1- und K_2-Karbide hat nur einen kleinen Einfluss auf die Messungen der Härte von rostfreien Klingen. Wie in Bild 13.15 zu sehen ist, sind die Karbide voneinander isoliert zu finden. Die Tiefe des Diamantspitzeneindrucks des Härteprüfgeräts misst nur den Widerstand gegen plastisches Fließen des martensitischen Matrixwerkstoffs, der nur geringfügig von den Karbiden beeinflusst wird.

Die Anwesenheit der Karbide K_1 und K_2 in der Oberfläche ist jedoch wichtig für die Erhöhung des Verschleißwiderstands im Vergleich zu einem reinen martensitischen Matrixwerkstoff oder Martensit, der M_3C-Karbide enthält, wie ein niedriglegierter Stahl, zum Beispiel AISI 52100 (1.3505, 100Cr6). Verschleißuntersuchungen an den beiden Stählen in der Tabelle 13.8 (Literaturstellen 13.10 und 13.9) zeigen, dass diese Stähle gegenüber konventionellen Stählen wie AISI 1095 bei gleichen Härtewerten von etwa 60 HRC einen deutlich höheren Verschleißwiderstand aufweisen.

Phase	Knoop-Härte	HRC
Martensit	846	65
Zementit (Fe_3C)	1150	70
K_1-Karbid ($M_{23}C_6$)	...	73
K_2-Karbid (M_7C_3)	1820	79

Quelle: Literaturstelle 13.11

Tabelle 13.10 Härte verschiedener Karbide.

Der verbesserte Verschleißwiderstand infolge der fein verteilten Karbide der Typen K_1 und K_2, in Kombination mit dem Fehlen grober Primärkarbide und der guten Korrosionsresistenz, macht die beiden Stähle aus Tabelle 13.8 zur besten Wahl für die meisten Anwendungen bei Klingen. In Anhang B wird eine weitergehende Diskussion populärer Stähle für die Herstellung von Messerklingen geführt.

13.3 Austenitische rostfreie Stähle

Wie der Name vermuten lässt, sind austenitische Stähle bei Raumtemperatur vollständig austenitisch. Der Austenit wird bei Raumtemperatur durch die Zugabe von reichlich Nickel zu den Stählen stabilisiert. Diese Stähle stellen ternäre Legierungen der Art Fe-Cr-Ni dar. Genau wie bei den ferritischen rostfreien Stählen liegt in diesen Stählen nur ein äußerst geringer Gehalt an Kohlenstoff vor. Die Korrosionsbeständigkeit wird durch Absenken des Kohlenstoffgehalts in den Stählen verbessert.

Die üblichen Zusammensetzungen der normalen austenitischen rostfreien Stähle sind in der Tabelle 13.11 dargestellt. Wenn der Kohlenstoffgehalt erhöht wird, wird auch der Nickelgehalt erhöht. Nickel ist ebenso wie Austenit kubisch-flächenzent-

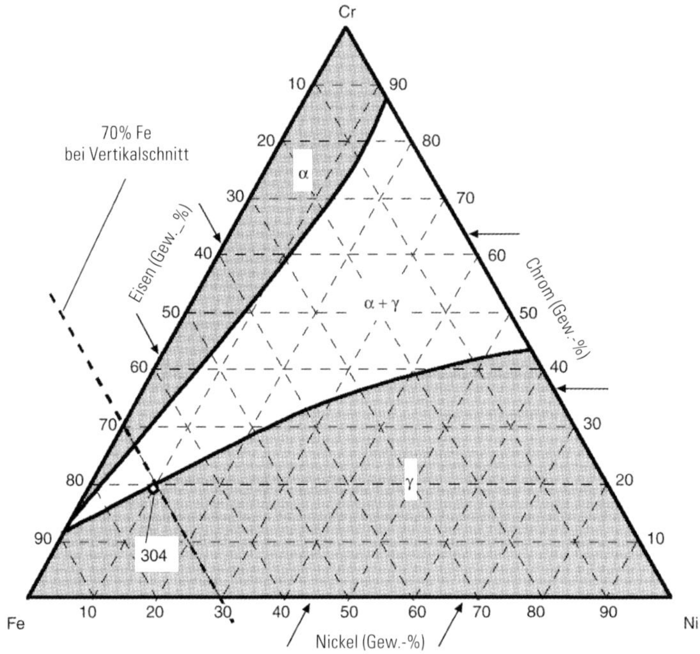

Bild 13.18 Isothermischer Schnitt im Fe-Cr-Ni-Phasendiagramm bei 1100°C (2010°F). Quelle: Literaturstelle 13.3

riert. Die Zugabe von Nickel führt, wie man sich schon denken kann, zur Stabilisierung des Austenits zu immer tieferen Temperaturen hin.

Der Grund dafür, dass der Nickelgehalt ansteigen muss, wenn auch der Gehalt an Chrom zunimmt, wird ersichtlich, wenn man den isothermen Schnitt bei 1100°C im Fe-Cr-Ni-Diagramm betrachtet (Bild 13.18).

Um zu verstehen, wie man in dieser Art von Diagrammen die einzelnen Bestandteile aufträgt, betrachten wir die Zusammensetzung des Stahls 304. Sie ist im Diagramm eingetragen. Der Nickelgehalt ist

AISI-Nr	% Cr	% Ni	max. % C	W-Nr	DIN-Bez
302	18,0	9,0	0,15		X15CrNi 18 9
304	19,0	9,3	0,08	1.4301	X5CrNi 18 10
304L	19,0	10,0	0,03		X3CrNi19 10
308	20,0	11,0	0,08		X8CrNi20 11
309	23,0	13,5	0,20		X20CrNi23 14
310	25,0	20,5	0,25		X25CrNi 25 21

Anmerkung: alle Stähle enthalten ungefähr 2% Mn und 1% Si

Tabelle 13.11 Austenitische rostfreie Stähle.

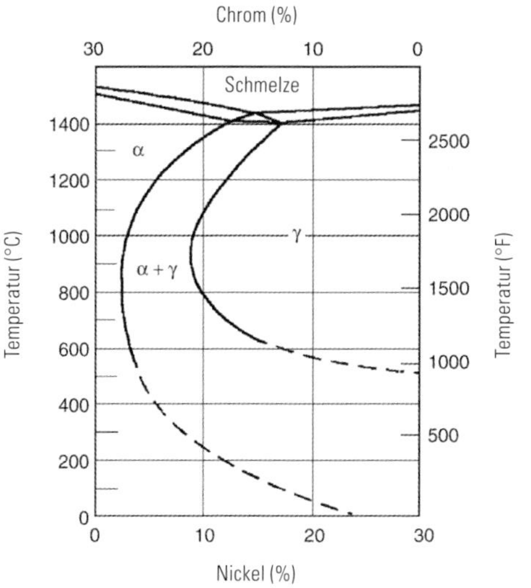

Bild 13.19 Vertikalschnitt im Fe-Cr-Ni-Phasendiagramm bei 70% Eisengehalt.
Quelle: Literaturstelle 13.4, S. 4-11

unten aufgetragen. Da der Stahl 304 10% Nickel enthält, muss seine Zusammensetzung auf der Linie liegen, die von 10% Nickelgehalt von der unteren Achse aus nach oben weist. Von der Grundlinie gehen allerdings bei 10% Nickel zwei Linien aus. Die hier wichtigen Nickellinien sind die, die schräg nach oben rechts verlaufen, wie durch die beiden Pfeile neben der Achsenbeschriftung unten angedeutet ist. Die anderen Linien, die von links kommen, sind die Eisenlinien, was wiederum durch Pfeile auf der Eisenachse angedeutet ist.

In ähnlicher Weise sind die Chromlinien die horizontalen Linien im Diagramm. Auch hier gibt es wieder Pfeile zur Verdeutlichung neben der Achsenbeschriftung. Daher ist die Zusammensetzung des Stahls 304 festgelegt durch den Schnittpunkt der horizontal verlaufenden Cr-Linie bei 19% Cr und der 10% Ni-Linie, die von der unteren Achse nach oben rechts weist. Legierungszusammensetzungen, die bei 1100°C zu 100% aus Austenit (γ) bestehen, müssen in dem unteren schattierten Bereich liegen, der in Bild 13.18 mit γ bezeichnet ist. Aus dem Diagramm folgt, dass bei Erhöhung des Chromanteils im Stahl 304 notwendigerweise auch der Nickelgehalt steigen muss, damit man im 100-prozentigen Austenitgebiet bleibt.

Um zu verstehen, wie sich die auftretenden Phasen beim Abkühlen ändern, ist es hilfreich, sich vertikale Schnitte durch das ternäre Phasendiagramm anzusehen. Bild 13.19 ist solch ein Vertikalschnitt. Er wurde durch die Linie gelegt, die in Bild 13.18 mit „Vertikalschnitt bei 70% Eisen" bezeichnet ist. Dieser Vertikalschnitt verläuft durch das ternäre Diagramm auf allen Legierungszusammensetzungen, die 70% Eisen enthalten. Das heißt, dass die Summe aus den Chrom- und Nickelgehalten 30% ergeben muss.

Der Vertikalschnitt bei 70% Eisen (Bild 13.19) zeigt, dass eine Legierung mit 10% Ni + 20% Cr (nahe an der Zusammensetzung von 304) bei 1100°C zu 100% austenitisch ist. Sie sollte sich jedoch beim Abkühlen auf eine Temperatur etwas unterhalb von 790°C in eine Mischung aus Austenit und Ferrit (α+γ) umwandeln.

Zu beachten ist, dass die Linien unterhalb von etwa 600°C gestrichelt gezeichnet sind. Das soll darauf hinweisen, dass der Austenit unterhalb dieser Temperatur stabil ist (ohne Ferritbildung), obwohl dieser Vertikalschnitt eigentlich aussagt, dass Ferrit in dem Austenit entstehen sollte. Die Benutzung gestrichelter Linien rührt daher, dass man festgestellt hat, dass der Stahl bei Abkühlung auf viel tiefere Temperaturen und auch bei mechanischer Deformation

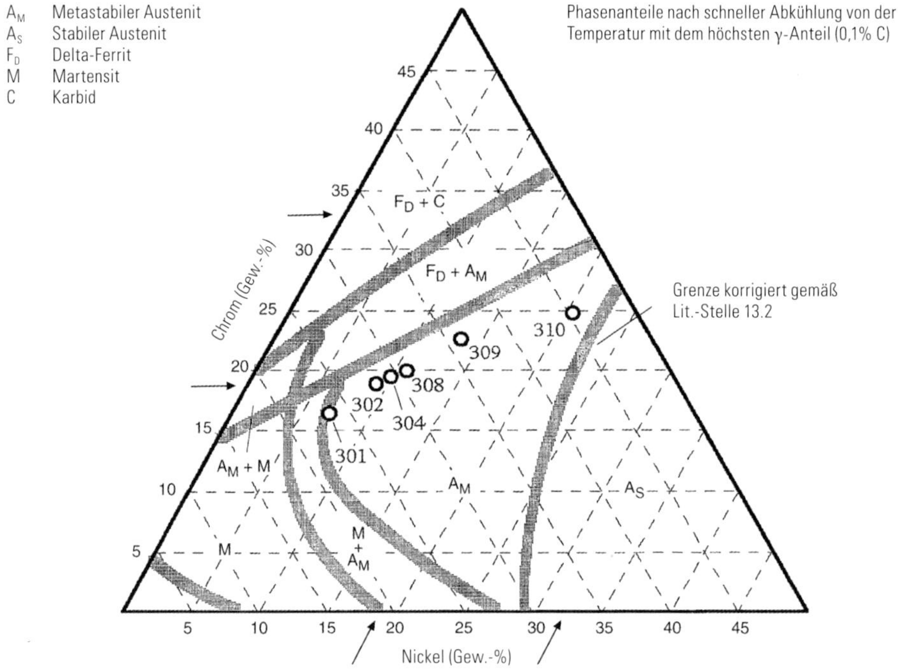

Bild 13.20 Metastabiles Phasendiagramm von austenitischen rostfreien Stählen nach Abschrecken von Temperaturen nahe 1100°C (der Temperatur der isothermischen Schnitte in Bild 13.18).
Quelle: Literaturstelle 13.13

Martensitpartikel im Austenit bildet. Daher wird der bei Raumtemperatur vorliegende Austenit als *metastabil* bezeichnet.

Phasendiagramme zeigen nicht auf, wo sich die metastabilen Phasen bilden. Man hat jedoch das metastabile Phasendiagramm der austenitischen rostfreien Stähle bestimmt. Es ist in Bild 13.20 dargestellt. Die in diesem Diagramm mit A_M bezeichneten Gebiete stellen dar, bei welchen Legierungszusammensetzungen sich bei schneller Abkühlung auf Raumtemperatur von etwa 1100°C aus metastabiler Austenit bildet. Dabei können sich auch bei Kaltabschreckung oder bei mechanischer Verformung bei niedriger Temperatur Martensitpartikel im Austenit bilden.

Die in Tabelle 13.11 erfassten gebräuchlichen austenitischen rostfreien Stähle sind in diesem Diagramm verzeichnet. Alle austenitischen rostfreien Stähle liegen bei Raumtemperatur in den metastabilen Gebieten. In der Praxis ist das aber unerheblich. Denn so lange man nicht zu extremen Temperaturen abkühlt, bleiben sie bei Raumtemperatur austenitisch (und auch bei erhöhten Temperaturen). Es gibt auch kein Problem mit Ferritbildung.

Im Allgemeinen besitzen die austenitischen rostfreien Stähle die höchste Korrosionsresistenz von allen drei Typen der rostfreien Stähle. Es ist gebräuchlich, Korrosion gemäß Tabelle 13.12 in drei Hauptarten zu unterteilen. Wie in der äußersten rechten

Art der Korrosion	Beschreibung	Maßnahmen zur Vermeidung (a)
Intergranular, Korngrenzenkorrosion, interkristalline Korrosion (IK)	Wie weiter oben beschrieben resultiert dieser Typ Korrosion aus der Ausscheidung von K_1-Karbiden bevorzugt auf den Korngrenzen, entweder von Ferrit oder Austenit	Kohlenstoffgehalt weniger als ungefähr 0,02%
Lochfraß	Kleine Grübchen führen zu Lochbildung in der Passivierungsschicht, dadurch entsteht ein galvanisches Element und damit Korrosion	Chromgehalt > 23-24% Molybdängehalt > 2%
Spannungsrisskorrosion (SRK)	Lokalisierte Korrosionsstellen führen dazu, dass sich Spannungen, die normalerweise den Stahl nicht zum Bruch führen könnten, hinreichend konzentrieren, eben dies zu bewirken. Details hierzu sind komplex und noch nicht vollständig verstanden. Die Anwesenheit von Chloridionen (eine Komponente des Salzes in Meerwasser) macht diese Art der Korrosion zu einem Problem in Salzwasser	Chromgehalt > 20% Molybdängehalt > 1%

a) Quelle: Literaturstelle 13.4, Kapitel 15

Tabelle 13.12 Die drei Haupttypen der Korrosion bei rostfreien Stählen.

Spalte der Tabelle dargestellt ist, wird die Korrosionsbeständigkeit durch drei Dinge gesteigert:

- Erniedrigung des Kohlenstoffgehalts
- Erhöhung des Chromgehalts
- Zugabe einer kleinen Menge Molybdän

Die Daten der Tabelle 13.11 zeigen, dass die austenitischen AISI-Stähle 308, 309 und 310 einen erhöhten Chromgehalt zur Steigerung ihrer Korrosionsresistenz haben.

Tabelle 13.13 führt noch weitere beliebte austenitische Stähle mit etwa 18% Chromgehalt auf. Diese Stähle sind zur Erhöhung der Korrosionsfestigkeit modifiziert worden.

Der beliebte Stahl AISI 316 besitzt einen Zusatz von Molybdän, und 316L hat den Molybdänanteil bei verringertem Kohlenstoffgehalt, um der interkristallinen Korrosion entgegenzuwirken.

Sowohl Titan als auch Niob sind sehr starke Karbidbildner. Wenn sie im Austenit vorkommen, dann bilden sie Karbide mit Kohlenstoff. Diese sind dann im Austenit gelöst. Im Wesentlichen säubern sie den Austenit vom Kohlenstoff, und so bleibt weniger Kohlenstoff zurück, der eventuell K_1-Karbide bilden könnte.

Zu beachten ist, dass die Menge der Säuberungselemente mit dem minimalen Kohlenstoffgehalt des Stahls korreliert. Im Stahl 321 zum Beispiel ist der Titangehalt

AISI-Nr	%Cr	%Ni	max %C	Andere	W-Nr.*)	DIN-Bez.*)
316	17,0	12,0	0,08	2,5 Mo	1.4401	X5CrNiMo 17 12 2
316L	17,0	12,0	0,03	2,5 Mo	1.4404	X2CrNiMo 17 12 2
321	18,0	10,5	0,08	$Ti(5xC_{min})$	1.4541	X6CrNiTi 18 10
347	18,0	11,0	0,08	$Nb(8xC_{min})$	1.4550	X8CrNiNb 18 10

Hinweis: Alle Stähle enthalten ungefähr 2%Mn und 1% Si

*) Die deutschen Entsprechungen stellen die beste Näherung dar und sind teilweise offizielle Äquivalenzen.

Tabelle 13.13 Weitere austenitische rostfreie Stähle.

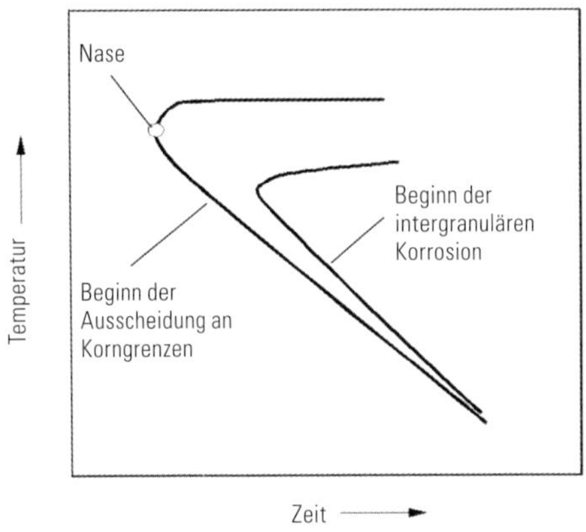

Bild 13.21 Temperatur und Startzeit für K_1-Ausscheidung und interkristalline Korrosion.

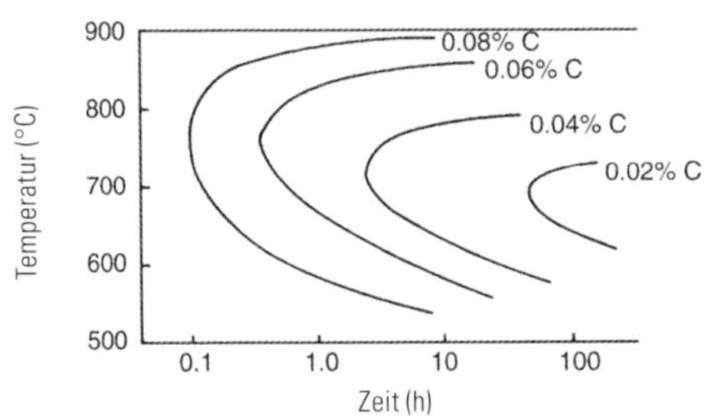

Bild 13.22 Startzeit und Temperatur für die K_1-Ausscheidung in einem rostfreien 18/10-Cr-Ni-Stahl für unterschiedliche Kohlenstoffgehalte. Quelle: Literaturstelle 13.14

fünfmal so groß wie der minimale Kohlenstoffgehalt.

Die Beständigkeit gegen interkristalline Korrosion wird deutlich verringert durch Wärmebehandlungen, die die Ausscheidung von K_1-Karbiden begünstigen. Bild 13.21 ist eine Art isothermisches ZTU-Diagramm, das die Temperatur-Zeit-Bedingungen für die Ausscheidung von K_1-Karbiden an den Korngrenzen des Austenits verzeichnet. Das Diagramm enthält auch die Kurve für den Beginn der interkristallinen Korrosion infolge der Karbidausscheidung.

In der Literaturstelle 13.4 finden sich Werte für den Stahl AISI 304, die die Temperatur-Zeit-Koordinaten für die Nase angeben: 850°C nach 20 Sekunden für den Beginn der Ausscheidung auf den Korngrenzen und 690°C bei 20 Minuten für den Beginn der Korrosion. Dort werden auch Empfehlungen für die Glühbehandlungen der rostfreien Stähle gegeben. Die Empfehlung für das Abkühlen von diesen empfohlenen Glühtemperaturen lautet, so schnell abzukühlen, dass die Zeit für den Temperaturabfall von 870°C auf 425°C nicht mehr als drei Minuten beträgt. Bild 13.21 zeigt, dass man mit dem Befolgen dieser Empfehlung eine interkristalline Korrosion vermeiden kann.

Stahl	Zugfestigkeit MPa	ksi	Bruchdehnung in %	Härtewerte HRC (umgerechnet)
301 (1.4310)	1324	192	5	42
302	1103	160	15	36

Quelle: Literaturstelle 13.2

Tabelle 13.14 Mechanische Eigenschaften nach 40% Kaltverformung.

Das Bild 13.22 erklärt, weshalb es ratsam ist, den Gehalt an Kohlenstoff in austenitischen rostfreien Stählen so weit wie möglich abzusenken. Man achte darauf, wie dramatisch die Minimalzeit für den Beginn der K_1-Ausscheidung vom Kohlenstoffgehalt im Stahl abhängt. Wenn der Kohlenstoffgehalt von 0,08% auf 0,02% abnimmt (um den Faktor 4), erhöht sich die Minimalzeit für den Beginn der K_1-Ausscheidung von 0,1 Stunden auf etwa 80 Stunden, das ist ein Faktor von 800. Diese Daten zeigen, weshalb man Sorgfalt beim Schmieden walten lassen sollte, um eine mögliche Aufkohlung so gering wie möglich zu halten (siehe Lit. 13.6).

Obwohl die austenitischen rostfreien Stähle allgemein als die mit der besten Korrosionsresistenz angesehen werden, weisen die ferritischen rostfreien Stähle eine höhere Resistenz gegenüber Spannungsrisskorrosion auf, insbesondere die Superferrite mit ihrem kleineren Nickelgehalt (Literaturstelle 13.1).

Austenitische rostfreie Stähle können nicht gehärtet, sondern nur durch Kaltarbeit verfestigt werden. Durch die Kaltverformung erhöhen sich Festigkeit (und Härte), während die Duktilität geringer wird. Bild 13.20 zeigt, dass die Zusammensetzung in einem Gebiet liegt, in dem man Martensitbildung erwarten kann, wenn man den Nickelgehalt des Stahls 302 von 9% auf 7% (Stahlsorte AISI 301) reduziert. Im 301 tritt bei der Kaltverformung eine Martensitbildung auf, und das führt zu höherer Festigkeit bei geringerer Duktilität.

Tabelle 13.14 zeigt einen Vergleich der Zugfestigkeiten und Duktilitäten der Stähle 301 und 302 nach einer 40-prozentigen Kaltverformung. Die Zugfestigkeiten wurden in entsprechende Härtewerte nach Tabelle 5.3 umgewertet, um einen Hinweis darauf zu bekommen, welche maximalen Härten man in solchen kaltverformten austenitischen Stählen erwarten kann.

Warmformbarkeit ist ein wichtiger Aspekt beim Messerschmieden mit rostfreien Stählen. Bild 13.23 zeigt die relative Warmformbarkeit verschiedener Arten rostfreier Stähle. Ferritische rostfreie Stähle haben über den gesamten Bereich der Warmform-

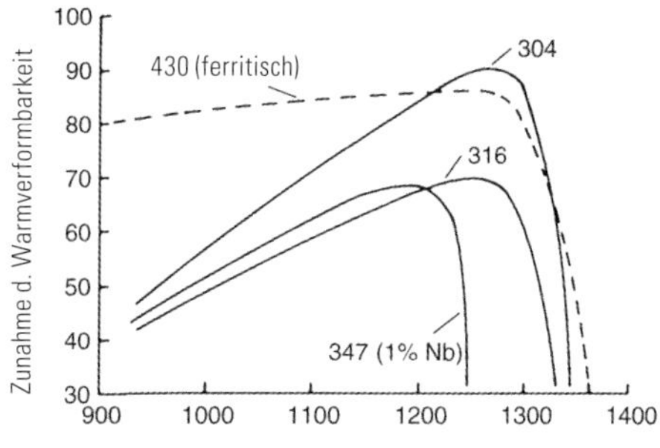

Bild 13.23 Warmduktilität verschiedener rostfreier Stähle. Quelle: Literaturstelle 13.16

barkeit einen nahezu konstanten Wert, während die austenitischen Stähle viel empfindlicher auf die Temperatur reagieren. So wächst zum Beispiel die Warmformbarkeit des Stahls AISI 304 stark mit der Temperatur an und ist erst bei etwa 1250°C auf dem gleichen Niveau wie beim ferritischen Stahl 430.

Der Abfall ist bei allen Kurven dramatisch und beschränkt die maximale Schmiedetemperatur. Dieser Abfall ist die Folge der Bildung von Schmelze oder des Verlusts der Korngrenzenkohäsion. Die signifikante Erniedrigung der Warmformbarkeit der Stahlsorten AISI 316 sowie 347 ist eine Folge der Verzögerung der Rekristallisation durch die Zugabe von Nickel und Molybdän.

13.4 Ausscheidungshärtende Stähle

Wir rufen uns ins Gedächtnis zurück, dass die Sekundärhärte beim Anlassen von legierten Stählen durch die Ausscheidung von kleinen Karbidpartikeln hervorgerufen wird (Bild 10.10). Ausscheidungshärtbare rostfreie Stähle (PH-Stähle) zeigen den gleichen Mechanismus des Härteanstiegs bei moderaten Temperaturen. Hier ist er allerdings eine Folge der Ausscheidung von Verbindungen, die keine Karbide sind. Wenn man zum Beispiel den rostfreien Stahl 17-7 PH (Tabelle 13.15) auf etwa 540°C erhitzt, bildet das in diesem Stahl vorhandene Aluminium mit den Nickelatomen Verbindungen, wie zum Beispiel Ni_3Al oder NiAl.

Von diesen Stählen gibt es drei Grundtypen: martensitische, semi-austenitische und austenitische. Ein Beispiel eines jeden Grundtyps ist in Tabelle 13.15 aufgeführt. Einige dieser Stähle haben auch eine Nummer nach AISI. Diese wird jedoch selten benutzt, da man gewöhnlich den von der Herstellerfirma gegebenen Handelsnamen benutzt.

In Literaturstelle 13.6 wird die empfohlene Wärmebehandlung für diese Stähle beschrieben, ohne dass auf AISI-Nummern Bezug genommen wurde. Ähnlich wie bei Abschreck- und Anlassbehandlung werden auch diese Stähle einer zweistufigen Behandlung unterzogen. Der zweite und letzte Schritt ist dabei die Ausscheidungsglühung.

Der Stahltyp bezieht sich auf die Matrix, die vor der endgültigen Ausscheidungsbehandlung vorlag. So wird zum Beispiel beim austenitischen Stahl A-286 die Ausscheidung vorgenommen, wenn der Stahl im vollständig austenitischen Zustand vorliegt.

Typ	AISI-Nr.	Handelsname	% Cr	% Ni	% C	Andere (a)
Martensitisch	630	17-4 PH Armco	16,0	4,2	0,04	3,4 Cu, 0,25 Nb
Semi-austenitisch	631	17-7 PH Armco	17,0	7,1	0,07	1,2 Al
Austenitisch	600	A-286 Allegheny-Ludlum	14,8	25,3	0,05	Wenig: Mo, Al, Ti, V, B

(a) Auch kleine Mengen an Mangan und Silizium, Literaturstelle 13.5

Tabelle 13.15 Zusammensetzung von drei ausscheidungshärtbaren rostfreien Stählen.

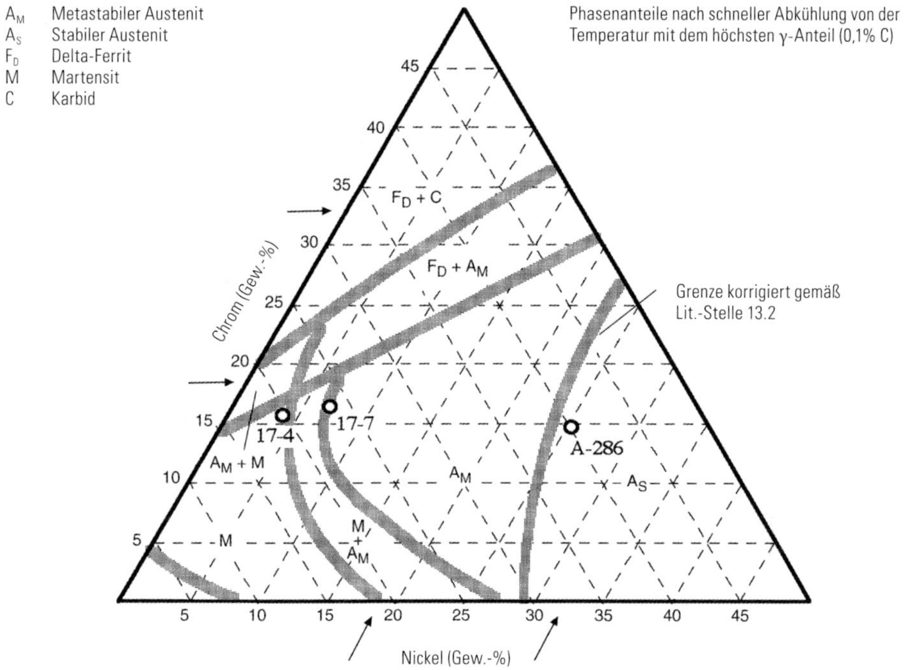

Bild 13.24 Auftragung der Zusammensetzungen von drei ausscheidungshärtbaren rostfreien Stählen nach Tabelle 13.15 in das metastabile Phasendiagramm gemäß Bild 13.20.

Die Zusammensetzungen hinsichtlich Chrom- und Nickelgehalt der drei in Tabelle 13.15 aufgeführten Stähle sind in Bild 13.24 grafisch dargestellt. Der austenitische Stahl A-286 liegt in dem stabilen Austenitgebiet. Der letzte Schritt der Wärmebehandlung führt zu Teilchenausscheidung in austenitischer Matrix. Dem Diagramm ist zu entnehmen, dass der martensitische Stahl 17-4 PH in einem Zusammensetzungsgebiet liegt, in dem schnelle Abkühlung Martensit erzeugt. In diesem Stahl findet die finale Ausscheidung statt, wenn der Stahl martensitisch ist.

Die semi-austenitischen Stähle sind die komplexesten der drei Typen. Es ist hilfreich, sich vor Augen zu führen, dass der Stahl 17-7 im Wesentlichen der gleiche ist wie AISI 301, jedoch mit einem leicht geringeren Gehalt an Kohlenstoff und einem Zusatz an Aluminium, der zur Ausbildung der Ausscheidungen benötigt wird. In Bild 13.24 ist zu sehen, dass er infolge seiner Zusammensetzung gerade auf der Grenze zum metastabilen Austenit liegt.

Wie in der Literaturstelle 13.6 beschrieben, wird eine zweistufige Wärmebehandlung der Teilchenausscheidung vorgeschaltet. Die erste Wärmebehandlung wird meist im Stahlwerk durchgeführt. Sie erzeugt eine austenitische Matrix mit kleineren Mengen an δ-Ferrit. Die zweite Wärmebehandlung führt zu Chromkarbiden an den Korngrenzen des δ-Ferrit und ändert die Zusammensetzung der austenitischen Matrix, so dass beim Abkühlen nun

Stahl	Bereich der Endhärte (HRC)
17-4 PH	42-44
17-7 PH	34-49
A-286	24-45

Quelle: Literaturstelle 13.6

Tabelle 13.16 Endhärten von drei ausscheidungshärtbaren rostfreien Stählen.

eine martensitische Matrix entsteht. Die endgültige Ausscheidungsbehandlung erfolgt bei den semi-austenitischen Stählen in einer vorwiegend martensitischen Matrix.

Bei der Wärmebehandlung solcher Stähle spricht man gewöhnlich bei den unterschiedlichen Schritten im Prozess vom jeweiligen Zustand. So heißt zum Beispiel der Zustand nach einem zweiten Glühen bei 790°C über eine Haltedauer von 1,5 Stunden, gefolgt von einer Abkühlung auf Raumtemperatur innerhalb einer Zeit von einer Stunde mit einem Halten von 30 Minuten „Zustand T". Wenn danach das Ausscheidungsglühen durch Erwärmen auf 565°C (1050°F) während einer Haltedauer von 1,5 Stunden mit anschließender Luftabkühlung erfolgt, nennt man den dann vorliegenden Zustand TH1050. Wenn die Ausscheidungsbehandlung bei einer Temperatur von 510°C (950°F) erfolgt, heißt der Endzustand TH950.

Die Literaturstelle 13.6 gibt Hinweise zu den bei den verschiedenen Zuständen erreichbaren Härten des Stahls 17-7 PH. Im Zustand TH1050 erreicht man Härtewerte von 38 bis 44 HRC, während Zustand TH950 auf Härtewerte von 42 bis 48 HRC führt.

Es ist wichtig, sich vor Augen zu führen, dass das martensitische Gefüge dieser Stähle ein Martensit mit geringem Kohlenstoffgehalt ist – mit Härtewerten, die weit unter denen des Martensits niedriglegierter Stähle oder der martensitischen rostfreien Stähle liegen. Die Bereiche der Endhärten dieser drei Stähle (nach der in Literaturstelle 13.6 dargestellten Wärmebehandlung) sind in der Tabelle 13.16 aufgeführt. Diese Legierungen sind rostfreie Stähle, die bei ihrem Härteniveau im Vergleich zu den martensitischen rostfreien Stählen erhöhte Zähigkeit aufweisen.

Ein wichtiger Hinweis bei der Arbeit mit rostfreien Stählen ist, dass die austenitische Modifikation des Eisens nicht magnetisch ist. Daher werden voll austenitische rostfreie Stähle nicht von einem Magneten angezogen. Austenitische rostfreie Stähle, die eine kleine Menge an Ferrit enthalten, erfahren eine leichte Anziehung durch einen Magneten, wobei die Kraft vom Volumenanteil des Ferrits im Stahl abhängt.

Wie man Bild 13.19 entnehmen kann, führt das Schmieden bei hohen Temperaturen bei einigen gebräuchlichen austenitischen rostfreien Stählen zur Bildung von Hochtemperatur-δ-Ferrit. Der Einsatz von Magneten bei voll austenitischen und ferritischen Stählen kann eine Hilfe bei der Abschätzung des Gehalts an Restferrit sein.

Es gibt noch eine Klasse von rostfreien Stählen, die aber hier nicht diskutiert wird, nämlich die rostfreien Duplex-Stähle. Sie weisen eine gemischt ferritisch-austenitische Struktur auf. Diese Stähle haben eine Zusammensetzung Chrom-Nickel von 25-5. Gemäß Bild 13.19 würde das Schmieden eines Stahls mit Duplex-Zusammensetzung bei etwa 900°C eine Mischung von Ferrit und Austenit hervorbringen. Eine kurze Diskussion dieser rostfreien Stähle sowie auch aller anderen rostfreien Stähle ist in Literaturstelle 13.15 zu finden.

Die Kernaussagen in Kapitel 13:

1. Das hervorstechende Merkmal der rostfreien Stähle ist ihre exzellente Korrosionsbeständigkeit. Diese Beständigkeit beruht auf einer dünnen, chromhaltigen Oxidschicht auf der Oberfläche des Stahls, die die Reaktion mit wässrigen Lösungen und Feuchtigkeit verhindert. Liegt eine wirksame korrosionsverhindernde Schicht vor, nennt man den Stahl *passiviert*. Damit ein Stahl als rostfrei gelten kann, benötigt er einen minimalen Chromgehalt von *knapp unter 12%*.
2. Rostfreie Stähle sind nur in oxidierenden wässrigen Lösungen, wie zum Beispiel Salpetersäure, korrosionsbeständig. In reduzierenden Säuren, wie zum Beispiel Schwefelsäure, wird die Passivierungsschicht soweit aufgelöst, dass sie die Korrosion nicht mehr effektiv unterdrückt.
3. Die drei hauptsächlichen Änderungen in der Zusammensetzung, die zur Verbesserung der Korrosionsbeständigkeit führen, sind: (1) Minimierung des Kohlenstoffgehalts im Stahl, (2) Erhöhung des Chromgehalts auf Werte zwischen 20 und 25%, und (3) Zugabe von 1 bis 2% Molybdän.
4. Rostfreie Stähle werden allgemein in vier Hauptsorten aufgeteilt: ferritische, martensitische, austenitische und ausscheidungshärtende rostfreie Stähle.
5. *Ferritische rostfreie Stähle* sind Fe-Cr-C-Legierungen. Bei Raumtemperatur haben sie eine ferritische (kubisch-raumzentrierte) Struktur und sind magnetisch. Der bei Raumtemperatur vorliegende Ferrit enthält fein verteilte Chromkarbide, die sogenannten K_1-Karbide, die die chemische Formel $(Fe+Cr)_{23}C_6$ aufweisen, was oft kurz als $M_{23}C_6$ geschrieben wird. Diese Stähle enthalten bei Schmiedetemperatur (1040 bis 1150°C) etwas Austenit. Der hohe Chromgehalt sorgt für sehr gute Härtbarkeit, so dass diese Stähle nach Luftabkühlung Martensit enthalten, es sei denn, man glüht sie bei etwa 700°C. Zusätzlich können noch zwei Arten der Versprödung auftreten, wenn man diese Stähle bei niedrigen Temperaturen lange hält.
   Die ferritischen Stähle haben AISI-Nummern in der 400er Reihe. Die gebräuchlichen Güten weisen drei unterschiedliche Chromgehalte auf, nämlich 12, 17 und 25% Cr. Mit steigendem Chromgehalt steigt auch die Korrosionsfestigkeit. Aus diesen Sorten wurden neue Stähle entwickelt, die man *Superferrite* nennt. Diese Stähle besitzen verbesserte Korrosionseigenschaften bei kleinen Zugaben von Molybdän und Nickel und bei gleichzeitiger Reduzierung des Gehalts an Kohlenstoff und Stickstoff.
6. *Die martensitischen rostfreien Stähle* sind, ähnlich wie die ferritischen rostfreien Stähle, Fe-Cr-C-Legierungen, die Nummern im 400er System nach AISI tragen. Während es normalerweise für ferritische rostfreie Stähle wünschenswert ist, den Kohlenstoffgehalt so weit wie möglich gegen Null hin abzusenken, muss man bei den martensitischen rostfreien Stählen den Kohlenstoffgehalt anheben, um die Härte des Martensits, der sich in diesen Legierungen bildet, zu erhöhen. Diese Stähle weisen bei Luftabkühlung eine sehr gute Härtbarkeit auf, aber es wird empfohlen, sie

regulär abzuschrecken, um Probleme mit Versprödung und Verringerung der Korrosionsbeständigkeit infolge der Ausscheidung von K_1-Karbiden zu vermeiden. Man muss sie zur Einstellung der erforderlichen Zähigkeit für die meisten praktischen Anwendungen meist anlassen, und ihr Ansprechen auf die Anlassbehandlung ähnelt dem der niedriglegierten Stähle.

Ähnlich wie bei den unlegierten Kohlenstoffstählen und niedriglegierten Stählen ist es notwendig, den Kohlenstoffgehalt auf etwa 0,6% zu erhöhen, um Härtewerte von knapp über 60 HRC im Martensit zu erreichen. Allerdings kann man nicht davon ausgehen, dass Legierungen mit 0,6% Kohlenstoff zugleich eine akzeptable Härte und Rostbeständigkeit aufweisen. Der prozentuale Gehalt von Chrom und Kohlenstoff im Martensit wird von ihrem Gehalt im Austenit vor dem Abschrecken bestimmt.

Allerdings ist der Gehalt an Kohlenstoff und Chrom nicht notwendigerweise der gleiche wie der der Legierung als Ganzes. So liegt zum Beispiel bei 1100°C bei einem Nenngehalt des Stahls von 12% Cr und 0,6% C im Martensit der Austenit in genau dieser Zusammensetzung vor, und er führt zu einer Abschreckhärte von 60HRC unter Beibehaltung von 12% Cr zur Sicherstellung der Rostbeständigkeit. Erhöht man jedoch zur Verbesserung der Korrosionsbeständigkeit den Chromgehalt auf über 12%, enthält der Austenit bei 1100°C weniger als 0,6% C. Wenn umgekehrt der Kohlenstoffgehalt auf über 0,6% erhöht wird, dann wird der Austenit, der sich bei 1100°C bildet, mehr Kohlenstoff enthalten, aber weniger Chrom als 12%, wodurch dann die Korrosionsbeständigkeit abnimmt.

Die für Messerstähle besten Zusammensetzungen haben Gehalte von etwa 12% Cr bei 0,6% C oder knapp darüber. Die optimale Wärmebehandlung solcher Stähle ist problematisch. Sie beinhaltet eine zweiphasige Austenitisierung. Austenitisierungstemperatur und Haltezeit kontrollieren die martensitische Härte, den Volumenanteil der Karbide und die Menge an Restaustenit.

7. *Austenitische rostfreie Stähle* besitzen einen ausgeprägten Nickelanteil zur Stabilisierung der Austenitphase bei Raumtemperatur. Diese Stähle kann man als Fe-Ni-Cr-Legierungen mit Verunreinigungen durch Kohlenstoff betrachten. Sie sind im AISI-System durch die Nummern der 300er Gruppe erfasst. Die Gehalte an Chrom und Nickel stehen in einem bestimmten Verhältnis zur Stabilisierung der kubisch-flächenzentrierten austenitischen Phase bei Raumtemperatur. Da Austenit nicht magnetisch ist, werden solche Legierungen nicht durch einen Magneten angezogen, es sei denn, sie enthalten Restferrit. Eine Legierung mit 10% Ni und 20% Cr (sehr ähnlich der Legierung AISI 304) enthält Ferrit, wenn sie oberhalb von etwa 1100°C geschmiedet wird.

   Die 300er Serie der austenitischen rostfreien Stähle besitzt die beste allgemeine Korrosionsresistenz. Korrosion wird generell in drei Typen unterschieden: interkristalline Korrosion, Lochfraß und Spannungsrisskorrosion. Den Stahl AISI 302 kann man als Basis betrachten, mit einer Zusammensetzung von

18% Cr und 9% Ni. Verbesserte Korrosionsresistenz liegt bei den Stählen 304 und 304L vor, bei denen der Kohlenstoffgehalt reduziert wurde. Bei den Stahlsorten 308, 309 und 310 wurde der Chromgehalt dagegen erhöht, beim Stahl 316 zusätzlich noch Molybdän hinzugefügt. Die austenitischen rostfreien Stähle lassen sich durch Kaltverformung auf hinreichend hohe Härtewerte bringen.

8. Die *ausscheidungshärtenden rostfreien Stähle* werden in einem zweistufigen Prozess wärmebehandelt, ähnlich wie bei der Abschreck- und Anlassbehandlung der niedrig legierten Stähle. Es findet jedoch statt eines Anlassens bei der zweiten Wärmebehandlung eine weitere Aufhärtung infolge der Ausscheidung von Verbindungen aus der Legierung statt. Diesen Legierungen werden spezielle Elemente wie Aluminium und Kupfer hinzugefügt, um diese Ausscheidungen zu erzeugen. Solche Legierungen können bis zu Werten von maximal 49 HRC gehärtet werden. Auf diesem Niveau besitzen sie im Vergleich den martensitischen rostfreien Stählen eine verbesserte Zähigkeit.
   Die Balance zwischen den Chrom- und Nickelgehalten in diesen Stählen wird gezielt verändert, um drei unterschiedliche Typen von Stählen zu erzeugen: die martensitischen, austenitischen und semi-austenitischen Stähle. Diese Stähle tragen Bezeichnungen, die gewöhnlich die Handelsnamen der Hersteller sind, auch wenn einige in das AISI-System eingepflegt sind. Die abschließende Ausscheidungsreaktion findet für die martensitischen und die semi-austenitischen Stähle in einer martensitischen Matrix statt, bei austenitischen Stählen im Austenit.
9. *Die Sensibilisierung* eines rostfreien Stahls tritt auf, wenn er im Niedertemperaturbereich von etwa 870 bis 425°C gehalten wird. Diese Wärmebehandlung führt zu Ausscheidungen von K_1-Karbiden auf den Korngrenzen. Das ergibt eine Chromverarmung in der Umgebung, und diese wiederum führt zu Korngrenzenkorrosion. Sie tritt bei allen Arten der rostfreien Stähle auf, insbesondere wenn ein hoher Kohlenstoffgehalt vorliegt. Die Zugabe von Titan oder Niob als Stabilisatoren wird manchmal angewandt, um den Kohlenstoff im Austenit oder Ferrit als Karbid abzubinden. Beispiele dafür sind die austenitischen Stähle 321 und 347 sowie die superferritischen Stähle 18-2 und 26-1.
10. Restaustenit tritt in solchen Stählen auf, wenn die Differenz der Temperaturen M_s-M_f sich auf Bereiche unterhalb der Raumtemperatur erstreckt, wie im Fall der martensitischen rostfreien Stähle. Der Restaustenit lässt sich durch Tiefkühlung beseitigen. Tiefkühlen wird in zwei Schritten vollzogen: erst auf Raumtemperatur abschrecken, anschließend tiefkühlen. Ein Zeitverzug vor dem Tiefkühlen führt oft zu einem Anstieg des Restaustenits nach dem Tiefkühlen. Der Zeitverzug hat dann einen gewissen Anteil des Restaustenits stabilisiert. Solche *Stabilisierungseffekte* können zu erheblichen Problemen bei martensitischen rostfreien Stählen führen.

KAPITEL 14
Werkzeugstähle

Eine Hauptcharakteristik unserer Spezies „Homo sapiens“ ist seit jeher der Gebrauch von Werkzeugen. Da unsere Vorfahren Stein als Werkstoff für ihre Werkzeuge benutzten, sind uns aus der Vorzeit Stücke erhalten geblieben. Dadurch sind Archäologen in der Lage, mit Hilfe der „Werkzeugkisten“ der Menschen der Vorzeit zwischen unseren Vorfahren Homo Sapiens und anderen Arten der Vorzeit, wie zum Beispiel den Neandertalern, zu unterscheiden. Diese Werkzeugkästen enthielten unterschiedliche Formen und Arten von Gestein, einschließlich Feuerstein, die für Schneidarbeiten, Hämmerarbeiten, Lochen und so weiter benutzt wurden.

Die modernen Werkzeugstähle sind im Grunde genommen die weiterentwickelte Form dieser 100.000 Jahre alten Werkzeugsammlungen. Werkzeugstähle sind die primären Formenstähle und Schneidwerkstoffe, die von der modernen Industrie benutzt werden, um andere Werkstoffe zu formen - durch Verfahren wie Schmieden, Extrudieren, Scheren und mehr. Bis zu den frühen Jahren des 19. Jahrhunderts waren Werkzeuge das Hauptanwendungsgebiet für Stähle. Heutzutage repräsentieren die Werkzeugstähle jedoch nur einen kleinen Anteil der gesamten Stahlproduktion. Sie spielen dennoch weiterhin eine Schlüsselrolle bei den industriellen Aktivitäten der Menschheit. Das erweist sich auch dadurch, dass viele Fertigungsstätten in der Industrie kleine Abteilungen haben, die sich den Werkzeugstählen in ihrem Maschinenpark widmen.

Der erste Werkzeugstahl wurde um 1868 in England von Robert Mushet entwickelt. Er entdeckte durch Zufall, dass große Zugaben von Wolfram und Mangan lufthärtende Stähle ergaben. Diese Zusätze erhöhten die Härtbarkeit der Stähle so weit, dass die mit Luftabkühlung erzielbaren Abkühlgeschwindigkeiten ausreichten, um die Bildung von Ferrit und Bainit zu verhindern und statt dessen direkt mit der Luftabkühlung Martensit zu erzeugen. Nach systematischen Untersuchungen entwickelte Mushet einen Stahl, der 2% Kohlenstoff, 2,5% Mangan und 7% Wolfram enthielt und der 25 Jahre lang der Werkzeugstahl schlechthin war. Er wurde passenderweise als Robert Mushets Spezialstahl bezeichnet.

Zwischen 1898 und 1900 entdeckten zwei Amerikaner, Taylor und White, bei der Firma Bethlehem Steel die Stähle, die heute unter dem Namen Schnellarbeitsstähle bekannt sind. Die Entwicklung dieser Stähle geschah weitestgehend durch Prozesstechnik. Man fand heraus, dass eine Austenitisierung hoch wolframhaltiger Stähle, die bei wesentlich höheren Temperaturen als bis dahin üblich durchgeführt wurde, die Möglichkeit eröffnete, beim Anlassen eine signifikante Sekundärhärtung zu erzeugen, ähnlich wie die in Bild 10.10 gezeigte.

Der neue Stahl wurde auf der Weltausstellung 1900 in Paris vorgestellt. Es wurde demonstriert, wie solche Stähle lange Zeit bei so hohen Schnitttemperaturen gefahren werden konnten, dass sie rotglühend wurden (550°C). Der von Taylor und White patentierte Stahl enthielt 1,85% C, 3,8 % Cr und 8% W. Zielgerichtete Forschungen in England und USA ergaben schnell, dass der Kohlenstoffgehalt zu hoch und der Wolframgehalt zu gering waren, um optimale Leistung zu erbringen. Bis zum Jahr 1910 kristallisierte sich als optimale Zusammensetzung ein Gehalt von 0,68% C, 4% Cr, 18% W, 1% V und 0,4% Mn heraus (Literaturstelle 14.1).

Taylor und White verloren ihre Patentansprüche in einem kontroversen Gerichtsverfahren im Jahre 1908. Die Geschichte ist sehr lesenswert (Literaturstelle 14.2). Es ist überraschend, wie nahe die Legierung aus dem Jahr 1910 an der eines der besten modernen Schnellarbeitsstähle liegt, nämlich T1, dessen Zusammensetzung in Tabelle 14.1 zu sehen ist. T1 entspricht etwa 1.3355 (HS 18-0-1).

14.1 Die Einteilung der Werkzeugstähle

Die Werkzeugstähle hat man in unterschiedliche Typen aufgeteilt, die in der linken Spalte der Tabelle 14.1 zu finden sind. Die unterschiedlichen Typen werden weiter unterteilt mit Hilfe eines Buchstabencodes, denen Zahlen folgen. Das ist in der zweiten Spalte der Tabelle zu sehen. In Kapitel 6 der Literaturstelle 14.3 findet sich eine vollständige Liste aller Werkzeugstähle, zusammen

Stahl	AISI	C%	Si%	Mn%	Cr%	Mo%	V%	W%	Andere%	Summe Leg.-Elemente%	Werkstoff-Nr.	DIN-Bez.
Kohlenstoffstahl (wasserhärtend)	W1	**1,00**	0,25	0,25	...	...	...	...	...	0,5	1.1545	C105W1
Niedriglegierter Stahl	L6	0,70	0,25	0,50	0,90	0,30	...	...	1,60 Ni	3,6	1.2714	56CrNiMoV7
Schockresistenter Stahl	S2	0,47	**1,05**	0,40	...	0,45	0,22	...	...	2,1	1.2381	50MoV5-2
Werkzeugstahl für Kaltarbeit	O2	0,90	0,25	**1,60**	0,22	0,30	**1,80**	...	...	4,2	1.2842	90MnCrV8
	A2	1,00	0,25	0,62	**5,10**	**1,20**	0,32	...	...	7,5	1.2363	X100CrMoV 5-1
	D2	**1,50**	0,25	0,30	**12,00**	0,95	0,60	...	...	14,1	1.2379	X155CrVMo 12-1
Werkzeugstahl für Warmarbeit	H13	**0,39**	1,00	0,35	**5,10**	**1,40**	1,00	...	...	8,9	1.2344	X40CrMoV5-1
	H21	**0,35**	0,30	0,30	3,50	...	0,50	**9,00**	...	13,6	1.2581	X30WCrV9-3
Schnellarbeitsstähle	M2	0,83	0,32	0,27	4,10	**5,00**	**2,00**	**6,10**	...	17,8	1.3343	S6-5-2
	T1	0,78	0,30	0,25	4,10	0,70	1,10	**18,20**	...	24,7	1.3355	S18-0-1
	T15	**1,55**	0,27	0,27	4,40	0,50	**4,90**	**12,40**	**5,00 Co**	27,7	1.3202	S12-1-4-5

Die Reihenfolge der Elemente entspricht der im deutschen Schrifttum üblichen. Fettdruck siehe Erklärung unter „Stähle der Kategorie 0" weiter unten.

Tabelle 14.1 Klassifizierung von AISI-Werkzeugstählen mit Zusammensetzung eines typischen Vertreters jeder Kategorie (ohne Kunststoffformenstähle der Gruppe „P").

Stahl	AISI	Werkstoff-Nr.	DIN-Bez.	Verschleißfestigkeit	Zähigkeit	Warmhärte
Kohlenstoffstahl	W1	1.1545	C105W1	4	7 (Schalenhärter)	1
(wasserhärtend)	(1095)	1.1274	C101E	4	3 (durchgehärtet)	1
Niedriglegierter Stahl	L6	1.2714	56CrNiMoV7	3	6	2
Schockres. Stahl	S2	1.2381	50MoV5-2	2	8	2
Werkzeugstahl	O2	1.2842	90MnCrV8	4	3	3
für Kaltarbeit	A2	1.2363	X100CrMoV 5-1	6	5	5
	D2	1.2379	X155CrVMo 12-1	8	2	6
Werkzeugstahl	H13	1.2344	X40CrMoV5-1	3	9	6
für Warmarbeit	H21	1.2581	X30WCrV9-3	4	6	8
Schnellarbeits-	M2	1.3343	S6-5-2	7	3	8
stähle	T1	1.3355	S18-0-1	7	3	8
	T15	1.3202	S12-1-4-5	9	1	9

Anmerkung: Bei den Schnellarbeitsstählen geben bei der DIN-Kurzbezeichnung die Zahlen hinter dem Buchstaben S die Gehalte an Elementen W-Mo-V-Co an. Mittige Nullen werden geschrieben, Endnullen weggelassen.

Tabelle 14.2 Relative Werte der drei wichtigsten Hauptmerkmale von Werkzeugstählen.

mit einer sehr guten Diskussion der Auswahlkriterien für diese Stähle.

Zu jedem Buchstabencode gibt es viele unterschiedliche Stähle. So gibt es zum Beispiel unter den Stählen der Serie W gemäß Literaturstelle 14.3 sieben Stähle, W1 bis W7. Um diese Darstellung zu vereinfachen, ist in Tabelle 14.1 nur jeweils ein Repräsentant dieses Buchstaben-Codes dargestellt. Literaturstelle 14.4 präsentiert eine Liste der Analysen der AISI-Werkzeugstähle. Sie umfasst die meisten der in der umfassenderen Liste der Literaturstelle 14.3 genannten Stähle.

Es sind auch eine ganze Reihe von Werkzeugstählen in Gebrauch, die keine AISI-Klassifikation besitzen. In der Literaturstelle 14.3 wird auf Seite 230 ein System zur Klassifizierung vorgestellt. In diesem System wird jedem Stahl eine dreistellige Zahl zugeordnet, aber es hat sich nicht durchgesetzt.

In der Literaturstelle 14.3 wird dargelegt, dass die wichtigsten Kriterien bei der Stahlauswahl die Verschleißbeständigkeit, die Zähigkeit und die Warmhärte sind. Tabelle 14.2 bringt diese drei Eigenschaften für die Stähle aus Tabelle 14.1 in eine Rangfolge. Dabei bedeutet auf einer Skala von 1 bis 10 die 10 den Bestwert. Im Allgemeinen sind die hauptsächlichen Gründe für hohe Werte in den drei Eigenschaften, die in Tabelle 14.2 aufgelistet sind, wie folgt:

- *Hoher Verschleißwiderstand:* höherer Karbidanteil
- *Hohe Zähigkeit:* niedriger Kohlenstoffgehalt im Stahl
- *Hohe Warmhärte:* höherer Anteil an Karbiden von Legierungselementen

Die unterschiedlichen Typen der Werkzeugstähle werden nun kurz diskutiert, unter Bezugnahme auf die in den Tabellen 14.1 und 14.2 dargestellten Eigenschaften.

Stähle der Kategorie W

Das „W“ steht für die Wasserhärtbarkeit. Diese Stähle haben viel Ähnlichkeit mit dem unlegierten Kohlenstoffstahl 1095 und weisen eine geringe Härtbarkeit auf. Wie in Tabelle 14.2 dargelegt, erhöht sich die Zähigkeit deutlich, wenn der Stahl als Schalenhärter gehärtet wird. Das bedeutet, dass der Stahl so schnell abgeschreckt wird, dass sich Martensit nur im Randbereich bildet, so dass der Kern ungehärtet bleibt und damit zäher ist.

Die schlechte Warmhärte dieser Stähle im Vergleich zu den anderen Stählen rührt daher, dass die Karbide in den anderen Stählen sich mit den Legierungselementen bilden, also aus M_3C und nicht nur aus Fe_3C bestehen. Diese Karbide der Legierungselemente erfahren bei höheren Temperaturen keine Kornvergröberung und lösen sich auch nicht so rasch auf. Daher rührt die verbesserte Warmhärte.

Die letzte Spalte in Tabelle 14.1 enthält den Gesamtanteil an Legierungselementen im Stahl. Bewegt man sich in der Spalte nach unten, nimmt im wesentlichen der Legierungsgehalt zu. Damit steigt auch der Volumenanteil an Legierungskarbiden.

Stähle der Kategorie L

„L“ steht für „low alloy“, also niedrig legiert. Diese Stähle weisen Zusammensetzungen auf, die den niedriglegierten AISI-Stählen sehr ähneln, die in Kapitel 6 diskutiert wurden. Vergleicht man zum Beispiel die Zusammensetzungen des Stahls L6 in Tabelle 14.1 mit dem Stahl AISI 4340 aus Tabelle 6.3, dann sieht man, dass L6 im wesentlichen ein 4340er Stahl ist, bei dem der Kohlenstoffgehalt von 0,4% auf 0,7% C erhöht wurde.

Stähle der Kategorie S

Das „S“ steht für „schockresistent“. Die hohe Zähigkeit, die erforderlich ist, damit ein Stahl schockresistent ist, wird in diesen Stählen durch eine Verringerung des Kohlenstoffanteils erreicht. Daher rühren auch die geringe Verschleißfestigkeit und die geringe Warmhärte der S-Stähle.

Stähle der Kategorie O

Das „O“ steht für „Ölhärter“. Das für den Stahl hinsichtlich seiner Eigenschaften wichtige Schlüsselelement ist in Tabelle 14.1 **fett** gedruckt. Bei allen Stählen der Kategorie O sind hauptsächlich der Mangan- und der Vanadiumgehalt für die verbesserte Härtbarkeit im Vergleich zu den W-Stählen verantwortlich. Sie lassen sich im Öl im Allgemeinen durchhärten.

Stähle der Kategorie A

Das „A“ steht für „air hardening“, Lufthärtung. Die Härtbarkeit ist bei diesen Stählen so verbessert, dass man sie an Luft abschrecken kann. Die Schlüsselelemente, die für die Verbesserung der Härtbarkeit verantwortlich sind, sind Chrom und Molybdän.

Stähle der Kategorie D

Diese Stähle nennt man manchmal auch hochkohlenstoffhaltige hochgechromte Stähle. Das „D“-Symbol hat keine offensichtliche besondere Bedeutung. Manchmal verbindet man D mit dem Begriff „Direkthärtung“, denn die Stähle lassen sich an Luft härten. Wie man Tabelle 14.2 entnehmen kann, sorgt die Kombination von hohem Kohlenstoffgehalt und hohem Legierungsgehalt für hervorragende Verschleißbeständigkeit und hinreichend gute Warmhärte – allerdings bei schlechter Zähigkeit.

Stähle der Kategorie H

„H" steht für „hot", also hohe Warmhärte. Das sind die Werkstoffe der Wahl für den Einsatz für Formen für Extrusion bei hohen Temperaturen. Die Kombination von niedrigem Kohlenstoffgehalt und einem moderaten bis niedrigen Gesamtgehalt an Legierungselementen führt zu hervorragender Zähigkeit und Hochtemperaturhärte, aber schlechter Verschleißbeständigkeit.

Stähle der Kategorien M und T

„M" und „T" stehen für Zusätze an Molybdän und Wolfram (T wie engl. „Tungsten") in diesen Schnellarbeitsstählen. Die Karbide dieser beiden Elemente sind bis zu hohen Temperaturen recht stabil. Daher bildet der hohe Gesamtgehalt an diesen Legierungselementen große Volumenanteile an Karbid. Das wiederum ist die Ursache für hohe Verschleißbeständigkeit und Warmhärte, aber auch für geringe Zähigkeit.

Der hoch kohlenstoffhaltige Stahl T15 ist in den Tabellen 14.1 und 14.2 mit aufgeführt, als Beispiel für einen auf maximalen Verschleißwiderstand und hohe Warmhärte ausgelegten Werkzeugstahl. Diese Eigenschaften werden jedoch mit einem Verlust an Zähigkeit bezahlt.

14.2 Die Bedeutung der Karbide für die Werkzeugstähle

Aus der Diskussion im letzten Kapitel sollte klar sein, dass die im Werkzeugstahl vorliegenden Karbide bei der Einstellung der erwünschten mechanischen Eigenschaften von Werkzeugstählen eine führende Rolle spielen. Das Gefüge, das sich in den meisten Werkzeugstählen nach der Wärmebehandlung einstellt, ist dem des Stahls 52100

		Elementverteilung in M	
Karbidtyp	HRC	Hoher Anteil	Geringer Anteil
M_3C	70	Fe, Mn, Cr	W, Mo, V
$M_{23}C_6$ (K_1)	73	Cr	Mo, V, W
M_6C	75	Fe, Mo, W	Cr, V, Co
M_7C_3 (K_2)	79	Cr	...
M_2C	79	W, Mo	Cr
MC	84	V	W, Mo

Tabelle 14.3 Die Karbide in Werkzeugstählen.

in Bild 6.5 sehr ähnlich. Das Gefüge des Werkzeugstahls A2 enthält Karbidverteilungen, die denen in Bild 6.5 sehr ähnlich sind, wobei die Karbide jedoch größere Abmessungen besitzen. Genau wie beim 52100 sind es die Karbide, die den Werkzeugstählen ihre exzellente Verschleißbeständigkeit verleihen.

Die Art des vorliegenden Karbids hängt von der Art der Legierungselemente im Stahl ab. Laut Tabelle 14.1 gibt es vier hauptsächliche Legierungselemente, die in unterschiedlichen Mengen in Werkzeugstählen enthalten sind: Chrom, Vanadium, Wolfram und Molybdän. Wie schon einmal in Zusammenhang mit Bild 8.8 diskutiert wurde, bilden all diese Elemente sehr stabile Karbide.

Tabelle 14.3 listet die sechs hauptsächlichen Arten von Karbiden auf, die in Werkzeugstählen vorkommen. Wenn man die Tabelle von oben nach unten liest, steigen die Härtewerte der Karbide an (diese in HRC angegebenen Härtewerte sind abgeschätzt auf Basis der Angaben in zahlreichen Quellen). Jedes dieser Karbide ist charakterisiert durch eine andere Kristallstruktur und demnach auch durch unterschiedliche chemische Formeln. Die M_3C-Karbide kann man durch eine chemi-

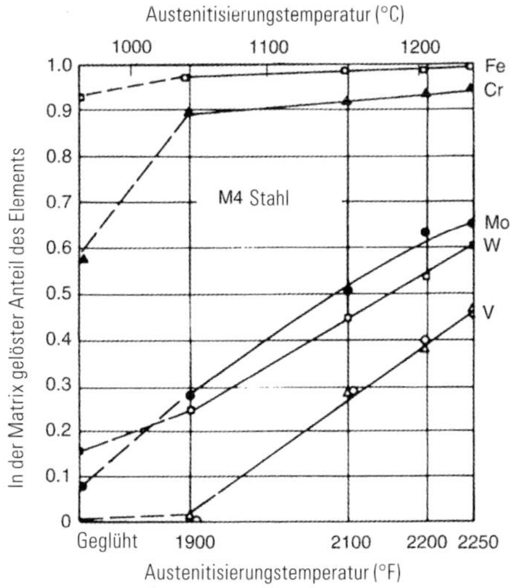

Bild 14.1 Gelöste Anteile der anwesenden Legierungselemente in Abhängigkeit von der Austenitisierungstemperatur.
Quelle: Literaturstelle 14.5

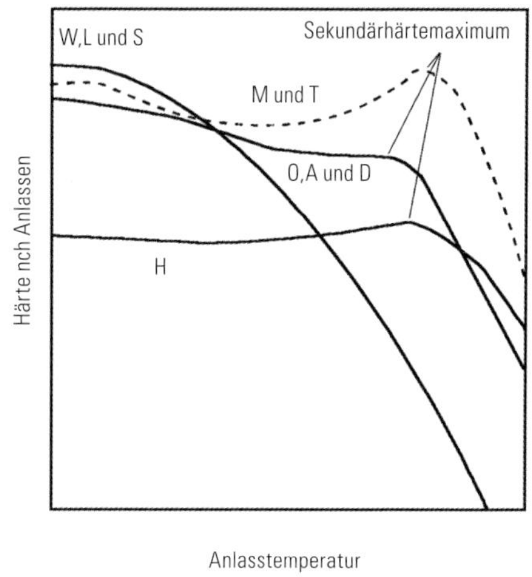

Bild 14.2 Härteverläufe über der Anlasstemperatur der unterschiedlichen Arten von Werkzeugstählen.

sche Formel der Struktur $(Fe+X)_3C$ erfassen, wobei X unterschiedliche Kombinationen von Mangan und den vier Hauptlegierungselementen beschreibt, nämlich Chrom, Vanadium, Wolfram und Molybdän. Enthält X nur Eisen und Mangan, so handelt es sich um den gewöhnlichen Zementit, der in unlegierten Kohlenstoffstählen auftritt.

Tabelle 14.3 zeigt, dass bei Werkzeugstählen das M in M_3C zum größten Teil aus Eisen, Mangan und Chrom mit kleineren Anteilen an Wolfram, Molybdän und Vanadium besteht. Die beiden in rostfreien Stählen vorherrschenden Chromkarbide wurden in Kapitel 13 diskutiert. $M_{23}C_6$ (K_1 genannt) sowie M_7C_3 (K_2 genannt) liegen auch in vielen Werkzeugstählen vor. M besteht vorwiegend aus Chrom. Die übrigen drei Karbide, M_6C, M_2C und MC, weisen im Bestandteil M hauptsächlich Molybdän, Wolfram und Vanadium auf.

Beim Erwärmen von Stählen mit Karbiden auf hohe Temperaturen bildet sich Austenit. Die im ursprünglichen Stahl enthaltenen Karbide werden immer kleiner, wenn sich die M-Atome in den Karbiden im Austenit aufzulösen beginnen. Je schwieriger es für die M-Atome ist, in Lösung zu gehen, umso höher kann man den Stahl erhitzen, und er wird kleine Karbidpartikel in der Matrix zurückbehalten.

Bild 14.1 zeigt für den Schnellarbeitsstahl M4 den in Abhängigkeit von der Austenitisierungstemperatur aus den Karbiden gelösten Anteil der unterschiedlichen Elemente im Austenit. Dieser Stahl enthält im geglühten Zustand hauptsächlich drei Karbide: $M_{23}C_6$, M_6C und MC. Die Grafik zeigt, dass das vornehmlich chromhaltige

Karbid $M_{23}C_6$ sich schon bei relativ niedrigen Temperaturen auflöst, während die Karbide M_6C und MC (die hauptsächlich Molybdän, Wolfram und Vanadium enthalten) erst bei ziemlich hohen Temperaturen in Lösung gehen.

Die Sekundärhärte, die den Schnellarbeitsstählen erst ihre Warmfestigkeit verleiht, tritt durch Ausscheidung von feinen Legierungskarbiden beim Anlassen auf. Diese Ausscheidung erfordert, dass sich die Legierungselemente vorher (beim Austenitisieren) im Austenit gelöst haben. Aus Bild 14.1 ist ersichtlich, dass zum Auflösen der Mo-W-V-haltigen Karbide bei den Schnellarbeitsstählen die Austenitisierungstemperaturen ziemlich hoch sein müssen.

Dieser Zusammenhang zwischen Legierungselementen und empfohlener Austenitisierungstemperatur ist in der Tabelle 14.4 erläutert. Die Tabelle wurde aufgestellt unter Berücksichtigung der in Literaturstelle 14.4 für unterschiedliche Stähle empfohlenen Wärmebehandlungen. Man sieht, dass die Austenitisierungstemperaturen von Werten, die typisch für unlegierte Kohlenstoffstähle und niedriglegierte Stähle sind, nämlich etwa 845°C, zu extrem hohen Temperaturen ansteigen, ungefähr 1230°C. Letzteres gilt für die am höchsten legierten Stähle, die Schnellarbeitsstähle.

Es ist möglich, die unterschiedlichen Typen von Werkzeugstählen durch die Gestalt ihrer Härteverlaufskurven, das sind die Anlasskurven (Härte in Abhängigkeit von der Anlasstemperatur), zu charakterisieren. Bild 14.2 zeigt die prinzipiell möglichen Verläufe solcher Kurven für unterschiedliche Stähle. Man sieht, dass sich mit zunehmendem Legierungsgehalt der Werkzeugstähle ein Sekundärhärtemaximum ausbildet. Dort liegt bei den Schnellarbeitsstählen auch die maximale Gebrauchshärte vor.

Die Tabelle 14.4 gibt eine Übersicht über die Temperaturen, bei denen die Sekundärhärte ihren Maximalwert hat, sowie die HRC-Werte im Maximum der Härtekurven der Stähle. An den Daten in der Tabelle kann man sehen, dass sich leichte Änderungen in den Anlasskurven ergeben – sowohl in Abhängigkeit von der Art der Abschreckung (Luft / Öl / Salz) als auch von der Austenitisierungstemperatur. Die oberen Werte der angegebenen Härtebereiche in Tabelle 14.4 entsprechen einer Austenitisierung bei den höheren Temperaturen.

Zu beachten ist das insgesamt niedrigere Härteniveau der H-Stähle in Bild 14.2. Das ist auf den niedrigen Kohlenstoffgehalt dieser Stähle zurückzuführen. Dieser ist jedoch notwendig, um das geforderte Zähigkeitsverhalten bei schlagartiger Beanspruchung zu erreichen, das in ihrer Anwendung als Formenstahl für Warmarbeit, zum Beispiel Extrusion, wichtig ist.

14.3 Spezielle Effekte bei der Wärmebehandlung von Werkzeugstählen

Die Wärmebehandlung von Werkzeugstählen beinhaltet eine ganze Reihe von zusätzlichen Effekten, die bei der Wärmebehandlung der unlegierten und niedrig legierten Kohlenstoffstähle nicht vorkommen. Diese Effekte fallen in fünf Kategorien: Zweiphaseneffekte, Austenitstabilisierung, Restaustenitkonditionierung, hohe Austenitisierungstemperaturen und komplizierte Anforderungen an die Technik der Wärmebehandlung.

14.3.1 Zweiphaseneffekte

Die meisten dieser Stähle liegen bei Austenitisierungstemperatur als zweiphasige Werkstoffe vor. Daher treten die in Kapitel 11 und 13 diskutierten Komplikationen auf. Die Gehalte an Kohlenstoff und auch an Legierungselementen im Austenit hängen von der Austenitisierungstemperatur ab. Im Allgemeinen führen höhere Austenitisierungstemperaturen sowohl zu höherem Kohlenstoffgehalt als auch zu höherem Legierungsgehalt im Austenit. Die Erhöhung des Kohlenstoffgehalts führt zu höherer Martensithärte, aber auch zur Erhöhung des Gehalts an Restaustenit, wenn man nicht Tiefkühlung anwendet. Spezielle Zweiphaseneffekte beinhalten folgende Fakten:

- Haltezeit und Temperatur bei der Austenitisierung bestimmen den Kohlenstoffgehalt im Austenit. Der wiederum definiert die Abschreckhärte, hauptsächlich durch die Kontrolle des Restaustenitgehalts in diesen hoch kohlenstoffhaltigen Stählen.
- Die Austenitisierungstemperatur beeinflusst das Sekundärhärtemaximum. Höhere Temperaturen bringen mehr Legierungselemente im Austenit in Lösung und führen im Allgemeinen zu einer Erhöhung der Maximalhärte im Sekundärhärtemaximum.

14.3.2 Stabilisierung des Austenits

Um unerwünschte Stabilisierungseffekte zu vermeiden, sind folgende Richtlinien zu beachten:

Viele Werkzeugstähle müssen kalt abgeschreckt werden, um Restaustenit zu unterdrücken. Wie im Kapitel 13 erläutert wurde, ist es sehr wichtig, zu vermeiden,

Typ	Stahlcharakterisierung Zuordnung und Kennung		Abschreckhärten Austenitisierungstemperatur TA		Charakterisierung des Sekundärhärtemaximums	Temperatur SHM		Anzahl der Anlassbehandlungen
	AISI	(dt. W-Nr.)	T_A[°C]	T_A[°F]	Sek. Härte HRC_{max}	T_{SHM} [°C]	T_{SHM} [°F]	
C-Stahl (Wasserhärter)	W1	(1.1545)	760-845	1400-1553	–	n.a.	n.a.	eine
Niedrig legiert	L6	(1.2714)	790-845	1454-1553	–	n.a.	n.a.	eine
Schockresistent. Stahl	S2	(1.2381)	845-900	1553-1652	–	n.a.	n.a.	eine
Formenstahl	O2	(1.2842)	760-800	1400-1472	57	260	500	eine
für Kaltarbeit	A2	(1.2363)	925-980	1697-1796	57	454	850	zweifach
	D2	(1.2379)	980-1025	1796-1877	58-59	482	900	zweifach
Formenstahl	H13	(1.2344)	995-1040	1823-1904	52-54	524	975	dreifach
für Warmarbeit	H21	(1.2581)	1095-1205	2003-2201	52-56	532	990	dreifach
Schnellarbeitsstähle	M2	(1.3343)	1190-1230	2174-2246	64-66	543	1010	zweifach
	T1	(1.3355)	1260-1300	2300-2372	65-67	527	980	zweifach
	T15	(1.3202)	1205-1260	2201-2300	67	543	1010	dreifach

Tabelle 14.4 Empfohlene Wärmebehandlungen für eine Auswahl von Werkzeugstählen (SHM=Sekundärhärtemaximum).

dass die Proben zwischen Abschrecken auf Raumtemperatur und anschließender Tiefkühlung längere Zeit auf Raumtemperatur gehalten werden. Messwerte in Bezug auf die Haltezeit bei Raumtemperatur und Gehalt an Restaustenit einiger Werkzeugstähle sind in Literaturstelle 14.4 zu finden.

Die höher legierten Stähle sind Lufthärter. Allerdings kommt es durch Stabilisierungseffekte zu mehr Restaustenit in luftabgekühlten als in ölabgeschreckten Proben, genau so wie es für rostfreie Stähle in Kapitel 13 beschrieben ist. Somit kommen bei luftabgekühlten Stählen etwas geringere Härtewerte zustande als in den ölabgeschreckten.

14.3.3 Konditionierung des Restaustenits

Wie bereits im Kapitel 10 beschrieben, zerfällt bei Stufe 2 der Wärmebehandlung der Restaustenit in eine Mischung aus Karbiden und Ferrit (diese Mischung wird oft Bainit genannt, obwohl sie sich beim Erwärmen von Austenit bildet statt wie bei der regulären Bainitisierung beim Abkühlen). Bei den hoch legierten Werkzeugstählen hat man beobachtet, dass dieser Zerfall des Restaustenits in Bainit nicht vollständig ist.

Der Restaustenit wird als konditionierter Austenit der ersten Anlassstufe bezeichnet. Beim Abkühlen von der Anlasstemperatur wandelt sich dieser konditionierte Restaustenit in frischen Martensit um, der spröde ist, weil er nicht angelassen wurde (aus Gründen, die hier nicht erörtert werden können, da die Zusammenhänge zu komplex sind, hat die Konditionierung zu einer Erhöhung der M_S-Temperatur des konditionierten Austenits geführt, und dadurch kann sich beim Abkühlen leichter Martensit bilden).

Daher wird für viele Werkzeugstähle die Empfehlung gegeben, sie zweimal oder gar dreimal anzulassen, um sicherzustellen, dass der gesamte frische Martensit angelassen ist. Die Anzahl der empfohlenen Anlassbehandlungen für die unterschiedlichen Werkzeugstähle gemäß der Zusammenstellung in Literaturstelle 14.4 ist in Tabelle 14.4 in der letzten Spalte notiert.

14.3.4 Hohe Austenitisierungstemperaturen

Hohe Austenitisierungstemperaturen, insbesondere bei den Schnellarbeitsstählen, erfordern eine sorgfältige Kontrolle der Ofenatmosphäre, um nachteilige Oberflächeneffekte zu vermeiden. Aufheizen im Salzbad ist eine Methode, mit der sehr effektiv eine Verzunderung und/oder Randentkohlung vermieden werden kann.

Ein Vorteil der Stähle des Typs T gegenüber denen des Typs M ist, dass sie weniger anfällig für Randentkohlung sind. Selbst in Öfen mit kontrollierter Atmosphäre entkohlen die M-Stähle sogar in einer reduzierenden CO-Atmosphäre. Beispiel: In einer Atmosphäre mit 11% CO bei 1200°C tritt innerhalb von fünf Minuten erhebliche Randentkohlung ein, während die T-Stähle kurzzeitig aufkohlen und erst bei längeren Zeiten entkohlen (Literaturstelle 14.3, Seite 713).

Interessanterweise kann die Oberflächenhärte im abgeschreckten Zustand sowohl durch Randentkohlung als auch Aufkohlung abnehmen. Im letzteren Fall infolge eines erhöhten Gehalts an Restaustenit, im ersteren wegen der Härteabnahme im Martensit.

14.3.5 Komplizierte Anforderungen an die Wärmebehandlung

Die für Werkzeugstähle empfohlene Wärmebehandlungspraxis ist wesentlich komplizierter als die für unlegierte und niedriglegierte Stähle. Die Atmosphäre bei der Austenitisierung, die Temperaturen und die Haltezeiten müssen sorgfältig kontrolliert werden, um hinreichende Mengen an Kohlenstoff und Legierungselementen im Austenit lösen zu können. Die Beherrschung des Restaustenitgehalts erfordert oft Tiefkühlen, die Kontrolle der Verweilzeit auf Raumtemperatur während dieses Prozesses und die Durchführung von zwei oder manchmal auch drei Anlassbehandlungen.

Zusätzlich ist es für Formwerkzeuge wichtig, den Verzug während der Wärmebehandlung zu minimieren. Da diese Stähle außerdem oft recht spröde sind, muss die Rissbildung durch wärmebedingte Spannungen bei der Wärmebehandlung vermieden werden. Daher wird normalerweise empfohlen, die Stähle nach starker maschineller Bearbeitung spannungsfrei zu glühen. Außerdem sollen sie nach der Endbearbeitung einer Vorbehandlung vor der eigentlichen Wärmebehandlung unterzogen werden. In dieser Vorbehandlung wird das Werkstück knapp unter A_1 gehalten, um Temperaturgradienten auszugleichen und dadurch Verzug zu reduzieren sowie Rissbildung bei der Entstehung des Austenits oberhalb A_1 zu vermeiden.

Tabelle 14.5 veranschaulicht die Komplexität der empfohlenen Wärmebehandlungspraxis der meisten in diesem Kapitel diskutierten Stähle. Die Empfehlungen stammen in der Mehrzahl aus Literaturstelle 14.6. Literaturstelle 14.4 gibt ähnliche

Prozess	Spannungsarmglühen	Vorwärmen	Austenitisieren	Abschreck-	Tiefkühlung	Anlassen
Stahl	°C	°C	°C	medium (a)	°C	
W1	620	565-650	760-840	W oder SW	–	auf Zielhärte HRC
S2	650	650	840-900	W oder SW	-75 bis -196	auf Zielhärte HRC
O2	650	650	790-815	Öl	-75 bis -196	auf Zielhärte HRC
A2	675	600-700	925-980	Luft	-75 bis -196	auf Zielhärte HRC
D2	675	600-700	980-1065	Luft	-75 bis -196	auf Zielhärte HRC
H13	650	815	995-1040	Luft	-75 bis -196	2-3 mal bei 500°C
M2	750	780-840	1100-1230	Luft oder Öl	-75 bis -196	2-3 mal bei 540°C
T1	700-750	815-870	1260-1300	Luft oder Öl	-75 bis -196	2-3 mal bei 570°C

(a) W=Wasser, SW=Salzwasser, (b) vorher spannungsarm glühen bei 150°C

Quelle: Literaturstellen 14.4 und 14.6

Tabelle 14.5 Vollständige Empfehlungen zur Wärmebehandlung.

Empfehlungen, wobei jeder der aufgeführten Schritte noch mehr im Detail beschrieben ist.

Die Kernaussagen in Kapitel 14:

1. Werkzeugstähle sind die moderne Variante der „Werkzeugkiste" unserer Vorfahren, mit deren Hilfe man relativ weiche Materialien wie Holz und Tierfelle im täglichen Leben bearbeiten konnte. Moderne Werkzeugstähle werden benutzt zur Formgebung, zum Schneiden, Lochen, Umformen etc. der viel festeren und variantenreicheren Werkstoffe der heutigen Gesellschaft. Es sind spezialisierte Stähle, die in relativ kleinen Mengen hergestellt werden und die unterschiedliche erwünschte Kombinationen von Eigenschaften in daraus hergestellten Werkzeugen aufweisen, nämlich Verschleißfestigkeit, Zähigkeit und Warmhärte.
2. Die bei Werkzeugstählen erwünschte Verschleißfestigkeit wird durch die unterschiedlichen Legierungskarbide erreicht. Die wichtigen Legierungselemente, die in Werkzeugstählen eingesetzt werden, sind Chrom, Molybdän, Wolfram und Vanadium. Sie bilden unterschiedliche Karbide aus. Die meisten Werkzeugstähle weisen ein ausgeprägtes Sekundärhärtemaximum auf, das bei der Anlassbehandlung auftritt und eine Schlüsselrolle bei der Verbesserung der Warmhärte spielt. Um dieses Sekundärhärtemaximum gezielt zu erreichen, muss man Austenitisierungstemperaturen wählen, die hoch genug sind, um die Karbide aufzulösen, die im Anlieferungszustand im Stahl vorhanden sind. Stähle mit hohen Gehalten an Molybdän, Wolfram und Vanadium müssen höher austenitisiert werden als hoch chromhaltige Stähle.
3. Die Wärmebehandlung von Werkzeugstählen ist erheblich aufwändiger als die Wärmebehandlung von unlegierten und niedriglegierten Stählen. Mögliche zusätzliche Schritte umfassen Prozesse wie (1) vorheriges Spannungsarmglühen nach der Rohbearbeitung, (2) ein Vorwärmen knapp unterhalb der A_1-Temperatur, (3) Tiefkühlbehandlung zur Vermeidung von Restaustenit und (4) zweifache oder dreifache Anlassbehandlung zur Vermeidung von Restaustenit. Die Notwendigkeit für diese unterschiedlichen Zusatzbehandlungen liegt in den Zweiphaseneffekten, der Austenitstabilisierung, der Konditionierung des Restaustenits und den hohen Temperaturen der Austenitisierung.

KAPITEL 15
Erstarrungsvorgänge

Praktisch alle Stahlgüten sind in der ersten Phase ihrer Herstellung aus dem flüssigen Zustand erstarrt (selbst für pulvermetallurgisch hergestellte Stähle gilt das, da fast alle Stahlpulver aus der Schmelze erzeugt werden). Demzufolge haben die Erstarrungsvorgänge Einfluss auf die Eigenschaften aller Stahlprodukte. Dieser Prozess hat vor allem eine starke Wirkung auf drei Hauptaspekte von Gussmetallen:

1. Mikroseigerungen von Legierungselementen, Karbiden und Einschlüssen
2. Gefüge (Korngröße, Kornform und vorkommende Phasen)
3. Porosität beim Abguss

Beim Guss treten gewöhnlich starke Mikroseigerungen auf, grobes Korn und deutliche Porositäten, und alle Effekte führen zu schlechteren mechanischen Eigenschaften. Alle drei Faktoren werden durch starke mechanische Verformung verbessert, wie zum Beispiel durch Heißschmieden oder Warmwalzen. Verformte Stähle haben allgemein mechanische Eigenschaften, die den Gusswerkstoffen überlegen sind. Aber auch bei den Umformstählen können die mechanischen Eigenschaften bereits bei der Urformung durch Guss beeinflusst werden. Deshalb ist ein Verständnis der Vorgänge bei der Erstarrung auch für den nützlich, der sich nur mit umge-

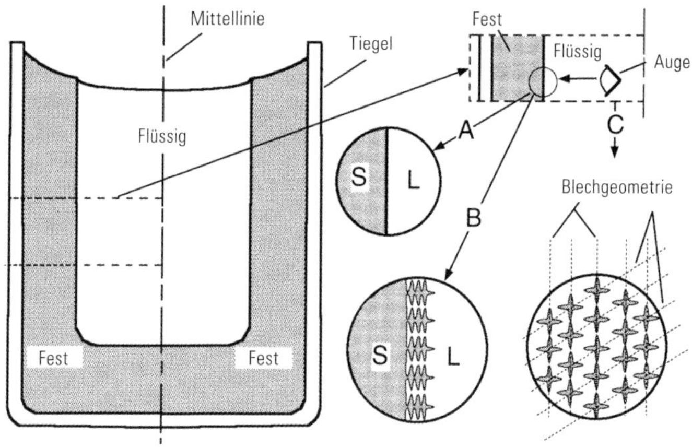

Bild 15.1 Beschaffenheit der Erstarrungsfront bei der Erstarrung von Stählen. S=solid (fest), L=liquid (flüssig).

formten Stählen und nicht mit Gussstählen befasst.

Wenn ein Werkstoff aus der Schmelze erstarrt, bildet sich zunächst eine feste, bereits erstarrte Front, die sich in die Flüssigkeit hinein ausbreitet. Die Form dieser festen Front, manchmal *Übergangsbereich fest-flüssig* oder *Erstarrungsfront* genannt, spielt eine wichtige Rolle bei der Beeinflussung der drei eben genannten Faktoren.

Betrachten wir im Bild 15.1 links den Verlauf des Erstarrungsprozesses. Das Bild zeigt einen Gusstiegel, der mit flüssigem Stahl gefüllt wurde und den man dann abkühlen ließ, bis die Erstarrungsfront nach innen um etwa ein Drittel des Weges bis zum Zentrum vorgedrungen war. Da Wärme sowohl über die Wände als auch über den Boden abgeführt wird, wächst der erstarrte Anteil von unten etwa genauso schnell wie von den Seiten der Gussform.

Da die feste Phase eine höhere Dichte aufweist als die flüssige, tritt bei der Erstarrung eine Volumenverringerung ein. Dadurch sinkt die Höhe des festen Anteils ab, während die Erstarrung zum Mittelpunkt fortschreitet.

Rechts wurde ein Ausschnitt aus der linken Seite des Bilds herausgezeichnet, der das Fortschreiten der Erstarrungsfront nach rechts zeigt. Intuitiv würde man erwarten, dass die Erstarrungsfront eben ist, so wie es in der Vergrößerung des Bilds mit dem Buchstaben A gekennzeichnet dargestellt ist. Das ist für sehr reine Metalle gewöhnlich auch der Fall, jedoch nicht für Stahl und fast alle Metallegierungen.

Die Trennfläche besteht in Wirklichkeit aus einer Anordnung von kleinen verzweigten Strukturen, die wie Tannenbäume aussehen, die in die Schmelze hineinwachsen. Die Zweige gehen dabei senkrecht

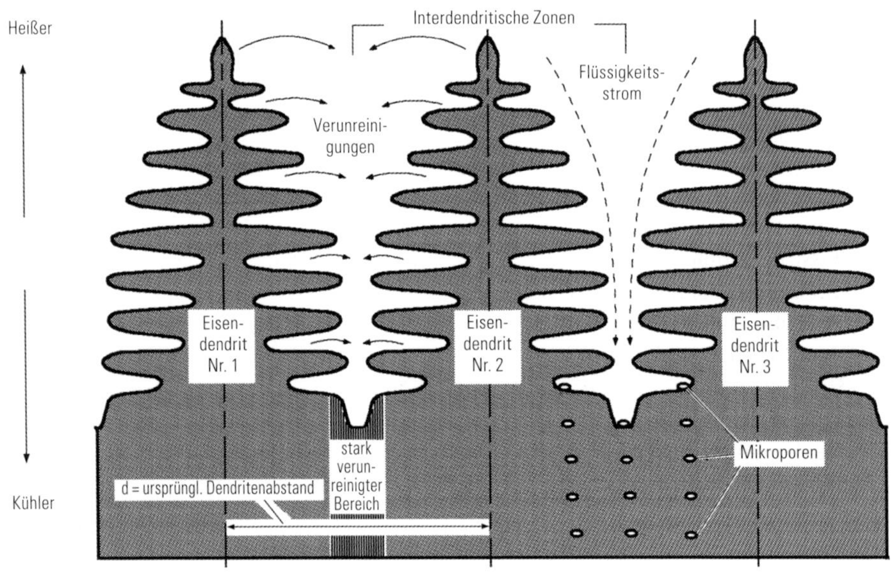

Bild 15.2 Drei Eisendendriten wachsen beim Erstarren vertikal in die Schmelze.

ab, wie in der Detailzeichnung B zu sehen ist. Jedes dieser baumartigen Gebilde nennt man einen *Dendriten* (das ist das griechische Wort für einen kleinen Baum).

Wäre das flüssige Metall durchsichtig, dann wäre der visuelle Eindruck beim Blick auf die Erstarrungsfront (angedeutet durch das eingezeichnete Auge) wie der Anblick einer Ansammlung hochwachsender kleiner Bäume, so wie in Detailbild C gezeichnet. Der Anblick wäre ganz ähnlich wie beim Überfliegen eines Tannenwalds mit Blick nach unten auf die Baumwipfel. Die einzelnen Dendriten sind jedoch sehr klein und nur mit einem Vergrößerungsglas zu sehen.

Der Dendritenabstand hängt davon ab, wie schnell die Erstarrungsfront sich ausbreitet. Das hängt wiederum davon ab, wie schnell die Wärme aus dem flüssigen Metall abgeführt wird. Bild 15.2 weist den Abstand zwischen den Stämmen der Dendriten als d aus. In großvolumigen Schmelzen ist die Wärmeabfuhr ziemlich langsam, und die Dendritenabstände d können bis zu 1 mm (1000 μm) betragen. Für kontinuierlichen Guss, bei dem die Wärmeabfuhr sehr schnell verläuft, liegt der Dendritenabstand in der Größenordnung von 300 μm. Bei Schweißzusatzwerkstoffen, wo die kleinen flüssigen Tropfen eine noch schnellere Wärmeabfuhr ermöglichen, können die Abstände etwa 100 μm betragen.

Die Durchmesser der Stämme der Dendriten (*primäre Dendritenarme* genannt), sind etwa um den Faktor 10 kleiner als ihre Abstände d. Der Durchmesser eines menschlichen Haars ist etwa 50 μm. Somit haben die meisten Dendriten Stammdurchmesser vergleichbar mit dem eines Menschenhaares oder sind sogar dünner. Diese kleinen Dendriten spielen eine wichtige Rolle bei dem ersten und dritten der zuvor genannten Faktoren, haben aber nur geringen Einfluss auf den zweiten.

15.1 Mikroseigerung (Kristallseigerung)

Flüssiges Eisen kann in höherem Maße als festes Eisen praktisch alle Arten von Verunreinigungen durch Fremdatome auflösen. Schwefel ist dafür ein hervorragendes Beispiel. Während flüssiges Eisen bei 1000°C immerhin 31% Schwefel lösen kann, kann festes Eisen bei dieser Temperatur nur 0,01% lösen. Das heißt, dass alle Schwefelverunreinigungen in der Schmelze gelöst sind, aber nach der Erstarrung praktisch kein Schwefel in Lösung ist.

Im festen Stahl ist der Schwefel in Form kleiner Partikel vorhanden, die man Einschlüsse nennt. Schwefeleinschlüsse liegen als Sulfide in Form einer chemischen Verbindung vor, hier speziell als Eisensulfid mit der chemischen Formel (MnFe)S. Das in allen Stählen vorkommende Mangan in diesen Sulfiden ist von der Menge her abhängig vom Gesamtgehalt im Stahl und von der Abkühlgeschwindigkeit. Nach der Erstarrung sind die Sulfidpartikel ungleichmäßig über den gesamten Block verteilt – in einer Anordnung, die sich *Mikroseigerungsverteilung* nennt.

Für diese Mikroseigerungen sind die Dendriten verantwortlich, wie man sich anhand der Dendriten Nr. 1 und Nr. 2 im Bild 15.2 veranschaulichen kann. Da die erstarrten Dendriten praktisch keine Schwefelatome enthalten können, werden diese gewissermaßen aus den wachsenden Dendritenarmen in die noch flüssigen Gebiete zwischen den Dendriten hineinge-

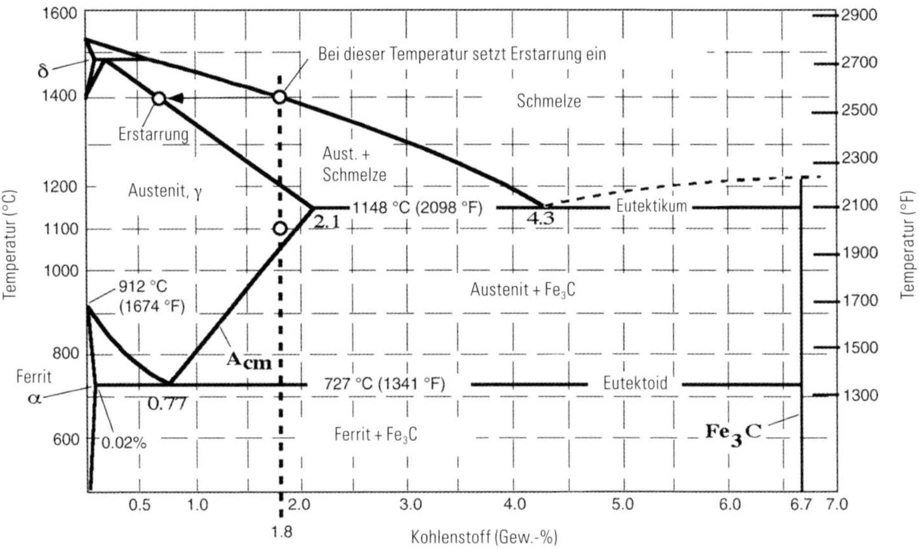

Bild 15.3 Zusammensetzung einer Fe-1,8%C-Legierung im Eisen-Kohlenstoff-Phasendiagramm.

schossen. Das wird im Bild 15.2 durch die Pfeile veranschaulicht.

Der Schwefelgehalt dieser interdendritischen Flüssigkeit ist am höchsten an der Basis im Bild unten. Er wächst im Laufe der Zeit so weit an, dass sich Partikel der Sulfidverbindung bilden. Je nach chemischer Zusammensetzung des Stahls bilden sich die Partikel aus der Flüssigkeit als feste Teilchen, oder es entstehen entmischte Tropfen, die erstarren, wenn die Temperatur unter den Wert fällt, der an der Dendritenbasis herrscht.

Zu guter Letzt befinden sich alle Sulfidpartikel in den Zwischenräumen der Dendriten, im Bild 15.2 als „hoher Grad der Verunreinigung" gekennzeichnet. Der Name „Mikroseigerungen" rührt daher, dass die Seigerung mikroskopische Abmessungen besitzt, die bestimmt sind durch die Dendritenabstände d, die im Mikrometerbereich liegen.

Die absichtlich zur Stahlerzeugung hinzugefügten Nichteisenatome, wie Mangan, Kohlenstoff und Legierungselemente, bilden auch Seigerungen zwischen den Dendriten im erstarrten Stahl. Dieses Phänomen kann dazu führen, dass sich beim Abkühlen im Austenit Partikel von Verbindungen bilden, die man nicht erwartet.

Um zu verstehen, wie das vor sich geht, betrachten wir eine Legierung Fe-1,8% C, deren Zusammensetzung in dem vollständigen Eisenkohlenstoffdiagramm (Bild 15.3) eingetragen ist. Das Diagramm zeigt, dass diese Legierung bei Halten bei 1100°C als einphasiger Austenit mit einem Kohlenstoffgehalt von 1,8% ohne Ausscheidungen vorliegen sollte.

Führen wir uns nun die Effekte der Mikroseigerung von Kohlenstoff zwischen den Dendriten vor Augen: Das Phasendiagramm im Bild 15.3 zeigt, dass diese Legierung bei 1400°C zu erstarren beginnt. Das bedeutet, dass die Spitzen der primären Dendriten aus Bild 15.2, also die zuerst erstarrten Bereiche, in der Flüssigkeit bei einer Temperatur nahe 1400°C liegen. Das Phasendiagramm sagt weiterhin aus, dass die Zusammensetzung der zuerst gebildeten festen Phase einen Kohlenstoffgehalt von nur etwa 0,7% aufweist.

Wenn also die Spitzen der Dendriten erstarren, muss der Kohlenstoffgehalt von 1,8% in der Schmelze auf einen Wert von 0,7% im Festkörper fallen. Die Differenz von 1,1% C wird in die Schmelze abgegeben, und zwar in eine Richtung, die durch die Pfeile zwischen den Dendritenspitzen Nr. 1 und Nr. 2 im Bild 15.2 angezeigt wird. Zur Basis der Dendriten hin wächst also der Kohlenstoffgehalt zwischen den Dendriten an.

Weiterhin muss die Temperatur dort abfallen. Kühlt die Schmelze auf eine Temperatur von 1148°C ab, so ergibt sich aus Bild 15.3, dass dann der Kohlenstoffgehalt zwischen den Dendriten die eutektische Zusammensetzung von 4,3% erreicht. Die gesamte Restmenge an Flüssigkeit erstarrt dann bei 1148°C als eutektische Mischung von Austenit mit Zementitpartikeln.

Betrachten wir nun zwei unterschiedliche Fälle, die eintreten können, wenn die Temperatur weiter von 1148°C auf 1100°C fällt: Die Kerngebiete der Dendriten bilden sich aus, mit einem Kohlenstoffgehalt von etwa 0,7%, also deutlich weniger als 1,8%. Daher ist es möglich, dass der Kohlenstoff aus den frisch gebildeten Zementitpartikeln (Fe_3C) in diese Kernzonen hineindiffundiert, wobei sich die Zementitteilchen auflösen. In diesem Fall wäre das Ergebnis bei 1100°C ein einphasiger Austenit.

Ebenso würde, wenn die Diffusionskoeffizienten hoch genug sind und der Stahl langsam genug abgekühlt wird, genug Kohlenstoff durch Diffusion in diese Kernzonen der Austenitdrendriten wandern. Das würde schließlich einen homogenen Austenit mit durchweg 1,8% C bei 1100°C erzeugen. So fordert es das Phasendiagramm des Gleichgewichts in Bild 15.3. Dieser Fall heißt *Erstarrung im Gleichgewicht.*

Im zweiten Fall ist die Diffusionsrate nicht hoch genug, um beim Temperaturabfall von 1148°C auf 1100°C alle Zementitpartikel aufzulösen, die sich in dem festen Eutektikum von 1148°C gebildet haben. Jetzt ist das Ergebnis bei der Temperatur von 1100°C ein Gemisch aus Austenit und Fe_3C-Partikeln. Da gemäß Gleichgewichtsphasendiagramm eine Legierung mit 1,8% C bei 1100°C keine Zementitpartikel enthält, handelt es sich bei diesem betrachteten Fall um eine *Nichtgleichgewichtserstarrung.*

Dieser zweite Fall zeigt, wie es nach der Erstarrung zu Partikeln zwischen den Dendriten kommen kann, obwohl man gemäß Phasendiagramm einphasigen, partikelfreien Austenit zu erwarten hat. In reinen Eisen-Kohlenstofflegierungen ist der Diffusionskoeffizient der kleinen Kohlenstoffatome so groß, dass in Gusslegierungen normalerweise eine Gleichgewichtserstarrung auftritt. Stahl enthält jedoch Mangan und Legierungselemente. Mangan und einige dieser Legierungselemente, wie zum Beispiel Molybdän und Chrom, sind Karbidbildner. Aus den Zementitpartikeln werden nun Partikel aus $(FeX)_3C$ mit X als Kombination aus Mangan, Molybdän und Chrom.

Um diese Karbidpartikel aufzulösen, müssen sowohl der Kohlenstoff als auch das Element X diffundieren. Wie in Kapitel 7 anhand der Tabelle 7.1 gezeigt wurde, diffundieren diese Elemente tausendfach langsamer als Kohlenstoff. Es hat sich erwiesen, dass normalerweise in niedriglegierten Stählen sowie in Werkzeugstählen und rostfreien Stählen eine Nichtgleichgewichtserstarrung auftritt.

Bei der Beschäftigung mit Werkzeugstählen, legierten Stählen und rostfreien Stählen redet man oft von *Primärkarbiden* und *Sekundärkarbiden*. Sehen wir uns die gerade behandelte Nichtgleichgewichtserstarrung der Legierung mit 1,8% C an: Die Zementitkarbide, die sich zwischen den Dendriten direkt aus der flüssigen Phase gebildet haben, sind die Primärkarbide. Fällt die Temperatur unterhalb von T_{cm}, siehe Bild 15.3, so ist zusätzlicher Zementit (M_3C im Falle von legierten Stählen) zu erwarten. Dieses Karbid ist ein Sekundärkarbid.

Oft zeigt sich der Unterschied in der Verteilung der Karbide: Primärkarbide sind nach den Dendritenzwischenräumen verteilt, während die Sekundärkarbide dazu neigen, sich an den Austenitkorngrenzen abzuscheiden. Zu beachten ist, dass sich Primärkarbide aus der Schmelze bilden, Sekundärkarbide jedoch aus der festen Phase.

Gewöhnlich unterscheiden sich Primär- und Sekundärkarbide auch in ihrer Größe. Bei Werkzeugstählen und rostfreien Stählen sind die primären, aus der Schmelze gebildeten Karbide in der Regel wesentlich größer als die aus der festen Phase entstehenden sekundären Karbide. Diese groben Karbide können bei rostfreien Stählen und Werkzeugstählen zu extremer Versprödung im Zustand nach der Erstarrung führen. Die Karbide sind nämlich spröde. Sie bilden ein Netz, das die Dendritenfelder durchzieht, in denen sie entstanden sind.

Daher ist es oft notwendig, Werkzeugstähle und rostfreie Stähle warm zu schmieden, um das Netz aufzubrechen und die notwendige Zähigkeit für praktische Anwendungen herzustellen. Durch rasche Abkühlung kann man die Größe der Primärkarbide verringern und das Netzwerk sehr fein ausbilden. Daher werden Werkzeugstähle manchmal pulvermetallurgisch hergestellt. Es gibt keine Methode, einen großen Stahl-Ingot rasch abzukühlen, aber Pulver, das aus kleinen flüssigen Tropfen entsteht, erkaltet und erstarrt sehr rasch. Dadurch verringert sich der Dendritenabstand. Nach Verdichten und Sintern bei hohen Temperaturen erhält man so viel feinere Primärkarbide.

Das Phänomen der Zeiligkeit in Stählen, das in Kapitel 4 und 5 (Bilder 4.9, 5.5 und 5.6) diskutiert wurde, entsteht aus der Mikroseigerung der Legierungselemente im Stahl. Der Mechanismus, der diese dramatische Auswirkung auf das Gefüge hat, ist etwas kompliziert und schwer zu verstehen. Man muss die Konzepte der Härtbarkeit verstehen, die im Kapitel 8 behandelt wurden.

Nehmen wir einen manganhaltigen Stahl, zum Beispiel den Werkstoff AISI 1340 (Tabelle 6.1), so wie er oft für Schienen verwendet wird. Nach der Erstarrung tritt bei Mangan Mikroseigerung auf. Es lagert sich zwischen den Dendriten an, die sich – wie in „C" in Bild 15.1 dargestellt – bevorzugt wie Blätter anordnen. Die in C gezeigte Anordnung gilt für ein Korn. Nachbarkörner weisen solche Dendritenanordnungen in einem anderen Orientierungswinkel auf. Bild 15.4 verdeutlicht die Variation der Dendritenorientierung benachbarter Körner in einem Stahl im Gusszustand (ein spezielles Ätzmittel, das

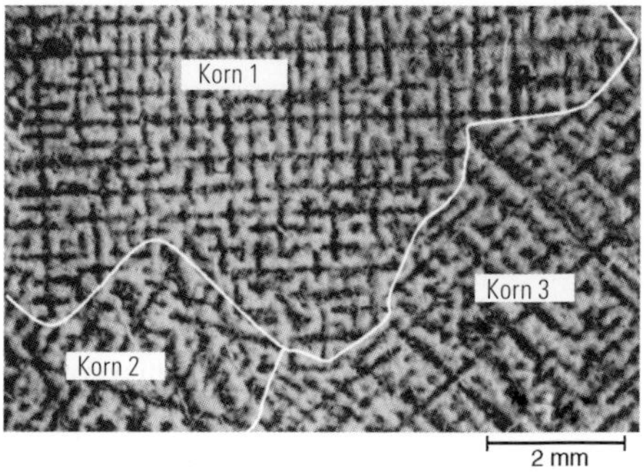

Bild 15.4 Austenitdendriten in einem Stahl mit 1,6%C, Gusszustand, Sichtbarmachung durch Ätzung nach Stead.

gleich ausführlicher behandelt wird, lässt die originalen austenitischen Bereiche dunkel erscheinen).

Schmieden oder Walzen führt dazu, dass sich die flächige Anordnung aller unterschiedlichen Körner bei der Verformung in der Ebene des Werkstoffflusses ausrichtet. Nach hinreichend starker Verformung bis zum Erreichen des gewünschten Flachzeugs erhält man Bleche, die Seigerungen von manganreichen und manganarmen Schichten aufweisen. Die Schichten mit hohem Mangangehalt liegen auf den Positionen der ehemaligen Dendritenzwischenräume. Die Flächen mit geringem Mangangehalt sind in den austenitischen Dendritenbereichen zu finden.

Die Zeiligkeit ergibt sich aus dem Einfluss des Mangans auf die Härtbarkeit. In den Bereichen mit hohem Mangangehalt wird im isothermischen ZTU-Diagramm der Beginn der Ferritbildung zu größeren Zeiten hin verschoben (im Vergleich zu den Bereichen, die einen niedrigen Mangangehalt aufweisen). Kühlt man hinreichend langsam aus dem Austenitgebiet ab, bildet sich der Ferrit zunächst in den Bereichen mit niedrigem Mangangehalt. Man beachte dabei, dass es sich beim Ferrit im Wesentlichen um reines Eisen handelt.

Wenn nun der Ferrit aus den Bereichen mit niedrigem Mangangehalt herauswächst, verdrängt er Kohlenstoff in die Bereiche mit hohem Mangangehalt. Dadurch wächst der Kohlenstoffgehalt in diesen Gebieten nach und nach so weit an, dass dort Perlit entsteht. Bänder mit Ferrit durchsetzen sich mit solchen aus Perlit. Diese Struktur heißt *Ferrit-Perlit-Zeiligkeit.* Es ist auch möglich, dass die Seigerungen zu verschiedenen anderen, weniger häufig anzutreffenden Zeilenstrukturen führen, zum Beispiel ferritisch-bainitischen, ferritisch-martensitischen, perlitisch-bainitischen und bainitisch-martensitischen.

Bild 15.4 zeigt exemplarisch Seigerungen, die durch dendritische Erstarrung entstanden sind. Der Stahl hatte Phosphorverunreinigungen von 0,07%. Ähnlich wie die eben diskutierten Elemente begeben sich die Phosphoratome während der Erstarrung in die flüssige Phase zwischen den Dendriten.

Anfang des 20. Jahrhunderts entwickelte John Edward Stead eine spezielle Ätzchemikalie, die empfindlich auf Änderungen des Phosphorgehalts reagiert, auch wenn die Gesamtmenge im Stahl nur sehr klein ist (Literaturstelle 15.1). Wenn eine polierte Stahloberfläche mit dem Ätzmittel nach Stead behandelt wird, erscheinen die Stellen mit erhöhter Phosphorkonzentration gegenüber denen mit niedrigem Phosphorgehalt weiß. Da der größte Teil des Phosphors in den Dendritenzwischenräumen seigert, färbt die Stead-Ätzung die Interdendritengebiete weiß und die Dendritenstämme schwarz, wie im Bild 15.4.

Der heute von Klingenschmieden verwendete Damaszenerstahl wird meist als

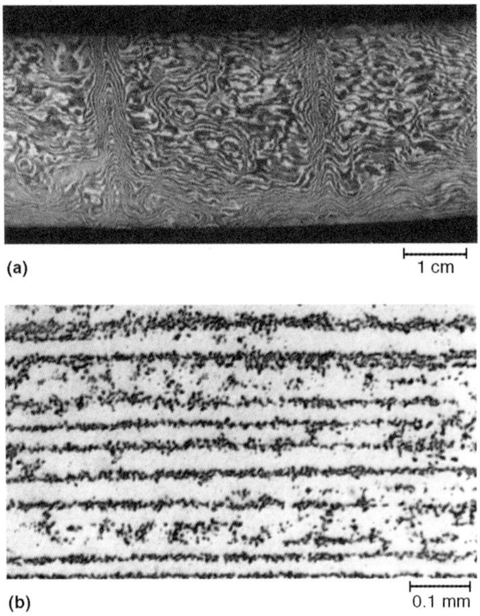

Bild 15.5 (a) Oberflächenmusterung einer Klinge aus echtem Damast, 17. Jhdt., (Moser-Klinge Nr. 9), (b) Längsschnitt durch die Klinge. Die Ätzung hebt Zementitpartikel dunkel hervor, die Perlitmatrix ist weiß.

Schweißdamast hergestellt. Bei dieser Methode werden abwechselnd aufeinandergeschichtete Lagen von zwei unterschiedlichen Stählen zusammengeschmiedet und danach mehrere Male gefaltet und wieder verschmiedet, so dass Klingen mit mehreren hundert solcher Lagen entstehen. Das Oberflächenmuster dieser Klingen kommt daher, dass eine der beiden Lagen auf das nachfolgend durchgeführte Ätzen stärker reagiert und dadurch dunkler erscheint als die andere.

Schweißdamast gibt es schon sehr lange, seit ungefähr 200 vor Christus. Der Name Damaststahl jedoch stammt von einem ganz anderen Typ Stahl als dem Schweißverbundstahl. Er wurde ungefähr zur selben Zeit entwickelt. „Echte" Damaszenerklingen werden nach der Stadt Damaskus, im heutigen Syrien gelegen, bezeichnet, da diese Damaszenerschwerter den Westeuropäern während der Kreuzzüge zum ersten Mal begegneten. Man dachte, sie seien in Damaskus hergestellt worden.

Fast alle Damaszenerstahlschwerter aus dem vorderen Orient, die man heute in der Blankwaffenabteilung großer Museen antrifft, sind aus diesem echtem Damast gefertigt, der auch Wootz-Damast genannt wird. Bild 15.5(a) zeigt das Oberflächenmuster eines solchen Damaszenerschwerts. Wootzstahl wird hergestellt aus kleinen Ingots aus ziemlich reinem Eisen, das etwa 1,5 bis 1,7% Kohlenstoff enthält. Die originalen kleinen Stahl-Ingots (auch Wootz-Kuchen genannt) wurden in großem Maßstab in Indien hergestellt. Die Methoden der Herstellung sowie der Mechanismus, der zu den Oberflächenmustern beim Schmieden führt, sind erst seit kurzer Zeit bekannt (Literaturstelle 15.2).

Das Oberflächenmuster von Wootz-Klingen stammt von einer Art Zeiligkeit von Karbiden, wie in dem Längsschnitt (Bild 15.5(b)) des in Bild 15.5(a) gezeigten Schwerts verdeutlicht wird. Das Gefügebild ist in der Originalvergrößerung (90-fach) wiedergegeben. Die dunklen Bänder bestehen aus Anordnungen von Fe_3C-Partikeln, die infolge des Schmiedeprozesses in Bänderform angeordnet wurden.

Neuere Experimente (Literaturstelle 15.3) haben gezeigt, dass diese Zeiligkeit hervorgerufen wird durch Mikroseigerungen von kleinen Mengen karbidbildender Elemente wie Vanadium und Mangan, die in dem ursprünglichen Wootz-Ingot enthalten sind. Während der wiederholten Aufheiz- und Abkühlzyklen beim Schmieden werden die im ursprünglichen Guss vorhandenen Karbide kontinuierlich teilweise aufgelöst, teilweise neu gebildet. Die Mikroseigerungen von Vanadium und/oder Mangan sorgen dafür, dass sich die neu gebildeten Karbide nach und nach hauptsächlich in den Ebenen zwischen den Dendriten anlagern.

Genau wie bei den bereits diskutierten Perlit-Ferrit-Zeilen drehen sich die interdendritischen Ebenen bei der plastischen Verformung in die Ebene des Schmiedens ein. Wie man in Bild 15.5(b) sieht, ist die Anordnung der Karbidzeilen bei der Klinge im Endzustand so gut, als ob sie dort willentlich platziert worden wären – so wie es bei der Zeiligkeit im Schweißdamast der Fall ist.

15.2 Korngröße und Kornform

Bei unserer Betrachtung geht es vor allem darum, welche Kornform beim Erstarren entsteht. Nachdem das flüssige Metall in eine Kokille gegossen wurde (siehe Bild 15.1), kühlt es an den Wänden am schnellsten ab. Genau hier entstehen die ersten erstarrten Bereiche aus der Schmelze. In der Fachterminologie nennt man das die *Keimbildung* der Erstarrung.

Kleine Partikel aus festem Metall können zu vielen Tausenden an der Wand entstehen, und jedes dieser kleinen Partikel kann in die Schmelze hineinwachsen und dabei ein individuelles Korn bilden. Die Erstarrungsfront jedes dieser kleinen Teilchen enthält Anordnungen ausgerichteter Dendriten, so wie die, die unten im Bild 15.2 zu sehen sind.

Die Partikel, deren Dendritenstämme nach rechts weisen, wandern am schnellsten zum Zentrum der Kokille und gewinnen Vorsprung vor den anderen. Demzufolge herrscht nahe der Wand in dem Gebiet, das im Bild 15.6 mit N_W bezeichnet ist, ein Wachstumswettkampf. Die überlegenen Körner wachsen zu langen säulenartigen Korngebilden, die von der Wand in das Innere der Kokille weisen.

Inzwischen ist die Schmelze vorn an der Wachstumsfront weiter abgekühlt. Es ist möglich, dass kleine feste Partikel in dieser sich abkühlenden Schmelze entstehen, vor allem dann, wenn kleine Fremdpartikel in der Schmelze vorhanden sind. Diese Fremdpartikel können entweder zugegeben werden, oder sie entstehen durch Ausscheidung aus der Schmelze, beispielsweise Sulfide, Oxide, Karbide oder Boride.

Manchmal sind es auch feste Teilchen der Legierung selbst, die durch den Konvektionsstrom der Schmelze und durch Abbrechen der Seitenäste der Dendriten nach innen transportiert werden. Wenn das geschieht, spielen die Dendriten eine entscheidende Rolle bei der Beherrschung der Korngröße und Kornform. Ansonsten tun sie das nicht.

Bild 15.6 zeigt auch, wie kleine Partikel der Legierung in der Schmelze Erstarrungskeime bilden (in der mit N_L bezeichneten Region). Diese Partikel können in alle Richtungen wachsen. Jedes dieser Partikel führt zu einem Korn, das man *äquiaxiales Korn* nennt, da es in alle Richtungen ungefähr gleich lange Achsen aufweist.

Wenn die langen säulenartig oder stengelartig wachsenden Körner auf diese äquiaxialen (globulitischen) Körner treffen, hören sie auf weiterzuwachsen, und die restliche Schmelze erstarrt zu äquiaxialen Körnern. Daher findet man normalerweise längliche Körner an der Wand und äquiaxi-

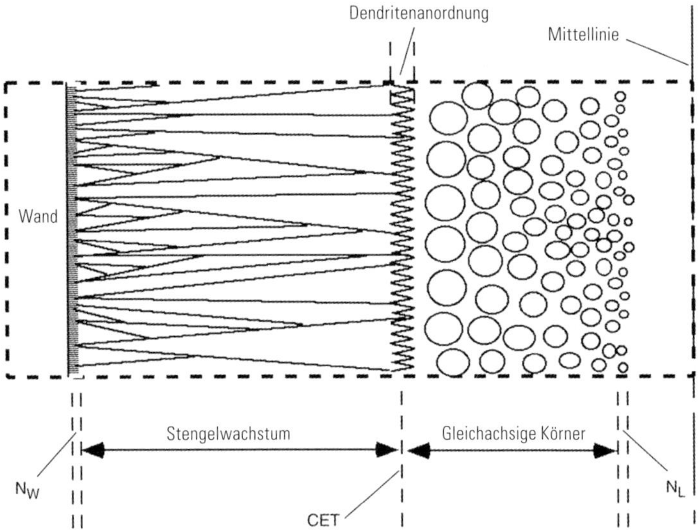

Bild 15.6 Die Ausbildung einer säulenartigen Kornstruktur und einem Gefüge mit gleichachsigem Korn während der Erstarrungsphase. CET bezeichnet der Übergang von säulenförmigen Körnern zu gleichachsigen (**C**olumnar-to-**E**quiaxed **T**ransition).

ale mehr zur Mitte hin. Diese Morphologie wird oft als *Übergang stängelkristallin-äquiaxial* bezeichnet (im Englischen CET: columnar-to-equiaxial transition, ein ähnlicher Ausdruck im Deutschen existiert nicht, hier ist auch CET gebräuchlich), siehe Bild 15.6.

In metallischen Legierungen, in denen der Gusszustand direkt aus dem Abguss bei Raumtemperatur resultiert, führen lange säulenförmige Kristalliten zu schlechten Zähigkeitswerten. Wie bereits diskutiert, ist feines Korn wünschenswert, um eine gute Zähigkeit zu erzielen. Je nach Schmelzpunkt des Metalls, seiner thermischen Leitfähigkeit und der Wärmeableitgeschwindigkeit der Kokillenwand ändert sich die radiale Position des CET in der Kokille. Wenn sich der CET erst nahe am Zentrum ausbildet, nennt man das Metall eine *erstarrungshautbildende Legierung*. Der Grund ist klar: Es erstarrt, indem es eine feste Haut bildet, die immer dicker wird.

Befindet sich der CET nahe an der Wand, dann nennt man das Metall eine *breiig erstarrende Legierung*, denn die Schmelze wird breiig. Sie enthält eine Mischung aus kleinen festen Partikeln und Schmelze, die durch Wachstum dieser kleinen festen Partikel komplett erstarrt.

Diese Unterscheidung ist von großer Bedeutung für die Auslegung von Gussformen für die Gießereiindustrie, um minimale Porositäten zu erreichen. Die Details würden jedoch hier zu weit führen.

Benutzt man industrielle Gussformen (Sandformen mit niedriger Wärmeleitfähigkeit), verhalten sich Stähle erstarrungshautbildend, während Gusseisen, Kupfer- und auch Aluminiumlegierungen breiig erstarrende Werkstoffe sind. Bei der Produktion von Ingots für die Herstellung von Umformstählen weisen die meisten Legierungen mehr hautbildendes Verhalten auf. Das liegt an der schnelleren Erstarrung infolge der höheren Leitfähigkeiten der Ingot- oder Kontigussformen, die aus Metall gefertigt werden.

Da die stängelförmigen Kristallite durch das Warmschmieden oder Warmwalzen dieser Ingots oder Brammen zerbrochen werden, stellt die ihnen eigene Sprödigkeit kein Problem dar. Allerdings sind Stängelkristallite eine häufige Erscheinung bei Nahtstellen mit Schweißmetallen, Hartlot oder Lötmetallen. Daher werden in vielen Hartloten und Aluminiumlegierungen Kunstgriffe zur Einstellung globulitischer Körner angewandt. Diese Tricks bestehen darin, die Bildung von Säulenkristallen zu vermeiden, indem man Additive zufügt, die durch Keimbildung in der Schmelze zu festen Partikeln führen und so die Ausbildung von globulitischen Körnern begünstigen.

Für Stähle stellt die Bildung von Stängelkristallen nicht unbedingt ein großes Problem dar, da die feste Phase, die sich von den Dendriten bildet, nicht direkt auf das bei Raumtemperatur vorliegende Endprodukt überträgt. Das ist jedoch bei den meisten Kupfer- und Aluminiumlegierungen nicht so.

Bild 15.3 veranschaulicht das für einen Stahl mit einem Kohlenstoffgehalt oberhalb von 0,5%. Bei diesem besteht die dendritisch erstarrte feste Phase aus kubisch-flächenzentriertem Austenit, der bei Abkühlung auf Raumtemperatur durch eine Mischung von kubisch-raumzentriertem Ferrit mit Fe_3C verdrängt wird, die meist in der Form von Ferrit+Perlit auftritt. So werden die langen stängelförmigen Austenitkristalle, die sich aus der Schmelze gebildet haben, bei Raumtemperatur von feineren Ferrit+Perlit-Körnern unterteilt.

Bei Stählen mit Kohlenstoffgehalten unter 0,5% bestehen die Stängelkristalle aus der kubisch-raumzentrierten Hochtemperaturphase des Eisens, dem Deltaferrit (δ-Ferrit), der bei Abkühlung zweifach umgewandelt wird. Wie Bild 15.3 zeigt, wandelt sich Deltaferrit zunächst in Austenit und dann in Ferrit oder eine Mischung aus Ferrit und Fe_3C um. Trotzdem ist die Beherrschung des CET beim kontinuierlichen Stahlguss eine sehr wichtige Sache für den Produktionsleiter. Wenn man vermeidet, dass der CET zu nahe in die Mitte des Gussrohlings kommt, reduzieren sich die Porosität und die Seigerung im Zentrum des Rohlings erheblich.

15.3 Porosität

Wenn ein gegebenes Volumen eines flüssigen Metalls erstarrt, dann nimmt der erstarrte Körper ein kleineres Volumen ein (feste Körper haben eine höhere Dichte als Flüssigkeiten). Das führt zu Porositäten bei der Erstarrung. Die Volumenreduzierung nennt man gewöhnlich *Volumenschwund.* Wird dieser Schwund mit weiterem flüssigem Metall gefüllt, dann gibt es keine Porenbildung. Doch wenn es mit Luft oder einem anderen Gas gefüllt wird, dann treten Poren auf.

Die Reduzierung der Höhe in dem Metallkörper, der sich an der Kokillenform bildet (Bild 15.7), ist eine Folge des Volumenschwunds. Wenn die Restschmelze längs der Achse des Ingots erstarrt, erwartet man einen röhrenförmigen Hohlraum dort, wo man es auch beim Gießen von Zinnsoldaten beobachten kann. Nehmen

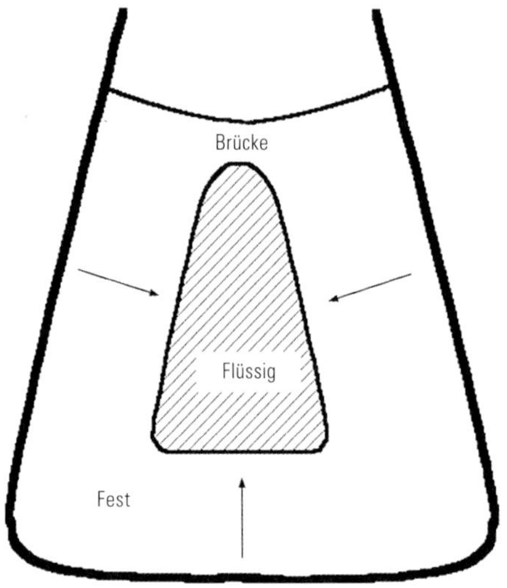

Bild 15.5 Eingeschlossene Schmelze führt zu Hohlraum-Porosität.

wir an, die Wände der Kokille laufen geneigt, so wie es auch im Bild 15.7 zu sehen ist. Wenn die Erstarrungsfront sich von den Wänden nach innen bewegt, bildet sich oben in der Mitte eine erstarrte Brücke, bevor die Restschmelze erstarrt. Das führt zu einer großen Schmelztasche innen im Ingot.

Nach der Erstarrung dieser gefangenen Schmelze verbleibt im Inneren eine große Pore. Diesen Typ einer Pore bezeichnet man als *Gusslunker.* Gusslunker stellen ein großes Problem beim Gießen dar. Man versucht, mit speziellen Nachfüllvorrichtungen und Speisern sicherzustellen, dass die noch flüssige Restschmelze sich nie unter der Oberfläche des Gussteils befindet.

Es gibt noch eine zweite Form der Porosität, die durch den Erstarrungsprozess hervorgerufen wird: die *Mikroporosität.* Die Mikroporosität ist eine Folge der speziellen Geometrie der Erstarrungsfront bei der dendritischen Erstarrung. Der Entstehungsmechanismus ist etwas kompliziert.

Betrachten wir die Dendriten Nr. 2 und 3 im Bild 15.2: Wie durch die beiden gestrichelten bogenförmigen Pfeile angedeutet, muss zwischen den Dendriten ein Strom von flüssigem Metall herrschen, um das Schwindmaß aufzufüllen, das durch die Erstarrung der Dendriten entsteht. Um diesen Schmelzenstrom zu ermöglichen, muss der Druck in der flüssigen Phase an den Spitzen der Dendriten höher sein als an der Dendritenbasis. Da der Druck an den Spitzen etwa dem Umgebungsdruck entspricht, muss der Druck an der Dendritenbasis unter dem Umgebungsdruck liegen. Daher befindet sich die interdendritische Schmelze nahe der Basis unter einem partiellen Vakuum.

Zum besseren Verständnis dessen, was das bedeutet, betrachte man folgendes Experiment: Ein Metall, das einen niedrigen Schmelzpunkt hat, wie zum Beispiel Blei oder Zinn, wird in einem kleinen Glasgefäß erhitzt. Wenn das Metall geschmolzen ist, wird die Öffnung des Glasgefäßes an eine Vakuumpumpe angeschlossen und die Luft aus dem Gefäß absaugt. Das reduziert den Druck über der Oberfläche der Schmelze und führt dort zu einem Vakuum. Dann kann man beobachten, dass sich an den Wänden des Glasgefäßes kleine Gasbläschen bilden. Das Gas, aus dem diese Bläschen bestehen, sind gasförmige Moleküle von Sauerstoff (O_2), Stickstoff (N_2) oder vielleicht auch Kohlenmonoxid (CO), die in der Schmelze gelöst waren.

Da die interdendritische Schmelze sich unter Vakuum befindet (an der Basis der Dendriten), ist es möglich, dass sich dort kleine Gasbläschen bilden. Das ist vor allem dann der Fall, wenn die Dendriten lang sind und die Schmelze große Mengen an gelösten Gasen aufweist. Da diese Gasbläschen ziemlich kleine Poren hervorbringen, nennt man diese Form der Porosität „Mikroporosität". Die Poren sind mit dem bloßen Auge auf polierten Metalloberflächen nicht zu erkennen. Typische Durchmesser sind etwa 5 bis 10 µm bei stängelförmigen Körnern und etwa 25 µm für globulitische Körner. Man kann sie allerdings leicht im Lichtmikroskop erkennen.

Im Gusszustand lassen sich Porositäten durch mechanische Verformung beseitigen, sofern die Porenwände noch nicht mit Oxiden belegt sind. Normalerweise oxidieren Mikroporen nicht. Gusslunker oxidieren nur dann, wenn sie offenporig sind, also Verbindung zur Außenatmosphäre haben. So wird der Hohlraum, wie er im Bild 15.7 zu sehen ist, nicht mit der äußeren Atmosphäre in Berührung kommen, so lange die Brücke nicht aufreißt. Ein röhrenförmiger Gusslunker in einem Ingot ohne erstarrte Brücke wird jedoch oxidieren.

Der größte Anteil der Porositäten, die durch die Erstarrung entstehen, kann durch eine Verformung beseitigt werden. Die Verformung muss so groß sein, dass sich die Porenwände berühren. Sie werden unter dem Druck der Verformung praktisch innerlich verschweißt.

Stahl ist ein ziemlich spezieller Fall, wenn es sich um die Ausbildung von Porositäten beim Erstarren handelt. Da die Schmelze stets einen gewissen Anteil an gelöstem Sauerstoff und Kohlenstoff enthält, bildet sich beim Abkühlen in der Regel Kohlenmonoxid (CO). Das ist ein uraltes Problem für jeden Stahlhersteller. Die Bildung von gasförmigem Kohlenmonoxid während der Erstarrung des Stahls wird im Allgemeinen kontrolliert durch den Gehalt an Sauerstoff in der Schmelze. Die Stahlhersteller stellen den Gehalt an gelöstem Sauerstoff ein, indem sie der Stahlschmelze Elemente beifügen, die selektiv Oxide bilden und dadurch den Sauerstoffgehalt in der Stahlschmelze reduzieren.

Die entstehenden Oxide fallen als kleine Einschlüsse an, die relativ harmlos sind. Die gebräuchlichen *Desoxidatoren* sind Aluminium und Silizium, die Aluminiumoxid (Al_2O_3) und Siliziumoxid (SiO_2) in Form von kleinen Einschlüssen bilden. Sie sammeln sich in der interdendritischen Schmelze des Stahl an. Wenn ein Stahlhersteller von einem Stahl als *Al-beruhigt* spricht, dann ist damit gemeint, dass Aluminium dem Stahl zur „Beruhigung" hinzugefügt wurde. „Beruhigt" deswegen, weil die Zugabe von Aluminium den Sauerstoffpegel soweit reduziert, dass keine CO-Gasblasen mehr entstehen. Im Englischen nennt man beruhigte Stähle „killed", so bedeutet AK „Aluminum Killed".

Normalerweise findet man immer einen gewissen Anteil an Mikroporosität im frisch erstarrten Stahl. Da aber die meisten Stähle noch umgeformt werden, stellt das kein ernstes Problem dar, da durch die Umformung die Poren geschlossen werden. Ein interessantes Ergebnis der Anwesenheit von Mikroporen ist, dass Ingots ohne sichtbaren zentralen Gusslunker erstarren können. Wenn das Volumen der Mikroporosität gleich dem Volumenschwund ist, erstarrt die Schmelze ohne Formänderung. Das tritt bei den kleinen Wootz-Ingots auf, die man zur Herstellung von Wootz-Damaszenerstahl verwendet.

Die Kernaussagen in Kapitel 15:

1. Im Allgemeinen haben Metalle im Gusszustand schlechtere Festigkeits- und Zähigkeitseigenschaften als umgeformte Metalle, also solche, die durch Schmieden, Walzen oder andere Prozesse, die mit einer Umformung der Gussstruktur einhergehen, verarbeitet wurden.
2. Es gibt drei Hauptfaktoren, die beim Erstarren zu diesen Unterschieden in den mechanischen Eigenschaften führen:
   a) Mikroseigerungen von Legierungselementen, Karbiden und Einschlüssen
   b) Gefüge (Korngröße, Kornform, Phasen im Gefüge)
   c) Grad der Porosität im Guss
3. Die *Erstarrungsfront*, die sich in einer Gussform von der Wand nach innen fortbewegt, ist nicht eben, sondern sie besteht aus einer Anordnung von *Dendriten*. Die baumförmigen Dendriten haben sehr kleine Stammdurchmesser in der Größenordnung eines menschlichen Haars. Diese Dendritenstruktur ist verantwortlich für den ersten und dritten Faktor der unter Punkt 2 beschriebenen Auflistung und kann auch den zweiten Faktor beeinflussen.
4. Es entstehen *Mikroseigerungen*, da der Stahl im festen Zustand nicht annähernd so viel an Verunreinigungen lösen kann wie die Schmelze. Daher neigen die Verunreinigungen dazu, in die flüssigen Bereiche zwischen den Dendriten zu wandern. Da die Dendritenabstände in der Größenordnung von Mikrometern (Bruchteile von mm) liegen, ist die Seigerung auf diese kleine Länge beschränkt, daher die Bezeichnung Mikroseigerung. Man braucht ein Mikroskop, um diese zu sehen.
5. Die Mikroseigerungen können zu unterschiedlichen Effekten im Stahl führen. Erstens sind keine *Primärkarbide* in Stählen mit weniger als 2,1% C zu erwarten. Primärkarbide sind jene Karbide, die sich direkt aus der Schmelze bilden, im Gegensatz zu den *Sekundärkarbiden*, die sich aus dem Austenit beim Abkühlen unter A_{cm} oder A_1 bilden. Mikroseigerungen können bewirken, dass sich Primärkarbide bei Zusammensetzung mit deutlich weniger als 2,1% C bilden, insbesondere bei legierten Stählen.
   Zweitens führen Mikroseigerungen zu den *zeiligen Strukturen*, die typisch für langsam abgekühlte Stähle sind. Diese Strukturen entstehen durch einen komplexen Mechanismus, der auch mit dem Einfluss der Mikroseigerung der Legierung oder Verunreinigungen auf die Härtbarkeit verknüpft ist. Drittens sind, im Unterschied zum Schweißdamast, die attraktiven Muster auf der Oberfläche von „echtem" Damast (Wootz) auch eine Folge der Bänderstrukturen infolge Mikroseigerungen.
6. Körner, die von der Wand nach innen wachsen und die eine längliche Gestalt besitzen, nennt man stängelförmig gewachsen. Es ist auch möglich, dass Körner aus erstarrtem Material vor diesen stängelförmig gewachsenen Körnern noch in der Schmelze ankeimen und sich gleichachsig, oder globulitisch, ausbilden. Stängelförmige Körner treten of in Schweißmetall und Hartloten auf und können dort zum Problem werden, da stängelförmiges Korn verringerte Zähigkeit besitzt. In umgeformten

Metallen stellen sie kein großes Problem dar, da Warmumformung dazu führt, dass sie sich zu kleinerem Korn umkristallisieren. Bei Stählen im Gusszustand ist dieses Problem auch von geringerer Bedeutung, da bei der Abkühlung die ursprünglichen Austenit- oder Ferrit-Dendriten bei der A_1-Umwandlung bei Stählen durch neue Ferritkörner ersetzt werden. Dieses tritt nicht auf bei vielen Aluminium- und Kupferlegierungen, bei denen es keine derartige Umwandlung gibt.

7. Gusswerkstoffe weisen oft Stängelkristallite mit Wachstumsrichtung von der Kokillenwand nach innen auf und im Zentrum des Gussblocks annähernd globulitische Körner. Der Übergangsort von Stängel- zu globulitischem Wachstum wird mit CET bezeichnet. Wenn CET in der Nähe des Zentrums der Erstarrung liegt, nennt man den Guss *hautbildend*, die Körner sind dann stängelförmig. Tritt CET in Wandnähe auf, dann nennt man den Guss *breiig erstarrend*. Dann sind die entstehenden Körner globulitisch. Wenn der Guss in seinem Ausgangszustand weiterverwendet werden soll, so ist im Hinblick auf Zähigkeitseigenschaften die breiige Erstarrung vorzuziehen.
8. Die Erstarrung kann zu zwei Arten von Porositäten führen. Porosität ist eine Folge der Tatsache, dass ein Festkörper, der aus einem gegebenen Volumen an Schmelze erstarrt, weniger Raum einnimmt. *Gusslunker* kommen daher, dass die Restschmelze von erstarrtem Material eingeschlossen wird, was oft der Fall ist, wenn sich über dieser Restschmelze eine Brücke schließt. Solche Poren sind größer als ein Millimeter. Man kann sie vermeiden durch entsprechende Auslegung der Gießmethode. *Mikroporosität* wird hervorgerufen durch das Problem, Schmelze in die kleinen Zwischenräume zwischen den erstarrenden Dendriten einzubringen. Dieser Typ Porosität ist charakterisiert durch Porengrößen zwischen 10 und 25 µm. Das Ausmaß dieser Porosität kann verkleinert werden durch Abbindung von Gasen, die in der Schmelze gelöst sind, oder durch Druckguss. Am ehesten tritt dies bei breiig erstarrenden Legierungen auf. Bei einigen Aluminiumlegierungen und Bronzen kann das Problem so stark sein, dass gegossene Bauteile nur schwer gasdicht hergestellt werden können.
Beide Arten der Porosität können durch Warmumformung beseitigt werden. Sie muss stark genug sein, um die Hohlstellen zu schließen. Voraussetzung ist, dass die Wände der Poren nicht durch Luftkontakt oxidiert sind. Die nicht oxidierten Wände werden einfach verschweißt, so wie es auch beim Verschweißen der einzelnen Lagen von Schweißdamaststahl für Messerklingen der Fall ist.

KAPITEL 16
Gusseisen

Gusseisen unterscheidet sich von hoch kohlenstoffhaltigen Stählen in mehrfacher Hinsicht, vor allem in den beiden folgenden Aspekten:

- Man kann Gusseisen bei der Wärmebehandlung nie 100-prozentig austenitisch darstellen.
- Die neben dem Austenit auftretende zweite Phase ist normalerweise Graphit statt wie bei Stählen Zementit (Fe_3C).

Zum besseren Verständnis des ersten Punkts betrachten wir wieder die Erstarrung einer Legierung Fe-1,8%C, wie sie mit Hilfe des Bilds 15.3 bereits in Kapitel 15 diskutiert wurde. Dort wurde ausgeführt, dass die interdendritische Schmelze an der Basis der Dendriten auf einen Kohlenstoffgehalt von 4,3%, also die eutektische Zusammensetzung, kommt, und dort die Temperatur auf 1148°C abfällt. Aus der Schmelze bildet sich mit Zementit (Fe_3C) eine eutektische Mischung von Austenit und Zementit aus.*

Bei der Abkühlung auf 1100°C kann sich dieses Zementit (Fe_3C) in den Austenitdendriten lösen, so dass sich einphasiger Austenit bei dieser Temperatur ausbilden kann (Kreis im Bild 15.3). Erhöht man jedoch den Kohlenstoffgehalt in der Ausgangslegierung auf Werte oberhalb von 2,1%, so kann man kein 100-prozentig austenitisches Gefüge mehr erzeugen. So muss zum Beispiel eine Legierung mit 2,5% C bei Abkühlung auf 1000°C (offener Kreis in Bild 16.1) im Zweiphasengebiet liegen und aus Austenit+Fe_3C bestehen. Wie auch bei Gusseisen kann diese Legierung bei Erwärmung bis zum Schmelzpunkt bei 1148°C nicht zu 100% austenitisch sein.

Der zweite Punkt besagt, dass sich in den meisten Gusseisen Graphit bildet. Graphit ist eine kristalline Form des Kohlenstoffs. Er ist ziemlich weich und sehr leicht zu brechen. Seine Anwesenheit führt normalerweise zu drastischen Abfällen der Zähigkeit von Grauguss, jedoch nicht bei Gusseisen mit Kugelgraphit, was später noch behandelt werden wird.

Wie im Kapitel 10 erwähnt, stellt das Eisen-Kohlenstoff-Phasendiagramm, wie es in Kapitel 3 vorgestellt wird und wie es im Bild 15.3 zu sehen ist, nicht wirklich ein Gleichgewichtsdiagramm dar. Streng genommen müsste man das im Bild 15.3 ge-

*Wenn Schmelzen mit eutektischer Zusammensetzung erstarren, scheiden sich normalerweise die beiden festen Phasen an den Endpunkten der horizontalen eutektischen Linie (hier Austenit bei 2,11% C und Fe_3C) nebeneinander als Paar aus der Schmelze ab. Wenn sich jedoch eine feste Komponente vor der anderen ausbildet, nennt man das ein *geschiedenes Eutektikum*.

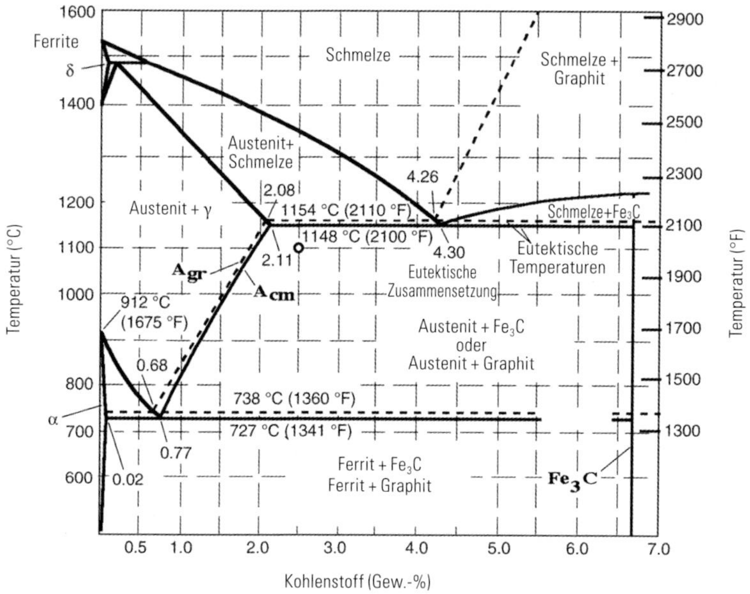

Bild 16.1 Kombiniertes Schaubild Eisen-Graphit und Fe-Fe_3C. Quelle: Literaturstelle 16.1

zeigte Diagramm als Fe-Fe_3C-Diagramm bezeichnen. Denn es sagt aus, dass sich bei hohen Kohlenstoffgehalten die Verbindung Fe_3C im Austenit bildet. Es existiert noch ein zweites Phasendiagramm, das Eisen-Graphit-Diagramm heißt und tatsächlich das Gleichgewichtsphasendiagramm darstellt.

Im Bild 16.1 sind beide Diagramme überlagert. Die gestrichelten Linien beziehen sich auf das Eisen-Graphit-Diagramm. Man beachte, dass das Fe-Fe_3C-Eutektikum bei 1148°C auftritt, das Eisen-Graphit-Eutektikum aber erst bei 1154°C, also bei 6°C höherer Temperatur. Das bedeutet, dass man aus Eisen-Kohlenstoffschmelzen zwischen 1054°C und 1149°C Graphit herstellen kann, jedoch kein Fe_3C. Daher ist der Graphit eine stabilere Phase. Und somit ist in Eisen-Kohlenstofflegierungen Fe_3C eine metastabile Phase.

Bei der Abkühlung von reinem, hoch kohlenstoffhaltigem Austenit kann sich bei den höheren Temperaturen (durch die A_{gr}-Linie dargestellt) eher Graphit bilden als Fe_3C (siehe im Vergleich die A_{cm}-Linie). Somit sollte man den stabileren Graphit erwarten, wenn man Stahl mit hohem Kohlenstoffgehalt, wie zum Beispiel 1095 oder 52100, unterhalb A_{gr} und A_{cm} abkühlt. In Stählen bildet sich jedoch nur selten Graphit. Es tritt fast immer die metastabile Verbindung Fe_3C auf, besonders wenn karbidbildende Legierungselemente wie Chrom anwesend sind.

Die atomare Bewegung, die für die Graphitbildung sowohl aus der Schmelze als auch aus dem Austenit erforderlich ist, ist viel komplexer als bei der Bildung von Fe_3C. Deshalb entsteht zuerst Fe_3C, das für die meisten industriellen Anwendungen stabil genug ist.

Graphit kann sich in Stählen bilden. In diesem Fall nennt man den Stahl graphitisiert. Graphitisierung tritt auf, wenn man Stähle bei hohen Temperaturen über Monate und Jahre hinweg hält, wie es zum Beispiel in Dampfleitungen vorkommt. Die Graphitbildung in Stählen spielt im Allgemeinen keine praktische Rolle, sie ist jedoch für die Herstellung und Wärmebehandlung von Gusseisen von Bedeutung.

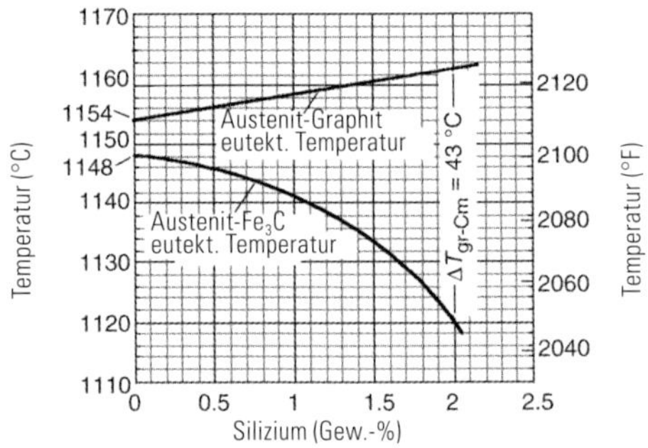

Bild 16.2 Änderung der eutektischen Temperaturen von Graphit und Fe_3C mit steigendem Si-Gehalt von 0 bis 2%. Quelle: Literaturstelle 16.2

16.1 Grauguss und weißes Gusseisen

Gusseisen sind ternäre Legierungen des Typs Fe+C+Si. Es gibt vier Hauptgruppen von Gusseisen. Ihre Zusammensetzungen sind in der Tabelle 16.1 aufgeführt. Grauguss und weißes Gusseisen werden zuerst behandelt, danach schmiedbares und dann duktiles Gusseisen. In Gusseisen tritt eine eutektische Reaktion an der Basis der Austenit-Dendriten auf.

In Grauguss tritt das Graphit-Eutektikum auf, und das führt zu Kohlenstoff, der hauptsächlich als Graphit vorliegt. Bei den weißen Gusseisen tritt das Fe_3C-Eutektikum auf. Hier ist der Kohlenstoff an den Zementit gebunden, wie in der letzten Spalte der Tabelle 16.1 vermerkt ist. Durch Zusatz von Silizium wird die Ausbildung von Graphit gefördert, vor allem die Entstehung aus der Schmelze. Allerdings wäre es korrekter zu sagen, dass Silizium die Bildung von Fe_3C unterdrückt.

Zur Erklärung betrachten wir die Daten im Bild 16.2. Die Zugabe von Silizium senkt die Temperatur des Eutektikums aus Austenit und Fe_3C ab, während gleichzeitig die Temperatur des Eutektikums aus Austenit und Graphit erhöht wird.

Um zu verstehen, wie das die Graphitbildung in Gusseisen beeinflusst, rufen wir uns noch einmal die Diskussion über die Bedeutung der A_3 und A_{r3}-Temperatur aus Kapitel 3 (Bild 3.10) ins Gedächtnis: Im Phasendiagramm gibt die A_3-Linie die Temperatur an, bei der man die Ausscheidung (Bildung) von Ferrit aus dem Austenit beim Abkühlen erwartet. In der Praxis bildet sich Ferrit allerdings immer bei einer

Gusseisen	%C	%Si	%Mn	%S	%P	C-Modifikation
Grauguss	2,50-4,00	1,00-3,00	0,40-1,00	0,05-0,25	0,05-1,00	Graphit
Weißes Gusseisen	1,80-3,60	0,50-2,00	0,20-0,80	0,06-0,20	0,06-0,18	Fe_3C
Schmiedbares Gusseisen	2,00-2,60	1,10-1,60	0,20-0,80	0,06-0,20	0,06-0,18	Graphit
Duktiles Gusseisen	3,00-4,00	1,80-2,80	0,20-0,90	max. 0,03	max. 0,10	Graphit

Tabelle 16.1 Die vier Hauptarten von Gusseisen.

niedrigeren Temperatur, der A_{r3}-Temperatur.

Die Messwerte für einen 1018er Stahl im Bild 3.10 zeigen, dass die Umwandlung in Ferrit erst auftritt, wenn der Austenit auf eine Temperatur abgekühlt ist, die 62°C unter der A_3-Temperatur liegt. Diese Temperaturdifferenz von 62°C=(A_3-Ar_3) nennt man häufig auch *Unterkühlung*. Sie gibt an, wie stark man den Austenit unter die Gleichgewichts-Umwandlungstemperatur (gemäß Phasendiagramm die A_3-Linie) abkühlen muss, um die Ferritumwandlung in Gang zu setzen. Bei schnellerer Abkühlung sinkt A_{r3}. Das wiederum bedeutet, dass man noch weiter unterkühlen muss, um die Ferritbildung einsetzen zu lassen. Bei langsamerer Unterkühlung tritt das Gegenteil auf.

Betrachten wir nun die Erstarrung einer Legierung Fe-3,5% C mit 2% Si. Bild 16.2 zeigt, dass bei dieser Legierung zwei eutektische Temperaturen auftreten: 1163°C, wenn sich Graphit bildet, und 1120°C, wenn sich Fe_3C bildet. Bei fortschreitender Erstarrung reichert sich die interdendritische Schmelze mit Kohlenstoff an, während die Temperatur abfällt, bis sich das eine oder andere dieser beiden Eutektika ausbildet. Die beiden Eutektika stehend zueinander in Konkurrenz, welches sich zuerst bildet. Diese Konkurrenz beinhaltet drei wichtige Faktoren:

1. Beide Eutektika benötigen eine Unterkühlung unter ihre eutektische Temperatur (siehe Bild 16.2), damit sie sich aus der interdendritischen Schmelze bilden.
2. Genau wie im Fall der Unterkühlung für die Bildung von Ferrit aus Austenit steigt das Ausmaß der Unterkühlung bei erhöhten Abkühlraten an.
3. Die für das Eutektikum Austenit-Fe_3C notwendige Unterkühlung ist geringer als die, die für die Bildung des Eutektikums Austenit-Graphit notwendig ist.

Betrachten wir den Fall, in dem die interdendritische Schmelze auf 1130°C abgekühlt wurde und sich noch keines der beiden Eutektika gebildet hat. Danach wird die Schmelze um 33°C (von 1163°C auf 1130°C) zur Bildung des Graphit-Eutektikums abgekühlt. Dabei tritt noch keine für das Fe_3C-Eutektikum relevante Unterkühlung auf, da die Schmelzentemperatur noch nicht unter 1120°C gefallen ist. Das Fe_3C-Eutektikum kann sich also noch gar nicht bilden. Wenn die Unterkühlung so groß ist, dass sich das Graphit-Eutektikum bildet, dann erhält man Grauguss.

Betrachten wir nun eine schnellere Abkühlung. Sie erfolgt um so viel schneller, dass die Unterkühlung, die für die Bildung des Graphit-Eutektikums notwendig ist, auf 53°C ansteigt. Das bedeutet, dass sich das Graphit-Eutektikum erst dann bildet, wenn die interdendritische Schmelze auf 1110°C (1163°C-53°C) abgekühlt ist. Bei 1110°C jedoch ist die Unterkühlung 10°C tiefer als für die Bildung des Fe_3C-Eutektikums notwendig (1120°C). Da man nur eine geringe Unterkühlung von weniger als 10°C zur Bildung des Fe_3C-Eutektikums braucht, wird das Gusseisen als weißes Gusseisen erstarren.

Dieses Beispiel erklärt, warum ein Gusseisen mit einer gegebenen Zusammensetzung einmal als weißes Gusseisen (bei schneller Abkühlung) und einmal als Grauguss (bei langsamer Abkühlung) vorliegen kann. Es zeigt auch, weshalb Siliziumzugabe die Bildung des Graugusses fördert.

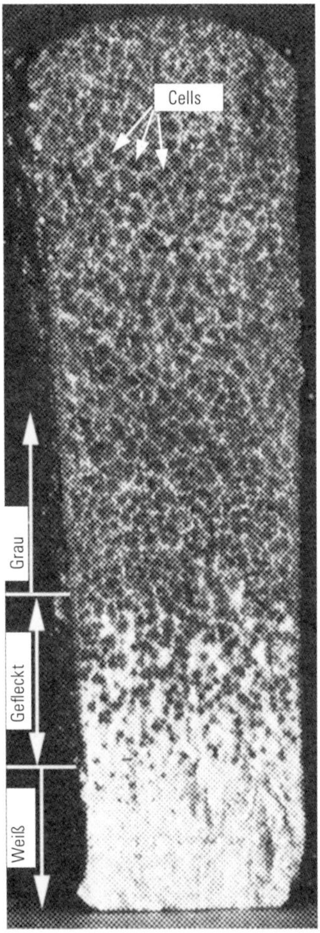

Bild 16.3 Kokillenguss mit weißen, grauen und gefleckten Zonen.

Die Temperaturdifferenz $\Delta T_{gr\text{-}cm}$ aus Bild 16.2 fällt von 43°C bei einem Siliziumgehalt von 2% auf nur 6°C bei einem Siliziumgehalt von 0% (von 1154 auf 1148°C). Ohne Silizium ist es viel wahrscheinlicher, dass die interdendritische Schmelze unterhalb der Temperatur des weißen Eutektikums unterkühlt, bevor sich das Graphit-Eutektikum gebildet hat.

Gießereifachleute kennen ein einfaches Experiment, das auf eindrucksvolle Weise den Effekt der Abkühlgeschwindigkeit bei der Bildung von weißem Gusseisen zeigt: Das geschmolzene Metall wird in eine kleine Sandform gegossen, deren Boden aus einer Gusseisenplatte besteht. Diese Anordnung nennt man *Chill-Test-Abguss*, denn die Bodenplatte bewirkt eine schnelle Abkühlung am Boden, wo die Schmelze mit der Platte in Kontakt kommt. Mit zunehmender Erstarrung nach oben verringert sich die Erstarrungsgeschwindigkeit.

Man kann den Übergang von weißem Gusseisen zu Grauguss gut sehen, wenn man einfach die Probe entlang der Vertikalebene bricht. Aus Gründen, die später behandelt werden, erscheint die Bruchfläche von weißem Gusseisen weiß und die von Grauguss grau. Wie im Bild 16.3 zu sehen ist, lässt sich der Übergang von weiß zu grau im Bruchbild gut erkennten. Die Höhe über der Abkühlebene heißt *Chill-Tiefe*. In der Übergangszone liegt eine Mischung von weiß und grau vor. Solche Gebiete heißen *gesprenkelt* oder *gefleckt*.

Erhöht man den Siliziumgehalt des Gusseisens, nimmt die Chill-Tiefe ab. Das Hinzufügen bestimmter chemischer Elemente, das Impfen von flüssigem Eisen in der Gießpfanne unmittelbar vor dem Abguss, erniedrigt ebenfalls die Chill-Tiefe. Die Impfstoffe bilden kleine feste Teilchen in der Schmelze, wodurch die Bildung des Graphit-Eutektikums begünstigt wird. Dadurch wird die erforderliche Unterkühlung zu seiner Bildung abgesenkt. Das heißt, es kann sich auch bei schnelleren Abkühlraten bilden. Das wirksamste Impfmittel ist Kalzium. Wahrscheinlich – man ist sich da aber nicht sicher – geht die Wirkung darauf zurück, dass sich kleine Sulfidpartikel mit

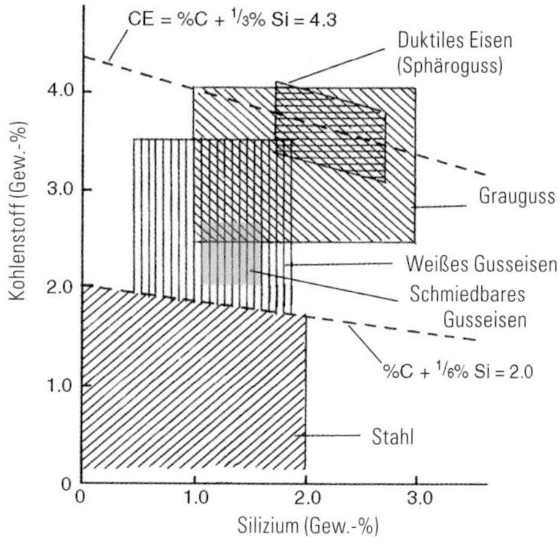

Bild 16.4 Bereiche des Kohlenstoff- und Siliziumgehalts verschiedener Gusseisen und siliziumhaltiger Stähle.

den Schwefelverunreinigungen der Schmelze bilden.

Bild 16.4 zeigt eine graphische Darstellung der C- und Si-Gehalte der unterschiedlichen in Tabelle 16.1 aufgelisteten Typen von Gusseisen. Die Hersteller von Gusseisen beziehen sich oft auf das Kohlenstoffäquivalent (CE für carbon equivalent) des Gusseisens. Dieses ist definiert als:

$$CE = \%\,C + \frac{1}{3}\,Si$$

Im Bild 16.4 gibt die oben eingezeichnete gestrichelte Linie die Lage aller Gusseisen mit CE=4,3% wieder. Nehmen wir an, eine solche Legierung enthält 0% Si. Dann besteht sie aus Fe+C, und sie ist in Bild 16.1 bei % C=4,3 einzutragen. Aus Bild 16.1 entnimmt man, dass diese Zusammensetzung genau der eutektischen Zusammensetzung von Fe-Fe_3C-Legierungen entspricht und auch sehr nahe bei der eutektischen Zusammensetzung der Eisen-Graphit-Legierungen liegt.

Die gestrichelte Linie im Bild 16.1 ist ein sehr guter Anhaltspunkt dafür, wie sich diese eutektischen Legierungen ändern, wenn man den Siliziumgehalt von Eisen-Kohlenstoff-Legierungen erhöht. Im Allgemeinen gilt, dass der Anteil an Austenitdendriten sehr klein ist, wenn ein Gusseisen eine Zusammensetzung in der Nähe des Eutektikums hat.

Das bedeutet, dass ein größerer Anteil der Schmelze dendritisch erstarrt, wenn der CE-Wert eines Gusseisens weiter unterhalb des Werts von 4,3% fällt. In ähnlicher Weise steigt, wenn der CE-Wert sich der Marke von 4,3 nähert, der Anteil von Material, der aus der Schmelze als eutektische Mischung von Austenit+Graphit bei Grauguss oder Austenit+Fe_3C in weißem Gusseisen erstarrt.

Im Folgenden werden die Formen der erstarrten Eutektika diskutiert, die sich in Grauguss und weißem Gusseisen ausbilden. Wir nehmen an, dass das Gusseisen einen CE-Wert von unter 4,3 % besitzt, so dass beim Erstarren zuerst Austenitdendriten entstehen. Die oberste Zeile der Tabelle 16.2 zeigt eine einfache schematische Übersicht (in den ersten beiden Spalten) der Entwicklung des Gefüges während der Erstarrung von Grauguss.

Das Austenit-Graphit-Eutektikum keimt an verschiedenen Stellen in der interdendritischen Schmelze. Danach wächst es nach außen kugelförmig weiter. Wie in der ersten Spalte der oberen Zeile zu sehen ist, wachsen diese Kugeln um die Dendriten herum und umhüllen sie. Normalerweise wachsen sie auf Dimensionen an, die größer sind als die Dendritenabstände.

In der gefleckten Region in Bild 16.3 sind viele dieser kugelförmigen grauen Bereiche zu sehen. Sie wurden in dem weißen

Grauguss

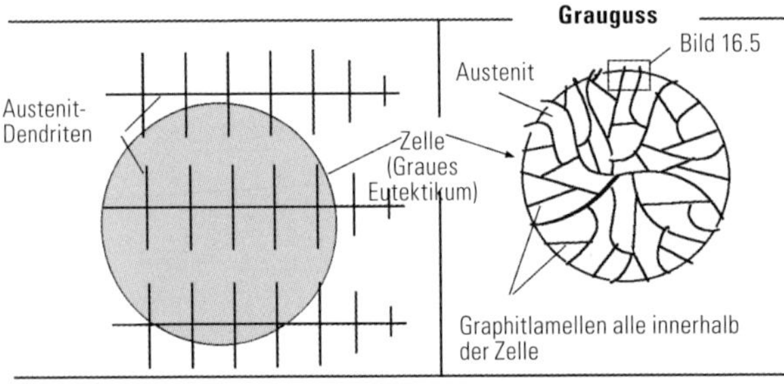

Impfung	Eigenschaften
Ein Impfmittel, aktives Element = Ca	Geringe Festigkeit und Zähigkeit
Hoher Ca-Gehalt -> mehr kleine Zellen	Hohe Wärmeleitfähigkeit

Weißes Gusseisen

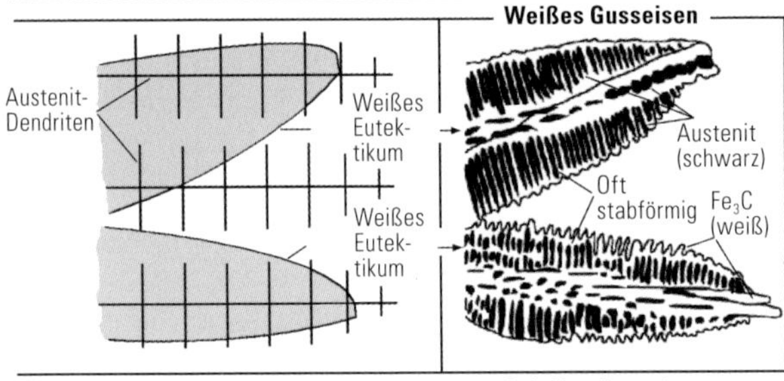

Impfung	Eigenschaften
Keine Impfung	Sehr spröde
	Sehr hart, hoher Verschleißwiderstand

Duktiles Gusseisen

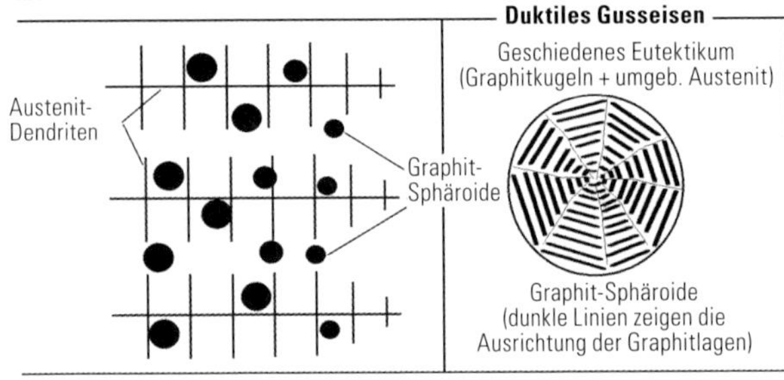

Impfung	Eigenschaften
Zwei Impfungen: • Mg – um den Graphit kugelförmig zu machen • Ca – zur Erreichung einer hohen Dichte der Sphäroide	Nach Wärmebehandlung moderate Festigkeit und Zähigkeit
Erfordert geringe Verunreinigung mit Schwefel	Sphäroide nicht verbunden, daher niedrige Wärmeleitfähigkeit und verbesserte Zähigkeit im Vergleich zu Gusseisen

Tabelle 16.2 Schematische Übersicht der Gefügeentwicklung während der Erstarrung von Gusseisen mit einem CE unterhalb von 4.3.

Gusseisen, das sie umgibt, gefangen. In vollständig grau erstarrtem Gusseisen sind die Kugeln so weit gewachsen, bis sie einander berührten. Jedes dieser Gebiete nennt man *Zelle*. Einige dieser Zellen sind in Bild 16.3 oben durch Pfeile markiert. An der Erstarrungsfront zwischen den kugeligen Zellen und der Schmelze wachsen sowohl lamellenförmiger Graphit als auch Austenit zusammen in die Schmelze – als eine Art gekoppeltes eutektisches Wachstum.

Bild 16.5 zeigt eine echte Wachstumsfront, die durch Abschrecken eingefroren wurde. Die Lamellen sind von Austenit bedeckt, bis fast in die gerade noch hervorschauenden Spitzen. Da die Probe abgeschreckt wurde, erstarrte die Schmelze, die die kugelförmigen wachsenden Zellen umgab, rasch zu weißem Gusseisen. Die feste Wachstumsfront des Austenit-Graphit-Eutektikums blieb erhalten.

Das Gefügebild im Bild 16.5 veranschaulicht die typische Form des sogenannten Graphits Typ A in Grauguss. Das ist die am häufigsten vorkommende Graphitform bei Grauguss, der in Sandformen abgegos-

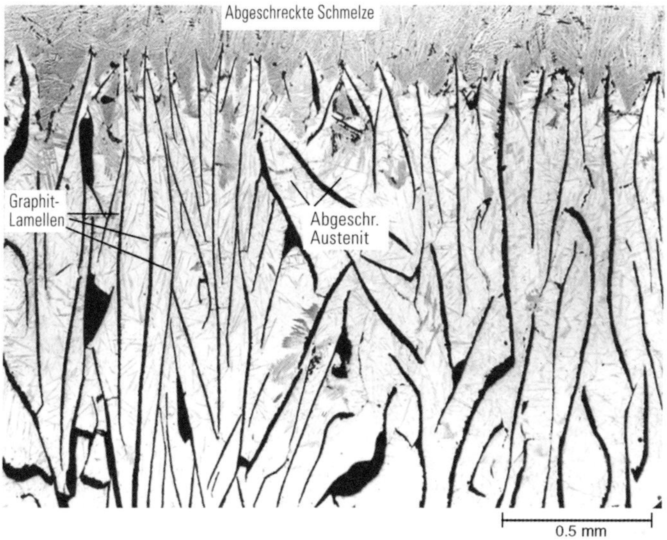

Bild 16.5 Lichtmikroskopische Gefügeaufnahme des Hineinwachsens des Austenit-Graphit-Eutektikums in die Schmelze an der Grenzschicht Zelle-Schmelze. Originalvergrößerung: 40-fach

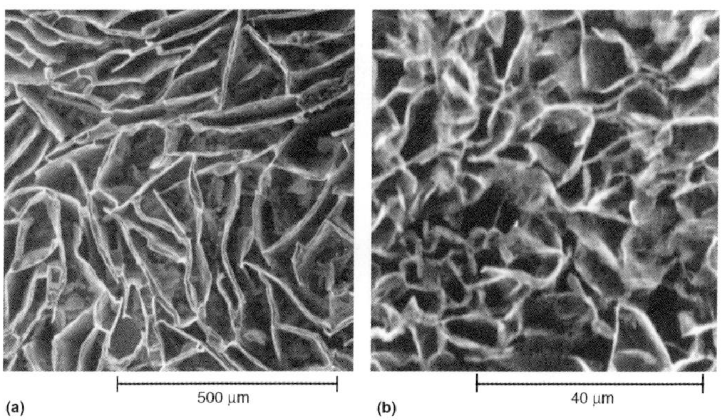

Bild 16.6 SEM-Gefügeaufnahme von tiefengeätztem grauem Gusseisen (3,5%C, 2%Si).
(a) Typ A (Flocken). Originalvergrößerung 75-fach, (b) Typ D. Originalvergrößerung: 1000-fach. Quelle: Lit. 16.4

sen wurde. Grauguss, der schneller erstarrt ist, kann feinere Graphitverteilungen aufweisen. Diese sind durch ASTM International in die Kategorien B bis E eingeteilt. Ein Vergleich der Strukturen aller Typen von A bis E ist in der Literaturstelle 16.3 (Seiten 820, 874) zu finden.

Bild 16.6 zeigt SEM-Gefügeaufnahmen eines Gusseisens Typ A und Typ D. Das sind die gebräuchlichsten Arten von Grauguss. Typ D bildet sich bei dünnen Querschnitten, die schnell abkühlen. Typ A bildet sich in dickeren und langsamer abkühlenden Querschnitten. Die Proben wurden

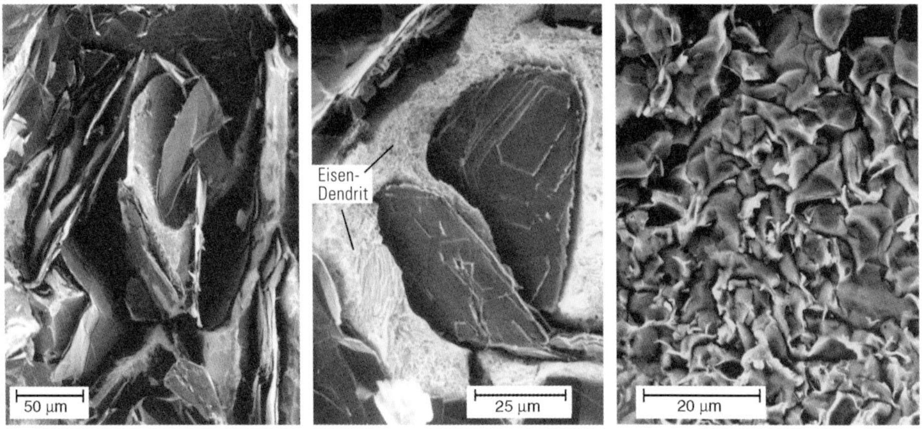

(a) (b) (c)

Bild 16.7 Bruchflächen von Grauguss mit 3,5%C und 2%Si als SEM-Gefügeaufnahme. (a) Typ A (Flocken). Originalvergrößerung 220-fach, (b) Typ A (Flocken) an einem Dendriten. Originalvergrößerung 600-fach. (c) Typ D. Originalvergrößerung 1000-fach. Quelle: Literaturstelle 16.4

zunächst spiegelpoliert und dann in Salzsäure gelegt, die das zwischen den Graphitlamellen liegende Eisen auflöst. Damit zeigen die Gefügeaufnahmen, wie sich der Graphit unterhalb der Oberfläche ausbreitet. Zu beachten ist, dass die Originalvergrößerung bei dem Graphit Typ D in Bild 16.6 (b) 13 Mal größer ist als bei Typ A in Bild 16.6 (a). Das illustriert die geringeren Abstände und die geringere Dicke der Lamellen beim Graphit vom Typ D.

Graphit ist ein relativ weiches Material. Seine Anwesenheit im Grauguss bewirkt in solchen Eisenwerkstoffen einige nützliche Eigenschaften – darunter guter Widerstand gegen Gleitverschleiß, hervorragende Bearbeitbarkeit und sehr gute Dämpfung, etwa 25 bis 100 Mal besser als ein 1080er Stahl (siehe Literaturstelle 16.4, S. 435).

Ein sehr wichtiges Merkmal bei Grauguss ist, dass in jeder Zelle alle Graphitlamellen miteinander verbunden sind, so wie die Äste an einem Baum. Dieses Merkmal ist ziemlich gut in dem Gefügebild von tiefgeätzten Eisenwerkstoffen (Bild 16.6) zu erkennen. Die Tatsache, dass die Graphitpartikel verbunden sind, führt zu starken Auswirkungen auf die thermischen und mechanischen Eigenschaften von Grauguss.

Die thermische Leitfähigkeit von Graphit ist in Richtung der Ebenen der Lamellen sehr hoch, in der Größenordnung der Leitfähigkeit von reinem Kupfer. Demzufolge leitet Grauguss Wärme besser als Stahl. Die geringe Festigkeit der Graphitlamellen, besonders quer zur Lamellenebene, übt einen starken Einfluss auf die mechanischen Eigenschaften aus. Grauguss weist nur begrenzte Duktilität auf und neigt bei schlagender Beanspruchung zum Bruch. Die Bruchfläche hat eine ausgeprägt graue Farbe, denn im Grunde genommen besteht sie aus Graphit – außer dort, wo die Spitzen der Austenitdendriten durchkommen.

Diese Eigenschaften sind in den SEM-Bildern der Bruchoberflächen von

ASTM (A 48 Klass.)	Zugfestigkeit MPa	ksi	Druckfestigkeit MPa	ksi	Brinellhärte HB	Rockwell-Härte HRC
20	152,0	22,0	572,0	83,0	156	2 (aus HB umgerechnet)
30	214,0	31,0	752,0	109,0	210	16 (aus HB umgerechnet)
40	293,0	42,5	965,0	140,0	235	22
50	362,0	52,5	1131,0	164,0	262	27
60	431,0	62,5	1296,0	188,0	302	30

Tabelle 16.3 Typische Eigenschaften von Proben aus Grauguss.

Graphit Typ A dargestellt (Bilder 16.7(a) und 16.7(b)). Gefügebild (a) zeigt, wie die relativ großen Lamellen durch die Bruchspannung delaminiert wurden, in Bündel paralleler Blätter. Graphit hat ähnlich wie Glimmer die Tendenz, in einzelne Plättchen entlang gewisser Kristallebenen zu delaminieren. Diese Ebenen heißen *Basisebenen*. Sie liegen im Gusseisen vomTyp A entlang der Lamellenebenen.

In Gefügebild (b) befindet sich die Bruchzone an einem Eisendendriten (Hinweis: Die beiden Graphitlamellen in der Mitte zeigen sehr anschaulich den Aufbau der Graphitlamellen aus Stapeln dünner Blättchen, analog dem Aufbau von Glimmer. Dieser Aufbau aus Blättchen führt dazu, dass die Festigkeit in Querrichtung zu den Blättchen so schlecht ist). Bei der Bruchfläche des Dendriten in Bild 16.7 (b) ist die weiße Oberfläche des Eisendendriten charakteristisch für ein Bruchbild mit zusammengewachsenen Mikroporen, wie früher schon im Kapitel 5 anhand des Bilds 5.12 diskutiert wurde.

Bild 16.7 (b) zeigt auch, wie die Graphitlamellen um die Dendritenäste herumgewachsen sind. Der Gesamteindruck der Bruchoberfläche erscheint grau, da die gebrochenen Graphitlamellen über die gebrochenen Eisendendriten hinausragen, und weil die Dendriten nur einen kleinen Anteil des Graugusses ausmachen. Bild 16.7 (c) zeigt die Bruchfläche eines Eisens vom Typ D. Im Grunde ist sie der Bruchfläche bei Typ A ähnlich, außer dass alle gebrochenen Graphitlamellen die kleineren Abstände und Lamellendicken in diesen Eisensorten widerspiegeln. Das ist eine Folge der schnelleren Erstarrung.

Grauguss wird oft nach einem System von ASTM mit Zahlen zwischen 20 und 60 unterteilt, wie in der linken Spalte der Tabelle 16.3 zu sehen ist. Der Zahlencode entspricht etwa den Zugfestigkeiten (ksi-Einheiten). Die Härte von Grauguss wird normalerweise immer in Härtewerten nach Brinell angegeben. Der große Kugel-Eindringkörper des Brinellverfahrens liefert viel bessere Mittelwerte der Eisen- und Graphitstruktur als die viel kleineren Eindringkörper, die beim Verfahren Rockwell C oder B zum Einsatz kommen.

Die in der letzten Spalte ausgewiesenen HRC-Werte wurden mit Hilfe der Tabelle 5.2 aus den gemessenen HB-Werten umgerechnet. Das ist hilfreich für diejenigen, die gewohnt sind, in HRC zu denken und es schwierig finden, Härtevergleiche in anderen Systemen anzustellen.

Die Daten aus Tabelle 16.3 zeigen, dass Grauguss wesentlich höhere Festigkeit bei Druckbelastung aufweist als bei Zugbelastung. Das ist eine direkte Folge der gerin-

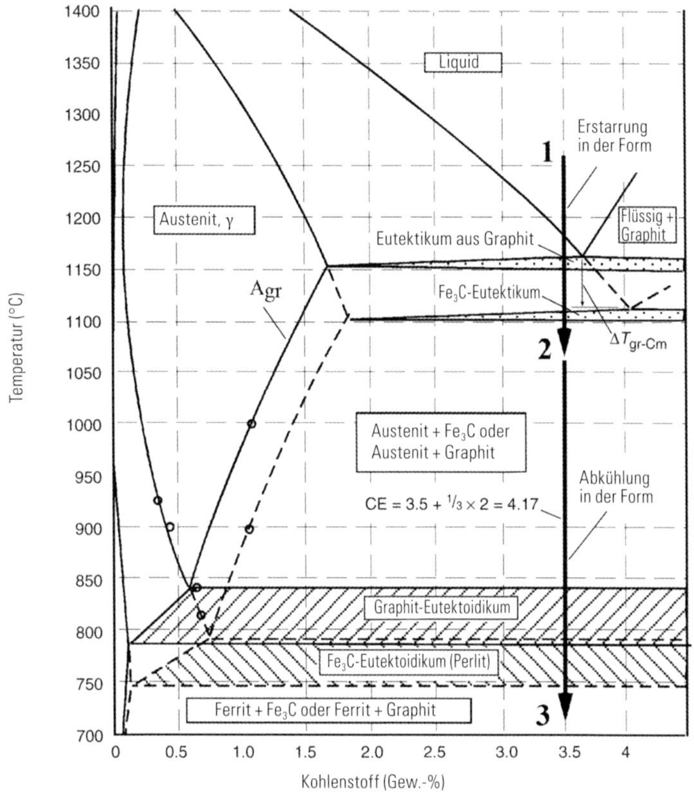

Bild 16.8 Vertikale Schnitte im Fe-C-Si-Phasendiagramm bei 2% Si. Das stabile Graphitsystem ist dargestellt durch ausgezogene Linien, das nichtstabile Fe_3C-System durch gestrichelte Linien.

gen Festigkeit der Graphitlamellen und der Tatsache, dass sie miteinander verbunden sind. Es erklärt auch, weshalb Grauguss meist dann eingesetzt wird, wenn die Belastung im Betrieb hauptsächlich als Druckbelastung auftritt und nicht als Zugbelastung. Er wird oft verwendet bei massiven Bauteilen wie Unterbauten von Drehbänken, Walz- und Schmiedeständern, Motorblöcken und ähnlichem.

Die Bandbreite der Festigkeiten der in Tabelle 16.3 aufgeführten Gusseisenwerkstoffe stammt hauptsächlich von Variationen im Gefüge der Eisenphasen sowie dem Volumenanteil der Eisendendriten. Wenn der Wert des Kohlenstoffäquivalents weiter unter den Wert des Eutektikums von 4,3% fällt, dann steigt der Volumenanteil der Eisendendriten, wodurch sich die Festigkeit erhöht. Eisengefüge, die hauptsächlich aus Perlit bestehen, haben eine höhere Festigkeit als hauptsächlich ferritische Gefüge.

Grauguss wird normalerweise nicht wärmebehandelt. Wenn es doch geschieht (siehe Literaturstelle 16.3), dann handelt es sich meist um einen Glühprozess, der die Festigkeit herabsetzt. Daher stellen sich die Unterschiede in den Eisengefügen in Tabelle 16.3 beim Abkühlen nach dem Abguss ein.

Um zu verstehen, wie Gießereien die Struktur der Eisenmatrix sowohl bei Grauguss als auch bei duktilem Gusseisen kontrollieren, muss man sich Bild 16.8 vor Augen führen. Dieses Bild zeigt, wie sich das Phasendiagramm für reine Eisen-Kohlenstoff-Legierungen (Bild 16.1) ändert, wenn man 2% Silizium hinzulegiert. Es handelt sich bei dem Bild um einen Vertikalschnitt durch das ternäre System Fe-C-Si bei einem konstanten Wert von 2% für Silizium. Es ist der gleiche Typ Diagramm, der bei der Diskussion der rostfreien Fe-C-Cr-Stähle in Bild 13.4 gezeigt wurde.

Wie im Bild 16.1 sind auch hier die Linien des stabilen Graphits und die Linien für den metastabilen Zementit Fe_3C eingezeichnet – allerdings mit dem Unterschied, dass hier die stabilen Graphitlinien ausgezogen sind und die metastabilen Fe_3C-Linien gestrichelt dargestellt sind. Das Diagramm veranschaulicht die Differenz zwischen den unteren Temperaturen des Fe_3C-Eutektikums und des Graphit-Eutektikums. In Bild 16.2 wurde diese mit Δ_{gr-cm}=43°C bestimmt.

Betrachten wir nun Gusseisen mit 3,5% C+2% Si: Dieser Werkstoff hat ein Kohlenstoffäquivalent CE von 4,17%. Im Bild 16.8 ist diese Zusammensetzung an der vertikalen Linie bei 3,5% C zu finden. Die Entwicklung des Gussgefüges dieser Legierung beim Abkühlen in einer Form nach dem Abguss lässt sich entlang dieser vertikalen Linie in zwei Stufen unterteilen. Stufe I beinhaltet die Erstarrung der Schmelze, wenn die Temperatur von Punkt 1 bei rund 1250°C auf Punkt 2 bei etwa 1060°C abfällt. Während dieser Phase bildet sich bei Grauguss das Gefüge gemäß Tabelle 16.2 aus.

Nach vollständigem Ablauf der Phase 1, wenn also die Temperatur auf den Wert bei Punkt 2 gefallen ist, besteht das Gusseisen aus einem kleinen Volumenanteil von Austenitdendriten, die von großen Zellen von Graphitlamellen in einer austenitischen Matrix umgeben sind.

Stufe 2 umfasst den Abkühlungsprozess in der Gießform von Temperatur 2 auf Temperaturen 3 von etwa 720°C und darunter. Nehmen wir als Beispiel Grauguss: Wenn die Temperatur auf die eutektoide Temperatur abfällt, muss der Austenit kontinuierlich im Kohlenstoffgehalt abnehmen, gemäß der A_{gr}-Linie im Diagramm. In dieser Zeit werden die aus dem Austenit abgestoßenen Kohlenstoffatome an die Lamellen des Graphits angelagert, die dann dicker werden. Wenn die Temperatur im Diagramm auf Werte in der eutektoiden Gegend abfällt, dann tritt genau wie bei der eutektischen Reaktion in der Schmelze ein Wettbewerb zwischen der Bildung von Graphit und Zementit Fe_3C auf.

Wiederum ist es erforderlich, stärker unter das Graphit-Eutektoid abzukühlen als unter das Fe_3C-Eutektoid, um beide hervorzubringen. Wenn die Abkühlgeschwindigkeit in der Form groß genug ist, oder wenn nur geringe Gehalte an Perlit-stabilisierenden Elementen (insbesondere Antimon und Zinn) vorhanden sind, wird sich das Graphit-Eutektoid nicht ausbilden. In diesem Fall wird sich aller Austenit, der die Graphitlamellen umgibt, in Perlit umwandeln, ähnlich wie bei Stahl (siehe Kapitel 3). Das dann vorliegende Eisen heißt *perlitischer Grauguss*. Es besteht aus lamellarem Graphit, der von vollständig perlitischen Körnern umgeben ist.

Ist die Abkühlgeschwindigkeit jedoch äußerst gering, dann kann es vorkommen,

Bild 16.9 Grauguss mit ferritisch-perlitischer Matrix. Originalvergrößerung 250-fach.

dass sich kein Perlit ausbildet. In diesem Fall überwiegt die eutektoide Graphitreaktion gegenüber der Bildung von Fe_3C-Eutektoid. Sie verläuft jedoch in Form einer geschiedenen Umwandlung. Der restliche Austenit wandelt sich um in Ferritsäume um die Graphitlamellen.

Mit dem Wachstum der Säume nach außen diffundiert praktisch aller Kohlenstoff, der einmal im Austenit gelöst war, zurück zu den Lamellen und lagert sich an diesen an. Das Ergebnis ist Lamellengraphit mit umgebendem Ferrit. Man nennt das *ferritisches Gusseisen.*

Bild 16.9 zeigt einen mittleren Zustand, bei dem einige der Graphitlamellen von Ferritsäumen umgeben sind. Der Rest der Eisenmatrix ist jedoch perlitisch. In diesem Fall trat die geschiedene eutektoide Graphitreaktion als erste auf (geschieden deshalb, weil Graphit und Ferrit nicht paarweise nebeneinander auftraten). Erst danach wandelte sich der restliche Austenit bei weiter absinkender Temperatur in Perlit um (das ist der häufigere Fall der gekoppelten Eutektoidumwandlung, wobei sich Ferritplatten und Fe_3C-Platten paarweise nebeneinander ausbilden).

Je größer der Perlitanteil in einem Gusseisen ist, umso höher ist die Zugfestigkeit. Der Gießer kontrolliert den Perlitanteil, indem er die Abkühlgeschwindigkeit in der Form steuert, und indem er Legierungselemente beifügt, die den Perlit stabilisieren. Die am häufigsten bei Grauguss angewandte Wärmebehandlung ist ein Glühprozess, bei dem ein Teil oder die Gesamtmenge an Perlit zu Ferrit umgewandelt wird, wodurch die Festigkeit abfällt, die Bearbeitbarkeit jedoch besser wird. Eine Diskussion der Wärmebehandlungen von Grauguss findet sich in Literaturstelle 16.3.

Wie im Bild 16.4 gezeigt, haben weiße Gusseisen geringere Kohlenstoff- und Siliziumgehalte als Grauguss. In diesen Werkstoffen bildet sich kein Graphit. Es bildet sich stattdessen ein Gefüge aus Fe_3C (Zementit) und Perlit aus. Tabelle 16.2 zeigt, dass weißes Gusseisen und Grauguss mit Kohlenstoffäquivalenten unter 4,3% bei der Erstarrung anfänglich Dendriten aus Austenit ausbilden. Bei weißem Gusseisen erstarrt die interdendritische Schmelze als eutektische Mischung aus Austenit+Fe_3C, die sich zwischen den Dendriten ausbildet und dann aus diesen herauswächst und schließlich um sie herumwächst.

Das wird in Tabelle 16.2 schematisch dargestellt. Das Eutektikum des weißen Eisens hat im Wesentlichen eine vollständig flächige Struktur, die in der Mitte eine Art Rückgrat aus Fe_3C besitzt (in der Tabelle 16.2 weiß dargestellt). Senkrecht zu den Ebenen wachsen Äste aus Austenit (schwarz dargestellt) daraus hervor.

Bild 16.10 Eutektikum eines weißen Gusseisens.

Bild 16.10 zeigt ein Gefügebild der eutektischen Komponente von weißem Gusseisen. Das Fe_3C ist in diesem Bild auch weiß dargestellt. Der Austenit, der sich in Perlit umgewandelt hat, ist schwarz dargestellt. Da Fe_3C sehr hart und spröde ist, ist auch solcher Eisenguss hart und spröde. Diese hohe Härte führt zu einer hohen Verschleißfestigkeit.

Gusseisen kann man so herstellen, dass man die weiße Struktur gewissermaßen durch hohe Abkühlgeschwindigkeiten einfriert, während man Grauguss durch geringere Abkühlgeschwindigkeiten gewinnt (siehe Bild 16.3) Das macht es möglich, große Walzen herzustellen, die eine sehr harte Oberflächenstruktur von weißem Gusseisen aufweisen, im Inneren jedoch einen Kern aus weicherem Grauguss haben. Dieser Kern besitzt noch hinreichend hohe Zähigkeit für viele industrielle Anwendungen. In weißem Gusseisen lässt sich das Zähigkeitsniveau noch anheben, indem man kleinen Mengen an Nickel und Chrom zulegiert. Eine sehr schöne Diskussion dieser Eisenwerkstoffe findet sich in Literaturstelle 16.6.

Die Bruchoberfläche eines weißen Gusseisens folgt der spröden Fe_3C-Komponente im Werkstoff. Dieser Gefügebestandteil weist Spaltbruchverhalten und eine hellweiße Oberfläche auf. Daher stammt übrigens auch der Name für diese Art von Gusseisen.

16.2 Duktiles und umformbares Gusseisen (Gusseisen mit Kugelgraphit und Temperguss)

Duktiles Gusseisen, oder Gusseisen mit Kugelgraphit, ist eines der herausragenden Ergebnisse der metallurgischen Forschungsarbeit im 20. Jahrhundert. Diese Gusseisen wurden unabhängig voneinander um 1948 bei der International Nickel Company (INCO) in den USA und bei der British Cast Iron Research Association (BCIRA) in England entwickelt. Beide Gruppen fanden

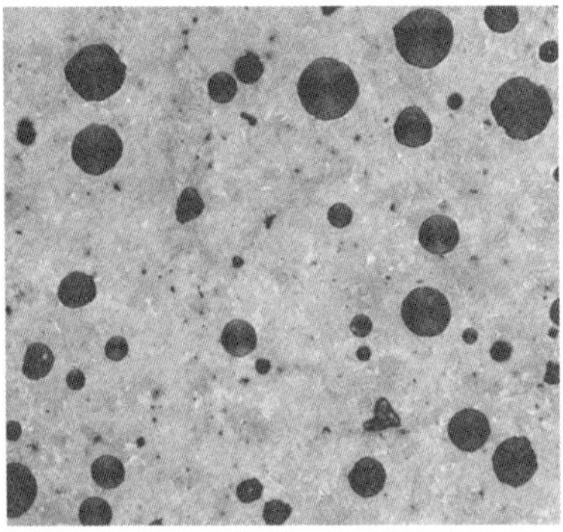

Duktiles Gusseisen. Lichtmikroskop 100-fach.

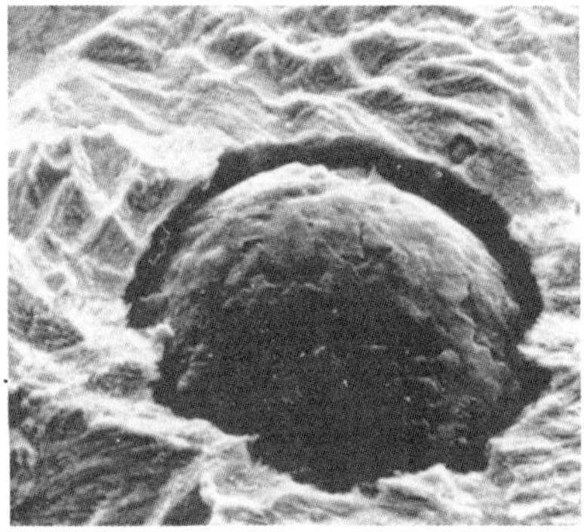

Tiefenätzung. SEM-Gefügebild 950-fach.

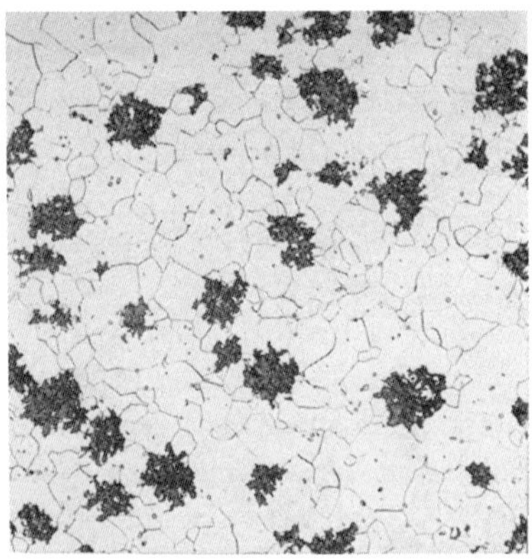

Schmiedbares Gusseisen. Lichtmikroskop 100-fach.

Tiefenätzung. Lichtmikroskopisch. Gefügebild 850-fach.

Bild 16.11 Gefüge von duktilem Gusseisen (oben) und schmiedbarem Gusseisen (unten).
Quelle: Literaturstelle 16.9

heraus, dass sich die Form des Graphits durch Begrenzung der Gehalte an Schwefel und Phosphor sowie Beigabe sehr kleiner Mengen von entscheidenden chemischen Elementen von der zusammenhängenden Lamellenstruktur des Graugusses in isolierte Kugeln umwandeln ließ. Diese Kugeln heißen *Sphäroide*. Duktiles Gusseisen nennt man daher oft *Kugelgraphiteisen* oder *Sphäroguss*.

Das INCO-Team wies nach, dass der Effekt durch die Zugaben von nur 0,02 bis 0,1% Magnesium (Mg) erreicht werden konnte. Das Team der BCIRA stellte fest, dass die Zugabe von nur 0,02% bis 0,04% Cer genügte. Cer (Ce) gehört zu den seltenen Erden und hat im Periodensystem der Elemente die Ordnungszahl 58. Die gängige Praxis ist heute die Anwendung von Magnesiumzusätzen zur Herstellung von Sphäroguss.

Wie in der unteren Zeile der Tabelle 16.2 zu sehen ist, wachsen die Graphitsphäroide direkt aus der interdendritischen Schmelze heraus. Sie sind nicht miteinander verbunden. Ihre Ausbildung ist ein ungewöhnlicher Typ von geschiedenem eutektischen Wachstum, da sich die andere eutektische Komponente, der Austenit, um die Austenitdendriten anordnet.

Die Sphäroide bestehen zu 100% aus Kohlenstoff in Form von Graphit. Die charakteristischen Graphitplatten sind so eingedreht, dass sie sich fast parallel zur Oberfläche der Sphäroide ausrichten, so wie in Tabelle 16.2 dargestellt. Der Durchmesser der Sphäroide eines duktilen Gusseisens ist viel kleiner als die Zellgröße beim Grauguss. Die typische einzelne Zelle eines Graugusses würde etwa 200 Sphäroide eines duktilen Gusseisens enthalten.

Die mechanischen Eigenschaften eines duktilen Gusseisens sind vergleichbar mit denen eines hochkohlenstoffhaltigen Stahls, der mit sehr kleinen isolierten kugelförmigen Poren versehen ist. Weil die Graphitsphäroide nicht miteinander verbunden sind und glatte Oberflächen haben, wirken sie nicht als kritische Riss-Initiierungsgebiete. Deshalb verschlechtern sie die mechanischen Eigenschaften nur ungefähr in dem Maße, der ihrem Volumenanteil entspricht. Demzufolge haben duktile Gusseisenwerkstoffe, wie ihr Name schon nahelegt, gute Zähigkeitseigenschaften. Sie werden, ähnlich wie Stähle, oft in einem wärmebehandelten Zustand eingesetzt. Zur Frage der Wärmebehandlung gibt die Literaturstelle 16.3, Seite 824, Auskunft.

Vor 1948 gab es einen Typ Gusseisen, der in vieler Hinsicht dem duktilen Gusseisen ähnelte. Er wurde *schmiedbares Gusseisen*, *Glüheisen* oder *umformbares Gusseisen* beziehungsweise *Temperguss* genannt. Das in den USA hergestellte umformbare Gusseisen war eine amerikanische Erfindung, die ihren Ursprung 1826 in der Arbeit von Seth Boyden hatte, einem Eisengießer aus New Jersey. Zur Unterscheidung von einem Gusseisen, das aus qualitativ schlechterer europäischer Verfahrenstechnik stammte und *weißer Temperguss* genannt wurde, hieß es in USA *schwarzer Temperguss*. Die Industrie hüllte sich in Schweigen, und der Prozess blieb geheimnisumwittert bis zum frühen 20. Jahrhundert. Literaturstelle 16.7 gibt eine interessante Diskussion dieser Zeiten wieder.

Temperguss wird in einem zweistufigen Verfahren hergestellt. Der erste Schritt ist die Erzeugung von weißem Gusseisen. Im zweiten Schritt wird das weiße Gusseisen auf ungefähr 950°C erhitzt und einen oder zwei Tage lang gehalten. Dann wird es langsam abgekühlt, ebenfalls über einen oder zwei Tage.

Wie in Bild 16.8 dargestellt, befindet man sich bei einer Glühtemperatur von 950°C im Phasendiagramm im Gebiet des Austenit+Fe_3C oder Austenit+Graphit. Bei dieser Temperatur zerfällt die Struktur des weißen Gusseisens (Austenit+Fe_3C) in die stabilere Austenit+Graphit-Struktur. Zudem formt sich der Graphit in Form isolierter, unterschiedener Klumpen aus, die den Sphäroiden des duktilen Gusseisens ähnlich sehen – sofern die richtige Mischung an Verunreinigungen, die passende Aufheizgeschwindigkeit sowie Haltetemperatur und Haltezeiten vorliegen (siehe Literaturstelle 16.8, Seite 656).

Die Ähnlichkeit der Gefüge von duktilem Gusseisen und Temperguss ist im Bild 16.11 zu sehen. Die rechts abgebildete Gefügeaufnahmen wurden mit SEM erstellt, nachdem die polierte Probenoberfläche einer Tiefenätzung ausgesetzt war, die den Graphit freilegte. Diese Gefügeaufnahmen zeigen sehr schön die Unterschiede in der Form des Graphits der beiden Gusseisen. Die Graphitoberfläche im duktilen Gusseisen ist ziemlich glatt und kugelförmig,

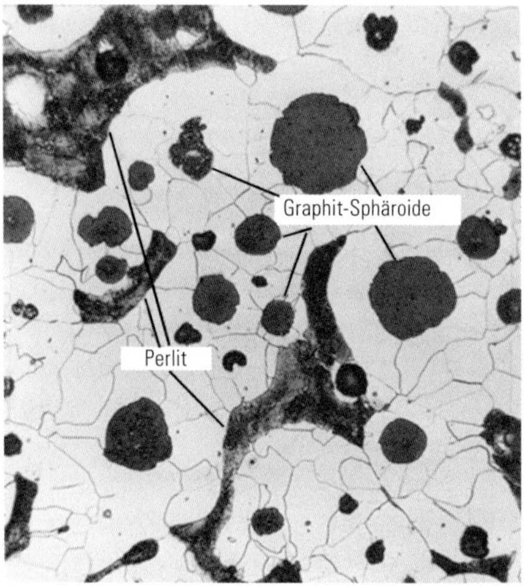

Bild 16.12 Duktiles Gusseisen mit einer Matrix, in der Ferrit vorherrscht. Originalvergrößerung 250-fach.

während sich die Oberfläche beim Temperguss mehr zerklüftet und klumpig darstellt. Der Temperguss wurde weitgehend vom duktilen Eisen verdrängt, obwohl Temperguss weiterhin hergestellt wird und auch einige wenige Vorteile bietet, insbesondere bei dünnen Proben (siehe Literaturstelle 16.9, Seite 57).

Ähnlich wie bei Grauguss kann der Matrixwerkstoff bei duktilem Gusseisen und bei Temperguss durch den Abkühlprozess, durch die Zugabe von Legierungselementen vor dem Gießen und durch die auf den Abguss folgende Wärmebehandlung beeinflusst werden. Im Gusszustand ist das duktile Gusseisen ferritisch, perlitisch, oder häufiger ein Gemisch aus Ferrit und Perlit. Bild 16.12 zeigt ein Gefügebild eines duktilen Gusseisens, das eine Matrix aus einem Perlit-Ferrit-Gemisch aufweist, wobei der weiße Ferrit dominiert.

Duktile Eisen sind gemäß Tabelle 16.4 eingeteilt beziehungsweise klassifiziert. Die drei Zahlen der Spezifikation beziehen sich auf Näherungswerte der drei mechanischen Eigenschaften Zugfestigkeit, Fließspannung und Bruchdehnung, wobei die Einheiten der Festigkeiten ksi (1000 pound per square inch) sind. So hat zum Beispiel das ferritische duktile Gusseisen mit der Nummer 60-40-18 eine Festigkeit von 60 ksi, eine Fließspannung von 40 ksi (das entspricht etwa 414 und 276 MPa) und eine Bruchdehnung von 18%. In Europa wird die Bezeichung durch DIN EN 1564 beschrieben. Hier wird dem Werkstoff eine Folge von Kennbuchstaben für die Art des Gusseisens vorangestellt, die Angabe der Streckgrenze entfällt.

Sorte oder Klasse	Matrixgefüge nach Gießen	Wärmebehandlung	Maßnahme der Gefügeeinstellung
60-40-18	Voll ferritisch	Glühen	Wärmebehandlung
65-45-12	Ferritisch+wenig Perlit	Keine	Kontrolle der Zusammensetzung
80-55-06	Ferritisch+viel Perlit	Keine	Kontrolle der Zusammensetzung
100-70-03	Voll perlitisch	Normalisieren	Wärmebehandlung
120-90-02	Angelassener Martensit	Abschrecken und Anlassen	Wärmebehandlung
135-100-8(a)	Bainit	Bainitisieren	Wärmebehandlung

a) Austempered Ductile Iron (ADI) = Bainitisches Duktiles Eisen

Tabelle 16.4 Arten von duktilem Eisen.

Sorte	Matrix	Zugfestigkeit-Fließspannung-Bruchdehnung	ASTM-Nr.
Ferritischer Temperguss	Ferrit	53-35-18	35018
Perlitischer Temperguss	Perlit+Ferrit	65-45-10	45010

Tabelle 16.5 Sorten von Temperguss.

Das vollständig ferritsche Gefüge wird durch eine Glühbehandlung eingestellt. Die beiden nächsten in der Tabelle aufgeführten Gusseisensorten, nämlich 65-45-12 und 80-55-06, werden im Guss durch die Einstellung der Zusammensetzung hergestellt, wie bereits für Grauguss beschrieben. Die voll perlitische Gefügeausbildung wird meist durch eine Normalisierungsbehandlung erreicht (Normalisieren bedeutet Luftabkühlung).

Die letzte Zeile in der Tabelle 16.4 weist den Gusswerkstoff 135-100-8 aus, der eine spezielle Art des duktilen Gusseisens darstellt. Er ist weit verbreitet wegen seiner für ein billiges Gusseisen attraktiven mechanischen Eigenschaften. Dieses Gusseisen wird meist als *bainitisches duktiles Eisen* (ADI für „austempered ductile iron“) bezeichnet.

Wie in Kapitel 12 beschrieben, führt das Bainitisieren zu einem Bainitgefüge, das besonders bei hohen Kohlenstoffgehalten im Eisen hervorragende Zähigkeiten im Vergleich zu abgeschrecktem und angelassenem Martensit aufweist. Bainitisches duktiles Gusseisen findet breite Anwendung bei Kurbelwellen und als preiswerterer Ersatz für aufgekohlte Zahnräder.

Tabelle 16.5 zeigt das Spezifikationssystem für Temperguss. Die beiden meistverwendeten Gusseisen sind in dieser Tabelle wiedergegeben, zusammen mit ihren Nummern nach dem ASTM-System. In der dritten Spalte sind die Werte der Zugfestigkeit, der Fließspannung und der Bruchdehnung angegeben, in ähnlichen Werten wie bei Tabelle 16.4. Es ist augenscheinlich, dass die mechanischen Eigenschaften der beiden Eisensorten vergleichbar sind mit den entsprechenden Werkstoffen mit dem gleichen Typ der ferritisch-perlitischen Gefügeausbildung.

Eine relativ neue Art des Gusseisens ist das Gusseisen mit sogenanntem *Vermikulargraphit* (wurmartiger Graphit). Es wurde während der letzten 30 Jahre entwickelt. Diese Eisen besitzen in der Ausbildung des Graphits eine Zellstruktur ähnlich wie bei dem Grauguss in der ersten Zeile von Tabelle 16.2. Allerdings weist hier der Graphit eine mehr zylindrische beziehungsweise wurmförmige Gestalt auf.

Durch intensive Forschung wurden Verfahren zur Beherrschung der Zusammensetzung entwickelt, die eine reproduzierbare Herstellung solcher Gusseisen erlauben (siehe Literaturstelle 16.6, Seite 22). Ihre mechanischen Eigenschaften liegen irgendwo zwischen denen von Grauguss und duktilem Eisen. Die Verbindung zwischen den Graphitteilchen sorgt für gute Zerspanbarkeit und thermische Leitfähigkeit, die denen des duktilen Eisens überlegen sind.

Die Kernaussagen in Kapitel 16:

1. Es gibt vier hauptsächliche Arten von Gusseisen. Der Kohlenstoff liegt in *Grauguss, Temperguss* und im *duktilen Gusseisen* primär als Graphit vor, wäh-

rend er im *weißen Gusseisen* als Fe_3C vorliegt. Die endgültige Gefügebeschaffenheit stellt sich bei Grauguss, weißem Eisen und duktilem Eisen von selbst in der Gießform ein, während sie beim Temperguss durch eine spezielle Glühbehandlung von weißem Eisen dargestellt wird.

2. Gusseisenwerkstoffe sind Dreistofflegierungen (ternäre Legierungen) von Fe-C-Si. Die Zugabe von Si erschwert die Bildung von Fe_3C in diesen Legierungen. Stattdessen bildet sich Graphit in Grauguss, duktilem Eisen und Temperguss.
3. Die verschiedenen Gusseisen unterscheiden sich erheblich in ihren Eigenschaften. Das weiße Gusseisen ist hart, aber spröde – wegen des relativ hohen Gehalts an Fe_3C. Im Grauguss sind die Graphitteilchen weitgehend miteinander verbunden, was zu hervorragender Spanbarkeit und Dämpfungseigenschaften sowie thermischer Leitfähigkeit führt, aber auch zu niedrigen Werten von Festigkeit und Zähigkeit. Die Festigkeit ist bei Zugbelastung wesentlich geringer als bei Druckbelastung. Der Graphit liegt in duktilem Gusseisen und im Temperguss in Form isolierter Kugeln beziehungsweise Klumpen vor. Solche Eisenwerkstoffe können mechanische Eigenschaften erzielen, die nahe bei denen von Stahl liegen, und sie werden auch häufig wärmebehandelt.
4. Sowohl bei Grauguss als auch bei weißem Gusseisen beginnt die Erstarrung mit der Bildung von Dendriten aus Austenit. Beim Grauguss erstarrt dann die interdendritische Schmelze zu dem *grauen Eutektikum* in Form von großen kugelförmigen Zellen. Graphitlamellen und Austenit wachsen an der kugelförmigen Wachstumsfront nach außen. Bei weißem Gusseisen erstarrt die interdendritische Schmelze als *weißes Eutektikum* in Form von plattenförmigen Strukturen, die aus Fe_3C und Austenit bestehen. Die Bildung des grauen Eutektikums und des weißen beim Abkühlen und Erstarren verläuft konkurrenzierend, nachdem sich die Dendriten ausgebildet haben. Die Bildung des weißen Eutektikums kann man durch beschleunigte Abkühlung bevorzugen.
5. Gießereien benutzen den Ausdruck „Kohlenstoffäquivalent" (CE für carbon equivalent) von Gusseisen. Es berechnet sich als CE=%C+1/3% Si. Dieses CE kann man für alle Eisenwerkstoffe ausrechnen. Je weiter der CE-Wert unter 4,3 sinkt, desto größer ist der Volumenanteil an austenitischen Dendriten im Eisen.
6. Die Bruchfläche von Grauguss erscheint grau, da sie mit Graphit bedeckt ist. Die Bruchfläche eines weißen Gusseisens sieht deshalb weiß aus, weil das spröde Fe_3C durch Spaltbruch versagt. Das führt zu einer glatten Oberfläche, die das Licht gut reflektiert.
7. Wie bei Grauguss und weißem Guss beginnt beim duktilen Eisen die Erstarrung durch die Ausbildung von austenitischen Dendriten. Die Zugabe einer winzigen Menge von Magnesium zu einem Eisen mit niedrigem Gehalt an Schwefel und Phosphor ändert die Gestalt der Graphitbildung in der interdendritischen Schmelze zu kleinen einzelnen Kugeln aus 100% Graphit. Diese isolierten *Sphäroide* führen nur zu kleinen Verschlechterungen der mechanischen Eigenschaften. Daher nennt man

diese Eisensorten duktile Gusseisen. Sie werden oft einer Wärmebehandlung unterzogen. Bainitisieren auf unteren Bainit führt zu hervorragenden mechanischen Eigenschaften. Diese Eisenwerkstoffe, die man auch ADI (austempered ductile iron) oder *bainitisches Gusseisen* nennt, finden breite industrielle Anwendung.

8. Bei Grauguss und auch bei duktilem Gusseisen kann die Matrix, die die Graphitteilchen nach der Erstarrung ergeben, ferritsch, perlitisch oder auch eine Mischung dieser beiden sein. Die Bildung des perlitischen Eutektikums und des Graphit-Eutektikums stehen bei der Abkühlung im Wettbewerb. Rasche Abkühlung, eventuell zusammen mit der Beigabe spezieller Elemente, führt zu einer Bevorzugung der Bildung des perlitischen Eutektikums. Solch ein Gusseisen nennt man *perlitischen Grauguss* oder *perlitisches duktiles Eisen*, im Gegensatz zu *ferritischem* oder *ferritischem duktilem Eisen*.
9. Temperguss wird aus weißem Gusseisen durch einen langen Glühprozess gewonnen. Die Graphitverteilung ähnelt sehr der von duktilen Eisen, außer dass die isolierten Klumpen aus Graphit (häufig *Temperkohle* genannt) eine irreguläre Form haben. Temperguss, der etwa 1830 entwickelt wurde, wird heute immer mehr von duktilem Gusseisen abgelöst, das in den späten 1940er Jahren entwickelt wurde und billiger in der Herstellung ist.

KAPITEL 17
Verfahren zur Oberflächenhärtung von Stählen

Es gibt eine Vielzahl von Anwendungen, bei denen eine harte Oberfläche wegen des hohen Verschleißwiderstands erwünscht ist – zum Beispiel bei Zahnflanken, den Laufflächen der Lager bei Kurbelwellen oder an der Schneidkante von Schneidwerkzeugen. Da hohe Härte mit geringer Zähigkeit einhergeht, sind Stähle, bei denen die Härte von der Oberfläche bis ins Innere durchgehend auf hohem Niveau liegt, für viele Anwendungen zu spröde. Dieses Problem lässt sich umgehen, indem man eine harte Oberflächenschicht auf weicheres, zäheres Kernmaterial aufbringt.

Im Laufe der Jahre wurden viele unterschiedliche Verfahren zu diesem Zweck entwickelt. Beschreibungen dieser Verfahren finden sich in den Literaturstellen 17.1 bis 17.4. Eine kurze Einführung in einige dieser Verfahren wird hier gegeben.

Die Verfahren lassen sich in zwei umfassende Kategorien unterteilen:

1. Verfahren, die eine Oberflächenbeschichtung auf den Stahl aufbringen. Bekannte Beispiele sind Chrombeschichtung zur Steigerung der Oberflächenhärte oder Korrosionsbeständigkeit und die harten goldfarbenen Schichten von Titannitrid, die man gewöhnlich auf Bohrern sieht.
2. Verfahren, die die Oberflächenschichten des Stahls modifizieren, entweder durch oberflächenselektive Wärmebehandlungen oder durch Eindiffusion von Atomen in die Oberfläche. Gewöhnlich handelt es sich dabei um Kohlenstoff oder Stickstoff. Dieses Kapitel konzentriert sich auf die Verfahren, die Oberflächenschichten modifizieren.

17.1 Oberflächen-Wärmebehandlung

Oberflächen-Wärmebehandlung als Teil der zweiten Verfahrensgruppe beinhaltet das Aufheizen eines Stahlteils mit sehr hoher Geschwindigkeit auf Temperaturen oberhalb von A_{c3} (Bild 3.11). Das führt zu einer dünnen Schicht von Austenit auf der Oberfläche. Das Werkstück wird dann abgeschreckt. Dadurch wird eine dünne Schicht aus Martensit an der Oberfläche erzeugt.

Wenn der Kohlenstoffgehalt in dem Werkstück im Bereich zwischen 0,4% und 0,6% liegt, ist der Martensit mehr vom Typ des Lattenmartensits, der duktiler und gleichzeitig sehr hart ist. Bei höheren Kohlenstoffgehalten erhält man den spröderen Plattenmartensit mit zunehmend mehr Anteil an weichem Restaustenit. Demzufolge haben die meisten Werkstücke aus Stahl,

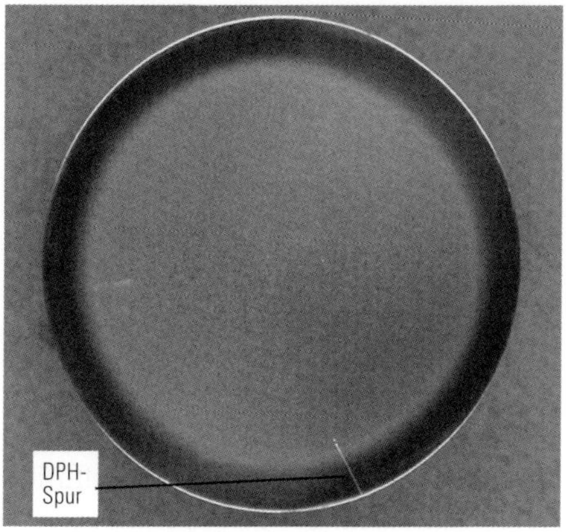

Bild 17.1 Schnittfläche eines Stabs von 25 mm Durchmesser aus Stahl 1045 nach Induktionshärten. Die Spur der Härteeindrücke mit der Diamantpyramide (DPH) ist sichtbar.

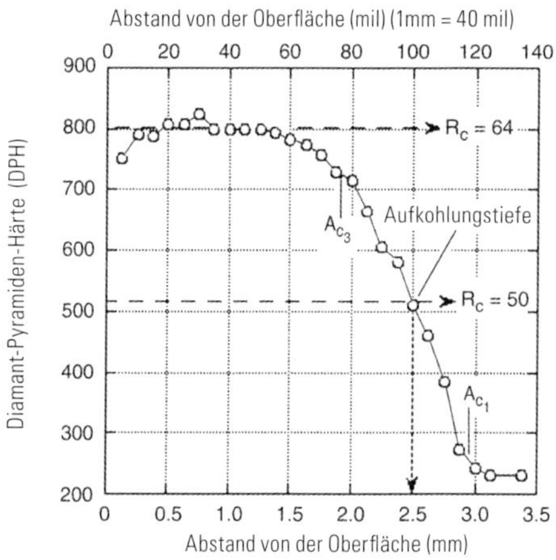

Bild 17.2 Spur der Mikrohärte durch die aufgehärtete Schicht in Bild 17.1 (siehe auch Tabelle 5.3 wegen der Konvertierung von DPH in HRC)

die mit diesem Verfahren behandelt werden, ungefähr 0,4% Kohlenstoff.

Zudem erhöht sich bei Umwandlung zu Martensit das Volumen. Der Kernwerkstoff wirkt dieser Ausweitung entgegen und zieht die Atome enger zusammen. So hat schließlich die Oberflächenschicht einen Druckeigenspannungszustand. Wie schon anhand der Bilder 5.13 und 5.14 erklärt wurde, ist dieser Zustand sehr günstig zur Vermeidung von Ermüdungsbruch in rotierenden Werkstücken.

Die traditionell angewandten Verfahren der oberflächlichen Wärmebehandlung sind das Flammhärten und das Induktionshärten. Kompliziertere und aufwändigere Verfahren wenden Aufschmelzen der Oberfläche mit Laser oder Elektronenstrahlen an (Literaturstelle 17.2).

Bild 17.1 gibt eine polierte und geätzte Querschnittsfläche eines Rundstabs von 2,5 Zentimetern Durchmesser wieder. Es handelt sich um den Stahl 1045, der induktiv gehärtet wurde. Die gehärtete martensitische Schale ist deutlich zu sehen.

Die Tiefe der von der Oberflächenhärtung beeinflussten Schicht wird normalerweise als *Einhärtungstiefe* bezeichnet. Diese Tiefe wird typischerweise als die Tiefe unter der Oberfläche definiert, bei der die Härte auf einen Wert von 50 HRC gefallen ist. In Bild 17.2 wird anhand eines Härteprofils gezeigt, dass die Einhärtetiefe beim abgebildeten Rundstab 2,5 mm ist. Das Profil wurde mit einem Mikronhärteprüfgerät ermittelt. Wie hier in diesem Beispiel ist der Kernwerkstoff häufig eine Mischung aus Ferrit und Perlit.

Bild 17.3 zeigt, wie sich die gehärtete Schicht während der Oberflächenbehandlung entwickelt. Oben im Bild ist eine hypothetische Aufwärmung an der Oberfläche des Stabs kurz vor dem Abschrecken zu sehen. Befindet sich die A_{c3}-Temperatur wie im Bild eingezeichnet, dann muss in dem Gebiet I links von dieser Stelle das Gefüge austenitisch sein (γ). Unter perfekten Abkühlbedingungen wandelt sich die-

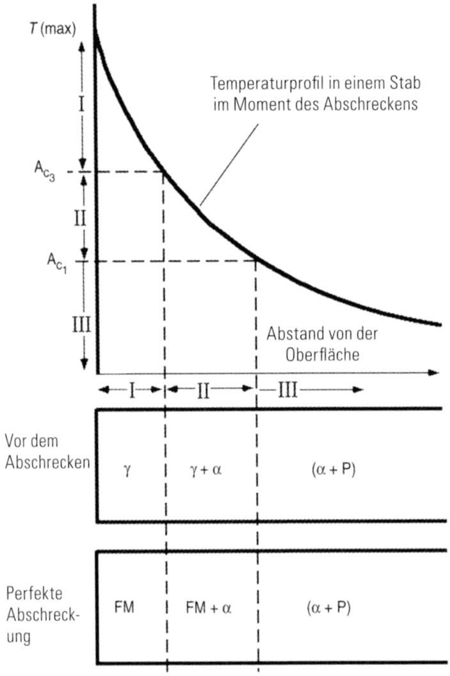

Bild 17.3 Mikrobestandteile vor und nach dem Abschrecken zur Veranschaulichung der Korrelation zwischen dem Temperaturprofil und den Mikrolegierungselementen. FM ist frischer Martensit.

ser Austenit komplett in frischen Martensit um, unten im Diagramm als FM eingezeichnet.

Bei der Temperatur A_{c1} hat sich aller Perlit aufgelöst, so dass im Gebiet II kurz vor dem Abschrecken eine Mischung von Austenit (γ) und Ferrit (α) vorliegt. Nach der perfekten Abschreckung ergibt sich eine Mischung von frischem Martensit und Ferrit. Das Gebiet III, der Kernwerkstoff, besteht aus einer Mischung von Ferrit und Perlit.

Bei Betrachtung des Stabs unter einem Lichtmikroskop mit höherer Vergrößerung (Bild 17.1) lassen sich die Stellen wiederfinden, wo der ursprüngliche Perlit verschwand (entsprechend der Temperatur A_{c1}), und wo auch der ursprüngliche Ferrit verschwand (entsprechend der Temperatur A_{c3}). Diese Orte sind in Bild 17.2 markiert. Man beachte, dass die Einhärtetiefe mit 50 HRC zwischen diesen beiden Orten auftritt.

Der Stab aus 1045er Stahl von Bild 17.1 wurde in einem Wasserstrahl abgeschreckt. Selbst mit dieser schnellen Abschreckung bildeten sich wegen der mäßigen Härtbarkeit des 1045er Stahls während der Abkühlung nur sehr kleine Teilchen der Umwandlungsprodukte Ferrit und Bainit in dem Gebiet vom A_{c1}-Punkt bis zu dem Punkt, wo die Härte den Spitzenwert der Diamantpyramidenhärte (DPH) von 800 erreicht.

Es ist ein faszinierendes Schauspiel, den Prozess der Induktionshärtung zu beobachten. Die Oberflächentemperatur des Stabs wird in wenigen Sekunden bis zur Orangeglut erhöht. Bei der Induktionshärtung steigt nur die Temperatur der Oberfläche an und nicht die Temperatur der inneren Zonen des Werkstücks, weil der in dem Stahl induzierte Wechselstrom durch einen speziellen Kniff der Elektrotechnik nur in oberflächennahen Bereichen fließen kann. Der in dem Stab fließende Strom wird durch eine sehr eng anliegende Spule erzeugt, die einen Wechselstrom führt, der eine sehr hohe Frequenz hat. Genau diese hohe Frequenz ist der Trick.

Der induzierte Strom erfasst die Oberfläche des Stabs nur bis zu einer Tiefe, die man *Skintiefe* S nennt. S ist umgekehrt proportional zur Frequenz des Stroms. Je höher die Frequenz, umso geringer die Skintiefe. Für das Experiment, das zu dem in Bild 17.1 gezeigten Gefüge führte, wurde eine Frequenz von 450 kHz (450.000 Vorzeichenwechsel pro Sekunde) eingesetzt. Für die spezielle Spule und die Frequenz lässt sich die Skintiefenbandbreite nach Bild 17.4 berechnen.

Die Kurve zeigt, dass die Skintiefe extrem gering ist (unter 100µm), wenn die Oberfläche bei 700°C immer noch ferromagnetisch ist. Selbst nach einer Aufheizung auf 800°C (die ausreicht, um die Umwandlung in nichtferromagnetischen Ferrit plus Austenit herbeizuführen) bleibt die Skintiefe unter 1 mm.

Eine Analyse der Gleichungen für die elektrische Leistung zeigt, dass 98,2% der flächenspezifischen Leistung, die von der Spule in den Stahl eingebracht wird, in einer Tiefe fließt, die nur der doppelten Skintiefe entspricht. Durch die Verwendung von hochfrequentem Wechselstrom ist es möglich, die Temperatur nur in Oberflächennähe scharf ansteigen zu lassen.

Wie die Analyse unter Benutzung des Bilds 17.3 gezeigt hat, liegt die Einhärtetiefe in der Mitte der Region II. Daher ist es möglich, durch Steuerung der eingebrachten Leistung das in Bild 17.3 gezeigte Temperaturprofil zu beeinflussen und so auch die Einhärtetiefe auf verschiedene gewünschte Werte einzustellen. Es gibt unterschiedliche Leistungswandler, die bei induktiver Oberflächenhärtung Anwendung finden. Die Frequenzen rangieren zwischen so niedrigen Werten wie 3 Hz und so hohen wie den hier verwendeten 450 kHz. Die niedrigen Frequenzen werden für tiefere Einhärtungen eingesetzt. Eine hervorragende Übersicht über die induktive Wärmebehandlung von Stählen findet sich in Literaturstelle 17.5.

Bei der Induktionshärtung kann die Oberflächenhärte Werte annehmen, die über die hinausgehen, die durch konventio-

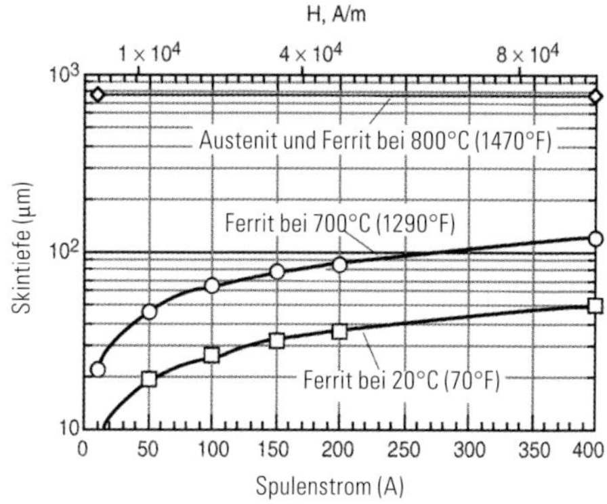

Bild 17.4 Skin-Tiefen beim Induktionshärten von Ferrit bei 20 und 700°C (70 und 1290°F) und für Austenit und Ferrit bei 800°C (1470°F) als Funktion des Spulenstroms.

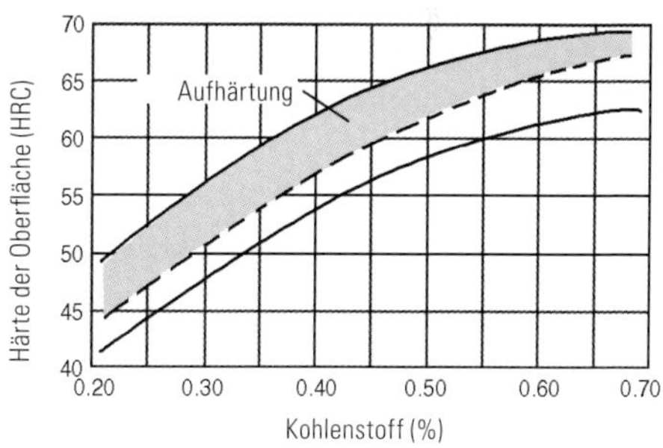

Bild 17.5 Härte von wasserabgeschreckten Stählen als Funktion des Kohlenstoffgehalts. Die untere Kurve gilt für Ofenhärtung. Die oberen beiden Kurven stellen einen Bereich höherer Härtung durch induktives Härten dar.
Quelle: Literaturstelle 17.4, Seite 179

nelle Verfahren in Öfen und Abschreckbädern erreicht werden können. Wie in Bild 4.13 gezeigt wurde, erwartet man für die Härte des frischen Martensits in einem konventionell gehärteten Stahl 1045 Werte von rund 60 HRC (DPH = 697, siehe Tabelle 5.3). Die echte gemessene Härte an der Oberfläche des induktiv gehärteten Stabs aus Bild 17.3 liegt aber deutlich höher, nämlich bei etwa 64 HRC.

Dieses Phänomen ist gut bekannt. Die Aufhärtung bei induktiver Härtung wird allgemein *Superhärte* genannt. Gemäß Bild 17.5 führt diese Superhärtung zu einer Erhöhung der Rockwell-Härte von bis zu 5 Punkten HRC. Augenscheinlich ist das auf den zuvor erwähnten Druckeigenspannungszustand zurückzuführen, der durch das Induktionsverfahren hervorgerufen wird.

17.2 Oberflächendiffusionsschichten

Es gibt eine große Vielfalt von Methoden, die zu einer selektiven Härtung in der Oberfläche von Werkstücken aus Stahl führen und bei denen verschiedene Elemente in atomarer Form in die Oberflächen eindiffundieren. Das führt zu höherer Härte, entweder einfach durch die Anwesenheit der Atome oder durch Erhöhung der Härtbarkeit bei einer nachfolgenden Wärmebehandlung.

Die Namen dieser Methoden beziehen sich direkt auf die Art der Atome, die in die Oberfläche hineindiffundieren. Das Hinzufügen von Kohlenstoff heißt *Aufkohlen*, das Hinzufügen von Stickstoff *Nitrieren*, und das Hinzufügen von Kohlenstoff und Stickstoff heißt entweder *Nitrokarburieren* oder *Karbonitrieren*. Die Zugabe von Bor heißt *Borieren*. Alle diese Verfahren werden in der Literaturstelle 17.1 kurz vorgestellt. Eine sehr gute einführende Zusammenfassung ist auf Seite 259 der Literaturstelle 17.2 zu finden. Hier wird eine kurze Darstellung einiger dieser Methoden gegeben.

17.2.1 Aufkohlung

Diese Methode wurde bereits kurz im Kapitel 7 diskutiert. Dabei wird die Stahloberfläche bei hoher Temperatur Kohlenstoff ausgesetzt. Der Kohlenstoff diffundiert ein und führt unter der Oberfläche zu einer lokal höheren Kohlenstoffkonzentration. Das wurde schematisch in Bild 7.2 dargestellt. Eine anschließende Wärmebehandlung führt zu einer gehärteten Oberflächenschicht, denn der höhere Kohlenstoffgehalt an der Oberfläche erhöht die Härte des beim Abschrecken entstehenden Martensits.

Wie bereits im Zusammenhang mit Gleichung 7.2 diskutiert wurde, werden die Kohlenstoffatome durch ein Gas, das aus einer Mischung von Kohlenstoffdioxid (CO_2) und Kohlenmonoxid (CO) besteht, an die Stahloberfläche herangeführt. Bild 7.7 und die Diskussion dieses Bilds erklären, wie die Ingenieure sich die Thermodynamik zunutze machen, um den prozentualen CO_2-Gehalt zur Einstellung des sogenannten Kohlenstoffpotenzials des Endogases zu berechnen, das in Wärmebehandlungseinrichtungen verwendet wird.

Der prozentuale Kohlenstoffgehalt in einem 1095er Stahl ist 0,95%. Daher ist die Linie in Bild 7.7, die mit 1095 gekennzeichnet ist, die Linie für das Kohlenstoffpotenzial 0,95. So hat zum Beispiel gemäß Bild 7.7 ein Endogas mit einem CO_2-Gehalt von 0,067% bei 1000°C ein Kohlenstoffpotenzial von 0,95%. Deshalb wird ein 1095er Stahl, der dieser Atmosphäre ausgesetzt ist, weder aufgekohlt noch entkohlt. Und daher wird dieses Gas als neutrales Gas für den Stahl 1095 bezeichnet.

Betrachten wir nun beispielsweise einen Stahl mit geringem Kohlenstoffgehalt wie den 1018. Er wird in einen Ofen gebracht, der auf 1000°C aufgeheizt ist und eine Endogasatmosphäre hat, die auf ein Kohlenstoffpotenzial von 0,95% eingestellt ist. Dieser Stahl würde sofort beginnen, aufzukohlen, wobei sich an der Oberfläche der Wert von 0,95% einstellt. Von dort diffundiert der Kohlenstoff in das Innere des Stahls. Bild 17.6 ist eine schematische Darstellung, die beschreibt, wie der prozentuale Kohlenstoffgehalt nach fünf Minuten, 30 Minuten und einer Stunde aussehen würde. Der Kohlenstofftransport vollzieht sich in zwei Stufen:

1. Kohlenstoffatome bewegen sich aus dem Gas an die Stahloberfläche.
2. Kohlenstoffatome wandern durch den Mechanismus der Diffusion in den Stahl hinein.

Bei kurzen Zeiten wird der Grad der Aufkohlung durch Stufe 1 bestimmt. Während dieser Zeit steigt die Kohlenstoffkonzentration an der Oberfläche von anfänglich 0,18% C auf den Wert des Kohlenstoffpotenzials von 0,95% C. Danach bleibt sie auf diesem Wert, der durch die Gaszusammensetzung vorgegeben ist.

Bei größeren Aufkohlzeiten wird der Grad der Aufkohlung durch den Mechanismus der Diffusion bestimmt. Wenn der Probestab nach einer Stunde Aufkohlzeit abgeschreckt wird (unter der Voraussetzung, dass die Härtbarkeit in Ordnung ist), bildet sich nahe der Oberfläche frischer Martensit.

Man kann mit Hilfe des Bilds 4.13 die Härtewerte an der Oberfläche bestimmen. Man sieht, dass die Oberflächenhärte etwa 66 HRC beträgt. Bild 4.13 zeigt auch, dass die Härte auf etwa 50 HRC abfällt, wenn

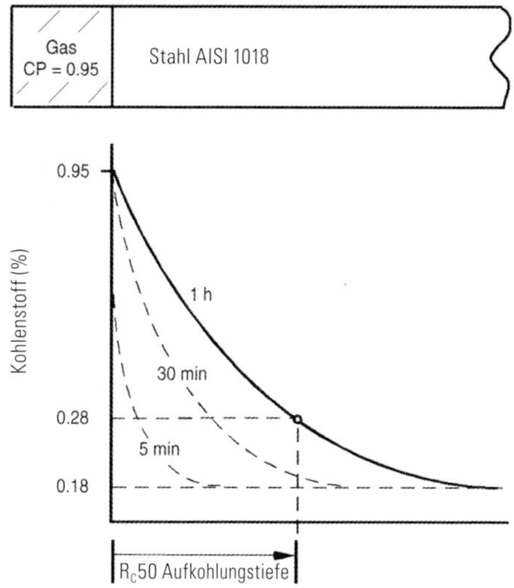

Bild 17.6 Kohlenstoffprofil beim Aufkohlen, CP ist das Kohlenstoffpotenzial (Carbon Potential).

der Kohlenstoffgehalt auf etwa 0,28% fällt. Die in Bild 17.6 gezeigte Konstruktion zeigt, wie man die Einsatzhärtetiefe für HRC 50 aus dem Profil der Zusammensetzung ermittelt, die aus dem Aufkohlungsprozess resultiert.

Wenn die Kohlenstoffquelle das den Stahl umgebende Gas ist, liegt eine sogenannte *Gasaufkohlung* vor. Offensichtlich ist die Kontrolle des Kohlenstoffpotenzials des Gases zur Kontrolle der Aufkohlung extrem wichtig. Bild 17.7 ist eine allgemeine Form der Darstellung der Informationen aus dem Kohlenstoffpotenzial bei konstanter Temperatur.

Normalerweise findet die Standardaufkohlung bei geringerer Temperatur als 1000°C statt, da man das Wachstum der Austenitkörner vermeiden will. Gewöhnlich führt man eine Aufkohlung bei 927°C durch. Diese Temperatur wurde auch bei Bild 17.7 zugrunde gelegt. Dieses Diagramm kann für jede Mischung CO_2/CO

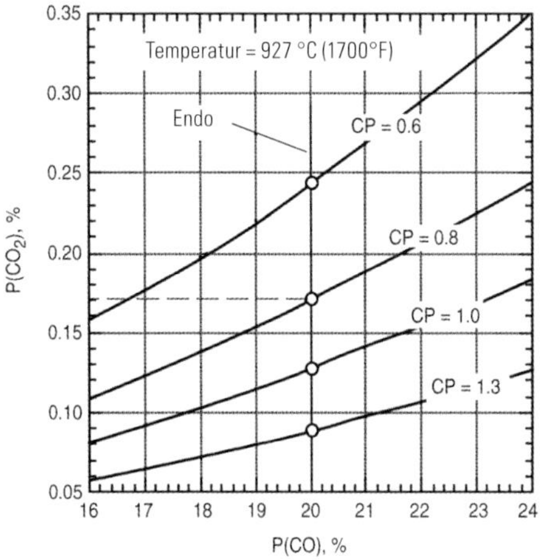

Bild 17.7 Auftragung des Kohlenstoffpotenzials in einem Gasgemisch aus CO_2 und CO bei 927°C (1700°F) für Kohlenstoffpotenziale (CP) zwischen 0,6 Gew.-% und dem Sättigungswert bei A_{cm}, 1,3 Gew.-%.

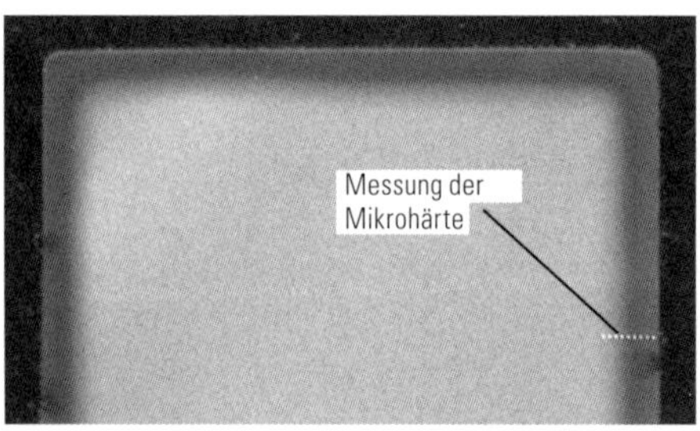

Bild 17.8 Querschnitt eines rechteckigen Stabs aus 1018er Stahl nach Kastenaufkohlung.

verwendet werden. In Endogas bleibt der Gehalt an CO immer etwa bei 20%, dafür gilt die im Diagramm eingezeichnete vertikale Linie.

Dieses Diagramm veranschaulicht sehr deutlich die angenehmen Eigenschaften von Endogas. Durch Einstellung der Zufuhr an Luft/Erdgas zum Endogasgenerator kann der Gehalt an CO_2 kontrolliert werden. So kann das Kohlenstoffpotenzial auf jeden gewünschten Wert bis hin zum Maximum eingestellt werden, das für Austenit möglich ist. Das Maximum wird durch die A_{cm}-Konzentration vorgegeben, also zum Beispiel 1,3% C bei 927°C. Aus Gründen, die später diskutiert werden, ist es wünschenswert, die Zusammensetzung an der Oberfläche der aufgekohlten Werkstücke bei ungefähr 0,8% C zu halten. Aus diesem Grund ist der Prozentsatz an CO_2 auf etwa 0,17 einzustellen.

Stahl wurde zuerst im zweiten Jahrtausend v. Chr. durch Aufkohlung von Eisen hergestellt. Der Kohlenstoff wurde der Eisenoberfläche über heiße Holzkohle zugeführt, die mit dem Eisen in Kontakt war. Dabei war die Luftzufuhr zur Esse von einem pfiffigen Schmied so bemessen worden, dass ein Kohlenstoffpotenzial eingestellt war, das mehr zur Aufkohlung geeignet war als zur Entkohlung.

Die Zufuhr von Kohlenstoff zu einer Eisenoberfläche durch Kontakt mit Holzkohle heißt *Kastenaufkohlung*. Sie wird heute kaum noch verwendet, da sie – unter anderem – keine Kontrolle des Kohlenstoffpotenzials gewährleistet. Allerdings ist sie mit einfachen Mitteln durchzuführen. Man muss nur das Eisen mit Holzkohle zusammen in ein geschlossenes Rohr aus Eisen (oder besser Inconel) bringen und für einige Stunden auf Aufkohlungstemperatur erhitzen. Es ist ratsam, der Holzkohle einen Beschleuniger beizumischen, der die Bildung des CO (das für die Aufkohlung unerlässlich ist) aus der festen Holzkohle unterstützt. Gewöhnlich nimmt man dafür Bariumkarbonat, aber auch Molasse funktioniert sehr gut.

Bild 17.8 zeigt die Ergebnisse der Kastenaufkohlung eines rechteckigen Stabs aus 1018, der für eine Haltedauer von drei

Stunden auf 927°C erhitzt und dann im Wasser abgeschreckt wurde. Eine Hälfte der Querschnittsfläche nach Trennen, Polieren und Ätzen in Nital ist zu sehen, und auch die Spuren der Mikrohärteprüfung. In Bild 17.9 ist die Mikrohärte über der Tiefe aufgetragen. Man sieht, dass die Einsatzhärtetiefe für 50 HRC bei 0,92 mm liegt.

Das bei der Kastenaufkohlung entstehende Gas ist im Wert des Kohlenstoffpotenzials so hoch, dass der Austenit mit Kohlenstoff gesättigt wird. Das bedeutet, dass das Kohlenstoffpotenzial den Wert A_{cm} für die entsprechende Aufkohlungstemperatur annimmt. Wie man dem Bild 16.1 entnehmen kann, liegt dieser Wert für 927°C bei 1,3% C.

Unter Verwendung von Bild 4.13 kann man sehen, dass die Härte des frischen Martensits anfängt, unter den Wert von etwa 66 HRC zu fallen, wenn der Kohlenstoffgehalt über etwa 0,95% anwächst. Die

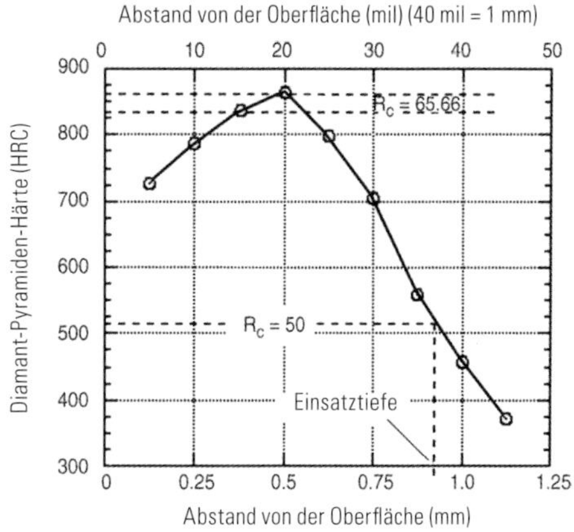

Bild 17.9 Mikrohärteprofil der Spur aus Bild 17.8.

Ursache für diesen Abfall ist die Bildung von Restaustenit im abgeschreckten Stahl.

Bild 17.10 ist eine Gefügeaufnahme der im Bild 17.8 gezeigten Probe in dem Bereich zwischen der Oberfläche und dem ersten Härteeindruck. Es ist dunkler Plattenmartensit zu sehen, der von erheblichen

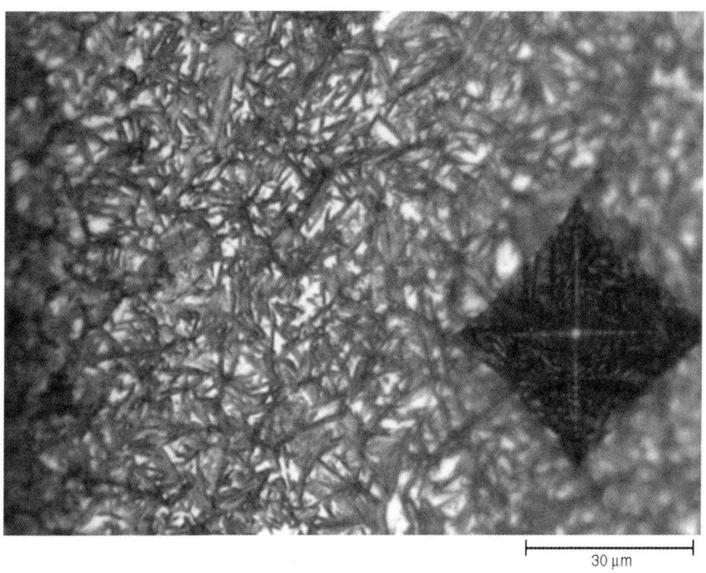

Bild 17.10 Das Gebiet zwischen Oberfläche und erstem Härteeindruck aus Bild 17.8.

Mengen an weiß erscheinendem Restaustenit umgeben ist. Das stimmt überein mit den Daten aus Bild 4.18, aus denen ein Volumengehalt von 25% bis 35% Restaustenit in einem Stahl mit 1,3% C zu erwarten ist. Zur Vermeidung von oberflächlichem Restaustenit und zur Vermeidung des spröderen Plattenmartensits wird Gasaufkohlung normalerweise bei einem Kohlenstoffpotenzial von 0,8% durchgeführt.

Das in letzter Zeit stark zunehmende Interesse an Energiesparmaßnahmen führte zu einer Vielzahl von Innovationen beim Gasaufkohlen. Einige dieser Entwicklungen werden im Folgenden aufgezeigt.

Beschleunigte Diffusion

Bei diesem Verfahren wird anfangs das Kohlenstoffpotenzial für kurze Zeit in die Nähe des Sättigungswerts gebracht, wobei an der Oberfläche ein Wert deutlich über 0,8% eingestellt wird. Das ist die Beschleunigungsphase. Danach wird der Kohlenstoffpegel auf 0,8% zurückgefahren, wodurch der C-Gehalt sich auf 0,8% einstellt, während die Kohlenstoffatome in den Stahl hineindiffundieren. Durch diese Methode lassen sich bei 900°C die Aufkohlungszeiten um 20% absenken.

Hochtemperaturaufkohlung

Die Temperaturerhöhung beim Aufkohlen verringert ganz erheblich die Zeiten, die zum Erreichen vorgegebener Einsatzhärtetiefen nötig sind. Aus einer Reihe von Gründen erhöht sich der Kohlenstofftransport in den eben diskutierten beiden Schritten bei Temperaturerhöhung gewaltig. Dabei stellt allerdings die Kornvergröberung ein Problem dar. Dieses Verfahren beschränkt sich auf Stähle mit geeigneter Legierungszusammensetzung, die das Kornwachstum behindert, wie zum Beispiel den Stahl 8620 (1.6523, Kurzbezeichnung 20 NiCrMo 2-2).

Hochtemperaturaufkohlung wird vielfach auch mit einem vorgeschalteten Beschleunigungszyklus gefahren. Dabei wird die beschleunigte Aufkohlung bei etwa 1040°C durchgeführt und die Diffusion entweder auch bei dieser hohen Temperatur oder bei normalen Aufkohlungstemperaturen von etwa 900°C. Eine weiterführende Diskussion findet sich in Literaturstelle 17.6.

Plasma- und Vakuumaufkohlung

Der Luftdruck beträgt normalerweise 760 mm Hg (760 Torr) beziehungsweise 1013,25 hPa. Wenn man an beiden Enden einer geschlossenen Glasröhre Elektroden anbringt, den Innendruck mit einer Vakuumpumpe auf einen Wert von 1 bis 20 mm Hg reduziert und dann an die Elektroden etwa 1000 V Gleichspannung anlegt, leuchtet das Glasrohr wie eine Neonleuchte. Einige der Gasmoleküle werden ionisiert, und die äußeren Elektronen nehmen ein höheres Energieniveau an. Wenn sie auf ihr altes Niveau zurückfallen, geben sie Energie in Form von Licht ab. Dieses energetisch aufgeladene Gas nennt man ein Plasma oder eine Glimmentladung.

Ein Problem bei dem Versuch, Stahl ausschließlich mit Naturgas (Methan, CH_4) aufzukohlen, besteht darin, dass die Geschwindigkeit bei Schritt 1 im Aufkohlungsprozess viel langsamer ist als beim Endogas. Die Reaktion bei Schritt 1 kann für reines Methan jedoch erheblich beschleunigt werden, wenn man entweder die Temperatur von 900°C auf 1050°C anhebt und/oder in Oberflächennähe des Werkstücks ein Plasma im Gas erzeugt.

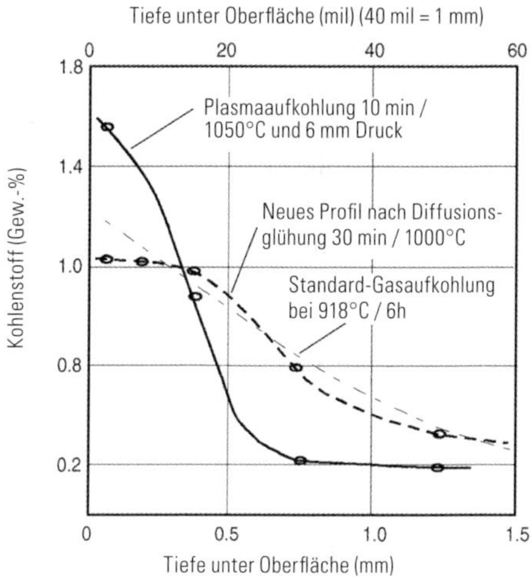

Bild 17.11 Kohlenstoffprofile eines plasmaaufgekohlten 1020er Stahls nach den Phasen „Beschleunigung" und „Diffusion" im Vergleich zu einem Profil, das durch eine konventionelle Gasaufkohlung erzeugt wurde. Quelle: Literaturstelle 17.2, Seite 355

Sowohl beim Vakuumaufkohlen als auch beim Plasmaaufkohlen werden die Werkstücke im Vakuum zunächst auf eine Temperatur von etwa 1030 bis 1050°C gebracht. Dann wird eine Mischung aus Methan (oder Propan) mit Stickstoff (dieser dient nur als Trägergas) in die Kammer eingebracht. Dann treten für eine kurze Zeit beide Schritte des Kohlenstofftransports auf. Das ist die Beschleunigungsphase.

Beim Plasmaaufkohlen beschleunigt ein Plasma an der Werkstückoberfläche die Geschwindigkeit des Kohlenstofftansports zur Oberfläche hin in Schritt 1 erheblich. Wegen dieses Effekts kann man die Zeit der Beschleunigungsphase von 50 Minuten im Vakuum beim Plasmaaufkohlen auf nur 10 Minuten reduzieren – bei gleichem Ergebnis. Die Diffusionsphase wird dann bei gleicher Temperatur oder leicht darunter durchgeführt, indem man mit Vakuumpumpen das Gas entfernt und dabei die Werkstofftemperatur konstant hält.

Beispiele für den Vergleich von Plasmaaufkohlung und konventioneller Aufkohlung sind in Bild 17.11 dargestellt. Man sieht, dass man zur Einstellung gleicher Einsatzhärtetiefen von 1,4 mm beim konventionellen Verfahren 360 Minuten braucht, aber nur 40 Minuten bei Verwendung der Plasmaaufkohlung. Neben der Zeitreduzierung bieten diese Verfahren noch weitere Vorteile, die in Literaturstelle 17.2 auf den Seiten 348 und 352 dargestellt sind. Die hauptsächlichen Nachteile bestehen in den hohen Investitionskosten für die Vakuumausrüstung sowie in der Beschränkung der Verfahren auf legierte Stähle wie 8620 (1.6523, 20 NiCrMo 2-2) zur Vermeidung von Kornwachstum.

Weitere gasförmige Quellen

Wie im Kapitel 7 diskutiert wurde, besteht das in den USA für die Aufkohlung verwendete Endogas zu etwa 40% aus Wasserstoff, 20% Kohlenmonoxid und 40% Stickstoff (Volumenprozente). Es lässt sich einfach aus Erdgas herstellen. In Ländern, die über keine Erdgasvorkommen verfügen, kann man andere Verfahren verwenden, um ähnliche Mischungen der Gase H_2, CO und N_2 herzustellen.

Eine Methode besteht darin, dem Ofen reinen Stickstoff und gasförmiges Methanol (CH_3OH) zuzufügen. Die Firma Union Carbide nennt ihren Prozess UCAR (Literaturstelle 17.7), und die British Oxygen Company bezeichnet ihren Prozess als Endomix (Literaturstelle 17.8). Eine andere Methode besteht darin, flüssiges Methanol und Azeton (CH_3COCH_3) in den Ofen einzubringen. Dieser Prozess heißt Carbomag oder manchmal auch Einspritzprozess, siehe dazu Literaturstelle 17.9. Diese Prozesse sollen eine Energieeinsparung von 10% bis 20% gegenüber Endogas bringen.

17.2.2 Karbonitrieren

Dieser Prozess ist dem normalen Aufkohlungsverfahren sehr ähnlich. Man fügt dem Kohlen-Wasserstoff-Gas lediglich 3% bis 8% Ammoniak (NH_3) hinzu. Das Verfahren arbeitet bei geringeren Temperaturen (800 bis 900°C) als einfaches Aufkohlen. Die Einsatzhärtetiefen sind geringer, gewöhnlich liegen sie bei Werten kleiner als 0,75 mm. Die Stickstoffatome diffundieren zusammen mit den Kohlenstoffatomen in die Stahloberfläche hinein, so dass in der Oberflächenzone sowohl eine Stickstoffanreicherung als auch eine Kohlenstoffanreicherung stattfindet.

Der Hauptvorteil dieser Behandlung im Vergleich zum normalen einfachen Aufkohlen besteht darin, dass die Härtbarkeit des Stahls mit zunehmendem Stickstoffgehalt ansteigt. Bild 17.12 zeigt Jominykurven, die die deutliche Verbesserung der Härtbarkeit durch Stickstoffzugabe verdeutlichen.

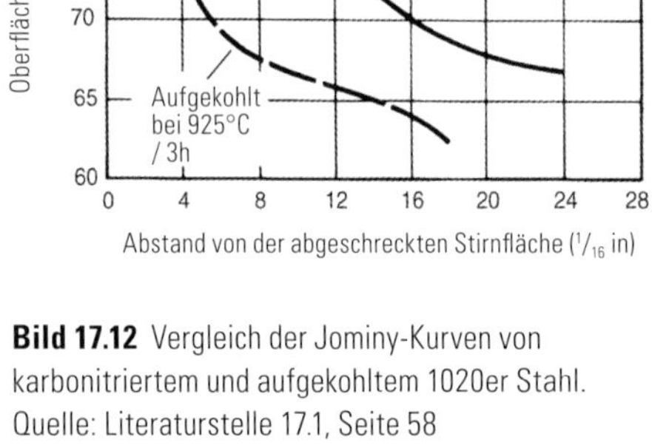

Bild 17.12 Vergleich der Jominy-Kurven von karbonitriertem und aufgekohltem 1020er Stahl. Quelle: Literaturstelle 17.1, Seite 58

Zur Erzielung einer höheren Oberflächenhärte beim Aufkohlen ist es natürlich wichtig, dass der aufzukohlende Stahl eine hinreichende Härtbarkeit aufweist, um nach dem Abschrecken volle Umwandlung in Martensit zu erhalten. Die durch Verwendung des Karbonitrierens erzielte bessere Härtbarkeit erlaubt manchmal, billigere unlegierte Kohlenstoffstähle oder Ölabschreckung zu verwenden statt Wasserabschreckung einzusetzen.

Der vielleicht wichtigste Nachteil des Karbonitrierens besteht darin, dass die Schlagzähigkeit absinkt. Daher findet dieses Verfahren zum Beispiel bei Zahnrädern keine Verwendung. Zur weiteren Diskussion wird auf die Literaturstellen 17.1 (Seite 58) und 17.2 (Seite 376) verwiesen.

17.2.3 Nitrokarburieren (Ferritisches Nitrokarburieren)

Bild 17.13 zeigt das Phasendiagramm von Eisen und Stickstoff. Beim Vergleich mit dem Eisen-Kohlenstoff-Diagramm (Bild 4.4) fallen einige Ähnlichkeiten auf. Beim Eisen-Kohlenstoff-Diagramm tritt bei 727°C und 0,77% C das eutektoide Perlit auf, während im Eisen-Stickstoff-Diagramm ein Eutektoid bei 590°C und 2,3% N auftritt. Im Eisen-Kohlenstoff-Diagramm sind die Phasen unterhalb der eutektoiden Temperatur Alpha-Eisen und Fe_3C, während im Eisen-Stickstoff-Diagramm Alpha-Eisen und Fe_4N vorliegen. Letzteres nennt man gewöhnlich γ'-Phase.

Fe_3C und Fe_4N sind beides chemische Verbindungen, aber Fe_4N unterscheidet

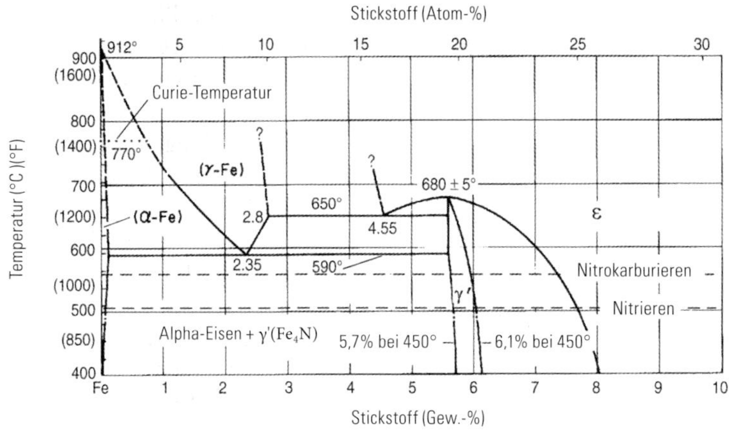

Bild 17.13 Eisen-Stickstoff-Phasendiagramm. Quelle: Literaturstelle 17.10

sich vom Fe_3C insofern, als seine Zusammensetzung nicht fest ist. Während die Verbindung Fe_3C ihrer chemischen Formel gehorcht, ändert sich, wie in Bild 17.13 bei T=450°C zu sehen ist, die Zusammensetzung des Fe_4N (γ') zwischen 5,7 und 6,1% N.

Die Phase ganz rechts außen heißt Epsilon-Phase (ε), die ebenfalls als Verbindung mit einer großen Bandbreite an Zusammensetzungen angesehen wird. Diese Phase weist eine hohe Härte auf. Beim Nitrokarburieren wird Stickstoff in die Oberfläche eingelagert. Die Temperatur liegt dabei nahe bei 570°C. Bei dieser Temperatur liegt das Eisen in der Alpha-Modifikation vor (Ferrit). Deshalb wird dieser Prozess oft *ferritisches Nitrokarburieren* genannt.

Der Stickstoff kann dabei aus einem Gas stammen oder aus zyanidischen Salzbädern. Hier wird jedoch nur die Methode mit Stickstoff aus gasförmigen Quellen diskutiert. Der Stickstoff wird in Form von Ammoniak (NH_3) eingebracht, das einem Kohlenstoff-Wasserstoff-Gas wie Endogas zugefügt werden kann. Interessanterweise heißt der Prozess Nitrokarburieren, obwohl das Ammoniak manchmal reinem Stickstoff beigegeben wird.

Stickstoff ist bei höheren Temperaturen dem Eisen gegenüber inert. Das N_2-Molekül dissoziiert nicht so leicht, dass einfach Stickstoff in das Eisen gelangen könnte. Wenn jedoch Ammoniak bei hohen Temperaturen an der Stahloberfläche dissoziiert, bilden sich Stickstoffatome, die in die Eisenmatrix hineingelangen. Die chemische Reaktion lässt sich wie folgt beschreiben:

$$NH_3 \longrightarrow \frac{3}{2} H_2 + [N]$$

Die eckige Klammer um N steht für Stickstoffatome, die bereits in der Eisenmatrix gelöst sind. Wie bereits mit Hinweis auf Bild 7.7 und Bild 17.7 diskutiert wurde, kann man mit Hilfe thermodynamischer Grundgesetze das Kohlenstoffpotenzial im Eisen-Kohlenstoff-System berechnen. In ähnlicher Weise lässt sich ein Stickstoff-

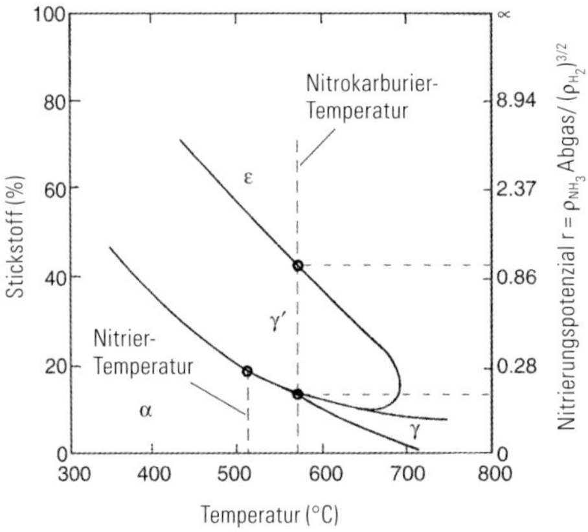

Bild 17.14 Stickstoffpotenzial und Temperatur. Quelle: Literaturstelle 17.11, Seite 260

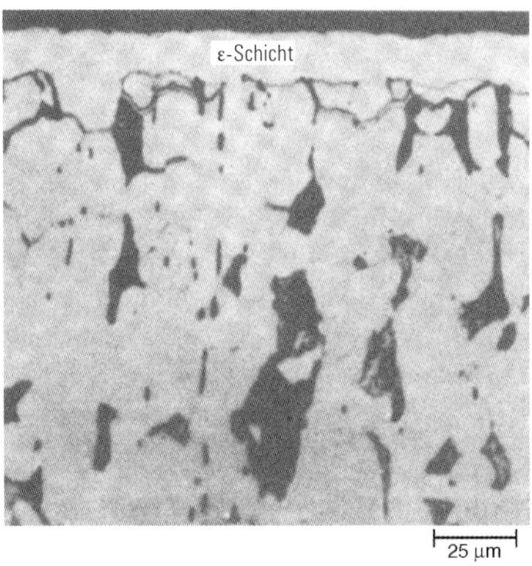

Bild 17.15 Gefügeaufnahme eines 1018er Stahls nach Nitrokarburieren bei 570°C (1060°F) über 3h und Ölabschrecken. Quelle: Literaturstelle 17.2, Seite 425

potenzial im System Eisen-Stickstoff berechnen. Die Ergebnisse sind in Bild 17.14 dargestellt.

Das auf der Sekundärachse aufgetragene Nitrierpotenzial r kann durch Einstellung der Gaszusammensetzung kontrolliert werden. Die vertikale Linie bei 570°C kann benutzt werden, um abzuschätzen, was auf der Oberfläche des Stahls während des Nitrokarburierens geschieht. Wenn r von 0 auf den Wert von etwa 0,2 ansteigt, steigt die Konzentration des Stickstoffs an der Oberfläche von 0 auf den maximalen Wert, der vom Ferrit gelöst werden kann (etwa 0,1% N). Steigt r weiter von 0,2 auf 1 an, dann bildet sich an der Oberfläche eine Schicht von Fe_4N (γ'). Bei weiterem Anstieg von r über 1 hinaus bildet sich an der Oberfläche eine Schicht aus der Epsilon-Phase (ε).

Beim ferritischen Nitrokarburieren wird das Nitrierpotenzial kontrolliert, indem man absichtlich eine Schicht aus ε-Phase bilden lässt, siehe Bild 17.15. Dieses Bild zeigt einen typischen Fall, bei dem die oberflächliche ε-Schicht nach drei Stunden bei 570°C etwa 18 µm dick ist. Unter der Oberfläche ist die ferritisch-perlitische Struktur des Ausgangswerkstoffs sichtbar. Die ε-Phase ist ziemlich hart und bietet daher eine sehr gute Verschleißbeständigkeit.

Diese Härte ist nicht – wie bei den anderen diskutierten Oberflächenbehandlungsverfahren – die Folge einer Martensitbildung nach Abschrecken. Dennoch ist es üblich, nitrokarburierte Bauteile in Öl abzuschrecken, da das die Ermüdungsfestigkeit erhöht.

Es ist in diesem Zusammenhang interessant, dass Experimente gezeigt haben, dass die Zugabe eines Kohlenwasserstoffgases zum Ammoniak zwar den Kohlenstoffgehalt in der ε-Schicht erhöht, jedoch wenig Einfluss auf Verschleiß- und Ermüdungsfestigkeit hat und auch die Korrosionsresistenz nicht beeinflusst. Allerdings beschleunigt die Zugabe von Kohlenwasserstoff die Bildung der Nitridschichten. Zudem unterdrückt der Kohlenstoff die

Bildung von Fe_4N(γ')-Gebieten innerhalb der ε-Schicht an der Oberfläche. Einer der größten Vorteile dieses Verfahrens ist die exzellente Maßhaltigkeit. Eine einführende Diskussion ist in Literaturstelle 17.1 (Seite 69) zu finden, eine detailliertere Diskussion in Literaturstelle 17.2 (Seite 425).

17.2.4 Nitrieren

Wie beim Nitrokarburieren kann die Stickstoffquelle bei Nitrieren ein Gas oder ein zyanidisches Salzbad sein. Genau wie das Nitrokarburieren findet auch das Nitrieren bei Temperaturen unterhalb der eutektoiden Temperatur statt, gewöhnlich etwa 500°C bis 525°C. Während der Gasnitrierung wird der Stickstoffpegel r gemäß Bild 17.14 auf Werte eingestellt, die gerade unter denen liegen, die noch die Ausbildung einer Fe_4N-Schicht (γ'-Schicht) auf der Stahloberfläche verhindern.

Die Ausbildung einer Oberflächenschicht aus Fe_4N (γ'), auch *weiße Schicht* genannt, ist unerwünscht und ein verfahrenstechnisches Problem beim Nitrieren. Eine ganze Reihe von Techniken wurde entwickelt, um dieses Problem in den Griff zu bekommen.

Beim Nitrieren wird nicht abgeschreckt. Die hohe Oberflächenhärte stammt nicht von einer martensitischen Umwandlung. Mann muss also Stähle verwenden, die Legierungselemente enthalten, die in der Lage sind, Nitridpartikel zu bilden.

Wir erinnern uns daran, dass sich die hohe Härte, die sich beim Anlassen von Werkzeugstählen einstellt und als Sekundärhärte bezeichnet wird (Bild 10.10), durch die Bildung von Karbidpartikeln im Nanometerbereich einstellt. Die Partikel bilden sich durch Reaktion des Kohlenstoffs mit reaktiven Legierungselementen wie zum Beispiel Molybdän, Chrom und Vanadium.

Nitrierte Stähle erreichen ihre hohe Oberflächenhärte durch einen ähnlichen Mechanismus. Im hier vorliegenden Fall handelt es sich bei den Partikeln, die sich bilden, um Nitride. Dieser Prozess ist also nur sinnvoll bei Verwendung von Stählen, die reaktionsfreudige Legierungselemente enthalten.

Das Nitrieren gewährleistet hervorragende Maßhaltigkeit, da es keine Abschreckspannungen gibt und auch keine Volumenänderung durch Neubildung von Phasen beim Abschrecken. Zu den Nachteilen dieses Prozesses gehört, dass die erforderlichen Prozesszeiten sehr lang sind, die erreichbaren Schichten sehr dünn sind und an die Prozessbeherrschung sehr hohe Anforderungen gestellt werden, um die Bildung von Fe_4N (γ') an der Oberfläche zu unterdrücken.

Es gibt fünf Stahlgruppen, die sich zum Nitrieren eignen: spezielle aluminiumhaltige Legierungen, die Nitralloys heißen, hoch mit Chrom und Vanadium legierte Stähle, die niedriglegierten Stähle der Reihe 41xx, einige Werkzeugstähle wie H-11 und einige rostfreie Stähle wie 430 (1.4021, X2Cr13), 446 (1.4749, X10CrN24) und die ausscheidungshärtbaren rostfreien Stähle.

Nitrieren und Nitrokarburieren können unter der Nutzung der zuvor beschriebenen Methoden der Plasmaerzeugung in einer Vakuumkammer durchgeführt werden. Wenn man das beim Nitrieren anwendet, nennt man die Verfahren oft auch *Ionitrieren* oder *Plasmanitrieren*. Man kann mit Stickstoffgas arbeiten, da das Plasma den Stickstoff problemlos ionisiert. Ammoniak ist dabei überflüssig. Der Stickstoff-

	Aufkohlen	Karbonitrieren	Nitrieren	Nitrokarburieren
Tiefe	Mittel	Gering	Gering	Gering
Höhe der Druckeigenspannung	Mittelhoch	Hoch	Sehr hoch	Mittelhoch
Widerstand gegen Reibverschleiß	Mittelhoch	Hoch	Sehr hoch	Sehr hoch
Verhalten bei schlagender Beanspruchung	Exzellent	Annehmbar	Annehmbar	Annehmbar
Biegewechselfestigkeit	Gut	Gut	Gut	Akzeptabel/Gut
Verhalten bei Fressneigung	Gut	Gut	Exzellent	Exzellent
Freiheit von Härterissen	Exzellent	Exzellent	Kein Problem	Exzellent
Maßhaltigkeit	Akzeptabel	Gut	Exzellent	Exzellent
Kosten des Stahls	Niedrig bis mittel	Niedrig	Mittel bis hoch	Niedrig bis hoch
Prozesszeiten	Kurz	Kurz	Lang	Kurz
Härteabfall in der Schicht beim Anlassen	Ja	Geringfügig	Nein	Nein
Verbesserung der Korrosionsbeständigkeit (bei Verwendung nicht-rostfreier Stähle)	Nein	Nein	Ja	Ja

Tabelle 17.1 Zusammenstellung der Eigenschaften unterschiedlicher Oberflächenbehandlungsverfahren.

pegel wird über die Zusammensetzung der eingeführten Gase N_2, H_2 und CH_4 eingestellt.

Wegen der im Vergleich zum Aufkohlen relativ niedrigen Prozesstemperaturen werden die Proben manchmal direkt durch die Wärme des Plasmas aufgeheizt. Deshalb wird in der Vakuumkammer kein Ofen benötigt. Wie erwartet, reduziert das Plasma die Prozesszeit und hat auch noch einige andere Vorteile (Literaturstelle 17.2, Seiten 420 und 431).

Die Tabelle 17.1 bietet eine kurze Zusammenfassung der unterschiedlichen Charakteristika der hier vorgestellten Oberflächenbehandlungsverfahren. Die in qualitativer Form eingetragenen Eigenschaften wurden aus unterschiedlichen Quellen zusammengestellt. Die fett gedruckten Begriffe kennzeichnen optimale Werte. Die Tabelle zeigt auch, dass alle diese Verfahren zu Druckeigenspannungen in der Oberfläche führen, was der Erhöhung der Ermüdungslebensdauer des Werkstücks zugute kommt.

Die Kernaussagen in Kapitel 17:

1. Ein Stahlstab mit Rockwell-C-Härten im 60er-Bereich weist hervorragende Verschleißbeständigkeit auf. Liegt dieses Härteniveau im gesamten Werkstoffinneren vor, wird der Stab für eine ganze Reihe von Anwendungen aber nicht zäh genug sein. Daher wurden einige Verfahren entwickelt, um die Oberflächen von Bauteilen aus Stahl selektiv zu härten – unter Beibehaltung von weicheren und zäheren Zonen unter der Oberfläche. Diese Verfahren lassen sich aufteilen in reine Beschichtungsverfahren, wie zum Beispiel das Verchromen, und solche, die die Werkstoffe in oberflächennahen Randzonen modifizieren. Das geschieht entweder durch selektives Erwärmen der Oberfläche oder durch Eindiffusion von Atomen in die Oberfläche mit oder ohne anschließende Wärmebehandlung. Bei beiden dieser oberflächenmodifizierenden Verfahren ist die Verwendung

des Begriffs *Einhärtungstiefe* üblich. Diese wird häufig als die Tiefe unter der Oberfläche definiert, wo die Härte auf einen Wert von 50 HRC abgefallen ist.

2. Die häufigsten Verfahren der oberflächlichen Wärmebehandlung sind das *Flammhärten* und das *Induktivhärten.* Bei beiden Verfahren wird die Oberfläche sehr schnell auf Werte aufgeheizt, die sehr viel höher sind als die in den Kernzonen. Dadurch bildet sich ein Rand von Austenit an der Oberfläche, der dann beim Abschrecken in Martensit umwandelt. Beim Induktivhärten wird ein sehr hochfrequenten Wechselstrom an der Außenhaut des Werkstoffs induziert.
3. Die Bezeichnungen der unterschiedlichen Verfahren, bei denen Diffusion angewandt wird, leiten sich von dem Atomtyp ab, der in die Oberfläche diffundieren soll: *Aufkohlen* für Kohlenstoffdiffusion, *Nitrieren* für die Diffusion von Stickstoff, *Karbonitrieren* bzw. *Nitrokarburieren* für die Diffusion von Stickstoff+Kohlenstoff sowie *Borieren* für die Eindiffusion von Boratomen. Von all diesen Verfahren findet das Aufkohlen die häufigste industrielle Verwendung. Damit lässt sich an der Oberfläche der Kohlenstoffgehalt erhöhen. Nach Abschrecken erreicht man an der Oberfläche Martensit hoher Härte, während der Kern weich und zäh bleibt.
4. Beim Karbonitrieren handelt es sich im Wesentlichen um Aufkohlen unter Zugabe kleiner Mengen von Stickstoff. Der hinzugefügte Stickstoff erhöht die Härtbarkeit, wodurch man in manchen Fällen preiswertere unlegierte Kohlenstoffstähle verwenden kann. Es tritt jedoch eine gewisse Reduzierung der Schlagzähigkeit auf.
5. Beim Nitrokarburieren und Nitrieren ist die hohe Härte der Randschicht nicht eine Folge einer martensitischen Schicht. Demzufolge ist auch kein Abschrecken erforderlich. Diese Prozesse werden bei relativ niedrigen Temperaturen durchgeführt, etwa 570°C beim Nitrokarburieren und 525°C beim Nitrieren.

   Beim Gasnitrieren wird der Stickstoff mit Hilfe von Ammoniak eingebracht. Die hohe Härte wird erreicht durch Nitridpartikel mit Abmessungen im Nanometerbereich. Sie bilden sich durch die Reaktion des Stickstoffs mit reaktionsfreudigen Legierungselementen wie Chrom, Molybdän und Vanadium, die dem Stahl hinzugefügt werden. Beim Nitrokarburieren ist der Stickstoffpegel erhöht. Es bildet sich eine harte Nitridphase, die Epsilon-Phase (ε-Phase), an der Oberfläche. Beide Verfahren führen zu sehr harten Oberflächen bei nur minimalen maßlichen Abweichungen.

ANHANG A
Temperaturmessung

Eine der wichtigsten Messgrößen, die bei der Wärmebehandlung und beim Schmieden von Stahl zu erfassen ist, ist die Temperatur des Stahls. Die Messung selbst wird oft mit Hilfe von Thermoelementen oder Infrarotpyrometern durchgeführt. Eine sehr gute Quelle für Geräte zur Temperaturmessung und Informationen über Temperaturmessverfahren ist die Firma Omega (Literaturstelle A1). Sie stellt kostenfrei das Omega-Temperaturhandbuch *(The Omega Temperature Handbook)* zur Verfügung. Dieses Buch enthält Informationen zu Temperaturmessungen sowie Produkten (Thermoelemente und Infrarotpyrometer).

Thermoelemente

Das am weitesten verbreitete Thermoelement für Temperaturmessungen bei der Wärmebehandlung dürfte das Chromel-Alumel-Thermoelement sein. Ein Thermoelement ist an sich sehr einfach: Ein Draht aus Chromel ist an einen Alumel-Draht angeschweißt. Chromel ist der Handelsname für eine Legierung aus Nickel und Chrom, und Alumel ist eine hauptsächlich aus Nickel bestehende Legierung.

Die Schweißperle wird im Ofen an die Stelle gebracht, an der die Temperatur gemessen werden soll. An den Enden der Drähte des Thermoelements befinden sich elektrische Leitungen, meist aus Kupfer. Sie führen aus dem Ofen heraus und sind an ein digitales Spannungsmessgerät angeschlossen, siehe Bild A1. Alumel ist ferromagnetisch, Chromel nicht. Deshalb lässt sich mit einem Magneten die Minusleitung (Alumel) vor dem Anschluss an das Spannungsmessgerät einfach bestimmen.

Thermoelemente machen sich einen physikalischen Effekt zunutze, den sogenannten thermoelektrischen Effekt. Dieser Effekt tritt auf, wenn zwei Drähte aus irgendwelchen nicht gleichen Metallen zu-

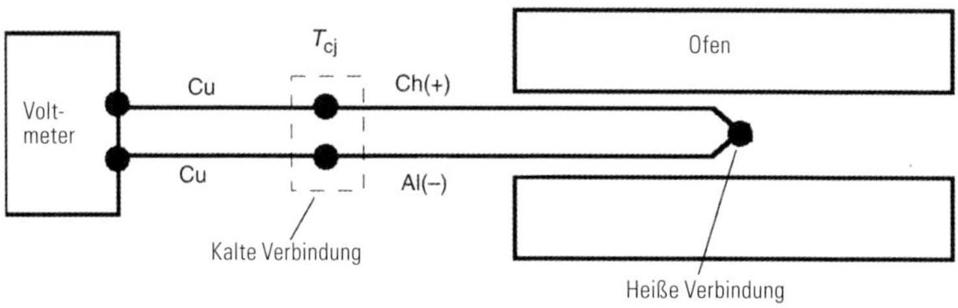

Bild A1 Gebräuchliche experimentelle Anordnung zur Messung der Ofentemperatur mit einem Chromel/Alumel-Thermoelement.

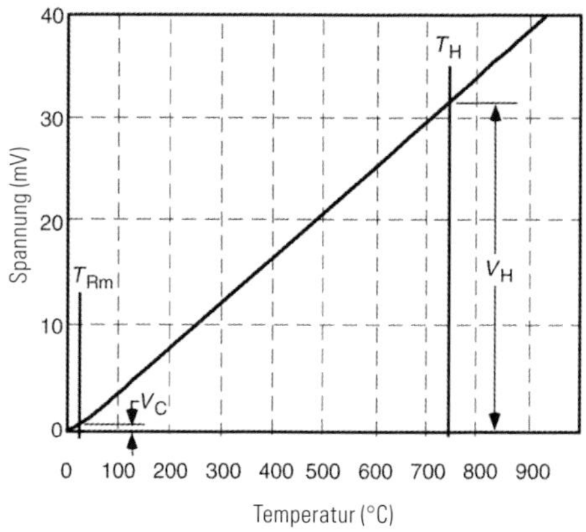

Bild A2 Spannungsanzeige eines Chromel-Alumel-Thermoelements.

sammengeschweißt werden. Es entsteht ein kleiner Gleichstrom, dessen Spannungsabfall sich mit einem Voltmeter mit hoher Impedanz (ähnlich einem digitalen Spannungsmesser) messen lässt, wenn man die von der Schweißperle abgehenden Drähte anschließt.

Bei der in Bild A1 gezeigten Konfiguration wird eine Spannung mit dem Voltmeter gemessen, wenn die Temperatur der Schweißperle (in Bild A1 „heiße Verbindung" genannt) sich von der Temperatur an den Verbindungen mit dem Kupferdraht (in Bild A1 mit „kalte Verbindung" bezeichnet) unterscheidet.

Bild A2 zeigt die thermoelektrische Spannungskennkurve für Chromel-Alumel. Eine Gleichung für diese Kurve ist in *The Omega Temperature Handbook* zu finden. Das Buch enthält zudem lange Tabellen, die die Spannungswerte in Abhängigkeit von der Temperatur (in Celsius und Fahrenheit gemessen) auflisten. Bild A2 zeigt, dass bei Temperaturanstieg die Spannung fast linear ansteigt. Ist die Temperatur an der heißen Verbindung T_H=750°C, dann entnimmt man dem Diagramm, dass die Spannung V_H etwa 32 mV beträgt.

Allerdings wird die experimentelle Anordnung aus Bild A1 dieses Ergebnis wegen eines wichtigen Sachverhalts nicht anzeigen: Die in dem in Bild A1 dargestellten Stromkreis gemessene Spannung wird um die Spannung V_C (Bild A2) reduziert. Daher ergibt sich die gemessene Spannung als:

$$V = \text{gemessene Spannung} = V_H - V_C$$

(Gleichung A1)

Die Spannung V_C wird häufig als *Kaltstellenspannung* bezeichnet. Es handelt sich dabei um die Spannung, die in Bild A2 bei der Temperatur an der Verbindungsstelle der Kupferdrähte mit den Drähten des Chromel-Alumel-Elements eingetragen ist (T_{cj}). Wird die Kaltstelle bei 0°C gehalten, zum Beispiel durch Eintauchen in ein Eis-Wasser-Gemisch, dann ist V_C=0. Die gemessene Spannung ist dann gleich V_H, also dem in den Tabellen angegebenen Wert.

Die Kaltstellentemperatur ist jedoch gewöhnlich gleich der Raumtemperatur T_{rm}, die nicht konstant ist und sich ändert. Vor allem wenn die Kaltstelle in der Nähe des Ofens ist, kann sich die Temperatur deutlich erhöhen. Demzufolge muss man zur Gewährleistung zuverlässiger Temperaturmessungen einen Kaltstellenkompensator verwenden.

Bild A3 zeigt eine Schaltung mit einem Thermoelement und zwischengeschaltetem elektronischem Kaltstellenkompensator. Der elektronische Kompensator enthält eine Batterie und Stromkreisbauteile zur Bestimmung der lokalen Temperatur. Die gesamte Einheit wird damit zur Kaltstelle. Sie erzeugt automatisch die erwünschte

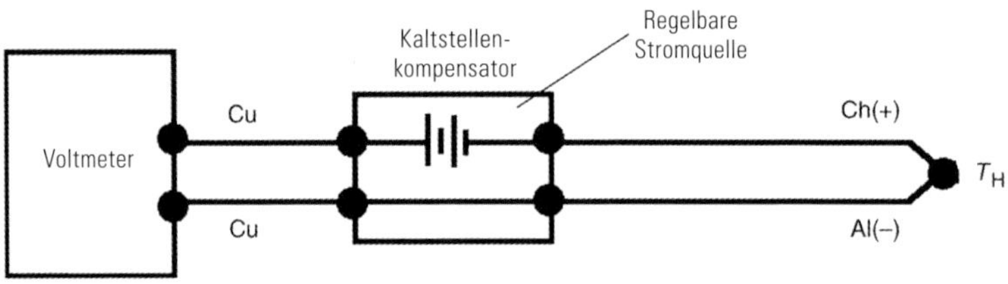

Bild A3 Ein Kaltstellenkompensator speist automatisch die passende Spannung Vc in den Stromkreis.

Kaltstellenspannung V_C und addiert sie zu der Spannung nach Gleichung A1. In diesem Fall misst man mit dem Spannungsmessgerät immer V_H, unabhängig von der Änderung der Kaltstellentemperatur.

Es gibt kommerziell erhältliche Geräte, die direkt die Temperatur, die mit dem Thermoelement gemessen wird, in einem digitalen Instrument anzeigen. Einige dieser Geräte machen den Einsatz eines Kaltstellenkompensators im Stromkreis erforderlich, wie in Bild A3 gezeigt, während andere einen integrierten Kompensator enthalten, so dass man die Thermoelementzuleitungen direkt an das Gerät anschließen kann.

Wird das Gerät (der Kaltstellenkompensator) in einiger Entfernung vom Thermoelement betrieben, wird die Verwendung von Anschlusskabeln notwendig. Verwendet man Standardkupferkabel zum Anschluss, entstehen kleine Abweichungen, da die Temperaturen an der Anschlussstelle zum Thermoelement und die zum Kompensator nicht übereinstimmen müssen. Das Problem lässt sich umgehen, indem man die Drähte des Thermoelements direkt anschließt. Alternativ kann man auch sogenannte spezielle Kompensationskabel kaufen. Das ist normalerweise billiger als der Draht der Thermoelemente. Die Kabel bestehen aus einer Legierung, die speziell dazu geeignet ist, Probleme mit Temperaturunterschieden an den Anschlüssen zu eliminieren.

Es gibt unterschiedliche Arten von kommerziell erhältlichen Thermoelementen. Tabelle A1 zeigt eine Zusammenstellung dieser Typen. Es ist gebräuchlich, die unterschiedlichen Thermoelemente nach dem in dieser Tabelle angegebenen Buchstabencode zu unterscheiden. So ist zum Beispiel das Chromel-Alumel-Thermoelement ein Thermoelement vom Typ K.

Typ	Elemente	Bemerkung	Max. Temp.°C	Max. Temp.°F
K	Chromel/Alumel	Am weitesten verbreitet	982	1800
J	Eisen/Konstantan	Hohe Spannungswerte	482	900
E	Chromel/Konstantan	Hohe Spannungswerte	593	1100
T	Kupfer/Konstantan	Hohe Spannungswerte, aber niedrige Höchsttemperatur	260	500
R	Pt/Pt-13% Rh	Hohe Temperatur und keine Oxidation	1450	2642
B	Pt-6% Rh/Pt-30% Rh	Wie oben, jedoch geringeres Kornwachstum	1700	3092

Tabelle A1 Einige gebräuchliche Thermoelementpaarungen.

Ein großes Problem bei der Verwendung von Thermoelementen in heißen Öfen ist die Oxidation der Drähte. Erstreckt sich die Tiefe dieser Oxidschichten zu weit unter die Oberfläche, dann arbeitet das Thermoelement nicht mehr korrekt. Die Oxidationsgeschwindigkeit steigt schnell mit der Temperaturerhöhung an. In Tabelle 1 findet sich daher auch eine Empfehlung für die maximalen Einsatztemperaturen der unterschiedlichen Thermoelemente in Luft. Die Temperaturempfehlungen beziehen sich auf eine normale Lebensdauer. Die Lebensdauer lässt sich durch die Verwendung von Thermoelementdrähten mit sehr großem Durchmesser vergrößern.

Ein weiteres Problem bei der Verwendung von Thermoelementen ist das Kornwachstum, wodurch die Drähte verspröden. Bei sehr hohen Temperaturen, wie sie beim Schmieden und Stahlschmelzen vorkommen, ist die beste Wahl die Verwendung von Thermoelementen mit Platindrähten, die nicht oxidieren. Thermoelemente vom Typ B haben den Vorteil eines verringerten Kornwachstums. Sie sind widerstandsfähiger gegen Bruch während des Gebrauchs als die anderen Platin-Thermoelemente.

Thermoelemente gibt es in großer Vielfalt. Sie können für spezielle Anwendungen nach Kundenwunsch aus Drahtspulen hergestellt werden. Für Messungen im Hochtemperaturbereich muss man die Drähte durch Isolatoren aus Keramik hindurchfädeln, damit sie keinen elektrischen Kontakt herstellen – außer an der Schweißperle. Bild A4 zeigt ein selbst gemachtes Thermoelement, bei dem die Drähte durch einen zweikanaligen keramischen Isolator geführt werden. Bei Messungen im niedrigen

Bild A4 Grundaufbau Thermoelement.

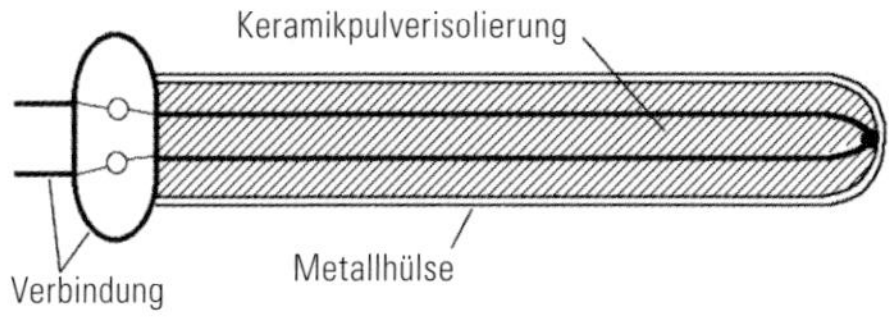

Bild A5 Thermoelement in Metallhülse.

Temperaturbereich kommt man mit Thermoelementen aus, die mit kommerziell erhältlichen Glasfaserisolierungen versehen sind.

Es gibt auch metallisch ummantelte Thermoelemente. Wie in Bild A5 dargestellt, haben diese Thermoelemente eine äußere metallische Hülle. Die Drähte selbst sind gegen diese Hülle und auch gegeneinander durch ein feines Pulver aus Keramik isoliert, das eine hinreichende elektrische Isolation bis zu der Höchsttemperatur gewährleistet, die für dieses bestimmte Thermoelement zulässig ist. Sie liegt oft nahe an der Schmelztemperatur des Hüllenwerkstoffs.

Es sind viele unterschiedliche Hüllenmaterialien erhältlich, die eine ausgezeichnete Hochtemperatur-Korrisonsfestigkeit aufweisen, wie zum Beispiel die Nickelbasislegierungen Inconel und Hastelloy. Diese Mantelthermoelemente können bei höheren Temperaturen eingesetzt werden als nicht ummantelte. Omega verkauft ein Metallmantelthermoelement vom Typ K, das für maximale Temperaturen bis 1205°C verwendbar ist. Diese Thermoelemente besitzen an einem Ende einen elektrischen Anschluss, siehe Bild A5. Sie sind mit unterschiedlichen Steckergrößen und -Arten erhältlich.

Wenn man solche Thermoelemente verwendet, befindet sich die Kaltstelle an der Steckverbindung. Wenn die Gefahr besteht, dass der Stecker warm wird, ist es wichtig, entweder direkt an einen Kaltstellenkompensator anzuschließen oder an ein Messgerät, das mit einem solchen ausgestattet ist. Wenn es notwendig ist, Anschlussleitungen zu den kompensierten Messgeräten zu verwenden, kann man einfach Stücke des Thermodrahts verwenden. Alternativ bieten sich die zuvor erwähnten kommerziell erhältlichen Spulen mit Kompensationsdraht als preiswerte Alternative für die unterschiedlichen Thermoelemente an.

Farbbezeichnung	Temperatur [°C]
Dunkelbraun	550-625
Braunrot	635
Dunkelrot	680
Dunkelkirschrot	740
Kirschrot	780
Hellrot	850
Gut Hellrot	900
Gelbrot	950
Hellgelbrot	950-1000
Gelb	1100
Hellgelb	1200
Gelbweiß	>1300

Quelle: Lit. A2, Anm: Die Bezeichnungen und Temperaturen wurden an die in Deutschland gebräuchlichen angepasst

Tabelle A2 Näherungswerte der Farbtemperaturen.

Strahlungspyrometer

Schmiede haben schon vor vielen Jahrhunderten Stähle erhitzt und abgeschreckt. Sie waren in der Lage, die Temperatur des heißen Stahls anhand der Glühfarben (Strahlung) abzuschätzen. Tabelle A2 zeigt eine typische Näherung für die Farbe eines glühenden Körpers und die entsprechende Temperatur. Die Farbübergänge beim Aufheizen von Rot über Orange zu Gelb und Weiß lassen sich gut beobachten. Der Raum sollte dabei abgedunkelt sein, damit man die erste in der Tabelle angegebene Färbung überhaupt erkennen kann. Umwälzende Fortschritte beim Verständnis der Natur des Lichts, das von heißen Oberflächen ausgeht, wurden von den Physikern zu Anfang des 20. Jahrhunderts gemacht.

So genannte Pyrometer benutzen die emittierte Strahlung zur Bestimmung der Temperatur eines heißen Körpers – mit einer Genauigkeit, die wesentlich höher liegt als die, die ein erfahrener Schmied erreichen kann. Die Erfahrung des Autors aus der Arbeit mit Infrarot-Pyrometern und Schmieden besagt, dass diese ziemlich zuverlässig die Temperatur mit einer Genauigkeit von etwa 20°C angeben konnten.

Das Licht, das von einem weißglühenden Stück Stahl ausgestrahlt wird, ist dieselbe Art Licht, die auch von der Sonne oder von Sternen abgestrahlt wird. Es handelt sich um eine Strahlungsenergie, die in den einschlägigen Physikbüchern als elektromagnetische Strahlung bezeichnet wird. Sie besteht aus elektrischen und magnetischen Feldern mit veränderlicher Stärke, daher der Name.

Lichtstrahlen kann man sich vorstellen als Wellen, die sich in eine bestimmte Richtung ausbreiten, und das mit Lichtgeschwindigkeit (ca. 300.000 km/s). Dabei verändert sich die Feldstärke, wie in Bild A6 dargestellt. Es hat sich eingebürgert, die Wellenlänge, also den Abstand zwischen zwei Wellenbergen oder Wellentälern, mit dem griechischen Buchstaben Lambda (λ) zu bezeichnen. Dabei wird die Lichtenergie

Farbe	Wellenlängenbereich in µm
Rot	0,65-0,77
Orange	0,59-0,65
Gelb	0,55-0,59
Grün	0,48-0,55
Blau	0,43-0,48
violett	0,36-0,43

Tabelle A3 Wellenlängen der Farbbereiche.

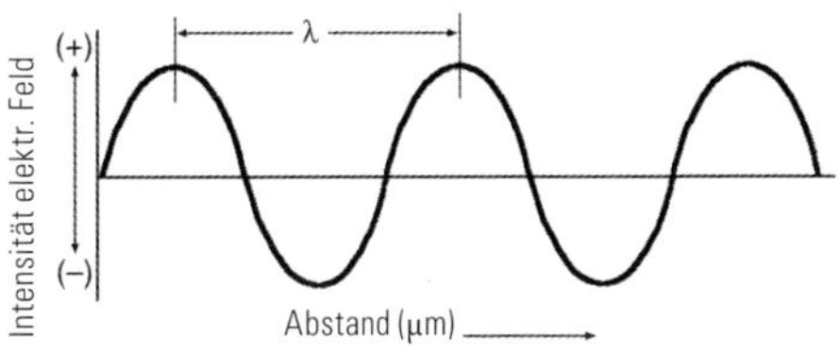

Bild A6 Änderung der Intensität des elektrischen Felds einer Lichtwelle der Wellenlänge λ.

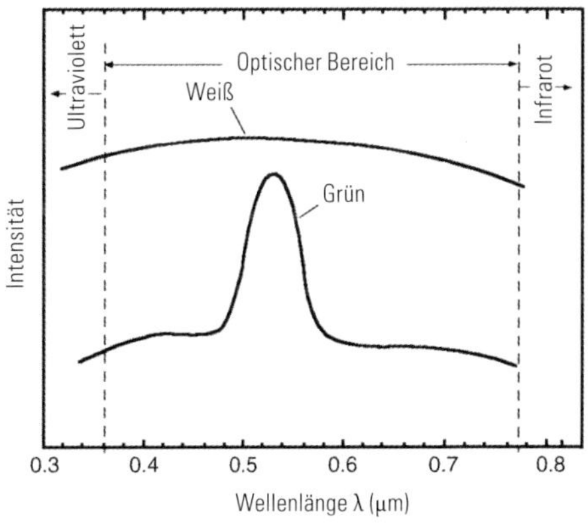

Bild A7 Intensität und Wellenlänge von Weißlicht und grünem Licht.

größer, wenn die Wellenlänge λ kleiner wird.

Ist die Wellenlänge beschränkt innerhalb eines engen Bands von Wellenlängen, die im sichtbaren Bereich von Licht liegen, so unterscheidet das Auge, oder besser das Gehirn, in verschiedene Farben. Eine klare Beschreibung, wie unser Gehirn die Farbwahrnehmung bewerkstelligt, findet sich in Literaturstelle A3. Tabelle A3 listet die den einzelnen Farben zugeordneten Wellenlängenbereiche auf.

Wenn allerdings, wie in Bild A7 dargestellt, das Licht Wellenlängen unterschiedlicher Farbbereiche enthält, so erscheint es dem menschlichen Auge als weiß. Zudem kann das Auge nur einen kleinen Bereich der Wellenlängen sichtbar wahrnehmen. Dieser Bereich wird allgemein als *optischer Bereich* bezeichnet. Licht mit Wellenlängen, die etwas größer sind als dieser Bereich, werden als *Infrarotlicht* bezeichnet, wogegen Licht mit kürzeren Wellenlängen *Ultraviolettlicht* genannt wird.

Heiße Körper strahlen Energie ab. Es ist möglich, die Temperatur eines Objekts zu bestimmen, indem man die Intensität einer von ihm abgestrahlten Wellenlänge bestimmt. Wenn das Gerät, mit dem man die Temperatur misst, dazu Strahlung aus dem sichtbaren Bereich verwendet, nennt man es *optisches Pyrometer. Infrarotpyrometer,* die zuverlässig im Infrarotbereich Strahlung messen können (im Bild A7 rechts außen zu sehen), gibt es seit der Entwicklung von Festkörperdetektoren in den 1960er bis 1970er Jahren. Diese Geräte sind sehr effektiv bei der Messung der Temperatur heißer Metalle und von Öfen. Sie haben heute die optischen Pyrometer zum großen Teil abgelöst, da sie viel einfacher in der Handhabung sind.

Zum Verständnis der Wirkungsweise eines Strahlungspyrometers betrachten wir anfangs die Definition eines Hohlraumstrahlers, so wie in Bild A8 gezeigt. Die Öffnung in einem idealen Hohlraumstrahler ist so klein, dass alles einfallende Licht von den Wänden absorbiert wird. Es ist ge-

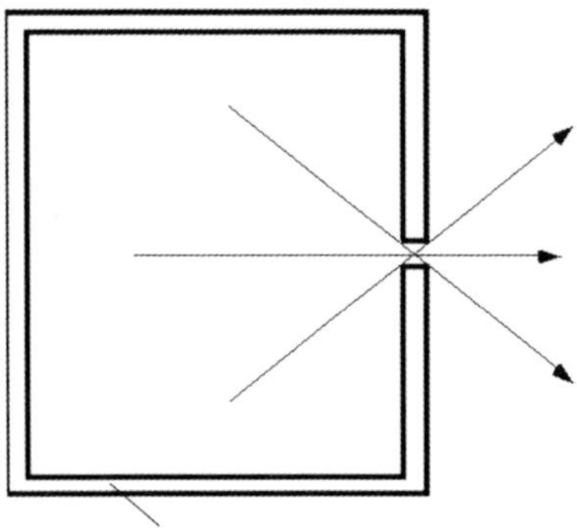

Bild A8 Hohlraumstrahler.

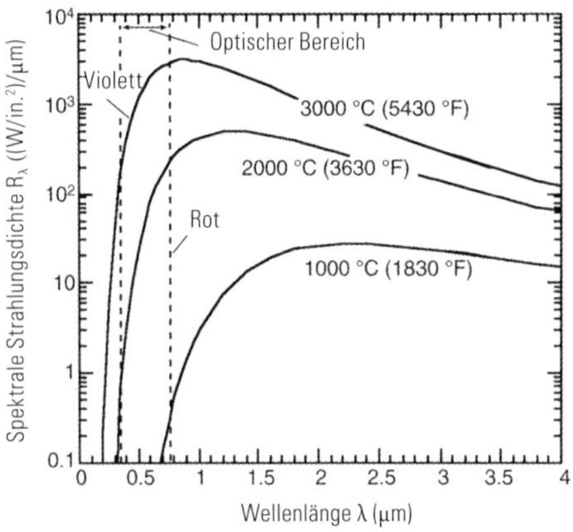

Bild A9 Spezifische spektrale Strahlungsdichte über der Wellenlänge für einen Hohlraumstrahler (Strahlung eines schwarzen Körpers) bei drei Temperaturen.

bräuchlich, einen solchen Strahler als *perfekten schwarzen Körper* zu bezeichnen. Das von einem solchen Hohlraumstrahler emittierte Licht wird als *Strahlung schwarzer Körper* bezeichnet.

Die Intensität lässt sich experimentell bestimmen. Man erhält einen Wert mit der Dimension Leistung pro Querschnittsfläche der Öffnung oder Watt/m^2 oder (Joule/s)/m^2. In Physikbüchern wird diese Größe als *Strahlungsdichte* (oder *Radianz*) R bezeichnet. In ingenieurwissenschaftlichen Büchern über Wärmeübergang heißt sie *Wärmefluss* Q. Die Wellenlängen λ der entstehenden Strahlung variieren über einen weiten Bereich. Das Licht lässt sich mit spektroskopischen Methoden gemäß seiner Wellenlänge auffächern, wodurch eine Messung von R in Abhängigkeit von λ möglich ist.

Im ersten Ansatz würde man normalerweise einfach R über λ auftragen, um die Abhängigkeiten zu studieren. Trägt man jedoch den Quotienten R/λ über λ auf, so sieht man ein faszinierendes Ergebnis: *Die sich ergebende Kurve beschreibt das Verhalten aller Hohlraumstrahler,* unabhängig davon, woraus er besteht. Der Quotient wird als *spektrale Strahlungsdichte* R_λ bezeichnet. Die allgemeinen Kurven haben die in Bild A9 dargestellte Form.

Die Einheit für die spektrale Strahlungsdichte wird manchmal in (Watt/m^2)/μm angegeben, wobei μm sich auf die Wellenlänge der Strahlung bezieht und m^2 auf die Fläche des Strahlers. Im Bild A9 sind jedoch abweichend davon die Einheiten in (Watt/in^2)/μm angegeben. Wenn man hier die spektrale Strahlungsdichte mit der Wellenlänge, für die man sich interessiert, multipliziert, erhält man Watt pro Quadratzoll. Das ist die Leistung pro Fläche, die bei dieser Wellenlänge abgestrahlt wird.

Bild A9 zeigt, weshalb die Farbe des heißen Stahls sich in der Abfolge rot-orange-gelb-weiß ändert, wenn die Temperatur sich erhöht. Die Intensität des emittierten Lichts verschiebt sich zu kürzeren Wellenlängen (das heißt zu höheren Energien), wenn die Temperatur ansteigt. Die höchste Intensität im optischen Bereich liegt stets

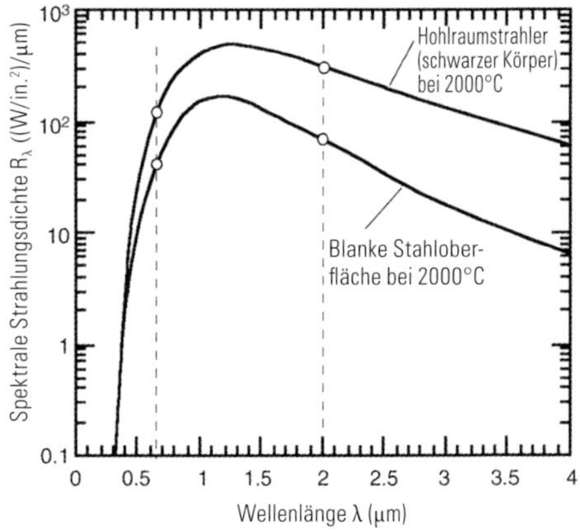

Bild A 10 spezifische spektrale Strahlungsdichte eines schwarzen Körpers (Hohlraumstrahler) und einer Stahloberfläche bei 2000°C (3630°F).

(zumindest bis zu 3000°C) auf der roten Seite der Bandbreite. Daher liegt bei Aufheizung des Metalls das erste Licht mit einer hinreichenden Intensität, die vom Auge wahrgenommen werden kann, im roten Bereich.

Weitere Aufheizung erhöht die Intensität der kürzeren Wellenlängen im sichtbaren Bereich. So ändern sich die Farben gemäß der Tabelle A3 immer schneller, bis sich genügend der kürzeren sichtbaren Wellenlängen mit den anderen so vermischen, dass das Auge Weißlicht wahrnimmt. Deshalb nimmt man auch jenseits von Gelb in Tabelle A3 keine anderen Farben wahr: Wenn Objekte heiß genug werden, dass grünes Licht sichtbar wird, führt die Überlagerung der ebenfalls vorhandenen rot-orange-gelben Wellenlängen für das Gehirn zum Eindruck von weißem Licht.

Die Strahlung, die von der Oberfläche von Metallen und Legierungen abgegeben wird, ist keine Schwarzkörperstrahlung. Die spektrale Strahlungsdichte in Abhängigkeit von der Wellenlänge, wie sie von einer heißen Stahloberfläche abgegeben wird, hat eine ähnliche Kurvenform wie die für einen schwarzen Strahler. Sie sie allerdings tiefer, wie am Beispiel von nicht oxidiertem Stahl bei 2000°C in Bild A10 gezeigt wird.

Gewöhnlich charakterisiert man die reduzierte Strahlungsintensität einfach als Bruchteil der Schwarzkörperstrahlung, indem man einen Quotienten einführt, der als *Emissivität* bezeichnet wird. Wird der Abfall der spektralen Strahlungsdichte bei einer bestimmten Wellenlänge betrachtet, nennt man die Emissivität spektrale Emissivität e_λ. Es gilt:

$$\text{Spektrale Emissivität} = e_\lambda = \frac{(R_\lambda)_{\text{Oberfläche}}}{(R_\lambda)_{\text{Hohlraum}}}$$

(Gleichung A2)

Dabei ist die Wellenlänge λ anzugeben. Beispiel: Die spektrale Emissivität bei der Wellenlänge 0,65 μm ist bei dem Stahl in Bild A10: e_λ=43/122=0,35. Bei λ=2,0 μm fällt e_λ auf den Wert 66/131=0,20 ab. Dieses Ergebnis kennzeichnet einen allgemeinen Trend für die spektrale Emissivität von Metallen: Sie fällt zunehmend unter 1 ab, wenn λ ansteigt.

Bei Metallen sind die Werte der Emissivität sehr stark abhängig von der Anwesenheit dünner Schichten auf der Oberfläche, zum Beispiel von Oxiden. Tabelle A4 zeigt Werte der spektralen Emissivität von Stahl und Kupfer mit nicht oxidierter und oxidierter Oberfläche. Es wird dabei klar, dass Oxidation eine große Rolle bei der Emissivität spielt.

Stähle sind nach der Wärmebehandlung und nach dem Schmieden immer irgendwie oxidiert, wenn nicht entspre-

Werkstoff	e_λ (λ=0,65 µm)
Stahl (oxidfrei)	0,35
Stahl (oxidiert)	ca. 0,70
Kupfer (oxidfrei)	0,10
Kupfer (oxidiert)	ca. 0,70

Quelle: Lit. A2, Seite 490

Tabelle A4 Emissivitätswerte.

chende Maßnahmen zur Verhinderung getroffen werden. Diese Daten zeigen ganz klar die Wichtigkeit einer zuverlässigen Emissivitätskorrektur bei der Verwendung von Pyrometern zur Temperaturmessung bei Wärmebehandlung und Schmieden. Die vom Infrarotpyrometer angezeigte Temperatur ist nur ein Scheinwert. Er ist niedriger als der wirkliche Wert, je nachdem, wie weit die Emissivität unter den Wert von 1,0 abfällt.

Es gibt mehrere Ansätze zur Emissivitätskorrektur. Drei davon sollen hier erwähnt werden. Bei der ersten Methode wird ein Loch in die Oberfläche der Probe gebohrt, das ein Längen-Durchmesser-Verhältnis von größer als etwa 5 hat. Der Lochdurchmesser muss hinreichend groß sein, damit die Pyrometeroptik innen fokussieren kann. Strahlung, die aus einem solchen Loch kommt, ist eine gute Näherung an die Schwarzkörperstrahlung. Man kann dann davon ausgehen, dass die Emissivität 1 beträgt.

Eine zweite Methode besteht darin, einfach ein Thermoelement an die zu untersuchende Probe zu bringen. So wird ein Korrekturwert für das Pyrometer unter den aktuell vorliegenden Versuchsbedingungen ermittelt. Das ist die genaueste Methode – vorausgesetzt, dass die Schweißperle des Thermoelements fest genug am Stahl angebracht ist, so dass sie dieselbe Temperatur hat wie die Stahloberfläche, die mit dem Pyrometer analysiert wird.

Eine dritte Methode ist die Verwendung eines Zweifarben-Pyrometers. Ein Zweifarben-Pyrometer misst die spektrale Strahlungsdichte bei zwei definierten Wellenlängen, λ_1 und λ_2. Dann wird der Quotient $R_{\lambda 1}/R_{\lambda 2}$ bestimmt. Dieser Quotient ist in geringerem Maß von der Änderung der Emissivität betroffen als die R_λ-Werte selbst. Daher benötigen Zweifarben-Pyrometer eine viel kleinere Emissivitätskorrektur als Einfarben-Pyrometer. Allerdings sind sie auch teurer.

Eine allgemeine Faustregel besagt, dass man für Metallproben Geräte mit dem niedrigst möglichen Wellenlängenbereich verwenden sollte. Wie vorhin gezeigt, reduziert das die Emissivitätskorrektur und führt damit zu verbesserter Genauigkeit. Sowohl die Einfarben- als auch die Zweifarben-Pyrometer haben einen Einstellknopf, der es erlaubt, die ausgewiesene Temperatur auf die korrigierte Temperatur anzuheben, die entsprechend der eingestellten Emissivität vorliegt. Wenn die Emissivität konstant ist und die gewünschte Korrektur ermittelt wurde, kann die anscheinend vorliegende Temperatur auf dem Display angepasst werden, so dass man die korrekten Werte für Emissivitäten unter 1,0 erhält.

	Temperaturbereich	
Spektralbereich [µm]	Min.Wert °C	Max. Wert °C
0,76-1,06	600	3000
1,00-1,60	250	2000
8,00-14,00	-50	1000

Tabelle A5 Typische Bandbreiten erhältlicher Infrarotpyrometer.

ANHANG B
Rostfreie Stähle für Messer

Im Kapitel 13 über rostfreie Stähle wurden zwei spezielle Stähle diskutiert, die für rostfreie Messerklingen verwendet werden, nämlich Sandvik 12C27 und Uddeholm AEB-L. Es gibt noch eine Reihe weiterer rostfreier Stähle, die oft von Messerherstellern benutzt werden. Tabelle B1 gibt einige der beliebtesten Stähle wieder. Diese Stähle enthalten oft noch Molybdän. Neben der Erhöhung der Passivierung, die auch im Kapitel 13 angesprochen wurde, trägt Molybdän im angelassenen Zustand zur Erhöhung der Zähigkeit bei.

Bei der Diskussion des Stahls AISI 440C (1.4125, X105CrMo17) im Kapitel 13 wurde das ternäre Fe-Cr-C-Diagramm bei 1100°C (Bild 13.10) benutzt, um die zu erwartenden Zusammensetzungen des Austenits vor dem Abschrecken zu verdeutlichen. Zur Vereinfachung der Darstellung

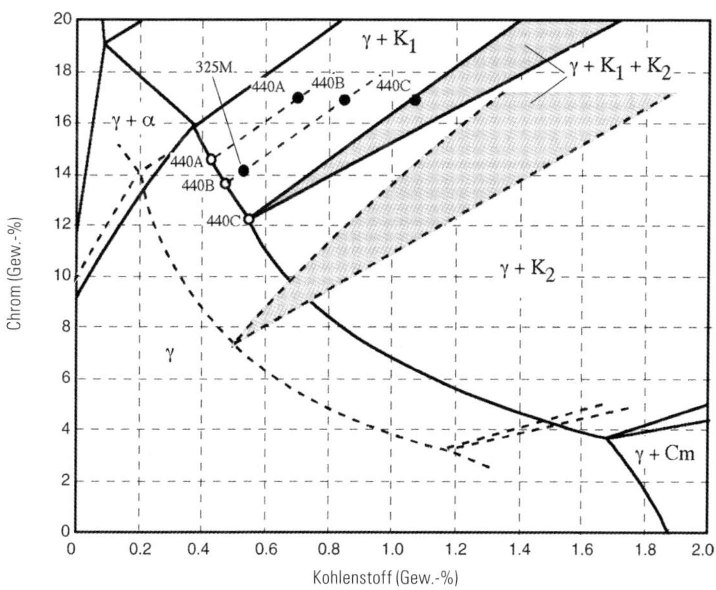

Bild B1 Isothermische Schnitte im Fe-C-Cr-0,8%Mo-Legierungssystem. Die ausgezogenen Linien beziehen sich auf 1100°C (2010°F), die gestrichelten auf 1000°C (1830°F). ThermoCalc-Diagramm von A. Kajinic. Quelle: Literaturstelle B1

Stahl	Hersteller	% C	% Cr	% Si	% Mn	% Mo	andere
440A	AISI-Stahl	0,70	17,00	1,00	1,00	0,75	...
440B	AISI-Stahl	0,85	17,00	1,00	1,00	0,75	...
440C	AISI-Stahl	1,10	17,00	1,00	1,00	0,75	...
12C27	Sandvik	0,60	13,50	0,40	0,40	...	...
AEB-L	Uddeholm	0,65	12,80	0,40	0,65	...	...
DD400	Minebea	0,61	12,90	0,32	0,67	...	...
425M	Crucible	0,54	14,20	0,80	0,50	0,80	...
154CM	Crucible	1,05	14,00	0,30	0,50	4,00	...
ATS-55	Hitachi	1,00	14,00	0,40	0,50	0,60	0,40 Co, 0,2 Cu
ATS-34	Hitachi	1,05	14,00	0,35	0,40	4,00	...
AUS-6	...	0,60	13,80	1,00	1,00	...	0,13 V, 0,39 Ni
AUS-8	...	0,73	13,81	0,50	0,50	0,20	0,13 V, 0,49 Ni
AUS-10	...	1,03	13,80	1,00	0,50	0,20	0,13 V, 0,49 Ni

Tabelle B1 Rostfreie Stähle, die häufig für die Messerherstellung benutzt werden.

wurde der Molybdängehalt von 0,75% im Diagramm vernachlässigt. Da Molybdän ein starker Karbidbildner ist, kann man erwarten, dass die 0,75% Mo einen kleinen Einfluss auf das reine Fe-Cr-C-Phasendiagramm haben.

Das in Bild 13.10 gezeigte Bild wurde erstellt auf der Basis einer Kombination von experimentellen Messungen mit theoretischen thermodynamischen Berechnungen, die von einer Gruppe schwedischer Forscher unter M. Hillert durchgeführt wurden (Literaturstelle 13.10). Diese Arbeit führte zur Erstellung eines komplexen Computerprogramms mit der Bezeichnung ThermoCalc. Auf Bitte des Autors hin hat Dr. A. Kajinic bei Crucible Research in Pittsburgh, Pennsylvania, dieses Programm zur Berechnung einer Auswahl von isothermischen Fe-Cr-C-Diagrammen mit konstanten Werten von Molybdän benutzt.

Bild B1 zeigt die isothermischen Schnitte bei 1100°C als ausgezogene Linien und bei 1000°C als gestrichelt eingezeichnete Linien. Vergleicht man dieses Diagramm mit dem für die Legierung ohne Molybdängehalt (Bild 13.12), so sieht man, dass sich die Kohlenstoffsättigungslinie bei 1000°C leicht zu geringeren C-Gehalten verschoben hat. Es ergab sich zudem eine größere Änderung bezüglich der Lage der $\gamma+K_1+K_2$-Region (schraffiert), die zwischen den Gebieten $\gamma+K_1$ und $\gamma+K_2$ liegt. Das ist besonders deutlich, wenn man sich die Position der Gesamtlegierung 440C ansieht, die in den beiden Diagrammen jeweils als ausgefüllte Punkte dargestellt ist (Bild 13.12 und Bild B1). Der mit 440C gekennzeichnete offene Kreis repräsentiert die Austenitzusammensetzung bei 1100°C.

Die Zugabe von Molybdän verschiebt in diesen Diagrammen das Gebiet $\gamma+K_1+K_2$ nach unten und nach rechts, wodurch (bei gegebener Legierungszusammensetzung) die Bildung von K_1-Karbiden gegenüber der von K_2-Karbiden begünstigt wird. Dieses Ergebnis lässt auf einen schlechteren Verschleißwiderstand schließen (K_2 ist nämlich härter, siehe Tabelle 13.10), wenn der Stahl ohne Molybdän höhere Werte von K_2 aufweist, so wie es durch Bild 13.10 nahegelegt wird.

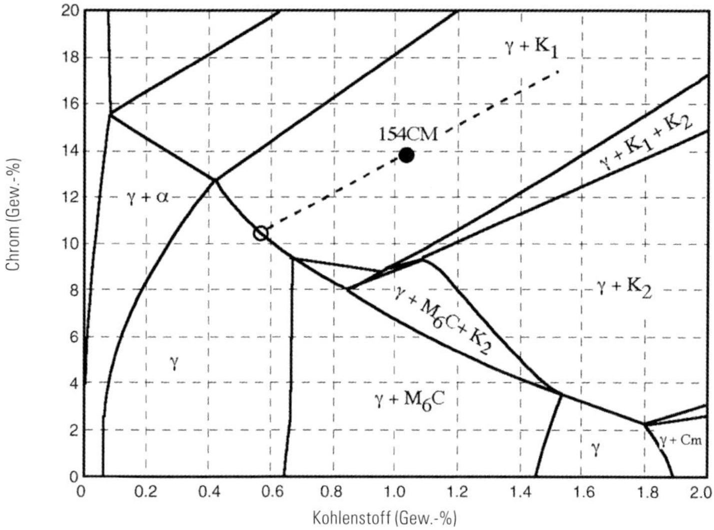

Bild B2 Isothermischer Schnitt im Fe-Cr-Cr-4%Mo-Legierungssystem bei 1100°C (2010°F). Quelle: Literaturstelle B1

Aus Experimenten (Literaturstelle 13.11) weiß man jedoch, dass Stähle ohne Molybdän hauptsächlich K_1-Karbide enthalten, so dass dieser Effekt unwahrscheinlich wird. Allerdings sollte der Zusatz von Molybdän zu einer Verbesserung der Korrosionsresistenz beim gleichen Cr-Gehalt führen. Berechnungen (Literaturstelle B1) sagen aus, dass der Austenit, der sich bei 1100°C im 440C bildet, etwa 0,73% Mo und 12,2% Cr enthält.

Die Legierung 325M ist im Bild B1 dargestellt. Man sieht, dass sie im Wesentlichen auf der Verbindungslinie des AISI 440B (das ist die gestrichelte Verbindungslinie zwischen den offenen und geschlossenen Punkten mit der Kennzeichnung 440B) angesiedelt ist. Die Gesamtlegierung liegt jedoch mit den nominellen Werten viel näher an der Kohlenstoffsättigungslinie. So kann man erwarten, dass diese Legierung sich ähnlich wie 440B verhält – mit der Ausnahme, dass die Karbide nur in einem kleineren Anteil vorkommen und der Anteil der Primärkarbide verschwindend gering ist.

Die ThermoCalc-Berechnungen lassen für 1100°C erwarten, dass der Austenit des 325M 13,5% Cr, 0,475% C und 0,77% Mo enthält (Literaturstelle B1). Somit würde man erwarten, dass diese Legierung nicht ganz so hart ist wie der Stahl AEB-L, der ausführlich in Kapitel 13 erörtert wurde, da er einen leicht geringeren C-Gehalt aufweist. Die Korrosionsresistenz sollte wegen des im Austenit gelösten Molybdäns besser sein.

Die Legierungen ATS-34 von Hitachi und 154CM von Crucible sind im Wesentlichen die gleichen Werkstoffe mit dem relativ hohen Molybdängehalt von 4%. Die ThermoCalc-Berechnungen für den isothermen Schnitt bei 1100°C des Systems Fe-C-Cr-4Mo (Literaturstelle B1) ist in Bild

Stahl	Nominelle Zusammensetzung % C	% Cr	Im Austenit bei 1000°C % C	% Cr	Rel. Volumenanteil Karbide in Vielfachen gegenüber AEB-L
Uddeholm AEB-L	0,65	12,8	0,59	12,3	1 (Bezugswert)
Sandvik 12C27M	0,52	14,5	0,52	14,5	Keine Karbide
Sandvik 12C27	0,60	13,5	0,56	13,2	0,7
Sandvik 13C26	0,65	13,0	0,58	12,5	1,1
Sandvik 19C17	0,90	13,5	0,60	11,3	5,6

Tabelle B2 Weitere rostfreie Stähle der schwedischen Hersteller Uddeholm und Sandvik.

B2 dargestellt. Der isotherme Schnitt bei 1100°C im Bild B2 sagt voraus, dass die Legierung aus Austenit+K_1 besteht. Zusätzliche Berechnungen ergaben, dass die Zusammensetzung des Austenits bei 10,6% Cr, 3,4% Mo und 0,58% C liegt.

Da die nominelle Zusammensetzung des 154CM etwa gleich weit wie 440C von der Kohlenstoffsättigungslinie entfernt liegt, erwartet man, dass die Volumenanteile an Karbid ähnlich sind. Die ähnlichen nominellen Zusammensetzungen hinsichtlich C und Cr+Mo in diesen beiden Stählen führen wahrscheinlich zu dem gleichen Problem mit der Bildung von großen Primärkarbiden während der Erstarrung.

Untersuchungen, die bei Crucible an 154CM durchgeführt wurden (Literaturstelle B1) ergaben, dass der im Austenit enthaltene Cr-Anteil bei 1065°C etwa 10% beträgt. Dieses Ergebnis deckt sich sehr gut mit dem aus den ThermoCalc-Berechnungen ermittelten Wert von 10,6% Cr bei 1100°C. Es ist nämlich ein Chromgehalt knapp unter 10,6% bei der unteren Austenitisierungstemperatur von 1065°C zu erwarten.

Dass der Chromgehalt unterhalb der 12%-Grenze liegt, die man normalerweise für gute Passivität fordert, ist ein Hinweis darauf, dass man mit schlechter Korrosionsresistenz rechnen muss. Allerdings sollten die 3,4% Mo im Austenit diese Reduzierung ausgleichen. Bei Crucible durchgeführte Versuche (Literaturstelle B1) ergaben, dass das in der Tat der Fall ist.

Aus dieser Diskussion ergibt sich, dass die beiden in Kapitel 13 behandelten Stähle, nämlich Uddeholm AEB-L und Sandvik 12C27, zusammen mit den ihnen ähnlichen Stählen aus Tabelle B1 (DD400 und AUS6) die beste Kombination von Eigenschaften bieten, die man bei Messerklingen fordert:

- Abschreckhärte im Bereich von 63 bis 64 HRC zur Gewährleistung hoher Verschleißresistenz.
- Ein hinreichend hoher Cr-Anteil im Austenit vor dem Abschrecken, um hohe Korrosionsfestigkeit zu erreichen, also etwas über dem Minimum von 12% Cr.
- Die Anwesenheit feiner Anordnungen der Chromkarbide K_1+K_2 zur Sicherstellung der Verschleißfestigkeit und die Abwesenheit der größeren primären Chromkarbide, die zum Schneidenausbruch führen können.

Sandvik stellt eine ganze Reihe von rostfreien Stählen her, die in ihrer Zusammensetzung nahe bei 12C27 liegen. Tabelle B2 zeigt einen Vergleich dieser Stähle mit dem Werkstoff Uddeholm AEB-L. Die nominellen Zusammensetzungen aus der Tabelle wurden in Bild 13.10 eingetragen. Die vorhergesagten Gehalte an C und Cr im Austenit bei 1100°C sind in der vierten und fünften Spalte der Tabelle aufgeführt.

Der Volumenanteil an Karbid im Austenit bei 1000°C kann bestimmt werden aus dem Abstand der nominellen Zusammensetzung von der Kohlenstoffsättigungslinie. Der Karbidanteil des AEB-L, der aus Bild 13.16 bestimmt werden kann, wurde als Bezugswert genommen. In der letzten Spalte der Tabelle steht der auf diesen Wert bezogene Anteil an Karbid.

So führt zum Beispiel der hohe Kohlenstoffanteil beim Sandvik 19C17 bei 1000°C zu einem um den Faktor 5,6 höheren Karbidanteil als beim AEB-L. Dieser Stahl besitzt die größte Härte in der Sandvik-Reihe, aber die Karbide könnten größer sein, als man sie an einer Schneidkante haben will – eine Folge der groben Primärkarbide, die sich wegen des höheren Kohlenstoffgehalts bilden. Zudem wird die Korrosionsresistenz wegen des geringen Cr-Gehalts von nur 11,3% am schlechtesten sein.

Wie in Kapitel 13 dargelegt, reagieren die Abschreckhärte, der Anteil an Restaustenit und der Volumenanteil an Karbiden beim AEB-L sehr empfindlich auf die Temperatur bei der Wärmebehandlung, die Haltezeit und die Abschreckgeschwindigkeit. Da die Zusammensetzungen der Sandvik-Stähle 12C27 und 13C26 sehr stark der des AEB-L ähneln, kann man annehmen, dass die Eigenschaften dieser drei Stähle stärker von den Bedingungen der Austenitisierung abhängen als von der Wahl der Stahlsorte, sofern man keine präzisen Bedingungen bei der Wärmebehandlung einstellt.

Der 12C27M aus der Sandvik-Serie hat von allen die beste Korrosionsresistenz, da er den höchsten Cr-Gehalt im Austenit besitzt. Andererseits hat er wegen des geringeren Gehalts an Kohlenstoff die niedrigste Abschreckhärte.

Wie in Tabelle B1 zu sehen ist, hat der Stahl DD400 von Minebea eine sehr ähnliche Zusammensetzung wie die Uddeholm- und Sandvik-Stähle aus Tabelle 13.8. In einer Arbeit von Rideout (Literaturstelle B2) wurde dieser Stahl mit 440C verglichen, und zwar für eine Anwendung in Lagern bei einer Härte von 61 bis 64 HRC. Die Lager aus DD400 zeigten eine höhere Standzeit und geringere Geräuschpegel sowie geringere Vibrationen. Es werden Gefügeaufnahmen gezeigt, die die großen Primärkarbide im 440C und deren Abwesenheit im DD400 aufzeigen. Die verbesserten Laufeigenschaften in Lagern werden auf die Abwesenheit der Primärkarbide zurückgeführt.

Wie im Kapitel 15 über die Erstarrung erklärt wurde, werden die Primärkarbide bei der Erstarrung aus der interdendritischen Schmelze gebildet. Erhöhte Gehalte an Kohlenstoff führen zur Bildung von Primärkarbiden wegen der Kombination von hohen Chromgehalten und einer nicht gleichgewichtsnahen Erstarrung in diesen rostfreien Stählen. Die Abwesenheit von Primärkarbiden beim Stahl DD400 und die in Kapitel 13 erläuterten Versuche an AEB-L weisen darauf hin, dass die Reduzierung des Kohlenstoffgehalts von etwa 1% beim 440C auf ungefähr 0,6% in Stählen mit etwa 13% Cr ausreicht, um die Bildung von Primärkarbiden während der Erstarrung auf vernachlässigbare Größen zu reduzieren.

Literaturverzeichnis:

1.1 *Atlas of Microstructures of Industrial Alloys*, Vol. 7, Metals Handbook, 8th ed., American Society for Metals, 1972, S. 4.

3.1 *Practices and Procedures for Iron and Steels, Heat Treater's Guide*, 2nd ed., ASM International, 1995.

3.2 *Atlas of Microstructures of Industrial Alloys*, Vol. 7, Metals Handbook, 8th ed., American Society for Metals, 1972, S. 48.

3.3 *Stahlschlüssel*, Stahlschlüssel Taschenbuch, Verlag Stahlschlüssel Wegst GmbH, Marbach a.N., 2001.

5.1 H.E. Boyer, *Hardness Testing*, American Society for Metals, 1985.

5.2 G.F. Vander Voort, *Metallography*, McGraw-Hill Book Co., 1984.

5.3 J.A. Rinebolt und W.J. Harris, Jr., *Effect of Alloying Elements on Notch Toughness of Pearlitic Steels*, Trans. Am. Soc. Met., Vol 43, 1951, S. 1197.

5.4 B.L. Bramfitt, S.J. Lawrence und H.P. Leighly, Jr., *A Perspective on the Quality of Steel Plate from the RMS Titanic*, Iron Steelmaker, Vol 26, Sept. 1999, S. 29-40.

5.5 T. Foecke, *Metallurgy of the RMS Titanic*, NIST-IR 6118, National Institute of Standards and Technology, 1998.

5.6 M. Hetenyi, Hg., *Handbook of Experimental Stress Analysis*, John Wiley, 1963, S. 459.

5.7 W.N. Weins und P. Bleed, *Why is the Japanese Sword Curved?*, Mater.Res.Soc. 1991, S. 691-701.

6.1 *Classification and Designation of Carbon and Low-Alloy Steels, Properties and Selection: Irons, Steels, and High-Performance Alloys*, Vol. 1, Metals Handbook, 10th ed. ASM International, 1990, S. 141.

6.2 *Practices and Procedures for Irons and Steels, Heat Treater's Guide*, 2nd ed. ASM International, 1995.

6.3 *Worldwide Guide to Equivalent irons and Steels*, 2nd ed. ASM International, Nov. 1987.

6.4 K.W. Andrews, *J. Iron Steel Inst. (London)*, Vol. 203, 1965, S. 721.

7.1 J.D. Verhoeven und H. F. Clark, *Carbon Diffusion Between the Layers in Modern Pattern Welded Damascus Blades, Mater. Charact.* Vol. 41, 1998, S. 183-191.

7.2 J. Fridberg, L.E. Torndahl und M. Hillert, *Diffusion in Iron, Jernkontorets Ann.* Vol. 153, 1969, S. 263-276..

8.1 G.F. Vandervoort, *Metallography, Principles and Practice*, McGraw-Hill, 1984.

8.2 O.O. Miller, *Influence of Austenitizing Time and Temperature on Austenite Grain Size of Steel*, Trans. Am. Soc. Met. Vol 43, 1951, S. 261-287.

8.3 R.A. Grange, *Strengthening Steel by Austenite Grain Refinement*, Trans. Am. Soc. Met. Vol. 59, 1966, S. 26-48.

8.4 *Atlas of Microstructures of Industrial Alloys*, Vol 7, Metals Handbook, 8th ed., American Society for Metals, 1972, S. 10.

8.5 H.F. Kaiser und H.F. Taylor, *Trans. Am.Soc. Met.* Vol 27, 1939, S. 256.

8.6 R. Coladas et al., *Austenite Grain Growth in Medium and High Carbon Steels Microalloyed with Niobium*, Met. Sci. Nov 1977, S. 509-516.

8.7 G.O. Ratliff und W.H. Samuelson, *High Temperature Carburization Is Routine Process at Shore Metal*, Met.Prog.Vol. 108, Sep 1975, S. 75-78.

9.1 *Heat Treater's Guide: Practices and Procedures for Irons and Steels*, 2nd ed., ASM International, 1995.

9.2 G. Vander Voort, *Atlas of Time-Temperature Diagrams for Irons and Steels*, ASM International, 1991.

9.3 R.A. Grange, *Estimating Critical Ranges in Heat Treatment of Steels,* Met.Prog., Vol. 79, April 1961, S.73-75.

9.4 M. Atkins, *Atlas of Continuous Cooling Transformation Diagrams for Engineering Steels,* British Steel Corp., Sheffield, 1977. Auch Seiten 297-452 der Literaturstelle 9.2 und Seite 309 der Literaturstelle 9.1.

9.5 *Atlas of Isothermal and Continuous Cooling Diagrams*, American Society for Metals, 1977.

9.6 *Materials,* Vol. 1, SAE Handbook, Society of Automotive Engineers.

10.1 *Modern Steels and Their Properties, Handbook 2757,* Bethlehem Steel Corp., 1972.

10.2 A. Grossmann und E.C. Bain, *Principles of Heat Treatment, American Society for Metals,* 1964.

10.3 E.C. Bain und W.H. Paxton, *Alloying Elements in Steel, American Society for Metals,* 1966, S. 198, 200.

10.4 R.A. Grange et al., *Metall.* Trans. A, Vol 8, 1977, S. 1780.

10.5 *ASM Databook, Met. Prog.,* Vol 112, June 1977.

10.6 J.H. Hollomon und L.D. Jaffee, *Trans. Metall. Soc. AIME,* Vol 162, 1945, S. 223.

10.7 R.A. Grange und R.W. Baughman, *ASM Trans.* Vol 48, 1956, S. 165.

10.8 *Heat Treater's Guide: Practices and Procedures for Irons and Steels,* 2nd ed., ASM International, 1995.

11.1 *Heat Treater's Guide: Practices and Procedures for Iron and Steels,* 2nd ed., ASM international, 1995.

11.2 A.R. Troiano und R.F. Hehemann, *Effect of Austenitizing Conditions on Medium Alloy Steels, Iron Age,* Vol 174 (No. 21), 1954, S. 151-153.

11.3 J.M. Beswick, *The Effect of Chromium in High Carbon Bearing Steels,* Metall. Trans. A, Vol. 18, 1987, S. 1897-1906.

12.1 R. Maddin, *A History of Martensite: Some Thoughts on the Early Hardening of Iron,* Chap. 2, Martensite; G.B. Olson und W.S. Owen, Ed., ASM International, 1992.

12.2 W.C. Roberts-Austen, *An Introduction to the Study of Metallurgy,* Charles Griffin and Co., London, 1923, S. 128-129.

12.3 C.S. Smith, *Sources for the History of the Science of Steel 1532-1786,* MIT Press, 1968.

12.4 T.A. Wertime, *The Coming of the Age of Steel,* University of Chicago Press, 1962, S. 193.

12.5 R.F. Kern, *Steel Selection,* Wiley-Interscience, 1979, S. 132.

12.6 J.M. Hampshire, *User Experience of Hot Oil Quenching,* Heat Treat. Of Met., 1984.1, S. 15-20.

12.7 B.F. Shepherd, *Martempering,* Iron Age, Vol 151, Jan 28, 1943, S. 50-52.

12.8 *Heat Treater's Guide,* 2nd ed., ASM International, 1995 (Beachte: Ausführliche Behandlung des Warmbadhärtens und des Bainitisierens sind zu finden in: *Heat Treating,* Vol 4, ASM Handbook, ASM International, 1991, S. 137-163).

12.9 *Atlas of Isothermal Transformation and Cooling Transformation Diagrams,* American Society for Metals, 1977.

12.10 E.E. Legge, *The Industrial Application of Austempering,* Met. Alloys, Vol. 10, Aug. 1939, S. 228-242.

12.11 A. Grossmann und E.C. Bain, *Principles of Heat Treatment,* American Society for Metals, 1964, S. 178.

12.12 K.H.Z. Gahr, *Microstructure and Wear of Materials,* Elsevier, 1987, S. 277.

12.13 P. Payson und W. Hodapp, *Met. Prog.,* Vol 35, 1939, S. 358-362.

12.14 D.L. Turner und F.J. Worzala, *Proc. Int. Symp. Test. And Failure Anal.* (Long Beach, CA), 1958, S. 352-356.

12.15 Q.D. Mehrkam, *Austempering in Actual Practice, Met. Prog.,* Vol 86, 1964, S. 134-136.

12.16 *Heat Treater's Guide,* 2nd ed., ASM International, 1995, S. 203.

12.17 H.J. Elmendorf, *The Effect of Varying the Amount of Martensite upon the Isothermal Transformation of Austenite Remaining after Controlled Quenching,* Trans.ASM, Vol 33, 1944, S. 236-260.

12.18 H.E. Boyer, *Controlling Physical Properties by the Interrupted Quench,* Iron Age, Vol 160, July 1944, S. 49-54.

12.19 R.F. Hehemann, V.J. Luhan und A.R. Troiano, *The Influence of Bainite on Mechanical Properties,* Trans. ASM, Vol 49,

1957, S. 409-426.

12.20 Y. Tomita und K. Okabayashi, *Mechanical Properties of 0,4%C-Ni-Cr-Mo High Strength Steel Having a Mixed Structure of Martensite and Bainite,* Metall. Trans., A, Vol 14, 1983, S. 485-492.

12.21 S.M. Sundaram und A.K. Mallik, *Effect of Lower Bainite on Mechanical Properties after Tempering,* J. Iron Steel Ins. London, Vol 205, 1967, S. 876.

12.22 D. Close, *The Wolfson Engineering Group Quench Test – Scope and Interpretation of Results,* Heat Treat. Met., Vol 10, 1984.1, S. 1-6.

12.23 G.E. Totten, C.E. Bates und N.A. Clinton, *Handbook of Quenchants and Quenching Technology,* ASM International, 1993.

12.24 D.A. Guisbert und D.L. Moore, *Correlating Quenchant Test Data,* Adv. Mater. Process., (No. 10), 1996, S. 40Q-40V.

12.25 R.T. von Berger, *Advances in Quenching Technology,* Heat Treat. Met., Vol 10, 1984.1, S. 7-8.

12.26 C. Skidmore, *Salt Bath Quenching – A Review,* Heat Treat. Met., Vol 12, 1986.2, S. 34-38.

12.27 R.W. Foreman, *Salt Bath Quenching, Conf. Proc. Quenching and Distortion Control,* G.E. Totten, Ed., ASM International, 1992, S. 87-94.

13.1 M.A. Streicher, *Stainless Steels: Past, Present and Future, in Stainless Steel'77,* R.Q.Barr, Ed., Climax Molybdenum Co., 1977, S. 1-34.

13.2 *Source Book of Stainless Steels,* American Society for Metals, 1976, S. 107.

13.3 *Metals Handbook,* American Society for Metals, 1948, S. 1261.

13.4 *Metals Handbook,* 8th ed., American Society for Metals, 1973.

13.5 D. Peckner und I.M. Bernstein, *Handbook for Stainless Steels,* McGraw-Hill Book Co., New York, 1977.

13.6 A.E. Nehrenbert and P. Lillys, *High Temperature Transformation in Ferritic Stainless Steels Containing 17 to 25% Chromium,* Trans.ASM, Vol 46, 1954, S. 1177-1213.

13.7 *Heat Treater's Guide: Practice and Procedures for Irons and Steels,* 2nd ed. , ASM International, 1995.

13.8 F.K. Bloom, *Effect of Heat Treatment on, and Related Factors on Straight Stainless Steels, Corrosion,* Vol 9, 1953, S. 61.

13.9 R.L. Rickett et al., *Isothermal Transformation, Hardening and Tempering of 12% Chromium Steel,* Trans ASM, Vol 44, 1952, S. 164.

13.10 M. Hillert, *Prediction of Iron-Base Phase Diagrams, Hardenability, Concepts with Application to Steel,* D.V. Doane und J.S. Kirkaldy, Ed., Metallurgical Society of AIME, 1978, S. 49.

13.11 A. Omsen und L.G. Liljestrand, *Reactions During Heating of a 13.5% Cr Razor Blade Steel,* Scand.J.Metall., Vol 1, 1972, S. 241-246.

13.12 P. Ericson, *Sandvik 12C27-Stainless Steel for Edge Tools,* Steel Research Centre, Sandvik, Sweden, 1981.

13.13 *UHB Stainless AEB-L Technical Data,* Uddeholm Strip Steel AB, Munkfors, Sweden, Nov. 1990.

13.14 P. Leckie-Ewing, *A Study of the Major Carbides in Some High Speed Steels,* Trans. ASM, Vol 44, 1952, S. 348.

13.15 J.W. Pugh und J.D. Nisbet, *Trans.Met.Soc. AIME,* Vol 188, 1950, S. 273.

13.16 F.B. Pickering, *Physical Metallurgy Development of Stainless Steels,* Stainless Steels '84, The Institute of Metals, London, 1985, S. 1-28.

13.17 W.F. Smith, *Structure and Properties of Engineering Alloys,* McGraw-Hill, New York, 1981.

14.1 O.M. Becker, *High Speed Steels.* McGraw-Hill, New York, 1919.

14.2 A.S. Townsend, *Alloy Tool Steels and the Development of High Speed Steels,* Trans. Am. Soc. Steel Treat. Vol 21, 1933, S. 769 (Hinweis: diese Zeitschrift hieß später Trans.ASM.).

14.3 G.A. Roberts und R.A. Cary, *Tool Steels,* 4th ed., American Society for Metals, 1980.

14.4 *Heat Treater's Guide: Practices and Procedures for Irons and Steels,* ASM International, 1995.

14.5 F. Kayser und M. Cohen, *Carbides in High Speed Steels – Their Nature and Quantity,* Met. Prog., June 1952, S. 79. Siehe hierzu auch Zitat 14.3 Seite 744.

14.6 R. Wilson, *Metallurgy and Heat Treatment of Tool Steels,* McGraw-Hill, New York, 1975.

15.1 G.F. Vandervoort, *Metallography, Principles and Practice,* McGraw-Hill, New York, 1984.

15.2 J.D. Verhoeven, *The Mystery of Damascus Blades,* Sci. Am., Vol 284, 2001, S. 62-67.

15.3 J.D. Verhoeven, A.H. Pendray und W.E. Dausch, *The Key Role of Impurities in Ancient Damascus Steel Blades,* JOM, Vol 50, Sept 1998, S. 58-64, http://www.tms.org/pubs/journals/JOM/9809/Verhoeven-9809.html (May 23, 2007).

16.1 *Metallography, Structures, and Phase Diagrams,* Vol 8, Metals Handbook, 8th edition, American Society for Metals, 1972.

16.2 I.C.H. Hughes, *A Review of Solidification of Cast Irons with Flake Graphite Structures, The Solidification of Metals,* Publication 110, ISI London, 1967, S. 184-192.

16.3 *Heat Treater's Guide: Practices and Procedures for Irons and Steels,* 2nd ed., ASM International, 1995.

16.4 J.S. Park, *Microstructural Evolution and Control in the Directional Solidification of Fe-C-Si alloys,* PhD thesis, Parks Library, Iowa State University, 1990.

16.5 *Cast Irons,* ASM Specialty Handbook, ASM International, 1996.

16.6 R. Elliott, *Cast Iron Technology,* Butterworth, 1988, S. 33.

16.7 H.A. Schwartz, *American Malleable Cast Iron,* the Penton Publishing Co., 1922.

16.8 R.W. Heine, C.R. Loper und P.C. Rosenthal, *Principles of Metal Casting,* McGraw-Hill, 1967.

16.9 *Broadsheet No 138,* British Cast Iron Research Association, UK, 1976.

16.10 *Properties and Selection: Iron and Steels,* Vol. 1, Metals Handbook, 9th ed., American Society for Metals, 1978.

17.1 *Heat Treater's Guide: Practices and Procedures for Irons and Steels,* ASM International, 1995.

17.2 *Heat Treating,* Vol 4, ASM Handbook, ASM International, 1991.

17.3 H.E. Boyer, Ed., *Case Hardening of Steel,* ASM International, 1987.

17.4 Heat Treating, *Cleaning and Finishing,* Vol 2, Metals Handbook, 8th ed., American Society for Metals, 1964.

17.5 S.L. Semiatin and D.E. Stutz, *Induction Heat Treatment of Steel,* American Society for Metals, 1986.

17.6 G.O. Ratliff and W.H. Samuelson, *High Temperature Carburizing is Routine Process at Shore Metals,* Met. Prog., Vol 108, Sept 1975, S. 75.

17.7 R.W. Russel, *Nitrogen Based Heat Treating at Platt Saco,* Met. Prog., Dec 1979, S. 46.

17.8 R.G. Bowes, B.J. Sheehy und P.F. Stratton, *A New Approach to N-Based Carburizing,* Heat Treat. Met., 1979.3, S. 53.

17.9 U. Wyss, *Drip Feed Carburizing,* Met. Prog., Nov 1978, S. 24.

17.10 *Metallography, Structures and Phase Diagrams,* Vol 8, Metals Handbook, 8th ed., American Society for Metals, 1973.

17.11 *Source Book on Nitriding,* American Society for Metals, 1977.

A1 *Omega Engineering inc.,* Stamfort, CT, www.omega.com (28.Mai 2007).

A2 G.L. Kehl, *Metallographic Laboratory Practice,* McGraw-Hill, New York, 1949.

A3 S. Zeki, Chapter 23, *A Vision of the Brain,* Blackwell Publishing Ltd., 1993.

B1 A. Kajinic, *Crucible Research,* Pittsburgh, PA, persönliche Mitteilung, 2002.

B2 J. Rideout, *Bearing Steel Bests Type 440C,* Adv. Mater. Process., Dec 1992, S. 29.

Index

Roman Landes

MESSERKLINGEN UND STAHL

Technologische Betrachtung von Messerscheiden
2., vollständig überarbeitete Auflage, 176 Seiten, 65 Fotos und Schaubilder, Format 160 x 230 mm, Hardcover, ISBN 978-3-938711-04-0

EUR 39,80

Auf der Basis von wissenschaftlichen Untersuchungen schafft dieses Buch die Grundlage für die Auswahl und Behandlung von Stählen für Messerklingen:

- Welchen Stahl für welchen Zweck, und warum?
- Wie hart muss eine Messerklinge sein?
- Warum sind rostende Stähle schärfer als rostbeständige?

Diese Fragen und viele mehr werden fachlich kompetent beantwortet. Dieses Buch ist inzwischen ein Standardwerk für alle, die sich mit Messerklingen beschäftigen.

Håvard Bergland
DIE KUNST DES SCHMIEDENS
Das große Lehrbuch der traditionellen Technik
344 Seiten, Format 215 x 260 mm, Hardcover
ISBN 978-3-9808709-4-8
EUR 49,80

Das große Standardwerk des norwegischen Schmiede-„Papstes" Håvard Bergland ist ein umfassendes Buch, das seinesgleichen sucht. Auf 344 Seiten wird die gesamte Vielfalt des Schmiedehandwerks in voller Breite dargestellt – von Messerklingen über Möbelschlösser bis zu Wagenrädern. In über 1500 Fotos, Grafiken und Zeichnungen werden Werkzeuge, Einrichtungen, Techniken und Werkstücke gezeigt. Håvard Bergland lässt den Leser an seiner jahrzehntelangen Erfahrung teilhaben und gibt unzählige Tipps zum Arbeitsplatz, zu den Materialien, zur Handhabung der Werkzeuge und zur Gestaltung.

Steve Midgett

MOKUME GANE

Theorie und Praxis der japanischen Metallverbindungen, 152 Seiten, Format 215 x 280 mm, Hardcover, ISBN 978-3-9808709-8-6

EUR 39,80

Das einzige Buch in deutscher Sprache zum Thema Mokume: Ein Muss für alle, die sich in die wunderbare Welt der japanischen Metallverbindungen begeben wollen. Dieses Buch vermittelt fundierte Informationen über Mokume Gane (holzgemasertes Metall). Zusammen mit bekannten Mokume-Künstlern gibt Steve Midgett detaillierte Anweisungen für Kunst-, Gold- und Messerschmiede, die selbst Mokume herstellen wollen. Technische Daten, Schritt-für-Schritt-Anweisungen und Infos zu Materialkombinationen und Brenntemperaturen runden den Band ab.

Gunther Löbach
DAMASZENERSTAHL
Theorie und Praxis der Damastherstellung
176 Seiten, Format 190 x 245 mm, Hardcover
ISBN 978-3-938711-31-6
EUR 39,80

Gunther Löbach liefert eine umfassende Beschreibung des faszinierenden Themas Damaszenerstahl – von der Historie über die Technologie bis zur Praxis des Damastschmiedens. Der große Praxisteil zum Schmieden und zur Mustererzeugung liefern dem Leser eine ausgezeichnete Anleitung und zahlreiche Tipps für die eigene Arbeit.
Zahlreiche Computerdarstellungen verdeutlichen den Aufbau und die Struktur der verschiedenen Arten von Damaszenerstahl. Dadurch wird erstmals plastisch dargestellt, was im Stahl beim Schmieden und der Mustererzeugung passiert. Ein einmaliges Buch und ein Muss für alle, die sich für Damaszenerstahl interessieren.

Oliver Lang-Geffroy
DAS GROSSE BUCH VOM MESSER
216 Seiten, Format 200 x 260 mm, Hardcover
ISBN 978-3-938711-84-2
EUR 29,90

Das Messer ist das wichtigste Werkzeug der Menschheitsgeschichte und ein Kulturgut, das auch aus unserer modernen Welt nicht wegzudenken ist. Wer sich mit Messern beschäftigt, stößt auf einen spannenden Mikrokosmos. Es gibt unzählige Messertypen, Stahlsorten und Konstruktionsweisen. Doch worin unterscheiden sich all die Messer? Wie bezeichnet man die Bauteile korrekt? Was für Eigenschaften muss ein leistungsfähiger Messerstahl besitzen? Welche Klingenform und welcher Schliff passt zu welcher Aufgabe? Wie funktionieren die unterschiedlichen Arretierungen für Klappmesser? Und wie schärft man Messer richtig?
Zu diesen und vielen weiteren Fragen finden Sie in diesem umfangreich bebilderten Buch fundierte Antworten.